《数学中的小问题大定理》丛书（第七辑）

受控理论与初等不等式

——从一道IMO试题的解法谈起

石焕南 著

◎ 控制不等式

◎ Schur 凸函数的定义和性质

◎ Schur 凸函数与初等对称函数不等式

◎ Schur 凸函数与其他对称函数不等式

◎ Schur 凸函数与数列不等式

◎ Schur 凸函数与二元平均值不等式

◎ Schur 凸函数与三角形不等式

哈尔滨工业大学出版社

HARBIN INSTITUTE OF TECHNOLOGY PRESS

内 容 简 介

本书共分为 7 章，第 1 章和第 2 章介绍了受控理论的基本概念和主要定理，以及中国学者对受控理论的一些推广．第 3 章和第 4 章介绍了受控理论在对称函数不等式中的应用，第 5 章、第 6 章和第 7 章分别介绍了受控理论在数列不等式，二元均值不等式和几何不等式中的应用．

本书适合中学生，数学教师及初等数学研究人员参考阅读．

图书在版编目（CIP）数据

受控理论与初等不等式：从一道 IMO 试题的解法谈起 / 石焕南著.—哈尔滨：哈尔滨工业大学出版社，2023.3

ISBN 978-7-5603-4355-6

Ⅰ.①受… Ⅱ.①石… Ⅲ.①不等式—研究 Ⅳ. ① O178

中国版本图书馆 CIP 数据核字（2023）第 049101 号

SHOUKONGLILUN YU CHUDENG BUDENGSHI:
CONG YIDAO IMO SHITI DE JIEFA TANQI

策划编辑　刘培杰　　张永芹
责任编辑　刘春雷
封面设计　孙茵艾
出版发行　哈尔滨工业大学出版社
社　　址　哈尔滨市南岗区复华四道街 10 号　　邮编 150006
传　　真　0451—86414749
网　　址　http://hitpress.hit.edu.cn
印　　刷　哈尔滨久利印刷有限公司
开　　本　787 mm×1 092 mm　1/16　印张　19.25　字数　325 千字
版　　次　2023 年 3 月第 1 版　2023 年 3 月第 1 次印刷
书　　号　ISBN 978-7-5603-4355-6
定　　价　48.00 元

前　言

原中国初等数学研究会理事长, 中学特级教师杨学枝在其专著《数学奥林匹克不等式研究》一书的前言中写道:

"不等式证明是国内外数学竞赛的一个重要课题, 也是中学数学教学的重要内容之一. 不等式证明, 其内容较为广泛, 综合性较强, 证法灵活性较大, 难度较高, 因此, 它更是数学奥赛的热门课题, 常受命题者青睐. 另外, 在不等式证明的过程中, 往往要综合应用数学各方面知识和多种数学思维方法, 无固定证明模式, 因此不等式证明的过程是对数学思维很好的训练. 正因为如此, 长期以来, 不等式证明在高中数学教学和数学竞赛中都备受人们的重视."

近些年, 国内出版了十多部有关初等不等式研究的著作(见参考文献[1], [2], [6], [7], [9], [27], [28], [35], [36], [44], [57], [81], [84], [102], [108], [217], [218],[239]), 这些著作主要介绍和研究用初等方法或简单微积分的方法证明不等式的技巧和策略. 本人自2012 年先后出版了《受控理论与解析不等式》[162] 和《Schur凸函数与不等式》[163]的中、英文专著. 哈尔滨工业大学出版社副社长刘培杰在为该书中文版撰写的编辑手记中写道: "特别要指出的是许多国际奥赛题在本书中都能找到别出心裁的、深刻的、意想不到的新证法以及推广与加强."此番话使我萌生了撰写一部直接面向中学师生, 介绍受控理论在中学数学教学和竞赛中的应用的科普小册子.

1923年, Schur 把某类常见及有用的初等或高深的不等式归纳起来, 演绎出一套较完备的理论, 用来处理具备某些特性的不等式, 这就是受控理论, 也称控制不等式理论.

1979 年, Marshall 和Olkin 合作出版了 *Inequalities: Theory of Majorization and Its Application* 一书, 以此为标志, 受控理论成为数学的一门独立的新兴学科. 1979 年9 月至1981 年9 月, 北京师范大学的王伯英教授在美国加州大学(UCSB)做访问学者, 期间学习了这一理论. 回国后于1984 年在国内率先开设了有关受控理论的硕士研究生课程"矩阵与控制不等式". 1990 年, 王伯英教授编著的《控制不等式基础》一书正式出版, 该书除精选了Marshall 和Olkin 一书中的经典基础理论以外, 还包含了不少王伯英教授精彩的独创内容. 在应用部分, 该书着重讨论了受控理论在矩阵上的应用.

如王伯英教授所言"控制不等式几乎渗入到各个数学领域, 而且处处扮演着精彩角色, 原因是它常能深刻地描述许多数学量之间的内在关系, 从而便于推得所需的结论; 它还能把许多已有的从不同方法得来的不等式用一种统一的方法简便地推导出来, 它更是推广已有的不等式, 发现新的不等式的一种强有力手段, 控制不等式的理论和应用有着美好的发展前景".

《控制不等式基础》一书的出版极大地推动了我国受控理论的研究和发展. 截至目前, 我国学者在国内外已发表了三百多篇有关受控理论与解析不等式方面的研究论文, 绝大多数是2003 年后发表的, 其中近百篇刊于SCI期刊, 已形成了一支在国际上具有一定影响的研究队伍. 2011年, B. C. Arnold, A. M. Marshall 和I. Olkin 合作的*Inequalities: Theory of Majorization and Its Application*(第二版)引用了不少国内学者的论文.

受控理论的两个核心概念是控制关系(Majorization, 见定义1.8)和Schur凸函数(Schur-convex functions, 见定义2.1). 控制关系是向量间的一种较弱的次序关系, Schur凸函数是比熟知的凸函数更为广泛的一类函数, 二者的结合是导出不等式的十分有效的方法. 此种方法具有两个鲜明的特点: 一是用此法证明不等式往往非常简洁, 二是用此法建立不等式常常是"成批"的.

在受控理论的研究中, 有两项工作是重要而基础的, 一是发现和建立向量间的控制关系, 二是发现和证明各种Schur凸函数. 利用Schur凸函数判定定理(即定理2.3)是判定Schur 凸函数的主要方法, 此定理只依赖于函数的一阶偏导数, 使用起来较为方便. 因为控制关系深刻地描述了向量间的内在联系, 一个新的控制关系与适当的Schur凸函数的结合, 常常能衍生出许多形形色色的有趣的不等式.

下面列举一个笔者最初研究受控理论所接触到的初等例子, 希望能引起读者的兴趣.

命题 0.1. (1984年IMO试题) 设$x, y, z \geq 0, x + y + z = 1$, 则

$$0 \leq xy + yz + zx - 2xyz \leq \frac{7}{27}. \tag{0.1}$$

这个问题有很多种证明方法, 笔者发现不等式(0.1)有以下等价形式

$$0 \leq (1-x)(1-y)(1-z) - xyz \leq \left(1 - \frac{1}{3}\right)^3 - \left(\frac{1}{3}\right)^3.$$

由此考虑到它的高维推广: 设 $x_i \geq 0, i = 1, \ldots, n$, 且 $\sum\limits_{i=1}^{n} x_i = 1$, 则

$$0 \leq \prod_{i=1}^{n}(1 - x_i) - \prod_{i=1}^{n} x_i \leq \left(1 - \frac{1}{n}\right)^n - \left(\frac{1}{n}\right)^n. \tag{0.2}$$

笔者采用逐步调整法证得式(0.2) (见文 [120]), 进而将式(0.2) 引申至初等对称函数的情形:

设 $\boldsymbol{x} \in \mathbb{R}_+^n$ 且 $E_1(\boldsymbol{x}) = 1$, 则

$$0 \leq E_k(1 - \boldsymbol{x}) - E_k(\boldsymbol{x}) \leq C_n^k \left(\left(1 - \frac{1}{n}\right)^k - \left(\frac{1}{n}\right)^k\right), \tag{0.3}$$

其中

$$E_k(\boldsymbol{x}) = E_k(x_1, \cdots, x_n) = \sum_{1 \leq i_1 < \ldots < i_k \leq n} \prod_{j=1}^{k} x_{i_j}, \quad k = 1, \cdots, n$$

是 $\boldsymbol{x}$ 的第 k 个初等对称函数, 且定义 $E_0(\boldsymbol{x}) = 1$, 而对于 $k < 0$ 或 $k > n$ 定义 $E_k(\boldsymbol{x}) = 0$.

此时若采用初等或分析的方法证明式(0.3) 将不太轻松, 而用控制方法则一蹴而就. 事实上, 令 $\varphi(\boldsymbol{x}) = E_k(1 - \boldsymbol{x}) - E_k(\boldsymbol{x})$, 利用Schur凸函数判定定理, 即定理2.3 很容易证明 $\varphi(\boldsymbol{x})$ 是Schur凹函数, 于是结合简单的控制关系

$$\left(\frac{1}{n}, \frac{1}{n}, \cdots, \frac{1}{n}\right) \prec (x_1, x_2, \cdots, x_n) \prec (1, 0, \cdots, 0),$$

有

$$\varphi\left(\frac{1}{n}, \frac{1}{n}, \cdots, \frac{1}{n}\right) \geq \varphi(x_1, x_2, \cdots, x_n) \geq \varphi(1, 0, \cdots, 0),$$

即式(0.3)成立.

式(0.3)是差的形式, 1996 年, 笔者就商的形式[121]提出如下猜想: 设 $\boldsymbol{x} \in \mathbb{R}_{++}^n$ 且 $E_1(\boldsymbol{x}) \leq 1$, 则

$$\frac{E_k(1 - \boldsymbol{x})}{E_k(\boldsymbol{x})} \geq (n - 1)^k. \tag{0.4}$$

该猜想提出后, 引起不少国内同行的兴趣. 文 [172]采用数学分析求极值的方法证明. 笔者 [122]给出一个初等证明, 樊益武 [38, pp. 75-78]利用Ky Fan不等式 [70, p. 86]给出一个较为简洁的证明, 而笔者最终得到如下控制证法可能是最为简洁的.

不妨设 $E_1(\boldsymbol{x}) = 1$, 由式(1.40) 可得

$$\frac{1-\boldsymbol{x}}{n-1} = \left(\frac{1-x_1}{n-1}, \cdots, \frac{1-x_n}{n-1}\right) \prec (x_1, \cdots, x_n) = \boldsymbol{x}, \qquad (0.5)$$

结合 $E_k(\boldsymbol{x})$ 在 $\mathbb{R}_{++}^n$ 上的 Schur-凹性(参见定理3.5) 有

$$E_k\left(\frac{1-\boldsymbol{x}}{n-1}\right) \geq E_k(\boldsymbol{x}).$$

由此即得证.

此证法如此简洁, 令笔者第一次深切地感受到了控制方法的威力与妙趣.

本书以拙作《Schur凸函数与不等式》为蓝本, 去除了不适合中学读者的有关内容, 如积分、矩阵、单形、抽象受控等, 略掉了一些繁复的证明, 保留了原有与中学数学有关的例子, 并增加了一百多例中学各类不等式竞赛题的控制证明.

本书共分为七章. 第1 章和第2 章介绍了受控理论的基本概念和主要定理, 以及中国学者对受控理论的一些推广. 因本书重在应用, 为了节省篇幅, 略去了一些基本定理的证明(详情请见文献 [92]和 [175]), 第3 章和第4 章介绍了受控理论在对称函数不等式中的应用, 第5 章、第6 章和第7 章分别介绍了受控理论在数列不等式、二元均值不等式和几何不等式中的应用.

在高校教书之前, 笔者曾当过两年中学数学老师, 是初等数学研究的爱好者, 在《数学通报》上发表过15 篇论文, 多次参加全国初等数学研究学术会议, 结交了不少初等数学研究的专家和学者, 作为全国初等数学研究会常务理事, 希望本书的出版能对中学数学老师和初等数学研究的爱好者有所裨益.

本人年过七旬, 本书得以出版, 由衷地感谢哈尔滨工业大学出版社刘培杰副社长、张永芹主任以及各位编辑的鼎力支持和热情帮助. 感谢本书责任编辑的精细编辑.

最后还要感谢王东生老师审阅了本书的部分初稿, 指出了初稿中存在的疏漏.

石焕南

2020 年 11 月

于北京

本书一般记号

这里列出本书常用的记号:

$\mathbb{N} = \{1, 2, \ldots, n, \ldots\}$ 为正整数集.

$\mathbb{Z}_+ = \{0, 1, 2, \ldots, n, \ldots\}$ 为非负整数集.

$\mathbb{R} = (-\infty, \infty)$ 为实数集.

$\mathbb{R}_+ = [0, \infty)$ 为非负实数集.

$\mathbb{R}_{++} = (0, \infty)$ 为正实数集.

$\mathbb{R}_{--} = (-\infty, 0)$ 为负实数集.

I 为实数轴上的开或闭区间.

$\mathbb{R}^n, \mathbb{R}^n_+, \mathbb{R}^n_{++}, \mathbb{R}^n_{--}, \mathbb{Z}^n_+, I^n$ 分别表示具有 n 个相应分量的行向量的全体.

对于任何 $\boldsymbol{x} = (x_1, \ldots, x_n) \in \mathbb{R}^n$, $x_{[1]} \geq \cdots \geq x_{[n]}$ 表示 $\boldsymbol{x}$ 的分量的递减排列, 记作 $\boldsymbol{x} \downarrow = (x_{[1]}, \ldots, x_{[n]})$. 类似地, $x_{(1)} \geq \cdots \geq x_{(n)}$ 表示 $\boldsymbol{x}$ 的分量的递增排列, 记作 $\boldsymbol{x} \uparrow = (x_{(1)}, \ldots, x_{(n)})$.

对于 $\boldsymbol{x} = (x_1, \ldots, x_n), \boldsymbol{y} = (y_1, \ldots, y_n) \in \mathbb{R}^n$:

$\boldsymbol{x} = \boldsymbol{y}$ 表示 $x_i = y_i, i = 1, \ldots, n$;

$\boldsymbol{x} \leq \boldsymbol{y}$ 表示 $x_i \leq y_i, i = 1, \ldots, n$;

$\boldsymbol{x} \geq \boldsymbol{0}$ 表示 $x_i \geq 0, i = 1, \ldots, n$;

$\boldsymbol{x} \prec \boldsymbol{y}$ 表示 $\boldsymbol{x}$ 被 $\boldsymbol{y}$ 控制或 $\boldsymbol{y}$ 控制 $\boldsymbol{x}$;

$\boldsymbol{x} \prec\prec \boldsymbol{y}$ 表示 $\boldsymbol{x}$ 被 $\boldsymbol{y}$ 严格控制或 $\boldsymbol{y}$ 严格控制 $\boldsymbol{x}$;

$\boldsymbol{x} \prec_w \boldsymbol{y}$ 表示 $\boldsymbol{x}$ 被 $\boldsymbol{y}$ 下(弱)控制;

$\boldsymbol{x} \prec^w \boldsymbol{y}$ 表示 $\boldsymbol{x}$ 被 $\boldsymbol{y}$ 上(弱)控制;

$\boldsymbol{x} + \boldsymbol{y}$ 表示 $(x_1 + y_1, \ldots, x_n + y_n)$;

$\boldsymbol{x}\boldsymbol{y}$ 表示 $(x_1 y_1, \ldots, x_n y_n)$;

$\alpha \boldsymbol{x}$ 表示 $(\alpha x_1, \ldots, \alpha x_n)$, α 是常数.

一般地, 对于 $f : \mathbb{R} \to \mathbb{R}$, $f(\boldsymbol{x})$ 表示 $(f(x_1), \ldots, f(x_n))$. 对于 $f : \mathbb{R}^2 \to \mathbb{R}$, $f(\boldsymbol{x}, \boldsymbol{y})$ 表示 $(f(x_1, y_1), \ldots, f(x_n, y_n))$.

组合数 $\mathrm{C}_n^k = \frac{n!}{k!(n-k)!}$, 规定 $\mathrm{C}_n^0 = 1$, 当 $k > n$ 时, 规定 $\mathrm{C}_n^k = 0$.

$\ln x$ 表示以 e 为底的自然对数.

目　　录

i

第1章 控制不等式

1.1 增函数与凸函数

本节的定义和定理均引自专著 [175] 和 [92].

定义 1.1. 设集合 $\Omega \subset \mathbb{R}^n$, $\varphi : \Omega \to \mathbb{R}$. 对于任意的 $\boldsymbol{x} = (x_1, \dots, x_n) \in \Omega$, 若将 $(x_1, \dots, x_n)$ 中的任意两个分量互相交换位置后所得的向量仍属于 Ω, 则称 Ω 为对称凸集; 若将 $(x_1, \dots, x_n)$ 中的任意两个分量互相交换位置后得到的 φ 都与原式是恒等的, 则称 φ 是对称函数.

定义 1.2. 设 $\Omega \subset \mathbb{R}^n$, $\varphi : \Omega \to \mathbb{R}$.

(a) 对于 $\boldsymbol{x} = (x_1, \dots, x_n), \boldsymbol{y} = (y_1, \dots, y_n) \in \Omega$, $\boldsymbol{x} \leq \boldsymbol{y}$ 表示 $x_i \leq y_i, i = 1, 2, \dots, n$. 若 $\boldsymbol{x} \leq \boldsymbol{y} \Rightarrow \varphi(\boldsymbol{x}) \leq \varphi(\boldsymbol{y})$, 则称 φ 为 Ω 上的增函数; 若 $\boldsymbol{x} \leq \boldsymbol{y}$ 且 $\boldsymbol{x} \neq \boldsymbol{y} \Rightarrow \varphi(\boldsymbol{x}) < \varphi(\boldsymbol{y})$, 则称 φ 为 Ω 上的严格增函数; 若 $-\varphi$ 为 Ω 上的(严格) 增函数, 则称 φ 为 Ω 上的(严格) 减函数.

(b) 若对于任意 $\boldsymbol{x}, \boldsymbol{y} \in \Omega$, $\alpha \in [0, 1]$, 总有 $\alpha \boldsymbol{x} + (1 - \alpha)\boldsymbol{y} \in \Omega$, 则称 Ω 为凸集.

(c) 设 Ω 为凸集, 若对于任意 $\boldsymbol{x}, \boldsymbol{y} \in \Omega$, $\alpha \in [0, 1]$, 总有

$$\varphi(\alpha \boldsymbol{x} + (1 - \alpha)\boldsymbol{y}) \leq \alpha\varphi(\boldsymbol{x}) + (1 - \alpha)\varphi(\boldsymbol{y}), \tag{1.1}$$

则称 φ 为 Ω 上的凸函数. 若对于任意 $\boldsymbol{x}, \boldsymbol{y} \in \Omega$, $\boldsymbol{x} \neq \boldsymbol{y}$, $\alpha \in [0, 1]$, 式(1.1) 为严格不等式, 则称 φ 为 Ω 上的严格凸函数. 若 $-\varphi$ 是 Ω 上的(严格) 凸函数, 则称 φ 为 Ω 上的(严格) 凹函数.

注记 1.1. $[70, \mathrm{p.}\, 413]$ 若式(1.1) 中的 α 只取 $\frac{1}{2}$ 时成立, 即

$$\varphi\left(\frac{\boldsymbol{x} + \boldsymbol{y}}{2}\right) \leq \frac{\varphi(\boldsymbol{x}) + \varphi(\boldsymbol{y})}{2}, \tag{1.2}$$

则称 φ 为 Ω 上的中点凸函数, 又称Jensen(琴生)意义上的凸函数, 简称J-凸函数. 显然凸函数一定是J-凸函数. 反之, 在连续条件下, J-凸函数也是凸函数.

受控理论与凸函数有着密切的关系. 这里不加证明地给出以后要用到的凸函数的性质.

定理 1.1. 设函数 $g : I \to \mathbb{R}$ 在开区间 $I \subset \mathbb{R}$ 上可微, 则:

(a) g 在 I 上递增, 当且仅当对于所有 $x \in I$, $g'(x) \geq 0$;

(b) g 在 I 上严格递增, 当且仅当对于所有 $x \in I$, $g'(x) \geq 0$ 且集合 $\{x : g'(x) = 0\}$ 不包含区间.

定理 1.2. 设函数 $g : I \to \mathbb{R}$ 在开凸集 $I \subset \mathbb{R}$ 上二次可微, 则:

(a) g 是 I 上的凸函数, 当且仅当对于所有 $t \in I$, $g''(t) \geq 0$;

(b) 若对于所有 $t \in I$, $g''(t) > 0$, 则 g 在 I 上严格凸.

上述两个定理是微积分中熟知的结果. 下面的定理使我们可以把多元函数的凸性转换为一元函数的凸性来判断.

定理 1.3. 设 $\Omega \subset \mathbb{R}^n$ 是一个开凸集, $\varphi : \Omega \to \mathbb{R}$. 对于 $\boldsymbol{x}, \boldsymbol{y} \in \Omega$, 定义 $(0,1)$ 上的单变量函数 $g(t) = \varphi(t\boldsymbol{x} + (1-t)\boldsymbol{y})$, 则:

(a) φ 在 Ω 上凸, 当且仅当对于所有 $\boldsymbol{x}, \boldsymbol{y} \in \Omega$, g 在 $(0,1)$ 上凸;

(b) φ 在 Ω 上严格凸, 当且仅当对于所有 $\boldsymbol{x}, \boldsymbol{y} \in \Omega$, 且 $\boldsymbol{x} \neq \boldsymbol{y}$, g 在 $(0,1)$ 上严格凸.

定理 1.4. 设 $\Omega \subset \mathbb{R}^n$ 是一个开凸集, 且设函数 $\varphi : \Omega \to \mathbb{R}$ 可微, 则:

(a) φ 在 Ω 上递增, 当且仅当对于所有 $\boldsymbol{x} \in \Omega$, 成立

$$\nabla\varphi(\boldsymbol{x}) := \left(\frac{\partial\varphi(\boldsymbol{x})}{\partial x_1}, \ldots, \frac{\partial\varphi(\boldsymbol{x})}{\partial x_n} \right) \geq 0;$$

(b) 若对于所有 $\boldsymbol{x} \in \Omega$, $\nabla\varphi(\boldsymbol{x}) > 0$, 则 φ 在 Ω 上严格递增.

定理 1.5. 设 $\Omega \subset \mathbb{R}^n$, $\varphi_i : \Omega \to \mathbb{R}, i = 1, \ldots, k$, $h : \mathbb{R}^k \to \mathbb{R}$, $\psi(\boldsymbol{x}) = h(\varphi_1(\boldsymbol{x}), \ldots, \varphi_k(\boldsymbol{x}))$.

(a) 若每一个 φ_i 是凸的, h 递增且凸, 则 $\psi(\boldsymbol{x})$ 凸;

(b) 若每一个 φ_i 是凹的, h 递减且凸, 则 $\psi(\boldsymbol{x})$ 凸;

(c) 若每一个 φ_i 是凸的, h 递减且凹, 则 $\psi(\boldsymbol{x})$ 凹;

(d) 若每一个 φ_i 是凹的, h 递增且凹, 则 $\psi(\boldsymbol{x})$ 凹.

推论 1.1. 设 $\Omega \subset \mathbb{R}^n$, $\varphi : \Omega \to \mathbb{R}$.

(a) 若 $\ln \varphi$ 凸, 则 φ 凸;

(b) 若 φ 凹, 则 $\ln \varphi$ 凹.

定理 1.6. 设 $\Omega \subset \mathbb{R}^n$, $g : \Omega \to \mathbb{R}$, $\varphi : \mathbb{R}^n \to \mathbb{R}$, $\psi(\boldsymbol{x}) = \varphi(g(x_1), \ldots, g(x_n))$.

(a) 若 g 凸, φ 递增且凸, 则 $\psi(\boldsymbol{x})$ 凸;

(b) 若 g 凹, φ 递减且凸, 则 $\psi(\boldsymbol{x})$ 凸;

(c) 若 g 凸, φ 递减且凹, 则 $\psi(\boldsymbol{x})$ 凹;

(d) 若 g 凹, φ 递增且凹, 则 $\psi(\boldsymbol{x})$ 凹.

推论 1.2. 设 $\Omega \subset \mathbb{R}^n$, $\varphi_i : \Omega \to \mathbb{R}, a_i > 0, i = 1, \ldots, k$. 若每一个 φ_i 凸(凹), 则 $\psi = \sum\limits_{i=1}^{k} a_i \varphi_i$ 凸(凹), 且若每一个 φ_i 严格凸(凹), 则 ψ 严格凸(凹).

推论 1.3. 设 $I \subset \mathbb{R}$, $g : I \to \mathbb{R}$ 凸(凹), $a_i > 0, i = 1, \ldots, k$. 若 g 凸(凹), 则 $\psi(\boldsymbol{x}) = \sum\limits_{i=1}^{k} a_i g(x_i)$ 凸(凹), 且若 g 严格凸(严格凹), 则 ψ 严格凸(严格凹).

例 1.1. [37] 二元函数

$$\varphi(x, y) = \frac{x^2}{2a^2} + \frac{y^2}{2b^2}$$

在 $\mathbb{R}^2_{++}$ 上凸, 其中 $a > 0, b > 0$.

证明 函数 $g(t) = t^2$ 在 $\mathbb{R}_{++}$ 上凸, 且 $\frac{1}{2a^2} > 0$, $\frac{1}{2b^2} > 0$, 由推论1.2 即得证.

例 1.2. [109] 二元函数

$$\varphi(x, y) = x^4 + 2x^2 y^2 + y^4$$

在 $\mathbb{R}^2$ 上凸.

证明 $\varphi(x, y) = (x^2 + y^2)^2$, 显然二元线性函数 $x + y$ 在 $\mathbb{R}^2$ 上增且凸, 又函数 $g(t) = t^2$ 在 $\mathbb{R}_{++}$ 上增且凸, 由定理1.6(a)知 $x^2 + y^2$ 在 $\mathbb{R}^2$ 上增且凸, 再根据定理1.6(a)知 $(x^2 + y^2)^2$ 在 $\mathbb{R}^2$ 上凸, 得证.

例 1.3. [*39*] 下述函数是 $\mathbb{R}^n$ 上的凸函数:

(a) $\psi_1(\boldsymbol{x}) = \left(\sum\limits_{i=1}^{n} x_i^2 \right)^{\frac{p}{2}}, p \geq 1$;

(b) $\psi_2(\boldsymbol{x}) = \left(1 + \sum\limits_{i=1}^{n} x_i^2 \right)^{\sum\limits_{i=1}^{n} x_i^2}$.

证明 只证(b). (a) 的证明类似于(b), 故留给读者. 类似于例1.1, 可以证明 $\varphi(\boldsymbol{x}) = \sum\limits_{i=1}^{n} x_i^2$ 在 $\mathbb{R}_{++}^n$ 上凸. 令 $h(t) = (1+t)^t$. 经计算

$$h'(t) = \left(\ln(1+t) + \frac{t}{1+t} \right) h(t) \geq 0$$

和

$$h''(t) = \left(\ln(1+t) + \frac{t}{1+t} \right)^2 h(t) + \frac{2+t}{(1+t)^2} h(t) \geq 0.$$

因此函数 $h(t)$ 在 $\mathbb{R}_+^n$ 上递增且凸, 据定理1.6 (a), $\psi_1(\boldsymbol{x})$ 在 $\mathbb{R}^n$ 上凸.

例 1.4. [*109*] 讨论函数

$$f(x, y) = 3x + y^2$$

的凹凸性.

解 对于任何 $\boldsymbol{a} = (a_1, a_2), \boldsymbol{b} = (b_1, b_2) \in \mathbb{R}^2$ 和 $t \in [0, 1]$, 令

$$\varphi(t) = f(t\boldsymbol{a} + (1-t)\boldsymbol{b}) = 3(ta_1 + (1-t)b_1) + (ta_2 + (1-t)b_2)^2,$$

则

$$\varphi'(t) = 3(a_1 - b_1) + 2(ta_2 + (1-t)b_2)(a_2 - b_2),$$

因此 $\varphi''(t) = 2(a_2 - b_2)^2 \geq 0$, $\varphi(t)$ 在 $\mathbb{R}$ 上凸, 据定理1.3, $f(x, y)$ 是 $\mathbb{R}^2$ 上的凸函数.

例 1.5. 设 $\boldsymbol{u} = (u_1, \ldots, u_n), \boldsymbol{x} = (x_1, \ldots, x_n) \in \mathbb{R}_{++}^n$, 且 $\sum\limits_{i=1}^{n} x_i = 1$. 证明函数 $f(\boldsymbol{u}) = \prod\limits_{i=1}^{n} u_i^{x_i}$ 在 $\mathbb{R}_{++}^n$ 上凹.

证明 对于任何 $\boldsymbol{a} = (a_1, \ldots, a_n), \boldsymbol{b} = (b_1, \ldots, b_n) \in \mathbb{R}_{++}^n$ 和 $t \in [0, 1]$, 令

$$\varphi(t) = f(t\boldsymbol{a} + (1-t)\boldsymbol{b}) = \prod\limits_{i=1}^{n} (ta_i + (1-t)b_i)^{x_i},$$

则

$$\varphi'(t) = \varphi(t) \sum_{i=1}^{n} x_i p_i,$$

其中

$$p_i = \frac{a_i - b_i}{ta_i + (1-t)b_i},$$

$$\varphi''(t) = \varphi'(t) \sum_{i=1}^{n} x_i p_i - \varphi(t) \sum_{i=1}^{n} x_i p_i^2$$

$$= \varphi(t) \left(\left(\sum_{i=1}^{n} x_i p_i \right)^2 - \sum_{i=1}^{n} x_i p_i^2 \right),$$

由加权幂平均的单调性, 有

$$\sum_{i=1}^{n} x_i p_i \le \left(\sum_{i=1}^{n} x_i p_i^2 \right)^{\frac{1}{2}},$$

因此 $\varphi''(t) \le 0$, 据定理 1.3, $f(\boldsymbol{u})$ 是 $\mathbb{R}_{++}^n$ 上的凹函数.

例 1.6. 设 $\boldsymbol{u} = (u_1, \dots, u_n), \boldsymbol{x} = (x_1, \dots, x_n) \in \mathbb{R}_{++}^n$, 且 $\sum_{i=1}^{n} x_i = 1$. 求证 n 元加权调和平均

$$h(\boldsymbol{u}) = f(u_1, \dots, u_n) = \left(\sum_{i=1}^{n} \frac{x_i}{u_i} \right)^{-1}$$

是 $\mathbb{R}_{++}^n$ 上的凸函数.

证明 对于任意 $\boldsymbol{a} = (a_1, \dots, a_n), \boldsymbol{b} = (b_1, \dots, b_n) \in \mathbb{R}_{++}^n$ 和 $t \in [0, 1]$, 令

$$\phi(t) = h(t\boldsymbol{a} + (1-t)\boldsymbol{b}) = \left(\sum_{i=1}^{n} \frac{x_i}{ta_i + (1-t)b_i} \right)^{-1},$$

则

$$\phi'(t) = -\left(\sum_{i=1}^{n} \frac{x_i}{ta_i + (1-t)b_i} \right)^{-2} \left(\sum_{i=1}^{n} \frac{-x_i(a_i - b_i)}{(ta_i + (1-t)b_i)^2} \right),$$

$$\phi''(t) = 2 \left(\sum_{i=1}^{n} \frac{x_i}{ta_i + (1-t)b_i} \right)^{-3} \left(\sum_{i=1}^{n} \frac{-x_i(a_i - b_i)}{(ta_i + (1-t)b_i)^2} \right)^2$$

$$- \left(\sum_{i=1}^{n} \frac{x_i}{ta_i + (1-t)b_i} \right)^{-2} \left(\sum_{i=1}^{n} \frac{2x_i(a_i - b_i)^2}{(ta_i + (1-t)b_i)^3} \right),$$

$$\phi''(t) = 2(\sum_{i=1}^{n} \frac{x_i}{ta_i + (1-t)b_i})^{-3} \cdot ((\sum_{i=1}^{n} \frac{x_i(a_i - b_i)}{(ta_i + (1-t)b_i)^2})^2$$

$$-(\sum_{i=1}^{n} \frac{x_i}{ta_i + (1-t)b_i})(\sum_{i=1}^{n} \frac{x_i(a_i - b_i)^2}{(ta_i + (1-t)b_i)^3})).$$

欲证$\phi''(t) \leq 0$, 只需证

$$\left(\sum_{i=1}^{n} \frac{x_i(a_i - b_i)}{(ta_i + (1-t)b_i)^2}\right)^2$$

$$\leq \sum_{i=1}^{n} \left(\frac{\sqrt{x_i}}{\sqrt{ta_i + (1-t)b_i}}\right)^2 \sum_{i=1}^{n} \left(\frac{\sqrt{x_i}(a_i - b_i)}{(ta_i + (1-t)b_i)^{3/2}}\right)^2,$$

由Cauchy(柯西)不等式知上式成立.

1.2　凸函数的推广

广义的凸函数种类繁多, 本节只介绍后面要涉及的几类.

1.2.1　对数凸函数

定义 1.3. 设$\Omega \subset \mathbb{R}^n$, $\varphi : \Omega \to \mathbb{R}_{++}$. 若$\ln \varphi$ 在Ω 上是凸的, 即对于所有$\boldsymbol{x}, \boldsymbol{y} \in \Omega$, 有

$$\varphi(\alpha \boldsymbol{x} + (1-\alpha)\boldsymbol{y}) \leq (\varphi(\boldsymbol{x}))^{\alpha}(\varphi(\boldsymbol{y}))^{1-\alpha}, \quad 0 \leq \alpha \leq 1, \tag{1.3}$$

则称φ 为Ω 上的对数凸函数. 若上述不等式反向, 则称函数φ 为Ω 上的对数凹函数.

定理 1.7. [100] 设区间$I \subset \mathbb{R}, \varphi : I \to \mathbb{R}_{++}$, 则$\varphi$ 为I 上的对数凸函数, 当且仅当对于所有$a \in \mathbb{R}$, $\mathrm{e}^{ax}\varphi(x)$ 为I 上的凸函数.

1.2.2　几何凸函数

定义 1.4. (a) 称$\Omega \subset \mathbb{R}^n$ 是一个几何凸集或对数凸集, 若对于$\boldsymbol{x}, \boldsymbol{y} \in \Omega, 0 \leq \alpha \leq 1$, 有$\boldsymbol{x}^{\alpha}\boldsymbol{y}^{1-\alpha} \in \Omega$.

(b) 设$\Omega \subset \mathbb{R}^n$ 是一个几何凸集, $\varphi : \Omega \to \mathbb{R}$. 若对于所有$\boldsymbol{x}, \boldsymbol{y} \in \Omega$ 和任意$\alpha \in [0,1]$, 有

$$\varphi\left(\boldsymbol{x}^{\alpha}\boldsymbol{y}^{1-\alpha}\right) \leq \varphi(\boldsymbol{x})^{\alpha}\varphi(\boldsymbol{y})^{1-\alpha}, \tag{1.4}$$

则称 φ 是 Ω 上的一个几何凸函数. 若不等式(1.4)反向, 则称 φ 是 Ω 上的一个几何凹函数.

定理 1.8. [234]

(a) 设 $\Omega \subset \mathbb{R}^n_{++}$. 若 φ 是 Ω 上的一个几何凸函数(几何凹函数), 则 $\ln \varphi(\mathrm{e}^{\boldsymbol{x}})$ 在 $\ln \Omega = \{\ln \boldsymbol{x} \mid \boldsymbol{x} \in \Omega\}$ 上凸(凹);

(b) 设 $\Omega \subset \mathbb{R}^n$. 若 φ 是 Ω 上的凸函数(凹函数), 则 $\mathrm{e}^{\varphi(\ln \boldsymbol{x})}$ 是 $\mathrm{e}^{\Omega} = \{\mathrm{e}^{\boldsymbol{x}} \mid \boldsymbol{x} \in \Omega\}$ 上的几何凸函数(几何凹函数).

定理 1.9. [104] 设区间 $I \subset \mathbb{R}_{++}$, 且设函数 $\varphi : I \to \mathbb{R}_{++}$ 可微, 则如下结论彼此等价:

(a) φ 在 I 上几何凸;

(b) $\dfrac{x\varphi'(x)}{\varphi(x)}$ 在 I 上递增;

(c) 对于所有 $x, y \in I$, 有

$$\frac{\varphi(x)}{\varphi(y)} \geq \left(\frac{x}{y}\right)^{\frac{y\varphi'(y)}{\varphi(y)}};$$

(d) 进一步, 若函数 φ 二阶可导, 则 φ 为几何凸(几何凹)函数, 当且仅当对于所有 $x \in I$, 有

$$x(\varphi(x)\varphi''(x) - (\varphi'(x))^2) + \varphi(x)\varphi'(x) \geq 0(\leq 0). \tag{1.5}$$

不难验证, 对数凸函数与几何凸函数有如下关系:

定理 1.10. [234,p. 30] 设区间 $I \subset \mathbb{R}_{++}, \varphi : I \to \mathbb{R}_{++}$ 递增且对数凸(递减且对数凹), 则 φ 几何凸(几何凹).

1.2.3　调和凸函数

定义 1.5.　(a) 称 $\Omega \subset \mathbb{R}^n$ 是一个调和凸集, 若对于所有 $\boldsymbol{x}, \boldsymbol{y} \in \Omega$, $0 \leq \alpha \leq 1$, 有 $(\alpha \boldsymbol{x}^{-1} + (1-\alpha)\boldsymbol{y}^{-1})^{-1} \in \Omega$.

(b) 设 $\Omega \subset \mathbb{R}^n$ 是一个调和凸集, 称函数 $\varphi : \Omega \to \mathbb{R}$ 为 Ω 上的调和凸函数, 若对于所有 $\boldsymbol{x}, \boldsymbol{y} \in \Omega$ 和任意 $\alpha \in [0,1]$, 有

$$\varphi((\alpha \boldsymbol{x}^{-1} + (1-\alpha)\boldsymbol{y}^{-1})^{-1}) \leq (\alpha(\varphi(\boldsymbol{x}))^{-1} + (1-\alpha)(\varphi(\boldsymbol{y}))^{-1})^{-1}. \tag{1.6}$$

若不等式(1.6)反向, 则称 φ 为调和凹函数.

定理 1.11. [233] 设区间 $(a,b) \subset \mathbb{R}_{++}, \varphi : (a,b) \to \mathbb{R}_{++}$ 为 (a,b) 上的正值函数, 则 φ 为 (a,b) 上的调和凸(调和凹)函数的充要条件是 $(\varphi(x^{-1}))^{-1}$ 为 (b^{-1}, a^{-1}) 上的凹(凸)函数.

定理 1.12. [194] 设区间 $I \subset \mathbb{R}_{++}$ 是一个调和凸集, 且设 $\varphi : I \to \mathbb{R}_{++}$ 二次可微. 若对于所有 $x \in I$, 有

$$x(2(\varphi'(x))^2 - \varphi(x)\varphi''(x)) - 2\varphi(x)\varphi'(x) \leq 0 (\geq 0), \tag{1.7}$$

则 φ 在 I 上调和凸(或调和凹).

1.2.4 广义凸函数

定义 1.6. 若函数 $M : \mathbb{R}_{++}^2 \to \mathbb{R}_{++}$ 满足:

(a) $M(x,y) = M(y,x)$;

(b) $M(x,x) = x$;

(c) $x < M(x,y) < y$, 其中 $x < y$;

(d) $M(ax, ay) = aM(x,y), \forall a > 0$,

则称 M 为一个均值函数.

例 1.7. (a) $M(x,y) = A(x,y) = \frac{x+y}{2}$ 为算术平均;

(b) $M(x,y) = G(x,y) = \sqrt{xy}$ 为几何平均;

(c) $M(x,y) = H(x,y) = \frac{1}{A(\frac{1}{x}, \frac{1}{y})}$ 为调和平均;

(d) $M(x,y) = L(x,y) = \frac{x-y}{\ln x - \ln y}$, $x \neq y$, 且 $L(x,x) = x$, 为对数平均;

(e) $M(x,y) = I(x,y) = \frac{1}{e}(\frac{x^x}{y^y})^{\frac{1}{x-y}}$, $x \neq y$, 而 $I(x,x) = x$, 为指数平均.

Anderson(安德森) [4]就一元凸函数做了较系统的推广.

定义 1.7. 设 $I \subset \mathbb{R}_{++}, f : I \to \mathbb{R}_{++}$ 连续, 又设 M, N 是任意两个均值函数. 若 $\forall x, y \in I$, 有

$$f(M(x,y)) \leq (\geq) N(f(x), f(y)),$$

则称 f 为 I 上的 MN 凸(MN 凹) 函数.

AA 凸函数就是通常的凸函数, GG 凸函数就是几何凸函数, AG 凸函数就是 $\alpha = \frac{1}{2}$ 的对数凸函数.

定理 1.13. 设开区间 $I \subset \mathbb{R}_{++}$, $f : I \to \mathbb{R}_{++}$ 连续. 在下面(d) − (i) 中设 $I = (0, b), 0 < b < \infty$, 则:

(a) f 在 I 上 AA-凸(AA-凹) $\Leftrightarrow f$ 在 I 上凸(凹);

(b) f 在 I 上 AG-凸(AG-凹) $\Leftrightarrow \ln f$ 在 I 上凸(凹);

(c) f 在 I 上 AH-凸(AH-凹) $\Leftrightarrow \frac{1}{f}$ 在 I 上凹(凸);

(d) f 在 I 上 GA-凸(GA-凹) $\Leftrightarrow f(be^{-1})$ 在 $\mathbb{R}_{++}$ 上凸(凹);

(e) f 在 I 上 GG-凸(GG-凹) $\Leftrightarrow \ln f(be^{-1})$ 在 $\mathbb{R}_{++}$ 上凸(凹);

(f) f 在 I 上 GH-凸(GH-凹) $\Leftrightarrow \frac{1}{f(be^{-1})}$ 在 $\mathbb{R}_{++}$ 上凹(凸);

(g) f 在 I 上 HA-凸(HA-凹) $\Leftrightarrow f(\frac{1}{x})$ 在 $(\frac{1}{b}, \infty)$ 上凸(凹);

(h) f 在 I 上 HG-凸(HG-凹) $\Leftrightarrow \ln f(\frac{1}{x})$ 在 $(\frac{1}{b}, \infty)$ 上凹(凸);

(i) f 在 I 上 HH-凸(HH-凹) $\Leftrightarrow \frac{1}{f(\frac{1}{x})}$ 在 $(\frac{1}{b}, \infty)$ 上凸(凹).

推论 1.4. 设开区间 $I \subset \mathbb{R}_{++}$, $f : I \to \mathbb{R}_{++}$ 可导. 在下面(d) − (i) 中设 $I = (0, b), 0 < b < \infty$, 则:

(a) f 在 I 上 AA-凸(AA-凹) $\Leftrightarrow f'(x)$ 递增(递减);

(b) f 在 I 上 AG-凸(AG-凹) $\Leftrightarrow \frac{f'(x)}{f(x)}$ 递增(递减);

(c) f 在 I 上 AH-凸(AH-凹) $\Leftrightarrow \frac{f'(x)}{f(x)^2}$ 递增(递减);

(d) f 在 I 上 GA-凸(GA-凹) $\Leftrightarrow xf'(x)$ 递增(递减);

(e) f 在 I 上 GG-凸(GG-凹) $\Leftrightarrow \frac{xf'(x)}{f(x)}$ 递增(递减);

(f) f 在 I 上 GH-凸(GH-凹) $\Leftrightarrow \frac{xf'(x)}{f(x)^2}$ 递增(递减);

(g) f 在 I 上 HA-凸(HA-凹) $\Leftrightarrow x^2f'(x)$ 递增(递减);

(h) f 在 I 上 HG-凸(HG-凹) $\Leftrightarrow \frac{x^2f'(x)}{f(x)}$ 递增(递减);

(i) f 在 I 上 HH-凸(HH-凹) $\Leftrightarrow \frac{x^2f'(x)}{f(x)^2}$ 递增(递减).

关开中和关汝柯 [48] 证得如下结论:

定理 1.14. 设开区间 $I \subset \mathbb{R}_{++}$, $f : I \to \mathbb{R}_{++}$ 连续, 则:

(a) f 在 I 上 GA-凸(GA-凹) $\Leftrightarrow f(e^x)$ 在 $\ln I = \{\ln x | x \in I\}$ 上凸(凹);

(b) f 在 I 上HA-凸(HA-凹) $\Leftrightarrow f(\frac{1}{x})$ 在 $\frac{1}{I} = \left\{\frac{1}{x} | x \in I\right\}$ 上凸(凹);

(c) f 在 I 上GG-凸(GG-凹) $\Leftrightarrow \ln f(e^x)$ 在 $\ln I = \{\ln x | x \in I\}$ 上凸(凹).

有关MN-凸函数的更多信息, 请参考文献 [104], [12], [55] 和 [13].

1.3   控制不等式的定义及基本性质

我们从最简单的三维情形开始. 对于 $\boldsymbol{x} = (x_1, x_2, x_3) \in \mathbb{R}^3$, 我们把它的分量按递减的次序重新排列为 $x_{[1]} \geq x_{[2]} \geq x_{[3]}$. 若 $\boldsymbol{x}, \boldsymbol{y} \in \mathbb{R}^3$ 满足

$$x_{[1]} \leq y_{[1]},$$

$$x_{[1]} + x_{[2]} \leq y_{[1]} + y_{[2]},$$

$$x_1 + x_2 + x_3 = y_1 + y_2 + y_3,$$

则称 $\boldsymbol{x}$ 被 $\boldsymbol{y}$ 所控制, 记作 $\boldsymbol{x} \prec \boldsymbol{y}$.

若 $\boldsymbol{x}$ 被 $\boldsymbol{y}$ 所控制, 但 $\boldsymbol{x}$ 不是 $\boldsymbol{y}$ 的重排, 则称 $\boldsymbol{x}$ 被 $\boldsymbol{y}$ 严格控制, 并记作 $\boldsymbol{x} \prec\prec \boldsymbol{y}$.

例如

$$\left(\frac{1}{3}, \frac{1}{3}, \frac{1}{3}\right) \prec\prec \left(\frac{1}{2}, \frac{1}{2}, 0\right) \prec \left(\frac{1}{2}, 0, \frac{1}{2}\right) \prec\prec (1, 0, 0).$$

一般地, 对于任何 $\boldsymbol{x} = (x_1, \ldots, x_n) \in \mathbb{R}^n$, 将 $\boldsymbol{x}$ 的分量排成递减的次序后, 记作

$$x_{[1]} \geq \cdots \geq x_{[n]},$$

且记

$$\boldsymbol{x} \downarrow = (x_{[1]}, \ldots, x_{[n]}).$$

类似地, 将 $\boldsymbol{x}$ 的分量排成递增的次序后, 记作

$$x_{(1)} \leq \cdots \leq x_{(n)},$$

且记

$$\boldsymbol{x} \uparrow = (x_{(1)}, \ldots, x_{(n)}).$$

显然, $x_{[i]} = x_{(n+1-i)}$.

定义 1.8. [175],[90] 设 $\boldsymbol{x} = (x_1, \ldots, x_n)$ 和 $\boldsymbol{y} = (y_1, \ldots, y_n) \in \mathbb{R}^n$.

(a) 若

$$\sum_{i=1}^{k} x_{[i]} \leq \sum_{i=1}^{k} y_{[i]}, \quad k = 1, 2, \ldots, n-1, \tag{1.8}$$

且

$$\sum_{i=1}^{n} x_i = \sum_{i=1}^{n} y_i, \tag{1.9}$$

则称 x 被 y 所控制, 记作 $x \prec y$ 或 $y \succ x$. 又若 x 不是 y 的重排, 则称 x 被 y 严格控制, 记作 $x \prec\prec y$;

(b) 若

$$\sum_{i=1}^{k} x_{[i]} \leq \sum_{i=1}^{k} y_{[i]}, \quad k = 1, 2, \ldots, n, \tag{1.10}$$

则称 x 被 y 下(弱) 控制, 记作 $x \prec_w y$;

(c) 若

$$\sum_{i=1}^{k} x_{(i)} \geq \sum_{i=1}^{k} y_{(i)}, \quad k = 1, 2, \ldots, n, \tag{1.11}$$

则称 x 被 y 上(弱) 控制, 记作 $x \prec^w y$.

上弱控制和下弱控制统称为弱控制. 相对于弱控制, 控制也被称为强控制.

注记 1.2. 条件(1.8) 等价于

$$\max_{1 \leq i_1 < \cdots < i_k \leq n} \sum_{j=1}^{k} x_{i_j} \leq \max_{1 \leq i_1 < \cdots < i_k \leq n} \sum_{j=1}^{k} y_{i_j}, k = 2, \ldots, n-1. \tag{1.12}$$

条件(1.11)等价于

$$\sum_{i=n-k+1}^{n} x_{[i]} \geq \sum_{i=n-k+1}^{n} y_{[i]}, k = 1, 2, \ldots, n. \tag{1.13}$$

注记 1.3. 值得注意的是: 对于 $x, y \in \mathbb{R}^n$, $x \leq y$ 与 x 和 y 分量的顺序和大小均有关, 而 $x \prec y$ 与 x, y 分量的顺序无关, 只与 x 和 y 分量的大小有关.

命题 1.1. 设 $x = (x_1, \ldots, x_n) \in \mathbb{R}^n, A_n(x) = \frac{1}{n} \sum_{i=1}^{n} x_i$, 则

$$(A_n(x), \ldots, A_n(x)) \prec (x_1, \ldots, x_n). \tag{1.14}$$

式(1.14)是最重要、最常用的控制关系.

命题 1.2. 设 $\boldsymbol{x} = (x_1, \ldots, x_n)$ 和 $\boldsymbol{y} = (y_1, \ldots, y_n) \in \mathbb{R}^n$. 若以下条件满足, 则 $\boldsymbol{x}$ 被 $\boldsymbol{y}$ 所控制.

(a)
$$x_1 \geq \cdots \geq x_n;$$

(b)
$$\sum_{i=1}^{k} x_i \leq \sum_{i=1}^{k} y_i, \ k = 1, 2, \ldots, n-1;$$

(c)
$$\sum_{i=1}^{n} x_i = \sum_{i=1}^{n} y_i.$$

注意 $\sum\limits_{i=1}^{k} y_{[i]} \geq \sum\limits_{i=1}^{k} y_i$, $k = 1, 2, \ldots, n-1$, 由控制的定义即知该命题成立. 该命题使得我们在判断两个向量的控制关系时, 有时可省去对一个向量的分量的排序. 对于弱控制, 也有类似的结论.

例 1.8. 设 $x \in \left(0, \frac{\pi}{2}\right)$. 若 $x \in \left(0, \arcsin \frac{\sqrt{5}-1}{2}\right)$, 则

$$(\sin x, 1 - \sin x) \prec\prec (\sin^2 x, \cos^2 x) ; \tag{1.15}$$

若 $x \in \left(\arcsin \frac{\sqrt{5}-1}{2}, \frac{\pi}{2}\right)$, 则

$$(\sin^2 x, \cos^2 x) \prec\prec (\sin x, 1 - \sin x). \tag{1.16}$$

证明 对于 $x \in \left(0, \frac{\pi}{6}\right)$, 有

$$\max\{\sin x, 1 - \sin x\} = 1 - \sin x < \max\{\sin^2 x, \cos^2 x\} = \cos^2 x,$$

对于 $x \in \left(\frac{\pi}{6}, \arcsin \frac{\sqrt{5}-1}{2}\right)$, 有

$$\max\{\sin x, 1 - \sin x\} = \sin x < \max\{\sin^2 x, \cos^2 x\} = \cos^2 x,$$

对于 $x \in \left(\arcsin \frac{\sqrt{5}-1}{2}, \frac{\pi}{4}\right)$, 有

$$\max\{\sin x, 1 - \sin x\} = \sin x > \max\{\sin^2 x, \cos^2 x\} = \cos^2 x,$$

对于$x \in \left(\frac{\pi}{4}, \frac{\pi}{2}\right)$, 有

$$\max\{\sin x, 1 - \sin x\} = \sin x > \max\{\sin^2 x, \cos^2 x\} = \sin^2 x.$$

若$x \in \left(0, \arcsin \frac{\sqrt{5}-1}{2}\right)$, 则$\max\{\sin x, 1 - \sin x\} < \max\{\sin^2 x, \cos^2 x\}$; 若$x \in \left(\arcsin \frac{\sqrt{5}-1}{2}, \frac{\pi}{2}\right)$, 则$\max\{\sin x, 1 - \sin x\} > \max\{\sin^2 x, \cos^2 x\}$, 再结合恒等式$\sin^2 x + \cos^2 x = 1$ 即得证.

例 1.9. 设$x_1 \geq x_2 \geq x_3 \geq x_4 \geq 0$, 则

$$\boldsymbol{u} := \left(\frac{x_1 + x_2 + x_3}{3}, \frac{x_2 + x_3 + x_4}{3}, \frac{x_3 + x_4 + x_1}{3}, \frac{x_4 + x_1 + x_2}{3}\right)$$

$$\prec \left(\frac{x_1 + x_2}{2}, \frac{x_2 + x_3}{2}, \frac{x_3 + x_4}{2}, \frac{x_4 + x_1}{2}\right) =: \boldsymbol{v} \tag{1.17}$$

证明 我们根据定义1.8证明本题. 因$x_1 \geq x_2 \geq x_3 \geq x_4 \geq 0$, 将$\boldsymbol{u}$ 的分量按从大到小的顺序排列, 有

$$\frac{x_1 + x_2 + x_3}{3} \geq \frac{x_4 + x_1 + x_2}{3} \geq \frac{x_3 + x_4 + x_1}{3} \geq \frac{x_2 + x_3 + x_4}{3}.$$

而$\boldsymbol{v}$ 的分量的排列需分两种情况讨论:

情况1. 若$x_4 + x_1 \leq x_2 + x_3$, 则

$$\frac{x_1 + x_2}{2} \geq \frac{x_2 + x_3}{2} \geq \frac{x_4 + x_1}{2} \geq \frac{x_3 + x_4}{2}.$$

由于

$$\frac{x_1 + x_2 + x_3}{3} \leq \frac{x_1 + x_2}{2} \Leftrightarrow 2x_3 \leq x_1 + x_2, \tag{1.18}$$

$$\frac{x_1 + x_2 + x_3}{3} + \frac{x_4 + x_1 + x_2}{3} \leq \frac{x_1 + x_2}{2} + \frac{x_2 + x_3}{2} \Leftrightarrow x_1 + 2x_4 \leq 2x_2 + x_3, \tag{1.19}$$

$$\frac{x_1 + x_2 + x_3}{3} + \frac{x_4 + x_1 + x_2}{3} + \frac{x_3 + x_4 + x_1}{3} \leq \frac{x_1 + x_2}{2} + \frac{x_2 + x_3}{2} + \frac{x_4 + x_1}{2}$$

$$\Leftrightarrow x_3 + x_4 \leq 2x_2, \tag{1.20}$$

以及

$$\frac{x_1 + x_2 + x_3}{3} + \frac{x_4 + x_1 + x_2}{3} + \frac{x_3 + x_4 + x_1}{3} + \frac{x_2 + x_3 + x_4}{3}$$

$$= \frac{x_1 + x_2}{2} + \frac{x_2 + x_3}{2} + \frac{x_4 + x_1}{2} + \frac{x_3 + x_4}{2} = x_1 + x_2 + x_3 + x_4,$$

故式(1.17)成立.

情况2. 若 $x_2 + x_3 \leq x_4 + x_1$, 则

$$\frac{x_1 + x_2}{2} \geq \frac{x_4 + x_1}{2} \geq \frac{x_2 + x_3}{2} \geq \frac{x_3 + x_4}{2}.$$

此时, 式(1.18), 式(1.19)和式(1.20) 依然成立. 又

$$\frac{x_1 + x_2 + x_3}{3} + \frac{x_4 + x_1 + x_2}{3} \leq \frac{x_1 + x_2}{2} + \frac{x_4 + x_1}{2}$$

$$\Leftrightarrow x_2 + 2x_3 \leq 2x_1 + x_4,$$

故式(1.17)成立.

定义 1.9. 设 $\boldsymbol{a} = (a_1, \cdots, a_n) \in \mathbb{R}^n$, $a_1 \geq \cdots \geq a_n$. $\boldsymbol{a}$ 的 k 次循环移动平均是

$$a^{(k)} = \left(a_1^{(k)}, a_2^{(k)}, \cdots, a_n^{(k)} \right),$$

其中

$$a_i^{(k)} = \frac{1}{k} \left(a_i + a_{i+1} + \cdots + a_{i+k-1} \right), \ a_{n+i} = a_i, \ i = 1, 2, \cdots, n, \ 1 \leq k \leq n.$$

2006 年, 专著 [90]的作者之一I. Olkin 给关开中去信, 谈及如下一个有趣的问题.

问题

$$\boldsymbol{a}^{(k+1)} \prec \boldsymbol{a}^{(k)}, \ 1 \leq k \leq n-1. \tag{1.21}$$

专著 [92, p. 63] 称式(1.21) 的证明是难以捉摸(elusive) 的.

2010年, 笔者在文 [123]中证明, 当 $n = 4$, $k = 2$ 和 $n = 5$, $k = 3$ 时, 式(1.21) 成立. 2018年, 张涛等人 [232] 根据控制定义证得式(1.21) 成立.

定理 1.15. [175, p. 12] 设 $\boldsymbol{x}, \boldsymbol{y} \in \mathbb{R}^n$, 则

$$\sum_{i=1}^{n} x_{[i]} y_{(i)} \leq \sum_{i=1}^{n} x_i y_i \leq \sum_{i=1}^{n} x_{[i]} y_{[i]}. \tag{1.22}$$

定理 1.16. [90, p. 445] 设 $\boldsymbol{x}, \boldsymbol{y} \in \mathbb{R}^n$, 则不等式

$$\sum_{i=1}^{n} x_i u_i \leq \sum_{i=1}^{n} y_i u_i \tag{1.23}$$

对于任何 $u_1 \geq \cdots \geq u_n$ 成立, 当且仅当

$$\sum_{i=1}^{k} x_i \leq \sum_{i=1}^{k} y_i, \ k = 1, 2, \ldots, n-1 \tag{1.24}$$

且

$$\sum_{i=1}^{n} x_i = \sum_{i=1}^{n} y_i. \tag{1.25}$$

证明 若式(1.23)对于任何$u_1 \geq \cdots \geq u_n$ 成立, 则取$\boldsymbol{u} = (1, 1, \ldots, 1)$ 和$\boldsymbol{u} = (-1, -1, \ldots, -1)$ 可得式(1.25), 取

$$\boldsymbol{u} = (\underbrace{0, \ldots, 0}_{k}, \underbrace{1, \ldots, 1}_{n-k})$$

可得式(1.24).

假设式(1.24)和式(1.25)成立, 则对于任何$u_1 \geq \cdots \geq u_n$, 由Abel(阿贝尔)引理[97, p. 63], 有

$$\sum_{i=1}^{n} y_i u_i - \sum_{i=1}^{n} x_i u_i = \sum_{i=1}^{n}(y_i - x_i)u_i$$
$$= \sum_{i=1}^{n}(y_i - x_i)u_n + \sum_{k=1}^{n-1}[\sum_{i=1}^{k}(y_i - x_i)](u_k - u_{k+1}) \geq 0.$$

定理1.16得证.

例 1.10. (1986 年数学奥林匹克国家集训队选拔试题2) 设$a_1, \ldots, a_n,$ $b_1, \ldots, b_n$ 是实数. 试证对任何满足$x_1 \leq x_2 \leq \cdots \leq x_n$ 的实数, 不等式$\sum_{i=1}^{n} a_i x_i \leq \sum_{i=1}^{n} b_i x_i$ 都成立的充要条件是$\sum_{i=1}^{k} a_i \geq \sum_{i=1}^{k} b_i$, $k = 1, 2, \ldots, n-1$ 和$\sum_{i=1}^{n} a_i = \sum_{i=1}^{n} b_i$.

证明 易见此例等价于定理1.16.

定理 1.17. $[90, \text{p.} 445]$ 设$\boldsymbol{x}, \boldsymbol{y} \in \mathbb{R}^n$, 则不等式

$$\sum_{i=1}^{n} x_i u_i \leq \sum_{i=1}^{n} y_i u_i \tag{1.26}$$

对于任何$u_1 \geq \cdots \geq u_n \geq 0$ 成立, 当且仅当

$$\sum_{i=1}^{k} x_i \leq \sum_{i=1}^{k} y_i, \ k = 1, 2, \ldots, n. \tag{1.27}$$

证明 若式(1.26)对于任何$u_1 \geq \cdots \geq u_n \geq 0$ 成立, 则取

$$\boldsymbol{u} = (\underbrace{0, \ldots, 0}_{k}, \underbrace{1, \ldots, 1}_{n-k})$$

可得式(1.27).

假设式(1.27)成立, 则对于任何$u_1 \geq u_2 \geq \cdots \geq u_n \geq 0$, 令$t_i = y_i - x_i$, 则$\sum\limits_{i=1}^{k} t_i \geq 0, k = 1, \ldots, n$, 从而

$$\sum_{i=1}^{n} y_i u_i - \sum_{i=1}^{n} x_i u_i = \sum_{i=1}^{n} t_i u_i = t_1(u_1 - u_2) + (t_1 + t_2)(u_2 - u_3)$$
$$+ \cdots + (t_1 + \cdots + t_{n-1})(u_{n-1} - u_n) + (t_1 + \cdots + t_n)u_n \geq 0.$$

定理1.17 得证.

注记 1.4. 在定理1.16中, $\boldsymbol{u} \in \mathbb{R}^n$, 而在定理1.17中, $\boldsymbol{u} \in \mathbb{R}_+^n$, 在使用时注意这个区别.

由定理1.16 和定理1.17 不难导出下述定理1.18 和定理1.19.

定理 1.18. $[175, \text{p. } 15]$ 设$\boldsymbol{x}, \boldsymbol{y} \in \mathbb{R}^n$, 则:

(a)
$$\boldsymbol{x} \prec \boldsymbol{y} \Leftrightarrow \sum_{i=1}^{n} x_{[i]} u_{[i]} \leq \sum_{i=1}^{n} y_{[i]} u_{[i]}, \forall \boldsymbol{u} \in \mathbb{R}^n;$$

(b)
$$\boldsymbol{x} \prec \boldsymbol{y} \Leftrightarrow \sum_{i=1}^{n} x_{(i)} u_{[i]} \geq \sum_{i=1}^{n} y_{(i)} u_{[i]}, \forall \boldsymbol{u} \in \mathbb{R}^n;$$

(c)
$$\boldsymbol{x} \prec \boldsymbol{y} \Leftrightarrow \sum_{i=1}^{n} x_{[i]} u_{(i)} \geq \sum_{i=1}^{n} y_{[i]} u_{(i)}, \forall \boldsymbol{u} \in \mathbb{R}^n.$$

定理 1.19. $[175, \text{p. } 14]$ 设$\boldsymbol{x}, \boldsymbol{y} \in \mathbb{R}^n$, 则:

(a)
$$\boldsymbol{x} \prec_w \boldsymbol{y} \Leftrightarrow \sum_{i=1}^{n} x_{[i]} u_{[i]} \leq \sum_{i=1}^{n} y_{(i)} u_{[i]}, \forall \boldsymbol{u} \in \mathbb{R}_+^n;$$

(b)
$$\boldsymbol{x} \prec^w \boldsymbol{y} \Leftrightarrow \sum_{i=1}^{n} x_{(i)} u_{[i]} \geq \sum_{i=1}^{n} y_{(i)} u_{[i]}, \forall \boldsymbol{u} \in \mathbb{R}_+^n.$$

例 1.11. $[219, \text{p. } 69]$ 设$x_i, \lambda_i \in \mathbb{R}_+, i = 1, 2, \ldots, n$, $x_1 \geq \cdots \geq x_n \geq 0, \lambda_1 \geq 1, \lambda_1 + \lambda_2 \geq 2, \lambda_1 + \lambda_2 + \lambda_3 \geq 3, \ldots, \lambda_1 + \lambda_2 + \cdots + \lambda_n \geq n, \alpha \geq 1,$

则

$$\sum_{i=1}^{n}(\lambda_i x_i)^\alpha \geq \sum_{i=1}^{n} x_i^\alpha. \tag{1.28}$$

证明　因 $\alpha > 1$, 函数 t^α 在 $\mathbb{R}_+$ 上递增且凸, 那么 $1 \geq x_2^\alpha \geq \cdots \geq x_n^\alpha \geq 0$, 且

$$\sum_{i=1}^{k} \lambda_i^\alpha \geq k\left(\frac{1}{k}\sum_{i=1}^{k}\lambda_i\right)^\alpha \geq k\left(\frac{1}{k}k\right)^\alpha = k, k = 1,\ldots,n.$$

从而根据定理1.16有

$$\sum_{i=1}^{n} \lambda_i^\alpha x_i^\alpha \geq \sum_{i=1}^{n} 1 \cdot x_i^\alpha,$$

即式(1.28)成立.

定理 1.20. [178,p. 193],[90] 设 $\boldsymbol{x}, \boldsymbol{y} \in \mathbb{R}^n$, $x_1 \geq \cdots \geq x_n$, 且 $\sum\limits_{i=1}^{n} x_i = \sum\limits_{i=1}^{n} y_i$. 若下列条件之一成立, 必有 $\boldsymbol{x} \prec \boldsymbol{y}$:

(a) 存在 $k, 1 \leq k < n$, 使得 $x_i \leq y_i, i = 1,\ldots,k$, $x_i \geq y_i, i = k+1,\ldots,n$;

(b) $y_i - x_i$ 关于 $i, i = 1,\ldots,n$ 递减;

(c) 设 $x_i > 0, i = 1,\ldots,n$, 且 $\frac{y_i}{x_i}$ 关于 $i, i = 1,\ldots,n$ 递减.

定理 1.21. [178,p. 194] 设 $\boldsymbol{x}, \boldsymbol{y} \in \mathbb{R}^n$, $x_1 \geq \cdots \geq x_n$, 且 $\sum\limits_{i=1}^{n} x_i \leq \sum\limits_{i=1}^{n} y_i$. 若定理1.20 中任一条件成立, 都有 $\boldsymbol{x} \prec_w \boldsymbol{y}$.

利用定理1.20和定理1.21判断控制关系和弱控制关系往往十分有效.

例 1.12.　若 $m \geq 3n$, 则

$$\left(n, \underbrace{0,\ldots,0}_{(m+1)(n+1)}\right) \prec \left(\underbrace{\frac{m-n}{2},\ldots,\frac{m-n}{2}}_{(m+1)(n+1)}, n-\frac{1}{2}(m+1)(n+1)(m-n)\right). \tag{1.29}$$

证明　因 $m \geq 3n$, 则 $n \leq \frac{m-n}{2}$, 从而 $n - \frac{1}{2}(m+1)(n+1)(m-n) \leq 0$, 由定理1.20(a) 知式(1.29) 成立.

定理 1.22. [175,p. 5] 设 $\boldsymbol{x}, \boldsymbol{y} \in \mathbb{R}_+^n, \boldsymbol{u}, \boldsymbol{v} \in \mathbb{R}^m$.

(a) 若 $\boldsymbol{x} \prec_w \boldsymbol{y}, \boldsymbol{u} \prec_w \boldsymbol{v}$, 则 $(\boldsymbol{x}, \boldsymbol{u}) \prec_w (\boldsymbol{y}, \boldsymbol{v})$;

(b) 若 $\boldsymbol{x} \prec^w \boldsymbol{y}, \boldsymbol{u} \prec^w \boldsymbol{v}$, 则 $(\boldsymbol{x}, \boldsymbol{u}) \prec^w (\boldsymbol{y}, \boldsymbol{v})$;

(c) 若 $\boldsymbol{x} \prec \boldsymbol{y}, \boldsymbol{u} \prec \boldsymbol{v}$, 则 $(\boldsymbol{x}, \boldsymbol{u}) \prec (\boldsymbol{y}, \boldsymbol{v})$.

定理 1.23. [175,p. 5] 设 $\boldsymbol{u} \in \mathbb{R}^m, \boldsymbol{y} \in \mathbb{R}_+^n, 1 \le m < n$, 则存在 $\boldsymbol{v} \in \mathbb{R}^{n-m}$ 使得 $(\boldsymbol{u}, \boldsymbol{v}) \prec \boldsymbol{y}$ 的充要条件是 $\boldsymbol{u} \prec_w (y_{[1]}, \ldots, y_{[m]})$, 且 $\boldsymbol{u} \prec^w (y_{(1)}, \ldots, y_{(m)})$.

推论 1.5. [175,p. 10] 设 $\boldsymbol{y} \in \mathbb{R}^n, y_{[1]} \ge \alpha \ge y_{[n]}, \beta = \sum\limits_{i=1}^n y_i$, 则

$$\left(\alpha, \frac{\beta - \alpha}{n-1}, \ldots, \frac{\beta - \alpha}{n-1} \right) \prec \boldsymbol{y}.$$

定理 1.24. [175,p. 10] 设 $\boldsymbol{x}, \boldsymbol{y}, \boldsymbol{u}, \boldsymbol{v} \in \mathbb{R}_+^n$.

(a) 若 $\boldsymbol{x} \prec_w \boldsymbol{y}, \boldsymbol{u} \prec_w \boldsymbol{v}$, 则 $\boldsymbol{x} + \boldsymbol{u} \prec_w \boldsymbol{y} \downarrow + \boldsymbol{v} \downarrow$;

(b) 若 $\boldsymbol{x} \prec^w \boldsymbol{y}, \boldsymbol{u} \prec^w \boldsymbol{v}$, 则 $\boldsymbol{x} + \boldsymbol{u} \prec^w \boldsymbol{y} \downarrow + \boldsymbol{v} \downarrow$;

(c) 若 $\boldsymbol{x} \prec \boldsymbol{y}, \boldsymbol{u} \prec \boldsymbol{v}$, 则 $\boldsymbol{x} + \boldsymbol{u} \prec \boldsymbol{y} \downarrow + \boldsymbol{v} \downarrow$.

注记 1.5. 设 $\boldsymbol{x}, \boldsymbol{y}, \boldsymbol{u} \in \mathbb{R}_+^n$. 由定理1.24(c) 知, 若 $\boldsymbol{x} \prec \boldsymbol{y}$, 则 $\boldsymbol{x} + \boldsymbol{u} \prec \boldsymbol{y} \downarrow + \boldsymbol{u} \downarrow$. 但一般 $\boldsymbol{x} + \boldsymbol{u} \prec \boldsymbol{y} + \boldsymbol{u}$ 不成立. 例如, $\boldsymbol{x} = (1, 1, 1) \prec \boldsymbol{y} = (3, 0, 0), \boldsymbol{u} = (0, 3, 1)$, 但 $\boldsymbol{x} + \boldsymbol{u} = (1, 4, 2) \prec \boldsymbol{y} + \boldsymbol{u} = (3, 3, 1)$ 不成立.

定理 1.25. [175,p. 11] 设 $\boldsymbol{x}, \boldsymbol{y} \in \mathbb{R}_+^n$, 则

$$\boldsymbol{x} \downarrow + \boldsymbol{y} \uparrow \prec \boldsymbol{x} + \boldsymbol{y} \prec \boldsymbol{x} \downarrow + \boldsymbol{y} \downarrow.$$

定理 1.26. [175,p. 11] 设 $\boldsymbol{x}^{(j)} \prec \boldsymbol{y} \in \mathbb{R}^n, j = 1, \ldots, m, \alpha_j \ge 0$, 且 $\sum\limits_{j=1}^m \alpha_j = 1$, 则 $\sum\limits_{j=1}^m \alpha_j \boldsymbol{x}^{(j)} \prec \boldsymbol{y}$.

弱控制关系比强控制关系条件宽松, 因此一般来说前者比后者多见, 且较易于获得. 但利用强控制关系得到的不等式往往要比利用弱控制关系得到的不等式要强. 因此将弱控制关系修改或扩充为强控制关系是很有意义的, 常常可以实现加强或加细已有不等式的目的.

定理 1.27. [175,p. 10] 设 $\boldsymbol{x}, \boldsymbol{y} \in \mathbb{R}^n$.

(a) 若 $\boldsymbol{x} \prec_w \boldsymbol{y}$, 则 $(\boldsymbol{x}, x_{n+1}) \prec (\boldsymbol{y}, y_{n+1})$, 其中

$$x_{n+1} = \min \{x_1, \ldots, x_n, y_1, \ldots, y_n\}, \quad y_{n+1} = \sum_{i=1}^{n+1} x_i - \sum_{i=1}^n y_i.$$

(b) 若 $\boldsymbol{x} \prec^w \boldsymbol{y}$, 则 $(x_0, \boldsymbol{x}) \prec (y_0, \boldsymbol{y})$, 其中

$$x_0 = \max \{x_1, \ldots, x_n, y_1, \ldots, y_n\}, \quad y_0 = \sum_{i=0}^n x_i - \sum_{i=0}^n y_i.$$

(c) 若 $\boldsymbol{x} \prec^w \boldsymbol{y}$, 则

$$\left(\boldsymbol{x}, 0, 0\right) \prec \left(\boldsymbol{y}, \sum_{i=1}^{n} x_i, -\sum_{i=1}^{n} y_i\right).$$

定理 1.28. [175,p. 7] 设 $\boldsymbol{x}, \boldsymbol{y} \in \mathbb{R}^n, y_1 \leq \cdots \leq y_n$ 且令 $\widetilde{y} = y_1 - (\sum_{i=1}^{n} y_i - \sum_{i=1}^{n} x_i)$. 若 $\boldsymbol{x} \prec_w \boldsymbol{y}$, 则

$$(x_1, \ldots, x_n) \prec (y_1, \ldots, y_{n-1}, \widetilde{y}).$$

定理 1.29. [92,p. 177] 若 $\boldsymbol{x} \prec_w \boldsymbol{y}$, 其中 $\boldsymbol{x} \in \mathbb{R}_+^n$, $\boldsymbol{y} \in \mathbb{R}^n$, 且 $\delta = \sum_{i=1}^{n} (y_i - x_i)$, 则对任何整数 k, 有

$$\left(\boldsymbol{x}, \underbrace{\frac{\delta}{k}, \ldots, \frac{\delta}{k}}_{k}\right) \prec \left(\boldsymbol{y}, \underbrace{0, \ldots, 0}_{k}\right).$$

文 [175] 第 7 页证明了 $k = n$ 的情形.

注记 1.6. 一般不存在数 c 使得 $(\boldsymbol{x}, 0) \prec (\boldsymbol{y}, c)$.

注记 1.7. 一般不存在向量 $\boldsymbol{u}$ 使得 $(\boldsymbol{x}, \boldsymbol{u}) \prec (\boldsymbol{y}, 0, \ldots, 0)$.

定理 1.30. 设 $\{a_k\}, \{b_k\}$ 均非负递减, 且满足 $\sum_{j=1}^{k} a_j \leq \sum_{j=1}^{k} b_j, k = 1, \ldots, n$, 即 $(a_1, \ldots, a_n) \prec_w (b_1, \ldots, b_n)$. 记 $\delta = \sum_{i=1}^{n} (b_i - a_i)$, 则当 $p > 1$ 时, 有

$$\sum_{j=1}^{n} a_j^p \leq \sum_{j=1}^{n} b_j^p - \frac{\delta^p}{k^{p-1}}. \tag{1.30}$$

当 $0 < p \leq 1$ 时, 不等式(1.30)反向, 且仅当 $a_k = b_k, k = 1, \ldots, n$ 时, 等式成立.

证明 由定理1.29 和 Karamata(卡拉马塔)不等式1.32 (a) 即得证.

例 1.13. [195] 设 $\boldsymbol{x} = (x_1, \ldots, x_n) \in \mathbb{R}_{++}^n$, $n \geq 2$ 且 $\prod_{i=1}^{n} x_i \geq 1$, 则

$$(\underbrace{1, \ldots, 1}_{n}) \prec_w (x_1, \ldots, x_n). \tag{1.31}$$

证明 因

$$(\underbrace{1, \ldots, 1}_{n}) \leq (\underbrace{\overline{\boldsymbol{x}}, \ldots, \overline{\boldsymbol{x}}}_{n}) \prec (x_1, \ldots, x_n),$$

故式(1.31)成立.

对于正数x_1, x_2, x_3, 由式(1.31) 可得

$$(1,1,1) \prec_w \left(\frac{x_2 + x_3}{x_3 + x_1}, \frac{x_3 + x_1}{x_1 + x_2}, \frac{x_1 + x_2}{x_2 + x_3} \right), \tag{1.32}$$

$$(1,1,1) \prec_w \left(\frac{x_1}{\sqrt{x_2 x_3}}, \frac{x_2}{\sqrt{x_3 x_1}}, \frac{x_3}{\sqrt{x_1 x_2}} \right), \tag{1.33}$$

$$(1,1,1) \prec_w \left(\frac{\sqrt{x_1 x_2}}{x_3}, \frac{\sqrt{x_3 x_1}}{x_2}, \frac{\sqrt{x_2 x_3}}{x_1} \right) \tag{1.34}$$

和

$$(1,1,1) \prec_w \left(\frac{x_1^2}{x_2 x_3}, \frac{x_2^2}{x_3 x_1}, \frac{x_3^2}{x_1 x_2} \right). \tag{1.35}$$

式(1.33)和式(1.34)是文 [124]给出的两个弱控制不等式.

例 1.14. (第34届加拿大数学奥林匹克试题) 证明: 对任意正实数a, b, c, 有

$$\frac{a^3}{bc} + \frac{b^3}{ca} + \frac{c^3}{ab} \geq a + b + c. \tag{1.36}$$

证明 不妨设$a \geq b \geq c$, 由式(1.35)知

$$(1,1,1) \prec_w \left(\frac{a^2}{bc}, \frac{b^2}{ca}, \frac{c^2}{ab} \right).$$

根据定理1.17, 有

$$\frac{a^2}{bc} \cdot a + \frac{b^2}{ca} \cdot b + \frac{c^2}{ab} \cdot c \geq a \cdot 1 + b \cdot 1 + c \cdot 1,$$

由此得证.

设$\boldsymbol{x} = (x_1, \ldots, x_n) \in \mathbb{R}^n_{++}, n \geq 2$ 且 $\prod\limits_{i=1}^{n} x_i \geq 1$. 据定理1.29 和定理1.27, 由式(1.31) 可分别得

$$(\underbrace{1, \ldots, 1}_{n}, \underbrace{\overline{\boldsymbol{x}} - 1, \ldots, \overline{\boldsymbol{x}} - 1}_{n}) \prec (x_1, \ldots, x_n, \underbrace{0, \ldots, 0}_{n}) \tag{1.37}$$

和

$$(\underbrace{1, \ldots, 1}_{n}, a) \prec (x_1, \ldots, x_n, x_{n+1}), \tag{1.38}$$

其中$a = \min\{x_1, \ldots, x_n, 1\}, x_{n+1} = n + a - \sum\limits_{i=1}^{n} x_i$.

1.4　一些常用控制不等式

在受控理论的研究中,发现和建立向量间的控制关系是一项重要而基础的工作. 因为控制关系深刻地描述了向量间的内在联系, 一个新的控制关系与下一章我们谈及的Schur(舒尔) 凹函数或Schur凸函数相结合, 常常能衍生出许多有趣的不等式. 这里搜集了一些重要的向量间的控制关系, 熟悉它们是必要的.

1. 设$a \le x_i \le b, i = 1, \ldots, n, n \ge 2, \sum\limits_{i=1}^{n} x_i = s$, 则

$$\boldsymbol{x} = (x_1, \ldots, x_n) \prec (\underbrace{b, \ldots, b}_{n-1-u}, c, \underbrace{a, \ldots, a}_{u}) = \boldsymbol{y} \tag{1.39}$$

其中$u = \left[\frac{nb-s}{b-a}\right], c = s - b(n-1) + (b-u)a$.

证明[196]　根据题设条件, 有$\sum\limits_{i=1}^{n} x_i = \sum\limits_{i=1}^{n} y_i$, 从而欲证式(1.39), 只需证明$\sum\limits_{i=1}^{k} x_{[i]} \le \sum\limits_{i=1}^{k} y_{[i]}, k = 1, \ldots, n-1$. 不难验证$b \ge c \ge a$. 由$a \le x_i \le b, i = 1, 2, \ldots, n$ 得

$$\sum_{i=1}^{k} x_{[i]} \le kb = \sum_{i=1}^{k} y_{[i]}, k = 1, 2, \ldots, n-1-u$$

和

$$\sum_{i=k+1}^{n} x_{[i]} \ge (n-k)a = \sum_{i=k+1}^{n} y_{[i]}, k = n-u, n-u+1, \ldots, n,$$

因此式(1.39) 成立.

2. 设$\boldsymbol{x} = (x_1, \ldots, x_n) \in \mathbb{R}_{++}^n, n \ge 2, \sum\limits_{i=1}^{n} x_i = s > 0, c \ge s$, 则

$$\left(\frac{c - x_1}{nc - s}, \ldots, \frac{c - x_n}{nc - s}\right) \prec \left(\frac{x_1}{s}, \ldots, \frac{x_n}{s}\right). \tag{1.40}$$

证明[125]　不妨设$x_1 \ge \cdots \ge x_n$, 则

$$\frac{x_1}{s} \ge \cdots \ge \frac{x_n}{s}, \quad \frac{c - x_1}{nc - s} \le \cdots \le \frac{c - x_n}{nc - s}.$$

显然

$$\sum_{i=1}^{n} \frac{c - x_i}{nc - s} = \sum_{i=1}^{n} \frac{x_i}{s} = 1,$$

为证式(1.40), 只需证

$$\sum_{i=1}^{k} \frac{x_i}{s} \geq \sum_{i=1}^{k} \frac{c - x_i}{nc - s}, \; k = 1, 2, \ldots, n - 1.$$

上式等价于

$$(nc - s) \sum_{i=1}^{k} x_i + s \sum_{i=1}^{k} x_{n-i+1} \geq kcs. \tag{1.41}$$

我们有

$$(n - 1) \sum_{i=1}^{k} x_i + \sum_{i=1}^{k} x_{n-i+1} \geq ks. \tag{1.42}$$

事实上, 式(1.42) 的左边可写为

$$(n - k)x_1 + \sum_{i=1}^{k} x_{n-i+1} + \sum_{j=2}^{k} \left[(n - k)x_j + \sum_{i=1}^{k} x_i \right],$$

因$x_1 \geq \cdots \geq x_n$, 故

$$(n - k)x_1 + \sum_{i=1}^{k} x_{n-i+1} \geq \sum_{i=1}^{n-k} x_i + \sum_{i=1}^{k} x_{n-i+1} = \sum_{i=1}^{n} x_i = s$$

和

$$(n - k)x_j + \sum_{i=1}^{k} x_i \geq \sum_{i=k+1}^{n} x_i + \sum_{i=1}^{k} x_i = \sum_{i=1}^{n} x_i = s, \; j = 2, 3, \ldots, k.$$

从而式(1.42)成立. 再有显然的不等式

$$\sum_{i=1}^{k} x_i - \sum_{i=1}^{k} x_{n-i+1} \geq 0. \tag{1.43}$$

于是经式(1.42) $\times c +$ (1.43) $\times (c - s)$ 即得式(1.41), 所以式(1.40) 成立.

3. 设$\boldsymbol{x} = (x_1, \ldots, x_n) \in \mathbb{R}_{++}^n, n \geq 2, \sum_{i=1}^{n} x_i = s > 0, c \geq 0$, 则

$$\left(\frac{c + x_1}{nc + s}, \ldots, \frac{c + x_n}{nc + s} \right) \prec \left(\frac{x_1}{s}, \ldots, \frac{x_n}{s} \right). \tag{1.44}$$

4. 设 $\boldsymbol{x} = (x_1, \ldots, x_n) \in \mathbb{R}_{++}^n, n \geq 2, 0 < r \leq s$, 则

$$\left(\frac{x_1^r}{\sum\limits_{j=1}^{n} x_j^r}, \ldots, \frac{x_n^r}{\sum\limits_{j=1}^{n} x_j^r} \right) \prec \left(\frac{x_1^s}{\sum\limits_{j=1}^{n} x_j^s}, \ldots, \frac{x_n^s}{\sum\limits_{j=1}^{n} x_j^s} \right). \tag{1.45}$$

5.[126] 设 $\boldsymbol{a} = (a_1, \ldots, a_n) \in \mathbb{R}_{++}^n, \sum\limits_{i=1}^{n} a_i = s_n$, 且令 $x_i = a_i + \frac{n-m-1}{n-1}(s_n - a_i)$. 若 $s_n - ma_i \geq 0, i = 1, \ldots, n$, 则

$$\boldsymbol{x} = (x_1, \ldots, x_n) \prec (s_n - ma_1, \ldots, s_n - ma_n) = s_n - m\boldsymbol{a}. \tag{1.46}$$

6.[90] 设 $\boldsymbol{x} = (x_1, \ldots, x_n) \in \mathbb{R}_{++}^n, n \geq 2$, 且 $\sum\limits_{i=1}^{n} x_i = (n-2)c$, 则

$$\left(\frac{c + x_1}{n-1}, \ldots, \frac{c + x_n}{n-1} \right) \prec (c - x_1, \ldots, c - x_n). \tag{1.47}$$

7.[90] 设 $\boldsymbol{x} = (x_1, \ldots, x_n) \in \mathbb{R}_{++}^n, n \geq 2$, 且 $\sum\limits_{i=1}^{n} x_i = nc - 2s, c \geq s$, 则

$$\left(\frac{(c + x_1)s}{nc - s}, \ldots, \frac{(c + x_n)s}{nc - s} \right) \prec (c - x_1, \ldots, c - x_n). \tag{1.48}$$

8. 设 $x > 0$, 则

$$\left(\underbrace{1 + \frac{x}{n}, \ldots, 1 + \frac{x}{n}}_{n} \right) \prec \left(\underbrace{1 + \frac{x}{n-1}, \ldots, 1 + \frac{x}{n-1}}_{n-1}, 1 \right). \tag{1.49}$$

9. 若 $x \neq n - 1$, 则

$$\left(\underbrace{\frac{x+1}{n}, \ldots, \frac{x+1}{n}}_{n} \right) \prec\prec \left(\underbrace{\frac{x}{n-1}, \ldots, \frac{x}{n-1}}_{n-1}, 1 \right). \tag{1.50}$$

10. 若 $x_i > 0$ 或 $-1 < x_i < 0, i = 1, \ldots, n$, 则

$$(1 + x_1, \ldots, 1 + x_n) \prec \left(1 + \sum\limits_{i=1}^{n} x_i, \underbrace{1, \ldots, 1}_{n-1} \right). \tag{1.51}$$

11.

$$\left(\frac{1}{n}, \ldots, \frac{1}{n}\right) \prec \left(\frac{1}{n-1}, \ldots, \frac{1}{n-1}, 0\right) \prec \cdots$$
$$\prec \left(\frac{1}{2}, \frac{1}{2}, 0, \ldots, 0\right) \prec (1, 0, \ldots, 0). \tag{1.52}$$

12.[90] 设 $\boldsymbol{x} = (x_1, \ldots, x_n) \in \mathbb{R}_+^n$, 则

$$(x_1, \ldots, x_n) \begin{cases} \prec \left(x_{[1]}, \ldots, x_{[k]}, \sum\limits_{j=k+1}^{n} x_{[j]}, 0, \ldots, 0\right) \prec \left(\sum\limits_{i=1}^{n} x_i, 0, \ldots, 0\right), \\ \prec \left(\sum\limits_{j=1}^{k} x_{[j]}, x_{[k+1]}, \ldots, x_{[n]}, 0, \ldots, 0\right) \prec \left(\sum\limits_{i=1}^{n} x_i, 0, \ldots, 0\right), \end{cases} \tag{1.53}$$

$$(\overline{\boldsymbol{x}}, \ldots, \overline{\boldsymbol{x}}) \prec (x_{[1]}, \ldots, x_{[k]}, \dot{\boldsymbol{x}}, \ldots, \dot{\boldsymbol{x}}) \prec (x_1, \ldots, x_n) \tag{1.54}$$

和

$$(\overline{\boldsymbol{x}}, \ldots, \overline{\boldsymbol{x}}) \prec (\hat{\boldsymbol{x}}, \ldots, \hat{\boldsymbol{x}}, x_{[k+1]}, \ldots, x_{[n]}) \prec (x_1, \ldots, x_n), \tag{1.55}$$

其中 $\dot{\boldsymbol{x}} = \frac{1}{n+k-1} \sum\limits_{i=k+1}^{n} x_{[i]}, \hat{\boldsymbol{x}} = \frac{1}{k} \sum\limits_{i=1}^{k} x_{[i]}, \overline{\boldsymbol{x}} = \frac{1}{n} \sum\limits_{i=1}^{n} x_{[i]}.$

13.[90] 若 $x_1 \geq y_1 \geq x_2 \geq \cdots \geq y_{n-1} \geq x_n$, 则

$$\left(y_1, \ldots, y_{n-1}, \sum_{j=1}^{n} x_j - \sum_{j=1}^{n-1} y_j\right) \prec (x_1, \ldots, x_n) \tag{1.56}$$

和

$$(x_2, \ldots, x_n) \prec_w (y_1, \ldots, y_{n-1}) \prec_w (x_1, \ldots, x_{n-1}). \tag{1.57}$$

14.[90] 若 $x_1 \geq \cdots \geq x_{2n-1} > x_{2n} > 0$, 则

$$\left(\sum_{i=1}^{2n-1} (-1)^{i-1} x_i, x_2, x_4, \ldots, x_{2n-2}\right) \prec (x_1, x_3, \ldots, x_{2n-1}) \tag{1.58}$$

和

$$\left(\sum_{i=1}^{2n} (-1)^{i-1} x_i, x_2, x_4, \ldots, x_{2n}\right) \prec (x_1, x_3, \ldots, x_{2n-1}, 0). \tag{1.59}$$

15.[90] 若 $m \geq n$ 且 $\alpha = \frac{n}{m} \leq 1$, 则

$$\left(\underbrace{\alpha c, \ldots, \alpha c}_{m}, 0, \ldots, 0 \right) \prec \underbrace{(c, \ldots, c}_{n}, 0, \ldots, 0). \tag{1.60}$$

16.[90]

$$\left(\frac{x_1 + c}{\sum\limits_{i=1}^{n} x_i + nc}, \ldots, \frac{x_n + c}{\sum\limits_{i=1}^{n} x_i + nc} \right) \prec \left(\frac{x_1}{\sum\limits_{i=1}^{n} x_i}, \ldots, \frac{x_n}{\sum\limits_{i=1}^{n} x_i} \right), \ c \geq 0. \tag{1.61}$$

17.[90] 设 $x_1 \geq \cdots \geq x_l \geq a > x_{l+1} \geq \cdots \geq x_n, y_1 \geq \cdots \geq y_m \geq a > y_{m+1} \geq \cdots \geq y_n$.

若 $l \geq m$, 则

$$(x_1, \ldots, x_l) \prec_w (y_1, \ldots, y_m, \underbrace{a, \ldots, a}_{l-m}) \tag{1.62}$$

和

$$(\underbrace{a, \ldots, a}_{l-m}, x_{l+1}, \ldots, x_n) \prec^w (y_{m+1}, \ldots, y_n). \tag{1.63}$$

若 $l < m$, 则

$$(x_1, \ldots, x_l, \underbrace{a, \ldots, a}_{m-l}) \prec_w (y_1, \ldots, y_m) \tag{1.64}$$

和

$$(x_{l+1}, \ldots, x_n) \prec^w (\underbrace{a, \ldots, a}_{m-l}, y_{m+1}, \ldots, y_n). \tag{1.65}$$

18.[143] 设 $x > 0, \lambda > 0$, 则

$$\left(\frac{x + \lambda}{n}, \ldots, \frac{x + \lambda}{n} \right) \prec \left(\underbrace{\frac{x}{k}, \ldots, \frac{x}{k}}_{k}, \underbrace{\frac{\lambda}{n-k}, \ldots, \frac{\lambda}{n-k}}_{n-k} \right). \tag{1.66}$$

19. 设 $x \neq 1, x \geq 0$, 则

$$\left(\underbrace{x, \ldots, x}_{n+1} \right) \prec\prec \left((n+1)x - n, \underbrace{1, \ldots, 1}_{n} \right). \tag{1.67}$$

20.[127] 设 $a \le b, u(t) = tb + (1-t)a, v(t) = ta + (1-t)b, \frac{1}{2} \le t_2 \le t_1 \le 1$, 则

$$\left(\frac{a+b}{2}, \frac{a+b}{2}\right) \prec (u(t_2), v(t_2)) \prec (u(t_1), v(t_1)) \prec (a, b). \qquad (1.68)$$

21. 若 $x_i > 0, i = 1, \ldots, n$, 则对于任何常数 $c, 0 < c < \frac{1}{n}\sum\limits_{i=1}^{n} x_i$, 有

$$\left(\frac{x_1}{\sum\limits_{i=1}^{n} x_i}, \ldots, \frac{x_n}{\sum\limits_{i=1}^{n} x_i}\right) \prec \left(\frac{x_1 - c}{\sum\limits_{i=1}^{n}(x_i - c)}, \ldots, \frac{x_n - c}{\sum\limits_{i=1}^{n}(x_i - c)}\right). \qquad (1.69)$$

22.[90] 设 $m = \min\{x_i\}, M = \max\{x_i\}$, 则

$$\left(m, \frac{\sum\limits_{j=1}^{n} x_j - m - M}{n-2}, \ldots, \frac{\sum\limits_{j=1}^{n} x_j - m - M}{n-2}\right) \prec (x_1, \ldots, x_n). \qquad (1.70)$$

23.[90] 若 $x_{[n]} \le x_{[n-1]} - d$, 则

$$(x_1, \ldots, x_n) \prec \left(x_{[n]}, x_{[n]} + d, \ldots, x_{[n]} + d, M\right), \qquad (1.71)$$

其中 M 由式 $\sum\limits_{i=1}^{n} x_i = x_{[n]} + (n-2)(x_{[n]} + d) + M$ 确定.

24.[90] 若 $c \ge 1$ 且 $x_{[1]} \ge cx_{[2]}, x_{[n]} \ge 0$, 则

$$(x_1, \ldots, x_n) \prec \left(x_{[n]}, x_{[n]} + d, \ldots, x_{[n]} + d, M\right) \qquad (1.72)$$

和

$$(x_1, \ldots, x_n) \prec \left(x_{[1]}, \underbrace{\frac{x_{[n]}}{c}, \ldots, \frac{x_{[n]}}{c}}_{l}, \theta, \underbrace{0, \ldots, 0}_{n-l-2}\right), \qquad (1.73)$$

其中 $0 \le \theta < \frac{x_{[1]}}{c}$ 和 $\sum\limits_{i=1}^{n} x_i = x_{[1]} + \left[\frac{x_{[1]}}{c}\right] + \theta$.

25.[90] 若 $b \ge 0$ 且 $x_{[1]} \ge x_{[2]} + b, x_{[n]} \ge 0$, 则

$$(x_1, \ldots, x_n) \prec \left(x_{[1]}, \underbrace{x_{[1]} - b, \ldots, x_{[1]} - b}_{l}, \theta, \underbrace{0, \ldots, 0}_{n-l-2}\right), \qquad (1.74)$$

其中 $0 \le \theta < x_{[1]} - b$ 且 $\sum\limits_{i=1}^{n} x_i = x_{[1]} + l(x_{[1]} - b) + \theta.$

26.[90] 若 $x_{[n]} \le cx_{[n-1]}$, 则

$$\left(x_1, \ldots, x_n\right) \prec \left(x_{[n]}, \frac{x_{[n]}}{c}, \ldots, \frac{x_{[n]}}{c}, M\right), \tag{1.75}$$

其中 M 由式 $\sum\limits_{i=1}^{n} x_i = x_{[n]} + (n-2)\frac{x_{[n]}}{c} + M$ 确定.

27.[90] 若 $x_i \ge m, i = 1, \ldots, n$, 且 $\sum\limits_{i=1}^{n} x_i = s$, 则

$$(x_1, \ldots, x_n) \prec (m, \ldots, m, s - (n-1)m). \tag{1.76}$$

若 $x_i \le M, i = 1, \ldots, n$ 且 $\sum\limits_{i=1}^{n} x_i = s$, 则

$$(x_1, \ldots, x_n) \prec \left(\frac{s-M}{n-1}, \ldots, \frac{s-M}{n-1}, M\right). \tag{1.77}$$

28. 使用数学归纳法不难证明

$$(\underbrace{2, \ldots, 2}_{n+1}, \underbrace{4, \ldots, 4}_{n+1}, \ldots, \underbrace{2n, \ldots, 2n}_{n+1})$$
$$\prec\prec(\underbrace{1, \ldots, 1}_{n}, \underbrace{3, \ldots, 3}_{n}, \ldots, \underbrace{2n+1, \ldots, 2n+1}_{n}). \tag{1.78}$$

29.[93] 若 $\alpha_i > 0, i = 1, \ldots, n, \beta_1 \ge \beta_2 \ge \cdots \ge \beta_n > 0$, 且 $\frac{\beta_1}{\alpha_1} \le \cdots \le \frac{\beta_n}{\alpha_n}$, 则

$$(b_1, \ldots, b_n) \prec (a_1, \ldots, a_n), \tag{1.79}$$

其中 $a_i = \frac{\alpha_i}{\sum\limits_{j=1}^{n} \alpha_j}, b_i = \frac{\beta_i}{\sum\limits_{j=1}^{n} \beta_j}, i = 1, \ldots, n.$

30.[241] 设 $\boldsymbol{x} = (x_1, \ldots, x_n) \in \mathbb{R}_+^n, \sum\limits_{i=1}^{n} x_i = s$, 并令 $x_{n+i} = x_i, i = 1, 2, \ldots, n.$

若 $\sum\limits_{i=1}^{n} x_i = s$, 则

$$\left(\frac{k}{n}, \ldots, \frac{k}{n}\right) \prec \left(\sum_{i=1}^{k} x_i, \sum_{i=1}^{k} x_{i+1}, \ldots, \sum_{i=1}^{k} x_{i+n-1}\right)$$
$$\prec (kx_1, \ldots, kx_n) \prec (k, \ldots, 0). \tag{1.80}$$

若 $\sum\limits_{i=1}^{n} x_i \leq s$, 则

$$\left(\frac{k}{n}, \ldots, \frac{k}{n} \right) \prec^w \left(\sum_{i=1}^{k} x_i, \sum_{i=1}^{k} x_{i+1}, \ldots, \sum_{i=1}^{k} x_{i+n-1} \right)$$
$$\prec^w (kx_1, \ldots, kx_n) \prec^w (k, \ldots, 0). \tag{1.81}$$

若 $\sum\limits_{i=1}^{n} x_i \geq s$, 则

$$\left(\frac{k}{n}, \ldots, \frac{k}{n} \right) \prec_w \left(\sum_{i=1}^{k} x_i, \sum_{i=1}^{k} x_{i+1}, \ldots, \sum_{i=1}^{k} x_{i+n-1} \right)$$
$$\prec_w (kx_1, \ldots, kx_n) \prec_w (k, \ldots, 0). \tag{1.82}$$

31.[228] 设 $x \in [0,1], \beta \geq 1, \alpha_i > 0, i = 1, 2, \ldots, n, n \in \mathbb{N}$, 则

$$\left(\beta + \left(\sum_{i=1}^{n} \alpha_i \right) x - 1, \alpha_1, \ldots, \alpha_n \right) \prec \left(\beta + \sum_{i=1}^{n} \alpha_i - 1, \alpha_1 x, \ldots, \alpha_n x \right) \tag{1.83}$$

和

$$(\beta, \alpha_1 x, \ldots, \alpha_n x) \prec \left(\beta + \left(\sum_{i=1}^{n} \alpha_i \right) x - 1, \underbrace{0, \ldots, 0}_{n} \right). \tag{1.84}$$

32. [90] 假设 $m \leq x_i \leq M, i = 1, \ldots, n$, 则存在唯一的 $\theta \in [m, M)$ 和唯一的整数 $l \in \{0, 1, \ldots, n\}$ 使得

$$\sum_{i=1}^{n} x_i = (n - l - 1)m + \theta + lM.$$

l 和 θ 由下式确定

$$(x_1, \ldots, x_n) \prec \left(\underbrace{M, \ldots, M}_{l}, \theta, \underbrace{m, \ldots, m}_{n-l-1} \right). \tag{1.85}$$

注意, 因 $\theta = \sum\limits_{i=1}^{n} x_i - (n - l - 1)m - lM \in [m, M)$, 故

$$\frac{\sum\limits_{i=1}^{n} x_i - nm}{M - m} - 1 \leq l < \frac{\sum\limits_{i=1}^{n} x_i - nm}{M - m},$$

由此可确定 l.

33. [90] 若 $0 \leq x_i \leq c_i, i = 1, \ldots, n, c_1 \geq \cdots \geq c_n$ 且 $\sum\limits_{i=1}^{n} x_i = s$, 则

$$(x_1, \ldots, x_n) \prec \left(c_1, \ldots, c_r, s - \sum_{i=1}^{r} c_i, 0, \ldots, 0 \right), \qquad (1.86)$$

其中 $r \in \{1, \ldots, n-1\}$ 使得 $\sum\limits_{i=1}^{r} c_i < s$, 且 $\sum\limits_{i=1}^{r+1} c_i \geq s$. 若这样的整数不存在, 则 $r = n$.

34. [90] 若 $0 \leq a_i \leq x_i, i = 1, \ldots, n, a_1 \geq \cdots \geq a_n$, 且 $\sum\limits_{i=1}^{n} x_i = s$, 则

$$\left(a_1, \ldots, a_r, s - \sum_{i=1}^{r} a_i, 0, \ldots, 0 \right) \prec (x_1, \ldots, x_n), \qquad (1.87)$$

其中 $r \in \{1, \ldots, n-1\}$ 使得 $\sum\limits_{i=1}^{r} a_i < s$, 且 $\sum\limits_{i=1}^{r+1} a_i \geq s$. 若这样的整数不存在, 则 $r = n$.

35. 若 $x_i \geq 0, i = 1, \ldots, n$, 则

$$(x_1, \ldots, x_n) \prec \left(\sum_{i=1}^{n} x_i, 0, \ldots, 0 \right). \qquad (1.88)$$

注意此控制关系要求诸 x_i 非负.

1.5 凸函数与控制不等式

定理 1.31. [175] 设 $\Omega \subset \mathbb{R}^n$ 是对称凸集, $\boldsymbol{x}, \boldsymbol{y} \in \Omega$, 则:

(a) $\boldsymbol{x} \prec \boldsymbol{y} \Leftrightarrow$ 对于任意对称凸(凹)函数 $\varphi : \Omega \to \mathbb{R}$, 有 $\varphi(\boldsymbol{x}) \leq (\geq) \varphi(\boldsymbol{y})$;

(b) $\boldsymbol{x} \prec\prec \boldsymbol{y} \Leftrightarrow$ 对于任意对称的严格凸(严格凹) 函数 $\varphi : \Omega \to \mathbb{R}$, 有 $\varphi(\boldsymbol{x}) < (>)\varphi(\boldsymbol{y})$;

(c) $\boldsymbol{x} \prec_w \boldsymbol{y} \Leftrightarrow$ 对于任意对称的增的凸(减的凹)函数 $\varphi : \Omega \to \mathbb{R}$, 有 $\varphi(\boldsymbol{x}) \leq (\geq) \varphi(\boldsymbol{y})$;

(d) $\boldsymbol{x} \prec^w \boldsymbol{y} \Leftrightarrow$ 对于任意对称的减的凸(增的凹)函数 $\varphi : \Omega \to \mathbb{R}$, 有 $\varphi(\boldsymbol{x}) \leq (\geq) \varphi(\boldsymbol{y})$.

定理 1.32. [175] 设区间 $I \subset \mathbb{R}$, $\boldsymbol{x}, \boldsymbol{y} \in I^n \subset \mathbb{R}^n$, 则:

(a) $\boldsymbol{x} \prec \boldsymbol{y} \Leftrightarrow$ 对于任意凸(凹)函数 $g : I \to \mathbb{R}$, 有 $\sum\limits_{i=1}^{n} g(x_i) \leq (\geq) \sum\limits_{i=1}^{n} g(y_i)$;

(b) $\boldsymbol{x} \prec\prec \boldsymbol{y} \Leftrightarrow$ 对于任意严格凸(严格凹) 函数 $g : I \to \mathbb{R}$, 有 $\sum\limits_{i=1}^{n} g(x_i) <$ $(>) \sum\limits_{i=1}^{n} g(y_i)$;

(c) $\boldsymbol{x} \prec_w \boldsymbol{y} \Leftrightarrow$ 对于任意递增(递减)的凸函数 $g : I \to \mathbb{R}$, 有 $\sum\limits_{i=1}^{n} g(x_i) \leq$ $(\geq) \sum\limits_{i=1}^{n} g(y_i)$;

(d) $\boldsymbol{x} \prec^w \boldsymbol{y} \Leftrightarrow$ 对于任意递减凸(递增凹) 函数 $g : I \to \mathbb{R}$, 有 $\sum\limits_{i=1}^{n} g(x_i) \leq$ $(\geq) \sum\limits_{i=1}^{n} g(y_i)$.

定理1.32 (a) 就是著名的Karamata 不等式. 这里只给出王伯英 [176] 就 $n = 3$ 的情形对Karamata 不等式的证明, 一般情形的证明参见 [31].

我们先证: $\boldsymbol{x}$ 与 $\boldsymbol{y}$ 有一个分量相同的情形(若分量都相同, 则结论明显成立), 不妨假定为 $x_3 = y_3$, 且 $x_1 \geq x_2$ 和 $y_1 \geq y_2$. 由 $\boldsymbol{x} \prec \boldsymbol{y}$ 就有 $x_1 < y_1$ 和 $x_2 > y_2$. 令 $\alpha = \frac{x_1 - y_2}{y_1 - y_2}$, 显然就有 $0 < \alpha < 1$, 且 $1 - \alpha = \frac{y_1 - x_1}{y_1 - y_2}$. 经简单计算可得

$$\alpha y_1 + (1-\alpha)y_2 = \frac{x_1 y_1 - y_1 y_2 + y_1 y_2 - x_1 y_2}{y_1 - y_2} = x_1,$$

$$\alpha y_2 + (1-\alpha)y_1 = \frac{x_1 y_2 - y_2^2 + y_1^2 - x_1 y_1}{y_1 - y_2} = y_1 + y_2 - x_1 = x_2,$$

于是, 由 f 的凸性, 有

$$
\begin{aligned}
& f(x_1) + f(x_2) + f(x_3) \\
={}& f(\alpha y_1 + (1-\alpha)y_2) + f(\alpha y_2 + (1-\alpha)y_1) + f(x_3) \\
\leq{}& \alpha f(y_1) + (1-\alpha)f(y_2) + \alpha f(y_2) + (1-\alpha)f(y_1) + f(x_3). \quad (1.89)
\end{aligned}
$$

下面考虑 $\boldsymbol{x}$ 与 $\boldsymbol{y}$ 没有分量相同的情形. 不妨假定为 $x_1 \geq x_2 \geq x_3$, 由 $\boldsymbol{x} \prec \boldsymbol{y}$ 知这时只有两种可能情形:

(一) $x_1 < y_1, x_2 > y_2, x_3 > y_3$; (二) $x_1 < y_1, x_2 < y_2, x_3 > y_3$.

对于情形(一), 我们令 $\boldsymbol{z} = (x_1, y_1 + y_2 - x_1, y_3)$, 容易看出这时有 $\boldsymbol{x} \prec \boldsymbol{z} \prec \boldsymbol{y}$ (应注意 $\boldsymbol{z}$ 的分量可能不是递减的次序), 且 $\boldsymbol{x}$ 与 $\boldsymbol{y}$ 有一个相同分量, $\boldsymbol{z}$ 与 $\boldsymbol{y}$ 也有一个相同分量, 于是应用式(1.89) 即得

$$f(x_1) + f(x_2) + f(x_3) \leq f(x_1) + f(y_1 + y_2 - x_1) + f(y_3) \leq f(y_1) + f(y_2) + f(y_3).$$

情形(二) 的证明是类似的, 只要令 $\boldsymbol{z} = (y_1, x_2, y_2 + y_3 - x_2)$ 即可.

例 1.15. [2] 设 $x, y, z, t > 0, x \leq 2, x+y \leq 6, x+y+z \leq 12, x+y+z+t \leq 24$, 求证

$$\frac{1}{x} + \frac{1}{y} + \frac{1}{z} + \frac{1}{t} \geq 1. \tag{1.90}$$

本题见《数学思考》(*Mathematical Reflections*, 2014 (3), O303), 由罗马尼亚人提供, 下面笔者给出控制证明.

证明 依上 (弱) 控制的定义, 由题设易见 $(2, 4, 6, 12) \prec^w (x, y, z, t)$, 又 $\frac{1}{x}$ 是递减的凸函数, 据定理 1.32(d), 有

$$\frac{1}{x} + \frac{1}{y} + \frac{1}{z} + \frac{1}{t} \geq \frac{1}{2} + \frac{1}{4} + \frac{1}{6} + \frac{1}{12} = 1.$$

例 1.16. 设 $1 \leq x_1 \leq x_2 \leq \cdots \leq x_n, 1 \leq y_1 \leq y_2 \leq \cdots \leq y_n$, 对任意正整数 $k, 1 \leq k \leq n$, 有 $x_1 x_2 \cdots x_k \geq y_1 y_2 \cdots y_k$, 求证

$$\left(1 - \frac{1}{x_1}\right)\left(1 - \frac{1}{x_2}\right) \cdots \left(1 - \frac{1}{x_n}\right) \geq \left(1 - \frac{1}{y_1}\right)\left(1 - \frac{1}{y_2}\right) \cdots \left(1 - \frac{1}{y_n}\right). \tag{1.91}$$

证明 由题设有

$$0 \leq \ln x_1 \leq \ln x_2 \leq \cdots \leq \ln x_n, \ 0 \leq \ln y_1 \leq \ln y_2 \leq \cdots \leq \ln y_n,$$

对任意正整数 $k, 1 \leq k \leq n$, 有

$$\ln x_1 + \ln x_2 + \cdots + \ln x_k \geq \ln y_1 + \ln y_2 + \cdots + \ln y_k,$$

这意味着

$$(\ln x_1, \ln x_2, \ldots, \ln x_n) \prec^w (\ln y_1, \ln y_2, \ldots, \ln y_n),$$

又不难验证 $\ln\left(1 - \frac{1}{x}\right)$ 是递增的凹函数, 据定理 1.32(d), 有

$$\ln\left(1 - \frac{1}{x_1}\right) + \ln\left(1 - \frac{1}{x_2}\right) + \cdots + \ln\left(1 - \frac{1}{x_n}\right)$$
$$\geq \ln\left(1 - \frac{1}{y_1}\right) + \ln\left(1 - \frac{1}{y_2}\right) + \cdots + \ln\left(1 - \frac{1}{y_n}\right),$$

由此得证.

例 1.17. [2] 设 a, b, c 是正实数, 求证

$$\sqrt{\frac{c}{b} + \frac{b}{c}} + \sqrt{\frac{a}{c} + \frac{c}{a}} + \sqrt{\frac{a}{b} + \frac{b}{a}} \geq \sqrt{\frac{b+c}{a}} + \sqrt{\frac{a+c}{b}} + \sqrt{\frac{a+b}{c}}. \tag{1.92}$$

这是刘保乾于2017年在Aops提出的猜想, 宿晓阳给出了一个控制证明.

证明 在不等式(1.92)中应用变换

$$a \to \frac{1}{a}, \ b \to \frac{1}{b}, \ c \to \frac{1}{c}$$

即得等价不等式

$$\sqrt{a(b^2+c^2)} + \sqrt{b(c^2+a^2)} + \sqrt{c(a^2+b^2)}$$
$$\geq \sqrt{bc(b+c)} + \sqrt{ca(c+a)} + \sqrt{ab(a+b)}. \quad (1.93)$$

据式(1.93)的对称性, 不妨设 $a \geq b \geq c$, 记

$$x_1 = a(b^2+c^2), \ x_2 = b(c^2+a^2), \ x_3 = c(a^2+b^2),$$

$$y_1 = bc(b+c), \ y_2 = ca(c+a), \ y_3 = ab(a+b),$$

则易知

$$x_1 \leq x_2 \leq x_3, \ y_1 \leq y_2 \leq y_3, \ x_1 \geq y_1, \ x_1 + x_2 \geq y_1 + y_2,$$

$$x_1 + x_2 + x_3 = y_1 + y_2 + y_3,$$

即 $(x_1, x_2, x_3) \prec^w (y_1, y_2, y_3)$, 又 $\sqrt{x}$ 是递增的凹函数, 由定理1.32(d)即知不等式(1.93)成立, 故不等式(1.92) 成立.

2009年, 苗雨和祁锋 [95] 提出如下公开问题:

问题 1.1. 对于 $n \in \mathbb{N}$, 设 $x_1, \ldots, x_n$ 和 $y_1, \ldots, y_n$ 是两个正数列, 满足 $x_1 \geq \cdots \geq x_n, y_1 \geq \cdots \geq y_n$, 且

$$\sum_{i=1}^{m} x_i \leq \sum_{i=1}^{m} y_i, \quad (1.94)$$

对于 $1 \leq m \leq n$, 在 α, β 满足什么条件下, 成立不等式

$$\sum_{i=1}^{m} x_i^\alpha y_i^\beta \leq \sum_{i=1}^{m} y_i^{\alpha+\beta}? \quad (1.95)$$

苗雨和祁锋首先证明了如下引理:

引理 1.1. 在问题1.1的条件下, 对于$\alpha \geq 1$和$1 \leq m \leq n$, 有

$$\sum_{i=1}^{m} x_i^{\alpha} \leq \sum_{i=1}^{m} y_i^{\alpha}. \tag{1.96}$$

然后巧妙地利用Hölder(赫尔德)不等式证明在$\alpha \geq 1, \beta \geq 0$的条件下, 式(1.95)成立.

苗雨和祁锋对不等式(1.96)的证明很富技巧, 不过它是定理1.34 (c) 的直接推论, 注意式(1.94)意味着$\boldsymbol{x} \prec_w \boldsymbol{y}$, 而当$\alpha \geq 1$时, t^{α}递增且凸.

例 1.18. (第40 届IMO的第二题) 设n是一个固定的整数, $n \geq 2$.

(a) 确定最小的常数c, 使得不等式

$$\sum_{i<j\leq n} x_i x_j (x_i^2 + x_j^2) \leq c \left(\sum_{i=1}^{n} x_i \right)^4 \tag{1.97}$$

对所有的非负实数$x_1, \ldots, x_n$都成立.

(b) 对于这个常数c, 确定等式成立的充要条件.

第40届IMO中国代表队提供的解答采用的是逐步调整法(见《数学通报》, 1999, 第1 期, 41 – 43.), 邹明 [245] 给出一个简洁的另解. 笔者一直试图用控制不等式的方法解答此题, 但屡屡失败. 后从塞尔维亚朋友Zdravko F. Starc寄来的文献 [68]中看到了下述一个漂亮的控制解法:

因为式(1.97)是齐次的, 不妨设$\sum_{i=1}^{n} x_i = 1$, 此时式(1.97) 可写为

$$\sum_{i=1}^{n} x_i^3 (1 - x_i) \leq c. \tag{1.98}$$

易见$f(x) = x^3(1-x)$是区间$[0, \frac{1}{2}]$上的单调递增的凸函数. 不妨设$x_1 = \max\{x_i\}$, 则$x_2, \ldots, x_n$均不大于$\frac{1}{2}$. 若$x_1 \in [0, \frac{1}{2}]$, 那么根据定理1.32(a), 由

$$(x_1, x_2, \ldots, x_n) \prec \left(\frac{1}{2}, \frac{1}{2}, \underbrace{0, \ldots, 0}_{n-2} \right)$$

有

$$f(x_1) + f(x_2) + \cdots + f(x_n) \leq f\left(\frac{1}{2}\right) + f\left(\frac{1}{2}\right) + \cdots + (n-2)f(0) = \frac{1}{8}.$$

若$x_1 > \frac{1}{2}$, 则$1 - x_1 < \frac{1}{2}$, 且$(x_2, x_3, \ldots, x_n) \prec (1 - x_1, \underbrace{0, \ldots, 0}_{n-2})$, 于是根据定理1.32(a)有

$$f(x_1) + f(x_2) + \cdots + f(x_n) \leq f(x_1) + f(1-x_1) + (n-2)f(0) = f(x_1) + f(1-x_1).$$

易证$g(x) = f(x) + f(1-x)$在区间$[0,1]$上有最大值$g(\frac{1}{2}) = \frac{1}{8}$, 故在这种情况下亦有

$$f(x_1) + f(x_2) + \cdots + f(x_n) \leq \frac{1}{8}.$$

笔者补充一个下界估计:

利用$f(x) = x^3(1-x)$在区间$[0, \frac{1}{2}]$上的凸性及

$$\left(\frac{1}{n}, \ldots, \frac{1}{n} \right) \prec (x_1, x_2, \ldots, x_n),$$

可得

$$f(x_1) + f(x_2) + \cdots + f(x_n) \geq n \left(\frac{1}{n} \right)^3 \left(1 - \frac{1}{n} \right) = \frac{n-1}{n^3}.$$

于是可得式(1.97)的反向不等式

$$\frac{n-1}{n^3} \left(\sum_{i=1}^{n} x_i \right)^4 \leq \sum_{i<j \leq n} x_i x_j (x_i^2 + x_j^2), \tag{1.99}$$

且等式成立当且仅当$x_1 = x_2 = \cdots = x_n$.

与例1.18类似的问题还有:

例 1.19. (2008年中国数学奥林匹克四川队集训题) 设$x_1, \ldots, x_n$为非负实数, 且$\sum_{i=1}^{n} x_i = 1$, 求$\sum_{i=1}^{n} (x_i^4 - x_i^5)$的最大值.

王毅和朱琨 [187] 对此类问题做了一般性讨论.

设非负实数$x_1, \ldots, x_n$满足$\sum_{i=1}^{n} x_i = s > 0$, 若$f(x)$在区间$[0, p]$内是凸函数, 且$p \geq \frac{s}{2}$, 则求$F(x_1, \ldots, x_n) = \sum_{i=1}^{n} f(x_i)$的最值需要分两部分来讨论: 一是所有分量均小于或等于p; 二是有一个分量取值大于或等于p, 易知此时其余分量均小于或等于p. 在第一种情况下, 有

$$\left(\underbrace{\frac{s}{n}, \ldots, \frac{s}{n}}_{n} \right) \prec (x_1, x_2, \ldots, x_n) \prec (p, s-p, \underbrace{0, \ldots, 0}_{n-2}),$$

于是有

$$F\left(\underbrace{\frac{s}{n},\ldots,\frac{s}{n}}_{n}\right) \leq F(x_1,x_2,\ldots,x_n) \leq F(p,s-p,\underbrace{0,\ldots,0}_{n-2}).$$

对于第二种情况, 由对称性不妨设 $x_1 \geq p$, 则固定 x_1, 令 $G(x_2,\ldots,x_n) = \sum\limits_{i=1}^{n} f(x_i)$, 则由

$$\left(\underbrace{\frac{s-x_1}{n-1},\ldots,\frac{s-x_1}{n-1}}_{n-1}\right) \prec (x_2,\ldots,x_n) \prec (s-x_1,\underbrace{0,\ldots,0}_{n-2}),$$

有

$$G\left(\underbrace{\frac{s-x_1}{n-1},\ldots,\frac{s-x_1}{n-1}}_{n-1}\right) \leq G(x_2,\ldots,x_n) \leq G(s-x_1,\underbrace{0,\ldots,0}_{n-2}),$$

因此

$$F\left(x_1,\underbrace{\frac{s-x_1}{n-1},\ldots,\frac{s-x_1}{n-1}}_{n-1}\right) \leq F(x_1,\ldots,x_n) \leq F(x_1,s-x_1,\underbrace{0,\ldots,0}_{n-2}),$$

对于单变量函数, 我们很容易就能找出它们在区间 $[p,s]$ 上的最值. 令在区间 $[p,s]$ 上

$$F\left(x_1,\underbrace{\frac{s-x_1}{n-1},\ldots,\frac{s-x_1}{n-1}}_{n-1}\right) \geq l,$$

$$F(x_1,s-x_1,0,\ldots,0) \leq m,$$

因此有如下定理:

定理 1.33. [187] 设 $\boldsymbol{x}=(x_1,\ldots,x_n) \in I^n \subset \mathbb{R}_+^n$, 且满足 $\sum\limits_{i=1}^{n} x_i = s > 0$. 若 $f(x)$ 在区间 $[0,p]$ 内是凸函数, 且 $p \geq \frac{s}{2}$, 则

$$\min\left\{l,F\left(\frac{s}{n},\ldots,\frac{s}{n}\right)\right\} \leq F(x_1,x_2,\ldots,x_n) \leq \max\left\{m,F(p,s-p,0,\ldots,0)\right\}.$$

利用定理1.33 不难证明例1.19, 详见文[187].

定理 1.34. $[175, \mathrm{p}.\, 49-50]$ 设区间$I \subset \mathbb{R}$, $\boldsymbol{x}, \boldsymbol{y} \in I^n \subset \mathbb{R}^n$, 则:

(a) 对于任意凸(凹)函数$g : I \to \mathbb{R}$, 有$\boldsymbol{x} \prec \boldsymbol{y} \Rightarrow (g(x_1), \dots, g(x_n)) \prec_w$ $(\prec^w)(g(y_1), \dots, g(y_n))$.

(b) 对于任意递增的凸函数(递减的凹函数) $g : I \to \mathbb{R}$, 有$\boldsymbol{x} \prec_w \boldsymbol{y} \Rightarrow$ $(g(x_1), \dots, g(x_n)) \prec_w (\prec^w)(g(y_1), \dots, g(y_n))$.

(c) 对于任意递减的凸函数(递增的凹函数) $g : I \to \mathbb{R}$, 有$\boldsymbol{x} \prec^w \boldsymbol{y} \Rightarrow$ $(g(x_1), \dots, g(x_n)) \prec_w (\prec^w)(g(y_1), \dots, g(y_n))$.

例 1.20. 设$\boldsymbol{x} = (x_1, \dots, x_n) \in \mathbb{R}_{++}^n, s = \sum\limits_{i=1}^{n} x_i$.

(a) 若$r \geq 1, \alpha \geq 1, t \geq 1$, 则

$$\left(\underbrace{\left(\frac{s^{t-1}}{n^{t-1}(rn-1)} \right)^\alpha, \dots, \left(\frac{s^{t-1}}{n^{t-1}(rn-1)} \right)^\alpha}_{n} \right)$$
$$\prec_w \left(\left(\frac{x_1^t}{rs - x_1} \right)^\alpha, \dots, \left(\frac{x_n^t}{rs - x_n} \right)^\alpha \right). \tag{1.100}$$

(b) 若$r \geq 1, \alpha \geq 1, t > 0$, 则

$$\left(\underbrace{\left(\frac{n^{t-1}(rn-1)}{s^{t-1}} \right)^\alpha, \dots, \left(\frac{n^{t-1}(rn-1)}{s^{t-1}} \right)^\alpha}_{n} \right)$$
$$\prec_w \left(\left(\frac{rs - x_1}{x_1^t} \right)^\alpha, \dots, \left(\frac{rs - x_n}{x_n^t} \right)^\alpha \right). \tag{1.101}$$

证明 设$g(u) = \frac{u^t}{rs-u}, h(u) = \frac{rs-u}{u^t}$, 则对于$r \geq 1, t > 1$, 有

$$g''(u) = \frac{t(t-1)u^{t-2}}{rs-u} + \frac{2tu^{t-1}}{(rs-u)^2} + \frac{2u^t}{(rs-u)^3} \geq 0,$$

而对于$r \geq 1, t > 0$, 有

$$h''(u) = \frac{2t}{u^{t+1}} + \frac{t(1+t)(rs-u)}{u^{t+2}} \geq 0.$$

这意味着, 对于$r \geq 1$, $g(u)$ 在$\mathbb{R}_{++}$ 上是凸的, 对于$t \geq 1$ 和$t > 0$, $h(u)$ 在$\mathbb{R}_{++}$ 上是凸的, 进而根据定理1.6(a), $g^\alpha(u)$ 和$h^\alpha(u)$ 在$\mathbb{R}_{++}$ 上是凸的, 从而由定

理1.34(a),及$(\overline{\boldsymbol{x}},\ldots,\overline{\boldsymbol{x}}) \prec (x_1,\ldots,x_n)$, 有

$$(g^\alpha(\overline{\boldsymbol{x}}),\ldots,g^\alpha(\overline{\boldsymbol{x}})) \prec_w (g^\alpha(x_1),\ldots,g^\alpha(x_n))$$

和

$$(h^\alpha(\overline{\boldsymbol{x}}),\ldots,h^\alpha(\overline{\boldsymbol{x}})) \prec_w (h^\alpha(x_1),\ldots,h^\alpha(x_n)),$$

即式(1.100)和(1.101)成立.

注记 1.8.　若直接根据弱控制的定义证明式(1.100)和式(1.101), 要比上述证法麻烦许多, 读者不妨一试.

第2章　Schur凸函数的定义和性质

　　控制关系和Schur凸函数是受控理论的两个最基本也是最重要的概念. 本章将介绍Schur凸函数的经典定义和性质, 以及近年来国内学者对Schur凸函数的推广, 包括Schur几何凸函数,Schur调和凸函数和Schur幂凸函数.

2.1　Schur凸函数的定义和性质

　　本节首先介绍Schur凸函数的经典定义, 然后不加证明地给出Schur凸函数的一些基本性质, 其详细证明可在专著 [175]和 [90]中找到.

　　定义 2.1. [90], [175] 设 $\Omega \subset \mathbb{R}^n$, 若在 Ω 上

$$\boldsymbol{x} \prec \boldsymbol{y} \Rightarrow \varphi(\boldsymbol{x}) \leq \varphi(\boldsymbol{y}),$$

则称 φ 为 Ω 上的Schur凸函数, 简称为S-凸函数. 若在 Ω 上

$$\boldsymbol{x} \prec\prec \boldsymbol{y} \Rightarrow \varphi(\boldsymbol{x}) < \varphi(\boldsymbol{y}),$$

则称 φ 为 Ω 上的严格S-凸函数. 若 $-\varphi$ 是 Ω 上的(严格) S-凸函数, 则称 φ 为 Ω 上的(严格) S-凹函数.

　　定理 2.1. 若 φ 是对称集 Ω 上的S-凸函数(或S-凹函数), 则 φ 是 Ω 上的对称函数.

　　注记 2.1. 若 φ 是非对称集 Ω 上的S-凸函数(或S- 凹函数), 则不必是对称函数.

　　定理 2.2. [175, p. 49 − 50] 设 $\Omega \subset \mathbb{R}^n$, $\varphi : \Omega \to \mathbb{R}$, 则:

(a) $\boldsymbol{x} \prec_w \boldsymbol{y} \Leftrightarrow$ 对于任意增的S-凸函数 φ, 有 $\varphi(\boldsymbol{x}) \leq \varphi(\boldsymbol{y})$;

(b) $\boldsymbol{x} \prec^w \boldsymbol{y} \Leftrightarrow$ 对于任意减的S-凸函数 φ, 有 $\varphi(\boldsymbol{x}) \leq \varphi(\boldsymbol{y})$;

(c) $\boldsymbol{x} \prec_w \boldsymbol{y} \Leftrightarrow$ 对于任意减的S-凹函数 φ, 有 $\varphi(\boldsymbol{x}) \geq \varphi(\boldsymbol{y})$;

(d) $\boldsymbol{x} \prec^w \boldsymbol{y} \Leftrightarrow$ 对于任意增的S-凹函数φ, 有$\varphi(\boldsymbol{x}) \geq \varphi(\boldsymbol{y})$.

定理 2.3. $[90],[175]$ 设$\Omega \subset \mathbb{R}^n$ 是有内点的对称凸集, $\varphi : \Omega \to \mathbb{R}$ 在Ω 上连续, 在Ω 的内部Ω° 可微, 则φ 在Ω 上S-凸(S-凹), 当且仅当φ 在Ω 上对称且对于任意$\boldsymbol{x} = (x_1, \cdots, x_n) \in \Omega^\circ$, 有

$$(x_1 - x_2)\left(\frac{\partial \varphi}{\partial x_1} - \frac{\partial \varphi}{\partial x_2}\right) \geq 0(\leq 0). \tag{2.1}$$

式(2.1)称为Schur条件.

例 2.1. $[80]$ 设$n \geq 2, x_i > 0, i = 1, 2, \ldots, n,$ 且$\sum\limits_{i=1}^{n} x_i = 1$, 则当$p \geq 1$ 或$p < -1$ 时, 有

$$2^{-p} + n - 1 \geq \sum_{i=1}^{n} x_i^p \cdot \sum_{i=1}^{n} (1 + x_i)^{-p} \geq \frac{n^2}{(n+1)^p}; \tag{2.2}$$

当$0 < p < 1$ 时, 有

$$n(2^{-p} + n - 1) \geq \sum_{i=1}^{n} x_i^p \cdot \sum_{i=1}^{n} (1 + x_i)^{-p} \geq \frac{n^{p+1}}{(n+1)^p}; \tag{2.3}$$

当$-1 < p < 0$ 时, 有

$$\sum_{i=1}^{n} x_i^p \cdot \sum_{i=1}^{n} (1 + x_i)^{-p} \geq n(2^{-p} + n - 1). \tag{2.4}$$

证明 记

$$D = \{(x_1, \ldots, x_n) \mid x_i > 0, \sum_{i=1}^{n} x_i = 1\},$$

$$\varphi(x_1, \ldots, x_n; p) = \sum_{i=1}^{n} x_i^p \cdot \sum_{i=1}^{n} (1 + x_i)^{-p},$$

则

$$\Delta := (x_1 - x_2)\left(\frac{\partial \varphi}{\partial x_1} - \frac{\partial \varphi}{\partial x_2}\right) = p(x_1 - x_2)(x_1^{p-1} - x_2^{p-1}) \cdot \sum_{i=1}^{n} (1 + x_i)^{-p}$$

$$+ \frac{p(x_1 - x_2)[(1 + x_1)^{p+1} - (1 + x_2)^{p+1}]}{(1 + x_1)^{p+1} \cdot (1 + x_2)^{p+1}} \cdot \sum_{i=1}^{n} x_i^p.$$

当$p \geq 1$ 或$p < -1$ 时，$\Delta \geq 0$, 故φ 在D 上S- 凸. 于是有

$$\left(\frac{1}{n}, \frac{1}{n}, \ldots, \frac{1}{n}\right) \prec (x_1, x_2, \ldots, x_n) \prec (1, 0, \ldots, 0), \tag{2.5}$$

当$p \geq 1$ 或$p < -1$ 时，有

$$\varphi\left(\frac{1}{n}, \frac{1}{n}, \ldots, \frac{1}{n}\right) \leq \varphi(x_1, x_2, \ldots, x_n) \leq \varphi(1, 0, \ldots, 0),$$

即不等式(2.2)成立.

记

$$\eta(x_1, \ldots, x_n; p) = \sum_{i=1}^{n}(1 + x_i)^{-p},$$

则

$$\Lambda := (x_1 - x_2)\left(\frac{\partial \eta}{\partial x_1} - \frac{\partial \eta}{\partial x_2}\right) = \frac{p(x_1 - x_2)[(1 + x_1)^{p+1} - (1 + x_2)^{p+1}]}{(1 + x_1)^{p+1} \cdot (1 + x_2)^{p+1}}.$$

当$0 < p < 1$ 时，$\Lambda \geq 0$, 故η 在D 上S-凸，于是由控制关系(2.5), 有

$$2^{-p} + n - 1 = \eta(1, 0, \ldots, 0) \geq \eta(x_1, x_2, \ldots, x_n)$$
$$\geq \eta\left(\frac{1}{n}, \frac{1}{n}, \ldots, \frac{1}{n}\right) = \frac{n^{p+1}}{(n+1)^p},$$

而此时

$$n = \sum_{i=1}^{n} x_i^0 \geq \sum_{i=1}^{n} x_i^p \geq \sum_{i=1}^{n} x_i^1 = 1,$$

于是

$$n(2^{-p} + n - 1) \geq \sum_{i=1}^{n} x_i^p \cdot \sum_{i=1}^{n}(1 + x_i)^{-p} \geq \frac{n^{p+1}}{(n+1)^p}.$$

当$-1 < p < 0$ 时，$\Lambda \leq 0$, 故η 在D 上S-凹，于是由

$$(x_1, x_2, \ldots, x_n) \prec (1, 0, \ldots, 0),$$

有

$$\eta(x_1, x_2, \ldots, x_n) \geq \eta(1, 0, \ldots, 0) = 2^{-p} + n - 1,$$

而此时

$$\sum_{i=1}^{n} x_i^p \geq \sum_{i=1}^{n} x_i^0 = n,$$

于是
$$\sum_{i=1}^{n} x_i^p \cdot \sum_{i=1}^{n}(1+x_i)^{-p} \geq n(2^{-p}+n-1).$$

注记 2.2. 定理2.3 称为Schur 凸函数判定定理, 是受控理论中最重要的定理. 在使用时要注意该定理的条件: 首先看所考虑的集合Ω 是否为对称凸集. 若不是, 则不能使用该定理; 若是, 则观察该函数是否为对称函数. 若不是, 由定理2.1 可立即断该函数不是S-凸函数(或S-凹函数); 若是, 则进一步检验Schur条件. 总之, 使用该定理必须全面考虑该定理的所有条件.

定理 2.4. [90],[175] 设$\Omega \subset \mathbb{R}^n$ 是有内点的对称凸集, $\varphi : \Omega \to \mathbb{R}$ 在Ω 上连续, 在Ω 的内部Ω° 可微, 则φ 在Ω 上严格S- 凸(S-凹), 当且仅当φ 在Ω 上对称且对于任意$\boldsymbol{x} = (x_1, \cdots, x_n) \in \Omega^\circ$, 有

$$(x_1 - x_2)\left(\frac{\partial \varphi}{\partial x_1} - \frac{\partial \varphi}{\partial x_2}\right) > 0(< 0), \ x_1 \neq x_2. \tag{2.6}$$

祁锋 [112]用分析的方法得到如下一个非负数列和的指数与平方和之间的不等式.

对于$(x_1, \ldots, x_n) \in [0, \infty)^n$ 和$n \geq 2$, 有

$$\frac{\mathrm{e}^2}{4}\sum_{i=1}^{n} x_i^2 \leq \exp\left(\sum_{i=1}^{n} x_i\right) \tag{2.7}$$

且若某$x_i = 2$, 而其余x_i 均为零时, 式(2.7)中等式成立. 因此式(2.7)中的常数$\frac{\mathrm{e}^2}{4}$ 是最佳的.

笔者 [128] 用控制方法建立了下述定理, 从而推广了式(2.7).

定理 2.5. 设$(x_1, \ldots, x_n) \in \mathbb{R}_+^n$, $n \geq 2$. 若$\alpha \geq 1$, 则

$$\frac{\mathrm{e}^\alpha}{\alpha^\alpha}\left(\sum_{i=1}^{n} x_i^\alpha\right) \leq \exp\left(\sum_{i=1}^{n} x_i\right) \tag{2.8}$$

且式(2.8) 中等号成立当且仅当某$x_i = \alpha$, 而其余$x_i = 0$.

证明　首先证明对于任意$s, \alpha > 0$, 有

$$\frac{\mathrm{e}^\alpha}{\alpha^\alpha} \leq \frac{\mathrm{e}^s}{s^\alpha}. \tag{2.9}$$

且等式成立当且仅当$s = \alpha$.

令$\varphi(s) = \alpha \ln s - s$, 则$\varphi'(s) = \frac{\alpha}{s} - 1$. 因为当$s \geq \alpha > 0$ 时, $\varphi'(s) \leq 0$, $\varphi(s)$ 单调减; 而当$0 < s \leq \alpha$ 时, $\varphi'(s) \geq 0$, $\varphi(s)$ 单调增. 所以, 对任意$s > 0$,

均有
$$\varphi(s) = \alpha \ln s - s \le \varphi(\alpha) = \alpha \ln \alpha - \alpha,$$

即式(2.9)成立, 且等式成立当且仅当$s = \alpha$.

现记
$$f(x) = f(x_1, \ldots, x_n) = \ln\left(\sum_{i=1}^{n} x_i^{\alpha}\right) - s, \qquad (2.10)$$

其中$s = \sum_{i=1}^{n} x_i$, f 显然在对称凸集$\mathbb{R}_+^n$ 上对称. 经计算

$$\Delta := (x_1 - x_2)\left(\frac{\partial f}{\partial x_1} - \frac{\partial f}{\partial x_2}\right) = \frac{\alpha(x_1 - x_2)(x_1^{\alpha-1} - x_2^{\alpha-1})}{\displaystyle\sum_{i=1}^{n} x_i^{\alpha}}$$

当$\alpha > 1$时, 因为$x^{\alpha-1}$ 是$(0, \infty)$ 上的严格增函数, 所以对于$x_1 \ne x_2$, $(x_1 - x_2)(x_1^{\alpha-1} - x_2^{\alpha-1}) > 0$, 从而有$\Delta > 0$, 据定理2.4 知$f(x)$ 在$\mathbb{R}_+^n$ 上严格S-凸; 因为

$$\boldsymbol{x} = (x_1, \ldots, x_n) \prec \left(s, \underbrace{0, \ldots, 0}_{n-1}\right) = \boldsymbol{y},$$

且若不出现某$x_i = s$, 而其余x_i 均为零的情形, 此控制是严格的, 所以

$$f(x_1, \ldots, x_n) = \ln\left(\sum_{i=1}^{n} x_i^{\alpha}\right) - s \le f\left(s, \underbrace{0, \ldots, 0}_{n-1}\right) = \alpha \ln s - s,$$

即
$$\frac{\mathrm{e}^s}{\alpha^s}\left(\sum_{i=1}^{n} x_i^{\alpha}\right) \le \exp\left(\sum_{i=1}^{n} x_i\right), \qquad (2.11)$$

当且仅当某$x_i = s$, 而其余x_i 均为零时等式成立. 式(2.11)结合式(2.9) 即得式(2.8), 且式(2.8)中等号成立当且仅当某$x_i = s = \alpha$, 而其余x_i 均为零.

2009年, Witkowski [191] 给出二元S-凸函数的判别定理.

定理 2.6. 设区间$I \subset \mathbb{R}$, 二元对称函数$\varphi : I^2 \to \mathbb{R}$ 为S-凸函数的充要条件是$\forall a \in \mathbb{R}_{++}$, 一元函数$\varphi_a(t) = \varphi(t, a-t)$ 在$(-\infty, \frac{a}{2})$ 上递减(假定$(t, a-t) \in I^2$).

证明 假设φ 是S-凸函数. 对于$t < s < \frac{a}{2}$, 有$(s, a-s) \prec (t, a-t)$, 因此, $\varphi(s, a-s) \le \varphi(t, a-t)$. 反之, 假设$\boldsymbol{x} \prec \boldsymbol{y}$, 且令$s = \min\{x_1, x_2\}$, $t = \min\{y_1, y_2\}$, $a = x_1 + x_2$, 则$t < s < \frac{a}{2}$, 且由$\varphi_a(x)$ 的单调性有$\varphi(s, a-s) \le \varphi(t, a-t)$, 从而由$\varphi$ 的对称性有$\varphi(\boldsymbol{x}) \le \varphi(\boldsymbol{y})$.

例 2.2. *证明均方差*

$$M_{SA}(x,y) = \left(\frac{x^2 + y^2}{2}\right)^{\frac{1}{2}} - \frac{x+y}{2}$$

在 $\mathbb{R}_{++}^2$ 上S-凸.

证明　显然 $M_{SA}(x,y)$ 是对称的. $\forall a \in \mathbb{R}_{++}$, 令

$$\varphi_a(x) = M_{SA}(x, a-x) = \left(\frac{x^2 + (a-x)^2}{2}\right)^{\frac{1}{2}} - \frac{a}{2}.$$

对于 $x \le \frac{a}{2}$, 有

$$\varphi_a^{'}(x) = \frac{x - \frac{a}{2}}{\left[\frac{x^2 + (a-x)^2}{2}\right]^{\frac{1}{2}}} \le 0,$$

就是说, $M_{SA}(x,y)$ 在 $(-\infty, \frac{a}{2})$ 上递减, 由定理2.6知 $M_{SA}(x,y)$ 在 $\mathbb{R}_{++}^2$ 上S-凸.

对于非对称凸集

$$D = \{\boldsymbol{x} \in \mathbb{R}^n \mid x_1 \ge \cdots \ge x_n\}$$

上的S-凸(凹) 函数, 我们有如下判定定理:

定理 2.7. [175,p. 58] 设 $\varphi : D \to \mathbb{R}$ 在 D 上连续, 在 D 的内部 D° 可微, 则 φ 在 D 上S-凸(S- 凹)当且仅当 $\forall \boldsymbol{x} \in D^\circ$, 有

$$\frac{\partial \varphi(\boldsymbol{x})}{\partial x_i} \ge (\le) \frac{\partial \varphi(\boldsymbol{x})}{\partial x_{i+1}}, \ i = 1, \ldots, n-1. \tag{2.12}$$

定理 2.8. [175, p. 58] 设 $\varphi : D \to \mathbb{R}$ 在 D 上连续, 在 D 的内部 D° 可微, 则 φ 在 D 上严格S-凸(S- 凹)当且仅当 $\forall \boldsymbol{x} \in D^\circ$, 有

$$\frac{\partial \varphi(\boldsymbol{x})}{\partial x_i} > (<) \frac{\partial \varphi(\boldsymbol{x})}{\partial x_{i+1}}, \ i = 1, \ldots, n-1. \tag{2.13}$$

注记 2.3. 若 φ 是 D 上的S-凸函数, 我们容易扩充它到 $\mathbb{R}^n$ 而成为 $\mathbb{R}^n$ 上的S-凸函数: 即对于 $\boldsymbol{x} \in \mathbb{R}^n$, 令 $\varphi(\boldsymbol{x}) = \varphi(\boldsymbol{x} \downarrow)$, 显然这种S-凸扩张是唯一的, 同时 φ 也成为任何集合 $A \subset \mathbb{R}^n$ 上的S-凸函数.

定理 2.9. [175, p. 58] 设 $\Omega \subset \mathbb{R}^n$, $\varphi_i : \Omega \to \mathbb{R}, i = 1, \ldots, k$, $h : \mathbb{R}^k \to \mathbb{R}$ 和 $\psi(\boldsymbol{x}) = h(\varphi_1(\boldsymbol{x}), \cdots, \varphi_k(\boldsymbol{x}))$.

(a) 若每个 φ_i S-凸而 h 递增, 则 ψ 在 Ω 上S-凸;

(b) 若每个φ_i S-凸而h 递减, 则ψ 在Ω 上S-凹;

(c) 若每个φ_i S-凹而h 递增, 则ψ 在Ω 上S-凹;

(d) 若每个φ_i S-凹而h 递减, 则ψ 在Ω 上S-凸;

(e) 若每个φ_i 递增且S- 凸而h 递增, 则ψ 在Ω 上S-凸;

(f) 若每个φ_i 递增且S- 凸而h 递减, 则ψ 在Ω 上S-凹;

(g) 若每个φ_i 递减且S-凹而h 递增, 则ψ 在Ω 上S-凹;

(h) 若每个φ_i 递减且S- 凹而h 递减, 则ψ 在Ω 上S-凸;

(i) 若每个φ_i 递减且S-凸而h 递增, 则ψ 在Ω 上S-凸;

(j) 若每个φ_i 递增且S- 凹而h 递减, 则ψ 在Ω 上S-凸;

(k) 若每个φ_i 递增且S-凹而h 递增, 则ψ 在Ω 上S-凹;

(l) 若每个φ_i 递减且S- 凸而h 递减, 则ψ 在Ω 上S-凸.

推论 2.1. 设$\Omega \subset \mathbb{R}^n$.

(a) 若$\varphi : \Omega \to \mathbb{R}, g : \mathbb{R} \to \mathbb{R}$ 严格递增, $\psi(\boldsymbol{x}) = g(\varphi(\boldsymbol{x}))$, 则$\psi$ 为S-凸 (S-凹)$\Leftrightarrow \varphi$ 为S-凸(S-凹).

(b) 若$\varphi : \Omega \to \mathbb{R}_{++}$, 则$\ln \varphi$ 为S-凸(S-凹) $\Leftrightarrow \varphi$ 为S-凸(S-凹).

例 2.3. $[90, \mathrm{p.}\,93]$ 设$\boldsymbol{x} \in \mathbb{R}_+^n$, $\boldsymbol{p} \in \mathbb{R}_+^n$, 则

$$\varphi(\boldsymbol{x}) = \prod_{i=0}^{n} p_i^{x_i - x_{i+1}} \tag{2.14}$$

是$D_+ = \{\boldsymbol{x} : \boldsymbol{x} \in \mathbb{R}^n, x_1 \geq \cdots \geq x_n > 0\}$ 上的S-凸函数的充要条件是

$$\frac{p_1}{p_0} \geq \frac{p_2}{p_1} \geq \cdots \geq \frac{p_n}{p_{n-1}}, \tag{2.15}$$

其中$x_0 = x_{n+1} = 0$.

证明 考虑$\ln \varphi(\boldsymbol{x}) = \sum_{i=0}^{n} (x_i - x_{i+1}) \ln p_i$. 由推论2.1(b) 知$\varphi$ 为S-凸$\Leftrightarrow \ln \varphi$ 为S-凸. 注意这里D_+ 是非对称凸集, 由定理2.7, $\ln \varphi$ 为S-凸$\Leftrightarrow \frac{\partial \ln \varphi(\boldsymbol{x})}{\partial x_i} - \frac{\partial \ln \varphi(\boldsymbol{x})}{\partial x_{i+1}} \geq 0, i = 1, \ldots, n-1 \Leftrightarrow \ln \frac{p_i^2}{p_{i-1}p_{i+1}} \geq 0, i = 1, \ldots, n-1$, 即式(2.15) 成立.

例 2.4.　　[*90*, p. 93] 设 $x \geq y > 0, \varphi(x,y) = x^\alpha - \alpha xy^{\alpha-1} + (\alpha-1)y^\alpha$, 则当 $\alpha > 1$ 或 $\alpha < 0$ 时, $\varphi(x,y) \geq 0$, 当 $0 \leq \alpha \leq 1$ 时, $\varphi(x,y) \leq 0$.

证明　记 $D_+ = \{(x,y) : x \geq y > 0\}$.

$$\frac{\partial \varphi}{\partial x} = \alpha x^{\alpha-1} - \alpha y^{\alpha-1}, \quad \frac{\partial \varphi}{\partial y} = -\alpha(\alpha-1)xy^{\alpha-2} + \alpha(\alpha-1)y^{\alpha-1}.$$

若 $\alpha > 1$, 则 $\forall(x,y) \in D_{++}^\circ$, 有

$$\begin{aligned}
\frac{\partial \varphi}{\partial x} - \frac{\partial \varphi}{\partial y} &= \alpha x^{\alpha-1} + \alpha(\alpha-1)xy^{\alpha-2} - \alpha^2 y^{\alpha-1} \\
&\geq \alpha y^{\alpha-1} + \alpha(\alpha-1)y \cdot y^{\alpha-2} - \alpha^2 y^{\alpha-1} = 0.
\end{aligned}$$

若 $\alpha < 0$, 则

$$\begin{aligned}
\frac{\partial \varphi}{\partial x} - \frac{\partial \varphi}{\partial y} &= -(-\alpha)x^{\alpha-1} + (-\alpha)(1-\alpha)xy^{\alpha-2} - \alpha^2 y^{\alpha-1} \\
&\geq (-\alpha)(1-\alpha) + (-\alpha)(1-\alpha)y \cdot y^{\alpha-2} - \alpha^2 y^{\alpha-1} = 0.
\end{aligned}$$

若 $0 < \alpha < 1$, 则

$$\begin{aligned}
\frac{\partial \varphi}{\partial x} - \frac{\partial \varphi}{\partial y} &= \alpha x^{\alpha-1} + \alpha(1-\alpha)xy^{\alpha-2} - \alpha^2 y^{\alpha-1} \\
&\geq \alpha y^{\alpha-1} + \alpha(1-\alpha)y \cdot y^{\alpha-2} - \alpha^2 y^{\alpha-1} = 0.
\end{aligned}$$

据定理2.7, 由上述讨论知当 $\alpha > 1$ 或 $\alpha < 0$ 时, $\varphi(x,y)$ 在 D_+ 上S-凸, 当 $0 < \alpha < 1$ 时, 在 D_+ 上S-凹. 因 $\left(\frac{x+y}{2}, \frac{x+y}{2}\right) \prec (x,y)$, 故 $\alpha > 1$ 或 $\alpha < 0$ 时, 在 D_+ 上有 $0 = \varphi\left(\frac{x+y}{2}, \frac{x+y}{2}\right) \leq \varphi(x,y)$, 而当 $0 < \alpha < 1$ 时, 在 D_+ 上有 $0 = \varphi\left(\frac{x+y}{2}, \frac{x+y}{2}\right) \geq \varphi(x,y)$, 证毕.

注记 2.4.　　例2.4 中的 $\varphi(x,y)$ 是非对称函数, 且 D_+ 也不是对称集, 故此例不能利用定理2.3 证明, 而应当用定理2.7 证明.

利用定理2.7易证:

定理 2.10.　[*70*, p. 57] 加权平均

$$M(\omega; x, y) = \frac{x + \omega y}{1 + \omega}, \quad \omega > 0 \tag{2.16}$$

在 $D = \{(x,y) \in \mathbb{R}_{++}^2 \mid x \geq y\}$ 上S-凸(S-凹) 的充要条件是 $\omega \leq 1(\geq 1)$.

例 2.5. $[70, \mathrm{p}.\, 57]$ 设 $(x, y) \in \mathbb{R}^2_{++}, m, n \in \mathbb{N}$. 证明

$$K(m, n) = \frac{mA(x, y) + nG(x, y)}{m + n} = \frac{m(x + y) + 2n\sqrt{xy}}{2(m + n)} \tag{2.17}$$

在 $\mathbb{R}^2_{++}$ 上S-凹.

证明 显然 $K(m, n)$ 关于 $(x, y) \in \mathbb{R}^2_{++}$ 对称. 若在式(2.16)中取

$$\omega = \frac{(m + 2n)x - my - 2n\sqrt{xy}}{mx - (m + 2n)y + 2n\sqrt{xy}},$$

那么 $M(\omega; x, y) = K(m, n)$. 记 $t =: \frac{x}{y}$, 则

$$\omega = \frac{(m + 2n)(\frac{x}{y}) - m - 2n\sqrt{\frac{x}{y}}}{m(\frac{x}{y}) - (m + 2n) + 2n\sqrt{\frac{x}{y}}} = \frac{(m + 2n)t - m - 2n\sqrt{t}}{mt - (m + 2n) + 2n\sqrt{t}}.$$

据定理2.10, 欲证 $K(m, n)$ 在 $D = \{(x, y) \in \mathbb{R}^2_{++} \mid x \geq y\}$ 上S-凹, 只需证 $\omega \geq 1$, 而

$$\omega \geq 1 \Leftrightarrow (m + 2n)t - m - 2n\sqrt{t} \geq mt - (m + 2n) + 2n\sqrt{t}$$
$$\Leftrightarrow t - 2\sqrt{t} + 1 = (\sqrt{t} - 1)^2 \geq 0.$$

由注2.3 知 $K(m, n)$ 在 $\mathbb{R}^2_{++}$ 上亦S- 凹.

由Juan Bosco Romero Marquez提供的美国数学月刊第10 529号问题(美国数学月刊, 1996, 103(6):509)是:

设 $\lambda \geq 0, 0 < a \leq b, n \in \mathbb{Z}, n > 1$, 证明

$$\sqrt{ab} \leq \left(\frac{a^n + b^n + \lambda((a + b)^n - a^n - b^n)}{2 + \lambda(2^n - 2)} \right)^{\frac{1}{n}} \leq \frac{a + b}{2}. \tag{2.18}$$

1998年, Robin J. Chapman 指出这个问题的条件"$\lambda \geq 0$"应该为"$\lambda \geq 1$", 并给出了证明. 2011年, 石焕南等人[129] 应用定理2.7 证明了如下结果.

例 2.6. 设 $0 < a \leq b, \alpha > 0$.

(a) 若 $\lambda \leq 1, 0 < \alpha \leq 1$ 或 $\lambda \geq 1, \alpha \geq 1$, 则

$$\frac{a + b}{(2 + \lambda(2^\alpha - 2))^{\frac{1}{\alpha}}} \leq \left(\frac{a^\alpha + b^\alpha + \lambda((a + b)^\alpha - a^\alpha - b^\alpha)}{2 + \lambda(2^\alpha - 2)} \right)^{\frac{1}{\alpha}} \leq \frac{a + b}{2}; \tag{2.19}$$

(b) 若 $\lambda \leq 1, \alpha \geq 1$ 或 $\lambda \geq 1, 0 < \alpha \leq 1$, 则式(2.19)中的不等式反向.

证明　设 $\varphi(a,b) = (\psi(a,b))^{\frac{1}{\alpha}}$, 其中

$$\psi(a,b) = \frac{a^\alpha + b^\alpha + \lambda((a+b)^\alpha - a^\alpha - b^\alpha)}{2 + \lambda(2^\alpha - 2)},$$

$$\frac{\partial \varphi}{\partial a} = \frac{\alpha a^{\alpha-1} + \lambda\alpha((a+b)^{\alpha-1} - a^{\alpha-1})}{2 + \lambda(2^\alpha - 2)}$$

和

$$\frac{\partial \varphi}{\partial b} = \frac{\alpha b^{\alpha-1} + \lambda\alpha((a+b)^{\alpha-1} - b^{\alpha-1})}{2 + \lambda(2^\alpha - 2)}.$$

(a) 易见 $\frac{\partial \varphi}{\partial a} \geq \frac{\partial \varphi}{\partial b}$ 等价于 $\alpha(b^{\alpha-1} - a^{\alpha-1})(1-\alpha) \leq 0$. 据定理2.7, 当 $\lambda \leq 1, 0 < \alpha \leq 1$ 时, 或 $\lambda \geq 1, 0 < \alpha \leq 1$ 时, $\psi(x,y)$ 在 $D_2 = \{(a,b) : b \geq a\}$ 上S-凹. 于是, 由

$$\left(\frac{a+b}{2}, \frac{a+b}{2}\right) \prec (a,b) \prec ((a+b), 0) \tag{2.20}$$

有

$$\varphi\left(\frac{a+b}{2}, \frac{a+b}{2}\right) \geq \varphi(a,b) \geq \varphi((a+b), 0),$$

即式(2.19)成立.

$\frac{\partial \varphi}{\partial a} \leq \frac{\partial \varphi}{\partial b}$ 等价于 $\alpha(b^{\alpha-1} - a^{\alpha-1})(1-\alpha) \geq 0$. 据定理2.7, 当 $\lambda \leq 1, \alpha \geq 1$ 时, 或 $\lambda \geq 1, 0 < \alpha \leq 1$ 时, $\psi(x,y)$ 在 D_2 上S-凸. 于是, 由式(2.20)有

$$\varphi\left(\frac{a+b}{2}, \frac{a+b}{2}\right) \leq \varphi(a,b) \leq \varphi((a+b), 0),$$

即式(2.19)反向成立.

注记 2.5. 与前述第10 529 号问题比较, 这里将 $n \in \mathbb{Z}, n > 1$ 放宽为 $\alpha > 0$, 改变了左端, 并考虑了 $0 \leq \lambda < 1$ 的情形.

定理 2.11. [175, p. 58]　设区间 $I \subset \mathbb{R}$, $\varphi : \mathbb{R}^n \to \mathbb{R}$, $g : I \to \mathbb{R}$ 且 $\psi(\boldsymbol{x}) = \varphi(g(x_1), \cdots, g(x_n)) : I^n \to \mathbb{R}$.

(a) 若 φ 递增且S-凸而 g 凸, 则 ψ 为S-凸;

(b) 若 φ 递增且S-凹而 g 凹, 则 ψ 为S-凹;

(c) 若 φ 递减且S-凸而 g 凹, 则 ψ 为S-凸;

(d) 若 φ 递减且S-凹而 g 凸, 则 ψ 为S-凹;

(e) 若 φ 递增且S-凸而 g 递减且凸, 则 ψ 递减且S-凸;

(f) 若 φ 递减且S-凹而 g 递减且凸, 则 ψ 递增且S-凹;

(g) 若 φ 递增且S-凸而 g 递增且凸, 则 ψ 递增且S-凸;

(h) 若 φ 递减且S-凸而 g 递减且凹, 则 ψ 递增且S-凸;

(i) 若 φ 递减且S-凸而 g 递增且凹, 则 ψ 递减且S-凸.

推论 2.2. 设 $g : I \to \mathbb{R}$ 连续, $\varphi(\boldsymbol{x}) = \sum_{i=1}^{n} g(x_i)$, 则:

(a) φ 在 I^n 上(严格) S-凸 $\Leftrightarrow$ g 在 I 上(严格) 凸;

(b) φ 在 I^n 上(严格) S-凹 $\Leftrightarrow$ g 在 I 上(严格) 凹.

推论 2.3. 设 $g : I \to \mathbb{R}_{++}$ 连续, $\varphi(\boldsymbol{x}) = \prod_{i=1}^{n} g(x_i)$, 则:

(a) φ 在 I^n 上(严格) S-凸 $\Leftrightarrow$ $\ln g$ 在 I 上(严格) 凸;

(b) φ 在 I^n 上(严格) S-凹 $\Leftrightarrow$ $\ln g$ 在 I 上(严格) 凹.

例 2.7. (1983 年瑞士数学奥林匹克试题) 证明不等式

$$(a + b - c)(b + c - a)(c + a - b) \le abc \tag{2.21}$$

对于任意正数 a, b, c 成立.

证明 不妨设 $a \ge b \ge c$, 则 $a+b-c \ge a+c-b \ge b+c-a$. 因 $a \le a+b-c$, $a+b \le (a+b-c)+(a+c-b) = 2a$, $a+b+c = (a+b-c)+(a+c-b)+(b+c-a)$, 所以 $(a,b,c) \prec (a+b-c, a+c-b, b+c-a)$. 因 $a+b-c \ge 0$, $a+c-b \ge 0$, 若 $b+c-a < 0$, 则所证不等式显然成立. 若 $b+c-a \ge 0$, 因 $\ln x$ 凹, 由推论2.3(b)即得证.

例 2.8. (由罗马尼亚Daniel Sitaru 提供) 如果 $0 < a \le b < 1$, 那么

$$\sin\left(\frac{3a+b+2}{4}\right)\sin\left(\frac{a+3b+6}{4}\right) \le \sin\left(\frac{a+3b+2}{4}\right)\sin\left(\frac{3a+b+6}{4}\right). \tag{2.22}$$

证明 不难验证

$$\left(\frac{3a+b+2}{4}, \frac{a+3b+6}{4}\right) \prec \left(\frac{a+3b+2}{4}, \frac{3a+b+6}{4}\right)$$

又易见 $\ln x$ 在 $(0, \pi)$ 上对数凹, 故由推论2.3 (b) 即得证.

例 2.9. (1990 年荷兰数学竞赛试题) 已知 $n > 1$, 求证

$$1 \cdot 3 \cdot 5 \cdots (2n-1) < n^n. \tag{2.23}$$

证明　注意$\frac{1}{n}(1+3+5+\cdots+(2n-1))=n$, 则$(n,n,n,\ldots,n)\prec\prec$ $(1,3,5,\ldots,2n-1)$, 又$\ln x$ 在$(0,\infty)$ 上严格凹, 由推论2.3(b) 即得证.

例 2.10. $[25,\mathrm{p}.\,70]$ 对于任何自然数n, 有

$$n!\le 2\left(\frac{n}{2}\right)^n.\tag{2.24}$$

证明　由定理1.20(a) 不难证明

$$\left(n,\underbrace{\frac{n}{2},\ldots,\frac{n}{2}}_{n-1}\right)\prec(n,n-1,\ldots,2,1),$$

又$f(x)=\ln x$ 在$(0,\infty)$ 上凹, 由推论2.3(b) 即得证.

例 2.11. $[25,\mathrm{p}.\,70]$ 对于任何自然数$n>1$, 有

$$n!>(n+1)^{\frac{1}{2}(n-1)}.\tag{2.25}$$

证明　由定理1.20(a) 不难证明

$$(n,n,n-1,n-1,\ldots,2,2,1,1)\prec\left(\underbrace{n+1,\ldots,n+1}_{n-1},\underbrace{1,\ldots,1}_{n+1}\right),$$

又$f(x)=\ln x$ 是$(0,+\infty)$ 上的凹函数, 推论2.3(b) 即得证.

例 2.12. $[81,\mathrm{p}.\,59]$ 设$a_i>0, r_1,r_2>0, x\in\mathbb{R}$, 求证

$$\sum_{i=1}^{n}a_i^{x+r_1+r_2}\sum_{i=1}^{n}a_i^{x}\ge\sum_{i=1}^{n}a_i^{x+r_1}\sum_{i=1}^{n}a_i^{x+r_2}.\tag{2.26}$$

证明　令$f(x)=\sum\limits_{i=1}^{n}a_i^{x}$, 则

$$(\ln f(x))''=\frac{\sum\limits_{i=1}^{n}a_i^{x}\sum\limits_{i=1}^{n}a_i^{x}(\ln a_i)^2-(\sum\limits_{i=1}^{n}a_i^{x}\ln a_i)^2}{(\sum\limits_{i=1}^{n}a_i^{x})^2},$$

利用Cauchy不等式不难得到$(\ln f(x))''\ge 0$, 即$f(x)$ 在$(0,+\infty)$ 上对数凸, 又易见$(x+r_1,x+r_2)\prec(x+r_1+r_2,x)$, 由推论2.3 (a)即可得证.

例 2.13. (2006年中国国家队培训题) 设 $a \geq b \geq c \geq d > 0$, 求证

$$\left(1 + \frac{c}{a+b}\right)\left(1 + \frac{d}{b+c}\right)\left(1 + \frac{a}{c+d}\right)\left(1 + \frac{b}{d+a}\right) \geq \left(\frac{3}{2}\right)^4. \quad (2.27)$$

证明 此不等式等价于

$$\frac{a+b}{2} \cdot \frac{b+c}{2} \cdot \frac{c+d}{2} \cdot \frac{d+a}{2} \leq \frac{a+b+c}{3} \cdot \frac{b+c+d}{3} \cdot \frac{c+d+a}{3} \cdot \frac{d+a+b}{3}. \quad (2.28)$$

据推论2.3, 由控制关系(1.17)即可得证.

例 2.14. [1] 设 $x, y, z \in [0, \frac{7}{16}]$ 是实数, 且 $x + y + z = 1$, 求表达式

$$(1+x)(1+y)(1+z)$$

的最值.

解 因为 $f(x) = \ln(1+x)$ 在 $(0, \infty)$ 上是凹函数, 且

$$\left(\frac{1}{3}, \frac{1}{3}, \frac{1}{3}\right) \prec (x, y, z) \prec \left(\frac{7}{16}, \frac{7}{16}, \frac{2}{16}\right),$$

所以由Karamata 不等式, 有

$$3\ln\frac{23}{16} \leq \ln(1+x) + \ln(1+y) + \ln(1+z) \leq 3\ln\frac{4}{3},$$

这表明

$$\frac{9\,522}{4\,096} \leq (1+x)(1+y)(1+z) \leq \frac{64}{27}.$$

例 2.15. 设 $a, b \in (0, \frac{\pi}{2})$, 证明

$$(4a+b)(a+4b)\sin a \sin b < 25ab \sin\left(\frac{4a+b}{5}\right)\sin\left(\frac{a+4b}{5}\right). \quad (2.29)$$

证明 不难证明 $f(x) = \frac{\sin x}{x}$ 是对数凹函数, 由 $\left(\frac{4a+b}{5}, \frac{a+4b}{5}\right) \prec (a, b)$, 有

$$\frac{\sin a}{a} \cdot \frac{\sin b}{b} \leq \frac{\sin\frac{4a+b}{5}}{\frac{4a+b}{5}} \cdot \frac{\sin\frac{a+4b}{5}}{\frac{a+4b}{5}},$$

由此即得证.

例 2.16. (由罗马尼亚Daniel Sitaru 提供) 如果$a, b, c > 0$, 那么

$$\frac{abc(a+b)(b+c)(c+a)}{8} \leq \left(\frac{a+b+c}{3}\right)^6. \tag{2.30}$$

证明 易见

$$\left(\underbrace{\frac{a+b+c}{3}, \cdots, \frac{a+b+c}{3}}_{6}\right) \prec \left(a, b, c, \frac{a+b}{2}, \frac{b+c}{2}, \frac{c+a}{2}\right),$$

结合$\ln x$ 在$(0, +\infty)$ 上的凸性, 即知式(2.30) 成立.

例 2.17. (加拿大数学难题杂志(2014), 乔治·阿波斯托洛普洛斯提出) 对于每个$n \geq 3$, 证明

$$\frac{(n-1)^{2n-2}}{(n-2)^{n-2}} < n^n. \tag{2.31}$$

证明 不等式(2.31) 等价于

$$(n-1)^{2n-2} < n^n(n-2)^{n-2}. \tag{2.32}$$

因$(n-1, n-1) \prec\prec (n, n-2)$, 又$f(x) = x^x$ 在$(0, +\infty)$ 上是严格对数凸的, 由推论2.3 (a)即可得证.

例 2.18. (1994 年国家数学集训队选拔试题4) 已知$5n$ 个实数r_i, s_i, t_i, u_i, v_i 都大于1, $1 \leq i \leq n$, 记

$$R = \frac{1}{n}\sum_{i=1}^{n} r_i, \ S = \frac{1}{n}\sum_{i=1}^{n} s_i, \ T = \frac{1}{n}\sum_{i=1}^{n} t_i, \ U = \frac{1}{n}\sum_{i=1}^{n} u_i, \ V = \frac{1}{n}\sum_{i=1}^{n} v_i.$$

求证

$$\prod_{i=1}^{n}\left(\frac{r_i s_i t_i u_i v_i + 1}{r_i s_i t_i u_i v_i - 1}\right) \geq \left(\frac{RSTUV + 1}{RSTUV - 1}\right)^n. \tag{2.33}$$

此题由北京大学张筑生老师提供, 其证明用到了如下引理:

引理 2.1. 设$x_1, \ldots, x_n$ 为n 个大于1 的实数, $G_n(\boldsymbol{x}) = \sqrt[n]{x_1 \cdots x_n}$, 则

$$\prod_{i=1}^{n}\left(\frac{x_i + 1}{x_i - 1}\right) \geq \left(\frac{G_n(\boldsymbol{x}) + 1}{G_n(\boldsymbol{x}) - 1}\right)^n. \tag{2.34}$$

这里给出此引理的控制证明: 令$f(x) = \frac{x+1}{x-1}$, $(\ln f(x))'' = f(x) \cdot$ $\frac{4x}{(x+1)^2(x-1)^2} \geq 0$, 即$f(x)$ 在$(1, +\infty)$ 上对数凸, 又$(A_n(\boldsymbol{x}), \ldots, A_n(\boldsymbol{x})) \prec$

$(x_1, \ldots, x_n)$, 由推论2.3, 有

$$\prod_{i=1}^{n} \left(\frac{x_i + 1}{x_i - 1} \right) \geq \left(\frac{A_n(\boldsymbol{x}) + 1}{A_n(\boldsymbol{x}) - 1} \right)^n,$$

又$f(x)$ 是递增函数, 由$G_n(\boldsymbol{x}) \leq A_n(\boldsymbol{x})$, 有

$$\prod_{i=1}^{n} \left(\frac{x_i + 1}{x_i - 1} \right) \geq \left(\frac{A_n(\boldsymbol{x}) + 1}{A_n(\boldsymbol{x}) - 1} \right)^n \geq \left(\frac{G_n(\boldsymbol{x}) + 1}{G_n(\boldsymbol{x}) - 1} \right)^n.$$

2.2   凸函数与Schur凸函数

凸函数与Schur凸函数有着密切的关系, 本节做一简述.

例 2.19. *凸函数而非S-凸函数的例子.*

$\varphi(x, y) = x$ 显然是$\mathbb{R}^2$ 上的凸函数, 但非对称, 故不是S-凸函数.

例 2.20. S-凸函数而非凸函数的例子.

对于$\boldsymbol{x} = (x_1, x_2) \in \mathbb{R}^2_{++}$, 令$\varphi(\boldsymbol{x}) = \varphi(x_1, x_2) = -x_1 x_2$. 若$(x_1, x_2) \prec (y_1, y_2)$, 则$x_1 + x_2 = y_1 + y_2 := s$. 不妨设$x_1 \geq x_2$, $y_1 \geq y_2$, 则$x_1 \leq y_1$, 从而

$$-x_1 x_2 = x_1(s - x_1) \leq y_1(s - y_1) = -y_1 y_2 \Leftrightarrow y_1^2 - x_1^2 \geq s(y_1 - x_1) \Leftrightarrow y_1 + x_1 \geq s.$$

最后一个不等式显然成立, 所以φ 是$\mathbb{R}^2_{++}$上的S-凸函数.

对于任意$\boldsymbol{x}, \boldsymbol{y} \in \mathbb{R}^2_{++}$, 考察一元函数

$$\psi(t) := \varphi(t\boldsymbol{x} + (1 - t)\boldsymbol{y}) = -(tx_1 + (1 - t)y_1)(tx_2 + (1 - t)y_2), \ 0 < t < 1.$$

经计算$\psi''(t) = -2(x_1 - x_2)(y_1 - y_2)$. 显然不能保证对于任意$\boldsymbol{x}, \boldsymbol{y} \in \mathbb{R}^2_{++}$ 均有$\psi''(t) \geq 0$, 故φ 不是$\mathbb{R}^2_{++}$ 上的凸函数.

定理 2.12. $[175, \mathrm{p.}\, 58]$ 设$\Omega \subset \mathbb{R}^n$ 是对称凸集, $\boldsymbol{x}, \boldsymbol{y} \in \Omega$, 则:

(a) $\boldsymbol{x} \prec \boldsymbol{y} \Leftrightarrow$对于任意对称凸函数$\varphi : \Omega \to \mathbb{R}$, 有$\varphi(\boldsymbol{x}) \leq \varphi(\boldsymbol{y})$;

(b) $\boldsymbol{x} \prec\prec \boldsymbol{y} \Leftrightarrow$ 对于任意对称的严格凸函数$\varphi : \Omega \to \mathbb{R}$, 有$\varphi(\boldsymbol{x}) < \varphi(\boldsymbol{y})$;

(c) $\boldsymbol{x} \prec \boldsymbol{y} \Leftrightarrow$ 对于任意对称凹函数$\varphi : \Omega \to \mathbb{R}$, 有$\varphi(\boldsymbol{x}) \geq \varphi(\boldsymbol{y})$;

(d) $\boldsymbol{x} \prec\prec \boldsymbol{y} \Leftrightarrow$ 对于任意对称的严格凹函数$\varphi : \Omega \to \mathbb{R}$, 有$\varphi(\boldsymbol{x}) > \varphi(\boldsymbol{y})$;

(e) $\boldsymbol{x} \prec_w \boldsymbol{y} \Leftrightarrow$ 对于任意对称递增的凸函数$\varphi : \Omega \to \mathbb{R}$, 有$\varphi(\boldsymbol{x}) \leq \varphi(\boldsymbol{y})$;

(f) $\boldsymbol{x} \prec^w \boldsymbol{y} \Leftrightarrow$ 对于任意对称递减的凸函数$\varphi : \Omega \to \mathbb{R}$, 有$\varphi(\boldsymbol{x}) \leq \varphi(\boldsymbol{y})$;

(g) $\boldsymbol{x} \prec_w \boldsymbol{y} \Leftrightarrow$ 对于任意对称递减的凹函数$\varphi : \Omega \to \mathbb{R}$, 有$\varphi(\boldsymbol{x}) \geq \varphi(\boldsymbol{y})$;

(h) $\boldsymbol{x} \prec^w \boldsymbol{y} \Leftrightarrow$ 对于任意对称递增的凹函数$\varphi : \Omega \to \mathbb{R}$, 有$\varphi(\boldsymbol{x}) \geq \varphi(\boldsymbol{y})$.

例 2.21. (奥地利–波兰竞赛题, 1995)　证明对任何正实数x, y 和任何正整数m, n, 有

$$(n - 1)(m - 1)(x^{m+n} + y^{m+n}) + (m + n - 1)(x^m y^n + x^n y^m)$$
$$\geq mn(x^{m+n-1}y + y^{m+n-1}x). \tag{2.35}$$

蔡玉书 [6, p. 476 − 477]利用积分方法证明了此例, 这里给出控制证明.

证明　不等式(2.35)两边同除以x^{m+n}, 并记$u = \frac{y}{x}$, 得

$$(n-1)(m-1)(1+u^{m+n})+(m+n-1)(u^n+u^m) \geq mn(u+u^{m+n-1}). \tag{2.36}$$

不妨设$x \leq y$, 则$u \geq 1$, 因$f'(t) = u^t \ln u \geq 0$, $f''(t) = u^t(\ln u)^2 \geq 0$, 故函数$f(t) = u^t$ 在$(0, +\infty)$ 上递增且凸.

考虑向量

$$\boldsymbol{x} := \left(\underbrace{m + n - 1, \ldots, m + n - 1}_{mn}, \underbrace{1, \ldots, 1}_{mn} \right)$$

和

$$\boldsymbol{y} := \left(\underbrace{m + n, \ldots, m + n}_{(m-1)(n-1)}, \underbrace{n, \ldots, n}_{m+n-1}, \underbrace{m, \ldots, m}_{m+n-1}, \underbrace{1, \ldots, 1}_{(m-1)(n-1)} \right).$$

因

$$\sum_{i=1}^{2mn} y_i = (m - 1)(n - 1)(m + n + 1) + (m + n - 1)(m + n)$$

$$= mn(m + n) + (n - 1)(m - 1) \geq mn(m + n) = \sum_{i=1}^{2mn} x_i,$$

又$x_i \leq y_i, i = 1, \ldots, (n-1)(m-1)$, 且$x_i \geq y_i, i = (n-1)(m-1)+1, \ldots, 2mn$, 由定理1.21知$\boldsymbol{x} \prec_w \boldsymbol{y}$, 由定理1.32(c), 有

$$\sum_{i=1}^{2mn} u^{x_i} \leq \sum_{i=1}^{2mn} u^{y_i},$$

即式(2.36)成立, 由此证得式(2.35).

记$\delta = \sum\limits_{i=1}^{n}(y_i - x_i) = (n-1)(m-1)$, 取$k = (n-1)(m-1)$, 则$\frac{\delta}{k} = 1$, 据定理1.29, 有

$$\boldsymbol{w} := \left(\boldsymbol{x}, \underbrace{1, \ldots, 1}_{(n-1)(m-1)}\right) \prec \left(\boldsymbol{y}, \underbrace{0, \ldots, 0}_{(n-1)(m-1)}\right) := \boldsymbol{z}.$$

由定理1.32(c), 有

$$\sum_{i=1}^{mn+(n-1)(m-1)} u^{w_i} \leq \sum_{i=1}^{mn+(n-1)(m-1)} u^{z_i},$$

即

$$(n-1)(m-1)(1+u^{m+n}) + (m+n-1)(u^n + u^m) + (n-1)(m-1)$$
$$\geq mn(u + u^{m+n-1}) + (n-1)(m-1)u$$
$$\Leftrightarrow (n-1)(m-1)(1 + (\frac{y}{x})^{m+n}) + (m+n-1)((\frac{y}{x})^n + (\frac{y}{x})^m)$$
$$\geq mn(\frac{y}{x} + (\frac{y}{x})^{m+n-1}) + (n-1)(m-1)(\frac{y}{x} - 1),$$

即

$$(n-1)(m-1)(x^{m+n} + y^{m+n}) + (m+n-1)(x^m y^n + x^n y^m)$$
$$\geq mn(x^{m+n-1}y + y^{m+n-1}x) + (n-1)(m-1)(x^{m+n-1}y - x^{m+n}). \quad (2.37)$$

因$y \geq x$, 有$(n-1)(m-1)(x^{m+n-1}y - x^{m+n}) \geq 0$, 这样不等式(2.37) 给出了不等式(2.35)的一个加强.

由定理2.12(a)和(c)立得如下两个推论.

推论 2.4. 设φ 是对称凸集Ω 上的对称凸(凹)函数, 则φ 是Ω 上的S-凸(凹)函数.

推论 2.5. 设$I \subset \mathbb{R}$ 为一个区间, g 为$I \to \mathbb{R}$ 上的(严格) 凸函数, 则$\varphi(\boldsymbol{x}) = \sum\limits_{i=1}^{n} g(x_i)$ 为I^n 上的(严格) S-凸函数.

例 2.22. 均方差

$$\sigma(\boldsymbol{x}) = \left(\frac{1}{n}\sum_{i=1}^{n}(x_i - \overline{\boldsymbol{x}})^2\right)^{\frac{1}{2}}$$

是$\mathbb{R}^n$ 上的严格S-凸函数, 其中$\overline{\boldsymbol{x}} = \frac{1}{n} \sum_{i=1}^{n} x_i$.

证明　函数$g(t) = (t - \overline{\boldsymbol{x}})^2$ 是严格凸的, 由推论2.5 知$\frac{1}{n} \sum_{i=1}^{n} g(x_i)$ 是严格S-凸的, 又$h = t^{\frac{1}{2}}$ 是严格增的, 由定理2.11知$\sigma(\boldsymbol{x})$ 是$\mathbb{R}^n$ 上的严格S-凸函数.

设函数f 定义在区间I 上, 且导数f' 存在. 定义二元函数

$$F(x,y) = \frac{f(y) - f(x)}{y - x} \ (x \neq y), \ \ F(x,x) = f'(x),$$

其中$(x,y) \in I^2$.

让我们考虑下述陈述:

(A) f' 在I上凸;

(B) $F(x,y) \leq \frac{f'(x) + f'(y)}{2}, \forall x,y \in I$;

(C) $f'\left(\frac{x+y}{2}\right) \leq F(x,y), \forall x,y \in I$;

(D) F 在I^2 上S-凸;

和

(A′) f' 在I 上凹;

(B′) $F(x,y) \geq \frac{f'(x) + f'(y)}{2}, \forall x,y \in I$;

(C′) $f'\left(\frac{x+y}{2}\right) \geq F(x,y), \forall x,y \in I$;

(D′) F 在I^2 上S-凹.

2001年, Merkle考察了上述陈述的等价性, 得到如下结果:

定理 2.13. $[99]$ 若$x \to f'''(x)$ 在I 上连续, 则条件(A) − (D) 等价, 且条件(A′) − (D′) 也等价.

取$f(x) = x^{n+1}$, 由定理2.13 可知:

推论 2.6. $[63]$ $\sum_{i=0}^{n} x^i y^{n-i}$ 在$\mathbb{R}^2$ 上S-凸.

例 2.23. (1988年中学生数学夏令营试题)　*已知x, y 是正数, $n \in \mathbb{N}$ 且$n \geq 2$, 证明*

$$\frac{x^n + x^{n-1}y + x^{n-2}y^2 + \cdots + xy^{n-1} + y^n}{n+1} \geq \left(\frac{x+y}{2}\right)^n. \tag{2.38}$$

证明 据推论2.6, $\sum\limits_{i=0}^{n} x^i y^{n-i}$ 在 $\mathbb{R}^2$ 上S-凸, 由 $(\frac{x+y}{2}, \frac{x+y}{2}) \prec (x,y)$, 可得

$$x^n + x^{n-1}y + x^{n-2}y^2 + \cdots + xy^{n-1} + y^n \geq (n+1)\left(\frac{x+y}{2}\right)^n,$$

由此得证.

Walorski [188] 还证明了如下结果:

定理 2.14. 若 $\alpha > 0$ 且

$$F(x,y) = f(x) + \alpha f\left(\frac{x+y}{2}\right) + f(y) \ (x \neq y), \ F(x,x) = f'(x),$$

则下述条件(A) − (F) 等价.

(A) "$x \to F(x;x)$" 在 I 上凸;

(B) 对于 $x, y \in I$, 有 $F\left(\frac{x+y}{2}, \frac{x+y}{2}\right) \leq \frac{x+y}{2}$;

(C) 对于 $x, y \in I$, 有 $F(x;y) \leq \frac{F(x,x)+F(y,y)}{2}$;

(D) F 在 I^2 上凸;

(E) F 在 I^2 上S-凸;

(F) f 在 I 上凸.

朱琨等人 [242] 对定理2.13 做了如下推广.

设 f, g 定义在区间 I 上, 它们的导数 f', g' 存在, 且 $g' \neq 0$. 定义二元函数如下

$$F(x,y) = \frac{f(y) - f(x)}{g(y) - g(x)}(x \neq y), \ F(x,x) = \frac{f'(x)}{g'(x)},$$

其中 $(x,y) \in I^2$.

考虑下述陈述:

(A) 在 I 上 f' 凸, g' 凹, $f' \geq 0$ 且 $g' > 0$; 或在 I 上 f' 凹, g' 凸, $f' \leq 0$ 且 $g' < 0$;

(B) $F(x,y) \geq \frac{f'\left(\frac{x+y}{2}\right)}{g'\left(\frac{x+y}{2}\right)}$, $\forall x, y \in I$;

(C) $F(x,y) \leq \frac{f'(x)+f'(y)}{g'(x)+g'(y)}$, $\forall x, y \in I$;

(D) F 在 I^2 上S-凸.

(A') 在 I 上 f' 凹, g' 凸, $f' \geq 0$ 且 $g' > 0$; 或在 I 上 f' 凸, g' 凹, $f' \leq 0$ 且 $g' < 0$;

(B′) $F(x,y) \leq \frac{f'\left(\frac{x+y}{2}\right)}{g'\left(\frac{x+y}{2}\right)}, \forall x, y \in I$;

(C′) $F(x,y) \geq \frac{f'(x)+f'(y)}{g'(x)+g'(y)}, \forall x, y \in I$;

(D′) F 在 I^2 上S-凹.

定理 2.15. 设 $f'''(t), g'''(t)$ 在 I 上连续. 若条件(A) 成立, 则条件(B) − (D) 成立. 若条件(A′) 成立则条件(B′) − (D′) 也成立.

再考虑下列陈述:

(A₁) g' 在 I 上凹;

(A′₁) g' 在 I 上凸;

(A₂) f' 在 I 上凸;

(A′₂) f' 在 I 上凹.

定理 2.16. [242] 若 $g'''(t)$ 在 I 上连续且 $f(t)=t$, 则条件 $(A_1), (B), (C), (D)$ 等价, 且条件 $(A_1'), (B'), (C'), (D')$ 也等价.

定理 2.17. [242] 若 $g'''(t)$ 在 I 上连续且 $g(t)=t$, 则条件 $(A_2), (B), (C), (D)$ 等价, 且条件 $(A_2'), (B'), (C'), (D')$ 也等价.

考虑三元对称函数

$$G(x,y,z) = \sum_{\text{cyclic}} F(x,y) = F(x,y) + F(y,z) + F(z,x),$$

其中 $(x,y,z) \in I^3$.

定理 2.18. [242] 设 $x+y+z=s>0, x,y,z \in I = (0, \frac{s}{2})$.

(a) 若 F 在 I^2 上S-凸, $\phi_1(t) = F(t,t)$ 在 I 上凸, 且 $\phi_2(t) = F(\frac{s}{2}, t)$ 在 I 上严格凸, 则

$$G\left(\frac{s}{3}, \frac{s}{3}, \frac{s}{3}\right) \leq G(x,y,z) < G\left(\frac{s}{2}, \frac{s}{2}, 0\right);$$

(b) 若 F 在 I^2 上S-凹, $\phi_1(t) = F(t,t)$ 在 I 上凹, 且 $\phi_2(t) = F(\frac{s}{2}, t)$ 在 I 上严格凹, 则

$$G\left(\frac{s}{3}, \frac{s}{3}, \frac{s}{3}\right) \geq G(x,y,z) > G\left(\frac{s}{2}, \frac{s}{2}, 0\right).$$

定理 2.19. [242] 设 $x + y + z = s > 0, x, y, z \in I = (0, s)$.

(a) 若 F 在 I^2 上S-凸, $\phi_1(t) = F(t, t)$ 在 I 上凸, 且 $\phi_2(t) = F(t, 0)$ 在 I 上严格凸, 则
$$G\left(\frac{s}{3}, \frac{s}{3}, \frac{s}{3}\right) \le G(x, y, z) < G(s, 0, 0);$$

(b) 若 F 在 I^2 上S-凹, $\phi_1(t) = F(t, t)$ 在 I 上凹, 且 $\phi_2(t) = F(t, 0)$ 在 I 上严格凹, 则
$$G\left(\frac{s}{3}, \frac{s}{3}, \frac{s}{3}\right) \ge G(x, y, z) > G(s, 0, 0).$$

这个定理可推广到 n 维情形, 考虑 n 元对称函数

$$G_1(x) = F_1(x_1, \ldots, x_{n-1}) + F_1(x_2, \ldots, x_n) + \cdots + F_1(x_n, x_1, \ldots, x_{n-2}).$$

定理 2.20. [242] 设 $x \in I^n = [0, s]^n$, $\sum\limits_{i=1}^{n} x_i = s > 0$.

(a) 若 F_1 在 I^{n-1} 上S-凸, $\phi_1(t) = F_1(t, t, \ldots, t)$ 和 $\phi_2(t) = F_1(t, 0, \ldots, 0)$ 在 I 上凸, 则

$$G_1\left(\frac{s}{n}, \frac{s}{n}, \ldots, \frac{s}{n}\right) \le G_1(x_1, x_2, \ldots, x_n) \le G_1(s, 0, \ldots, 0).$$

(b) 若 F_1 在 I^{n-1} 上S-凹, $\phi_1(t) = F_1(t, t, \ldots, t)$ 和 $\phi_2(t) = F_1(t, 0, \ldots, 0)$ 在 I 上凹, 则

$$G_1\left(\frac{s}{n}, \frac{s}{n}, \ldots, \frac{s}{n}\right) \ge G_1(x_1, x_2, \ldots, x_n) \ge G_1(s, 0, \ldots, 0).$$

定理 2.21. [70, p. 430] 设 $f : I \subset \mathbb{R} \to \mathbb{R}$ 是定义在实数区间上的一个凸 (凹) 函数, 又设 $x, y \in I$ 且 $x < y$, 则有如下双边不等式

$$f\left(\frac{x+y}{2}\right) \le (\ge) \frac{1}{y-x} \int_x^y f(t)\,\mathrm{d}t \le (\ge) \frac{f(x) + f(y)}{2}. \tag{2.39}$$

这是关于凸函数的著名的Hadamard(阿达马)不等式.

2000年, Elezovic 和Pečarić [34] 考虑了函数平均值关于积分上下限的Schur凸性, 借助于Hadamard 积分不等式, 建立了如下重要的结果.

定理 2.22. 设 I 是 $\mathbb{R}$ 上具有非空内点的区间, 且 f 在 I 上连续, 则

$$F(x, y) = \begin{cases} \frac{1}{y-x} \int_x^y f(t)\,\mathrm{d}t, & x, y \in I, \ x \ne y \\ f(x), & x = y \end{cases} \tag{2.40}$$

是I^2上的S-凸(S-凹)函数, 当且仅当f 是I 上的凸(凹) 函数.

证明 F 显然对称. 对于任意$x, y \in I$, 有

$$
\begin{aligned}
&(y - x)\left(\frac{\partial F}{\partial y} - \frac{\partial F}{\partial x}\right) \\
&= (y - x)\left(-\frac{1}{(y-x)^2}\int_x^y f(t)\,\mathrm{d}\,t + \frac{f(y)}{y-x} - \frac{1}{(y-x)^2}\int_x^y f(t)\,\mathrm{d}\,t + \frac{f(x)}{y-x}\right) \\
&= f(x) + f(y) - \frac{2}{y-x}\int_x^y f(t)\,\mathrm{d}\,t,
\end{aligned}
$$

由Hadamard不等式, $f(x) + f(y) - \frac{2}{y-x}\int_x^y f(t)\,\mathrm{d}\,t \geq 0$, 当且仅当$f$ 是I上的凸(凹)函数, 由此即证得定理2.22.

注记 2.6. 仅当f 是线性函数时, Hadamard 不等式中的等式成立. 因此, 若f 是I 上的非线性的凸(凹) 函数, 则$F(x, y)$是I^2 上的严格S-凸(S-凹)函数.

龙波涌等人[86] 和孙健等人[167]分别用不同方法证得如下定理.

定理 2.23. 设f 是$I \subset \mathbb{R}_{++}$ 上的递增(递减) 的连续凸(凹) 函数, 则$F(x, y)$ 既是I^2 上的S- 几何凸(S-几何凹) 函数, 也是I^2上的S-调和凸(S-调和凹)函数.

2.3　Karamata不等式的若干应用

设区间$I \subset \mathbb{R}$, 则:

$\boldsymbol{x} \prec \boldsymbol{y} \Rightarrow \forall I$上的凸(凹) 函数$g$, 有

$$
\sum_{i=1}^n g(x_i) \leq (\geq) \sum_{i=1}^n g(y_i). \tag{2.41}
$$

$\boldsymbol{x} \prec\prec \boldsymbol{y} \Rightarrow \forall I$上的严格凸(凹) 函数$g$, 有

$$
\sum_{i=1}^n g(x_i) < (>) \sum_{i=1}^n g(y_i). \tag{2.42}
$$

许多文献将上述结论, 即定理1.32 称之为Karamata不等式, 这是受控理论中一个非常重要的结论.

2.3.1　整幂函数不等式的控制证明

下面集中展示一下Karamata 不等式在多项式不等式中的应用.

引理 2.2. [130] 设 $g(t) = \ln \frac{x^t - 1}{t}$.

(a) 若 $x > 1$, 则 $g(t)$ 在 $\mathbb{R}_{++}$ 上严格凸;

(b) 若 $0 < x < 1$, 则 $g(t)$ 在 $\mathbb{R}_{++}$ 上严格凹.

证明 经计算

$$g''(t) = -\frac{x^t \ln^2 x}{(x^t - 1)^2} + \frac{1}{t^2}.$$

欲证 $g''(t) > 0$, 它等价于

$$t^2 x^t (\ln x)^2 < (x^t - 1)^2, \tag{2.43}$$

两边开方并同除以 x^t, 式(2.43) 亦等价于

$$f(t) := x^{\frac{t}{2}} - x^{-\frac{t}{2}} - t \ln x > 0,$$

$$f'(t) = \frac{1}{2} \ln x (x^{\frac{t}{2}} + x^{-\frac{t}{2}} - 2) > 0.$$

当 $x > 1$ 时, $f(t)$ 在 $(0, +\infty)$ 上严格递增, 从而当 $t > 0$ 时, $f(t) > f(0) = 0$, 即 $g''(t) > 0$. (a) 得证, 仿此可证得(b).

例 2.24. [130] 设 $x > 0, x \neq 1, m, n, k \in \mathbb{N}$, 则

$$x^{kn-1} + x < x^{kn} + 1; \tag{2.44}$$

$$x^{n-(k-2)m} + x^{-(k-1)n} < x^{m-(k-2)n} + x^{-(k-1)m}, m > n, \ k \geq 2; \tag{2.45}$$

$$x^k(n - kx^{n-k}) < n - k, \ k < n; \tag{2.46}$$

$$\frac{x^m - 1}{m} \geq \frac{x^n - 1}{n}, \ m > n. \tag{2.47}$$

证明 对于 $x > 0, x \neq 1$, 由于 $g''(t) = x^t (\ln x)^2 > 0$, $g(t) = x^t$ 在 $[0, +\infty)$ 上严格凸. 易见

$$(kn - 1, 1) \prec\prec (kn, 0),$$

由式(2.42)即可证得式(2.44); 而由

$$(kn + m, (k-1)m) \prec\prec (km + n, (k-1)n),$$

有

$$x^{kn+m} + x^{(k-1)m} < x^{km+n} + x^{(k-1)n},$$

而此式与式(2.45)等价; 由

$$(\underbrace{k,\ldots,k}_{n},\underbrace{0,\ldots,0}_{(k-1)n}) \prec\prec (\underbrace{n,\ldots,n}_{k},\underbrace{0,\ldots,0}_{(n-1)k}),$$

得

$$nx^k + (k-1)n < kx^n + (n-1)k,$$

而此式与式(2.46)等价; 由

$$(\underbrace{n,\ldots,n}_{m},\underbrace{0,\ldots,0}_{n}) \prec\prec (\underbrace{m,\ldots,m}_{n},\underbrace{0,\ldots,0}_{m}),$$

得

$$nx^m + m > mx^n + n,$$

而此式与式(2.47)等价.

例 2.25. $[43]$ 若$0 \le x < +\infty$, 则

$$(n-1)x^n - nx^{n-1} + 1 > 0; \tag{2.48}$$

$$x^n - nx + (n-1) > 0. \tag{2.49}$$

证明　因$g(t) = x^t$ 在$[0, +\infty)$ 上严格凸, 由

$$(\underbrace{n-1,\ldots,n-1}_{n}) \prec\prec (\underbrace{n,\ldots,n}_{n-1},0),$$

有

$$nx^{n-1} < (n-1)x^n + 1,$$

由此证得式(2.48). 而由

$$(\underbrace{1,\ldots,1}_{n}) \prec\prec (n,\underbrace{0,\ldots,0}_{n-1}),$$

有

$$nx < x^n + (n-1),$$

由此证得式(2.49).

此例拓宽了文 [43, p. 81]推论1 和推论2 的条件.

例 2.26.（2019 年塞浦路斯数学竞赛试题）若 $x > 0$, 求证

$$\frac{x^{12} - 1}{4} \geq \frac{x^3 - 1}{x}.\tag{2.50}$$

证明 该式等价于

$$x^{13} + 4 \geq 4x^3 + x,$$

因

$$(3, 3, 3, 3, 1) \prec (13, 0, 0, 0, 0),$$

又 $f(x) = a^x$ 在 $(0, +\infty)$ 上凸, 由Karamata不等式即得证.

例 2.27.（1990 年荷兰数学竞赛试题）若 $a > 0$, 则

$$na^{n+1} + 1 \geq a^n(n+1).\tag{2.51}$$

证明 注意

$$\left(\underbrace{n, \cdots, n}_{n+1}\right) \prec \left(\underbrace{n+1, \cdots, n+1}_{n}, 0\right),$$

又 $f(x) = a^x$ 在 $(0, +\infty)$ 上是凸的, 由Karamata不等式即得证.

类似地可以证明下例.

例 2.28. [81, p. 10] 若 $a > 0$, 则

$$\frac{a^{n+1} + n}{n+1} \geq \frac{a^n + n - 1}{n}, n \in \mathbb{N}, n > 1.\tag{2.52}$$

例 2.29.（Vasc和Arqady问题）设 a, b 是正数, $n \in \mathbb{N}$, 证明

$$(n+1)(a^{n+1} + b^{n+1}) \geq (a+b)(a^n + a^{n-1}b + \cdots + b^n).\tag{2.53}$$

证明 不妨设 $a \leq b$, 则 $t := \frac{b}{a} \geq 1$, 所证不等式两边同除以 a^{n+1} 化为

$$(n+1)(1 + t^{n+1}) \geq (1+t)(1 + t + \cdots + t^n).\tag{2.54}$$

由定理1.20(a)不难证明

$$(n+1, n, n, n-1, n-1, \ldots, 2, 2, 1, 1, 0) \prec \left(\underbrace{n+1, \cdots, n+1}_{n+1}, \underbrace{0, \cdots, 0}_{n+1}\right),$$

又 $f(x) = a^x$ 在 $(0, +\infty)$ 上是凸的, 由 Karamata 不等式即得证.

例 2.30. $[130]$ 设 $x > 1, n \geq 2, n, k \in \mathbb{N}, k < n$, 则

$$k(x^n - x^{-n}) \geq n(x^k - x^{-k}). \tag{2.55}$$

证明 令 $g(t) = x^t - x^{-t}$. 对于 $x > 1$, 当 $t > 0$ 时, 由于 $g''(t) = (\ln x)^2(x^t - x^{-t}) = (\ln x)^2(x^{2t} - 1)x^{-t} \geq 0$, 所以 $g(t)$ 是 $(0, +\infty)$ 上的凸函数. 不难验证

$$(\underbrace{k, \ldots, k}_{n}) \prec (\underbrace{n, \ldots, n}_{k}, \underbrace{0, \ldots, 0}_{n-k}).$$

从而由式 (2.41) 即知式 (2.55) 成立.

注记 2.7. 取 $k = 2$, 式 (2.44) 和式 (2.45) 分别化为 $[71, \mathrm{p}.\,117]$ 第 1 题 (2) 和 (3), 取 $k = 1$, 式 (2.46) 和式 (2.30) 分别化为 $[71, \mathrm{p}.\,117]$ 第 1 题 (4) 和 $[71, \mathrm{p}.\,118]$ 第 2 题.

例 2.31. $[130]$ 设 $x > 0, x \neq 1, n \in \mathbb{N}$, 则

$$\sum_{k=0}^{n} x^k > \frac{n+1}{n-1} \sum_{k=1}^{n-1} x^k. \tag{2.56}$$

证明 $x > 0, x \neq 1$ 时, $g(t) = x^t$ 在 $[0, +\infty)$ 上严格凸, 并注意

$$(\underbrace{1, \ldots, 1}_{n+1}, \underbrace{2, \ldots, 2}_{n+1}, \ldots, \underbrace{n-1, \ldots, n-1}_{n+1}) \prec\prec (\underbrace{0, \ldots, 0}_{n-1}, \underbrace{1, \ldots, 1}_{n-1}, \ldots, \underbrace{n, \ldots, n}_{n-1}),$$

由式 (2.42) 有

$$\sum_{k=0}^{n} (n-1)x^k > \sum_{k=1}^{n-1} (n+1)x^k,$$

而此式与式 (2.56) 等价.

例 2.32. $[71, \mathrm{p}.\,20]$ 设 $x > 0, x \neq 1, n, k \in \mathbb{N}, n \geq 2, n > k$, 则

$$\left(1 - \frac{k^2}{n^2}\right)(x^n - 1)^2 < (x^{n-k} - 1)(x^{n+k} - 1) < (x^n - 1)^2. \tag{2.57}$$

证明 因 x^t 在 $[0, +\infty)$ 上严格凸, 由 $(n, n) \prec\prec (n+k, n-k)$, 有 $2x^n < x^{n+k} + x^{n-k}$, 而此式与式 (2.57) 中右边的不等式等价.

对于式 (2.57) 中左边的不等式分两种情况讨论:

(I) 当 $x > 1$ 时, 由引理2.2(a) 知 $g(t) = \ln \frac{x^t - 1}{t}$ 是 $\mathbb{R}_{++}$ 上的严格凸函数, 因 $(n, n) \prec\prec (n + k, n - k)$, 有

$$2 \ln \frac{x^n - 1}{n} < \ln \frac{x^{n-k} - 1}{n - 1} + \ln \frac{x^{n+k} - 1}{n + 1},$$

而此式与式(2.57)中左边的不等式等价.

(II) 当 $0 < x < 1$ 时, 由引理2.2 (b) 同样可知式(2.57)中的左边不等式成立.

注记 2.8. 取 $k = 1$, 式(2.57)化为专著 $[71, \mathrm{p.}\, 120]$ 第4 题(4).

例 2.33. $[71, \mathrm{p.}\, 120]$ 设 $0 \le x \le 1$, 则

$$(2n + 1)x^n(1 - x) \le 1 - x^{2n+1}, \tag{2.58}$$

且当 $x \ne 1$ 时, 不等式严格成立.

证明 当 $x = 0$ 或1 时, 不等式(2.58) 显然成立, 当 $0 < x < 1$ 时, 因 x^t 在 $[0, +\infty)$ 上严格凸, 由

$$(\underbrace{n, \ldots, n}_{2n+1}) \prec\prec (0, 1, \ldots, 2n),$$

有

$$(2n + 1)x^n < x^{2n} + x^{2n-1} + \cdots + x + 1.$$

两边同乘以 $1 - x$, 并注意

$$1 - x^{2n+1} = (1 - x)(x^{2n} + x^{2n-1} + \cdots + x + 1),$$

即得式(2.58).

例 2.34. $[1]$ 设 $-1 \le a, b, c \le 1$, 且 $a + b + c = -\frac{1}{2}$, 证明

$$a^4 + b^4 + c^4 \le \frac{33}{16}. \tag{2.59}$$

证明 不妨设 $1 \ge a \ge b \ge c \ge -1$. 因 $f(x) = x^4$ 在区间 $[-1, 1]$ 上是凸函数, 且

$$a \le 1, \quad a + b = -\frac{1}{2} - c \le -\frac{1}{2} + 1 = \frac{1}{2},$$

那么

$$\left(1, -\frac{1}{2}, -1\right) \prec (a, b, c),$$

所以由Karamata 不等式, 有

$$a^4 + b^4 + c^4 \le 1 + \left(-\frac{1}{2}\right)^4 + (-1)^4 = \frac{33}{16}.$$

例 2.35. (密苏里数学科学杂志文章问题153, 乔·霍华德提出)

设整数$n \ge 2$, 证明

$$n^n > (n+1)^{n-1} + \frac{n}{n+1}. \tag{2.60}$$

这里笔者给出一个控制证明:

不等式(2.60) 等价于

$$(n+1)^2 n^n > (n+1)^{n+1} + n(n+1). \tag{2.61}$$

根据定理1.20(a), 不难证明下面的控制关系成立

$$\left(\underbrace{n, \cdots, n}_{(n+1)^2}\right) \prec \left(\underbrace{n+1, \cdots, n+1}_{n+1}, \underbrace{1, \cdots, 1}_{n(n+1)}\right), \tag{2.62}$$

易见$f(x) = x^x$ 在$(0, +\infty)$ 上是凸的, 结合控制关系(2.62), 由Karamata 不等式即可证得不等式(2.61).

2.3.2　无理不等式的控制证明

例 2.36. [1] 设a, b, c 是正实数, 且$a + b + c = 3$, 证明

$$9 \le \sqrt{5a^2 + 4} + \sqrt{5b^2 + 4} + \sqrt{5c^2 + 4} \le 11. \tag{2.63}$$

证明　因为$f(x) = \sqrt{5x^2 + 4}$ 在$(0, +\infty)$ 上是凸函数, 且

$$(1, 1, 1) \prec (a, b, c) \prec (3, 0, 0)$$

所以由Karamata 不等式得到所求的结果.

例 2.37. [3] 若$a_1, \ldots, a_n > 0$, 且$\sum\limits_{i=1}^{n} a_i = 1$, 则

$$\sqrt{n^2 + 1} \le \sum_{i=1}^{n} \sqrt{a_i^2 + 1} < n + 1 + \sqrt{2} < \sum_{i=1}^{n} \sqrt{a_i + 1}. \tag{2.64}$$

证明 令$f(x) = \sqrt{x^2+1}$, 则$f''(x) = \frac{1}{\sqrt{x^2+1}}\left(1 - \frac{x^2}{1+x^2}\right) > 0$, $f(x)$在$(0,+\infty)$上严格凸, 又

$$\left(\underbrace{\frac{1}{n}, \ldots, \frac{1}{n}}_{n}\right) \prec\prec (a_1, \ldots, a_n) \prec\prec \left(1, \underbrace{0, \ldots, 0}_{n-1}\right)$$

据Karamata不等式有

$$f\left(\frac{1}{n}\right) + \cdots + f\left(\frac{1}{n}\right) < f(a_1) + \cdots + f(a_n) < f(1) + f(0) + \ldots + f(0),$$

由此即得式(2.64)中的第一个和第二个不等式. 类似地, 由$g(x) = \sqrt{x+1}$在$(0,\infty)$上严格凹, 可以证得第三个不等式.

例 2.38. (加拿大数学难题杂志2019 年由Leonard Giugiuc 提供的问题) 设a,b 是固定的正实数, 整数$n \geq 2$, 证明对于任何满足$\sum\limits_{i=1}^{n} x_i = 1$ 的非负实数$x_i, i = 1, \ldots, n$, 有

$$\sqrt[3]{ax_1+b} + \sqrt[3]{ax_2+b} + \cdots + \sqrt[3]{ax_n+b} \geq \sqrt[3]{a+b} + (n-1)\sqrt[3]{b}. \quad (2.65)$$

证明 令$f(t) = \sqrt[3]{at+b}$, 则$f''(x) = -\frac{2}{9}a^2(at+b)^{-\frac{5}{3}} \leq 0$, $f(x)$ 在$(0,+\infty)$上凹, 又

$$(x_1, \ldots, x_n) \prec \left(\sum_{i=1}^{n} x_i, \underbrace{0, \ldots, 0}_{n-1}\right) = (1, \underbrace{0, \ldots, 0}_{n-1})$$

据Karamata不等式有

$$f(a_1) + \cdots + f(a_n) \geq f(1) + f(0) + \cdots + f(0) = \sqrt[3]{a+b} + (n-1)\sqrt[3]{b},$$

由此得证.

例 2.39. $[240]$ 设$p > 0, x \geq 0, y \geq 0, r \in \mathbb{N}$, 且$r \geq 2$, 则

$$\sqrt[r]{p+x} + \sqrt[r]{p+y} \geq \sqrt[r]{p} + \sqrt[r]{p+x+y}. \quad (2.66)$$

证明 令$f(x) = \sqrt[r]{p+x}$, 则$f''(x) = \frac{1}{r}\left(\frac{1}{r} - 1\right)(p+x)^{\frac{1}{r}-2} \leq 0$, $f(x)$在$[0,+\infty)$ 上凹, 又$(p+x, p+y) \prec (p+x+y, p)$, 据Karamata 不等式有

$$f(p+x) + f(p+y) \geq f(p+x+y) + f(p).$$

由此得证.

类似地可证下例.

例 2.40. [*240*] 设 $x \geq 0, y \geq 0, p > x + y, r \in \mathbb{N}$, 且 $r \geq 2$, 则

$$\sqrt[r]{p - x} + \sqrt[r]{p - y} \geq \sqrt[r]{p} + \sqrt[r]{p - x - y}. \tag{2.67}$$

例 2.41. [*57*, p. 187] a, b, c, d 是非负实数, 且满足 $a + b + c + d = 1$, 求证

$$\sqrt{a + b + c^2} + \sqrt{b + c + d^2} + \sqrt{c + d + a^2} + \sqrt{d + a + b^2} \geq 3. \tag{2.68}$$

证明　欲证不等式等价于

$$\sum_{cyclic} \sqrt{(a + b)(a + b + c + d) + c^2} \geq 3(a + b + c + d)$$

$$\Leftrightarrow \sum_{cyclic} \sqrt{P_2 + Q_1} \geq \sum_{cyclic} \sqrt{P_1 + Q_1},$$

其中 $\sum\limits_{cyclic}$ 表示循环和, $P_1 = b^2 + c^2 + d^2 + bc + cd + db, Q_1 = bc + cd + db$ 等. 注意到 $P_i, Q_i, i = 1, 2, 3, 4$ 与 a, b, c, d 的大小相反, 即 $a \geq b$ 等价于 $Q_1 \leq Q_2$, $P_1 \leq P_2$. 我们得到 P_i 与 Q_i 大小顺序相同, 故

$$(P_2 + Q_1, P_3 + Q_2, P_4 + Q_3, P_1 + Q_4) \prec (P_1 + Q_1, P_2 + Q_2, P_3 + Q_3, P_4 + Q_4),$$

而 $f(x) = \sqrt{x}$ 是凹函数, 由Karamata不等式即得证.

例 2.42. [*32*] 设 $a_1 > a_2 > \cdots > a_m > 0 (m \geq 2)$, 则

$$\sum_{i=1}^{m} (-1)^{i-1} \sqrt{a_i} < \sqrt{\sum_{i=1}^{m} (-1)^{i-1} a_i} \tag{2.69}$$

证明　因 $f(x) = \sqrt{x}$ 是凹函数, 结合式(1.58), 由Karamata不等式即得证.

例 2.43.　设 $x_i \geq 0, i = 1, 2, \ldots, n, n \geq 2, x_1 + \cdots + x_n = 1, k \in \mathbb{N}, k > 1, p > 0, q > 0$, 则

$$n^{1 - \frac{1}{k}} \sqrt[k]{np + q} \geq \sum_{i=1}^{n} \sqrt[k]{p + qx_i} \geq \sqrt[k]{p + q} + (n - 1) \sqrt[k]{p}. \tag{2.70}$$

证明 令 $f(x) = (p + qx)^{\frac{1}{k}}$, 则

$$f''(x) = \frac{1}{k}\left(\frac{1}{k} - 1\right)q^2(p + qx)^{\frac{1}{k} - 2},$$

由 $k > 1$ 知 $f''(x) < 0$, 即 $f(x)$ 是 $\mathbb{R}_{++}$ 上的严格凹函数, 又

$$\left(\frac{1}{n}, \frac{1}{n}, \ldots, \frac{1}{n}\right) \prec (x_1, x_2, \ldots, x_n) \prec (1, 0, \ldots, 0),$$

由Karamata不等式即得证.

在不等式 (2.70) 中, 令 $x_1 = a, x_2 = b, x_3 = c, n = 3, p = 1, q = 4$, 得

$$3^{1 - \frac{1}{k}}\sqrt[k]{7} \geq \sqrt[k]{4a + 1} + \sqrt[k]{4b + 1} + \sqrt[k]{4c + 1} \geq 2 + \sqrt[k]{5}.$$

上式给出文 [71, p. 145] 中问题65 - 3 的一个上界估计.

例 2.44. 设 $m \in \mathbb{N}, m > 1$, 则

$$\frac{1}{2}\prod_{j=0}^{m-1}(n^2 + n + 2j)^{\frac{1}{m}} < \sum_{k=1}^{n}\prod_{j=0}^{m-1}(k + j)^{\frac{1}{m}} < \frac{n}{2}\prod_{j=0}^{m-1}(n + 1 + 2j)^{\frac{1}{m}}. \quad (2.71)$$

证明 令 $f(x) = \prod_{j=0}^{m-1}(x + j)^{\frac{1}{m}}$, 则

$$f''(x) = f(x)\left(\left(\frac{1}{m}\sum_{j=0}^{m-1}\frac{1}{x + j}\right)^2 - \frac{1}{m}\sum_{j=0}^{m-1}\frac{1}{(x + j)^2}\right).$$

由平方－算术平均值不等式知 $f''(x) < 0$, 因此 $f(x)$ 是 $\mathbb{R}_{++}$ 上的严格凹函数, 又

$$\left(\frac{n+1}{2}, \frac{n+1}{2}, \ldots, \frac{n+1}{2}\right) \prec\prec (1, 2, \ldots, n) \prec\prec \left(\frac{n(n+1)}{2}, 0, \ldots, 0\right)$$

由Karamata不等式即得证. 在式 (2.71) 中, 令 $m = 2$, 得

$$\sqrt{\frac{n(n+1)(n^2 + n + 2)}{2}} < \sum_{k=1}^{n}\sqrt{k(k+1)} < \frac{n\sqrt{(n+1)(n+3)}}{2}.$$

不难验证

$$\frac{n(n+1)}{2} < \sqrt{\frac{n(n+1)(n^2 + n + 2)}{2}}, \quad \frac{n\sqrt{(n+1)(n+3)}}{2} < \frac{n(n+2)}{2}$$

于是, 我们得到如下不等式链

$$\frac{n(n+1)}{2} < \sqrt{\frac{n(n+1)(n^2+n+2)}{2}} < \sum_{k=1}^{n}\sqrt{k(k+1)}$$

$$< \frac{n\sqrt{(n+1)(n+3)}}{2} < \frac{n(n+2)}{2}.$$

例 2.45. 　设$a_i \geq 0, i=1,2,\ldots,n, n \geq 2, r \geq 1, p = \sum_{i=1}^{n} a_i^r$, 则

$$\sum_{i=1}^{n}(p-a_i^r)^{\frac{1}{r}} \geq (n-1)^{\frac{1}{r}}\sum_{i=1}^{n}a_i. \tag{2.72}$$

证明　在式(1.40)中, 令$x_i=(n-1)a_i^r, i=1,2,\ldots,n, c=s=\sum_{i=1}^{n}(n-1)a_i^r$, 得

$$(p-a_1^r, p-a_2^r, \ldots, p-a_n^r) \prec ((n-1)a_1^r, (n-1)a_2^r, \ldots, (n-1)a_n^r)$$

设$f(x)=x^{\frac{1}{r}}$, 则$f''(x)=\frac{1}{r}\left(\frac{1}{r}-1\right)x^{\frac{1}{r}-2}$, 由$r \geq 1$ 知$f''(x) \leq 0$. 故$f(x)$是$[0,+\infty)$ 上的凹函数, 由Karamata不等式即可得证.

例 2.46. [241] (1989年第四届中国数学奥林匹克试题) 设$x_1,\ldots,x_n$, $n \geq 2$ 都是正数, 且$\sum_{i=1}^{n}x_i=1$, 求证

$$\sum_{i=1}^{n}\frac{x_i}{\sqrt{1-x_i}} \geq \frac{1}{\sqrt{n-1}}\sum_{i=1}^{n}\sqrt{x_i}. \tag{2.73}$$

证明　令$g(x)=\frac{x}{\sqrt{1-x}}$, 由于在$(0,1)$ 内$g''(x)=\frac{8+x}{4(\sqrt{1-x})^5} > 0$, 即$g(x)$在$(0,1)$ 内是严格凸函数, 所以由$\left(\frac{1}{n},\ldots,\frac{1}{n}\right) \prec (x_1,\ldots,x_n)$ 可得

$$\sum_{i=1}^{n}g(x_i) \geq \sum_{i=1}^{n}g\left(\frac{1}{n}\right) = \sqrt{\frac{n}{n-1}}.$$

另外, 由于$\sqrt{x}$ 是严格凹函数, 所以

$$\sum_{i=1}^{n}\sqrt{x_i} \leq \sum_{i=1}^{n}\sqrt{\left(\frac{1}{n}\right)} = \sqrt{n},$$

综上

$$\sum_{i=1}^{n}\frac{x_i}{\sqrt{1-x_i}} \geq \sqrt{\frac{n}{n-1}} \geq \frac{1}{\sqrt{n-1}}\sum_{i=1}^{n}\sqrt{x_i}.$$

2.3.3 分式不等式的控制证明

例 2.47. [1] 设 a, b, c 是正实数, 证明

$$\frac{a+b}{c} + \frac{b+c}{a} + \frac{c+a}{b} \geq 2\left(\frac{a}{b+c} + \frac{b}{c+a} + \frac{c}{a+b}\right) + 3. \tag{2.74}$$

证明 原不等式等价于

$$\frac{1}{a} + \frac{1}{b} + \frac{1}{c} \geq 2\left(\frac{1}{a+b} + \frac{1}{b+c} + \frac{1}{c+a}\right)$$

或

$$\frac{1}{2a} + \frac{1}{2b} + \frac{1}{2c} \geq \frac{1}{a+b} + \frac{1}{b+c} + \frac{1}{c+a},$$

不难证明 $(2a, 2b, 2c) \prec (a+b, b+c, c+a)$. 事实上, 不妨设 $a \geq b \geq c$, 则 $a+b \geq c+a \geq b+c$, 易见

$$2a \geq a+b,$$

$$2a + 2b \geq (a+b) + (a+c),$$

$$2a + 2b + 2c \geq (a+b) + (a+c) + (b+c),$$

所以 $(2a, 2b, 2c) \prec (a+b, b+c, c+a)$, 又因 $f(x) = \frac{1}{x}$ 在区间 $(0, +\infty)$ 上是凸函数, 据Karamata 不等式即得证.

例 2.48. (由加拿大多伦多Jalil Hajimir 提供的问题) 如果 $0 \leq a \leq b < \frac{\pi}{2}$, 那么

$$\frac{1}{\cos a} + \frac{1}{\cos b} \geq \frac{1}{\cos(a - \sqrt{ab} + b)} + \frac{1}{\cos\sqrt{ab}}. \tag{2.75}$$

证明 令 $f(x) = \frac{1}{\cos x}$, 则

$$f'(x) = \frac{\sin x}{\cos^2 x}, \quad f''(x) = \frac{\cos^2 x + 2\sin^2 x}{\cos^3 x}.$$

对于 $x \in [0, \frac{\pi}{2})$, 有 $f''(x) > 0$, 故 $f(x)$ 在 $[0, \frac{\pi}{2})$ 上凸. 因 $a \leq b$, 有 $\sqrt{ab} \leq a - \sqrt{ab} + b$ 和 $b \geq a - \sqrt{ab} + b$, 又 $a - \sqrt{ab} + b + \sqrt{ab} = a+b$, 所以 $(a - \sqrt{ab} + b, \sqrt{ab}) \prec (a, b)$. 结合 $f(x)$ 的凸性即可得证.

例 2.49. (西班牙杂志SSMA2020年的一个不等式问题) 设 $0 < a \leq b \leq c$, 证明

$$\frac{1}{1 + e^{a-b+c}} + \frac{1}{1 + e^b} \leq \frac{1}{1 + e^a} + \frac{1}{1 + e^c}. \tag{2.76}$$

证明　令$f(x) = \frac{1}{1+e^x}$, 则$f''(x) = \frac{e^x(e^x-1)}{(1+e^x)^3} \geq 0$, 即$f(x)$ 在$(0, +\infty)$ 上凸, 由条件$0 < a \leq b \leq c$, 不难验证$(b, a-b+c) \prec (c, a)$, 故所证不等式成立.

例 2.50. (2018年秘鲁数学奥林匹克试题) 设$a_1, \ldots, a_n, n \geq 2$ 是正实数, 证明

$$\frac{a_1}{a_1+1} + \cdots + \frac{a_n}{a_n+1} \leq \frac{a_1 + \cdots + a_n}{\sqrt[n]{a_1 \cdots a_n} + 1}. \tag{2.77}$$

证明　令$f(x) = \frac{x}{x+1}$, 则$f''(x) = -\frac{2}{(x+1)^3}$, 故$f(x)$ 在$(0, +\infty)$ 上凹, 因

$$(A_n(\boldsymbol{x}), \ldots, A_n(\boldsymbol{x})) \prec (x_1, \ldots, x_n),$$

其中$A_n(\boldsymbol{x}) = \frac{1}{n} \sum\limits_{i=1}^{n} x_i$, 由Karamata 不等式, 有

$$\frac{a_1}{a_1+1} + \cdots + \frac{a_n}{a_n+1} \leq \frac{nA_n(\boldsymbol{x})}{A_n(\boldsymbol{x})+1} \leq \frac{a_1 + \cdots + a_n}{\sqrt[n]{a_1 \cdots a_n} + 1}.$$

例 2.51. [81, p. 85]　设$a_i \geq 0, i = 1, \ldots, n$, 求证

$$\sum_{i=1}^{n} \frac{1}{1+a_i} \leq \frac{1}{1 + \sum\limits_{i=1}^{n} a_i} + (n-1). \tag{2.78}$$

证明　因$\frac{1}{1+x}$ 是凸函数, 又

$$(a_1, \ldots, a_n) \prec \left(\sum_{i=1}^{n} a_i, \underbrace{0, \ldots, 0}_{n-1} \right),$$

根据Karamata 不等式, 有

$$\sum_{i=1}^{n} \frac{1}{1+a_i} \leq \frac{1}{1 + \sum\limits_{i=1}^{n} a_i} + (n-1)\frac{1}{1+0},$$

由此得证.

例 2.52. 设$a_1, \ldots, a_n$ 是正实数, 证明

$$\frac{a_1^2}{a_2^2 + \cdots + a_n^2} + \cdots + \frac{a_n^2}{a_1^2 + \cdots + a_{n-1}^2} \geq \frac{a_1}{a_2 + \cdots + a_n} + \cdots + \frac{a_n}{a_1 + \cdots + a_{n-1}}. \tag{2.79}$$

证明 对于每个$i \in \{1, 2, \ldots, n\}$，记

$$y_i = \frac{a_i}{a_1 + a_2 + \cdots + a_n}, \quad x_i = \frac{a_i^2}{a_1^2 + a_2^2 + \cdots + a_n^2}$$

则$x_1 + \ldots + x_n = y_1 + \ldots + y_n = 1$. 我们需要证明

$$\sum_{i=1}^{n} \frac{x_i}{1-x_i} \geq \sum_{i=1}^{n} \frac{y_i}{1-y_i}.$$

不妨设$a_1 \geq \cdots \geq a_n$，则$x_1 \geq \cdots \geq x_n$ 和$y_1 \geq \cdots \geq y_n$. 而且对于所有$i \geq j$，我们也有

$$\frac{x_i}{x_j} = \frac{a_i^2}{a_j^2} \geq \frac{a_i}{a_j} = \frac{y_i}{y_j}.$$

据定理1.20 (c)，有$(y_1, \ldots, y_n) \prec (x_1, \ldots, x_n)$. 此外，$f(x) = \frac{x}{1-x}$ 是一个凸函数，所以根据Karamata不等式即得证.

例 2.53. [62] 证明对于任意正数a, b 和c，不等式

$$\frac{1}{a+b} + \frac{1}{b+c} + \frac{1}{c+a} \leq \frac{1}{2a} + \frac{1}{2b} + \frac{1}{2c} \tag{2.80}$$

成立.

证明 不妨设$a \geq b \geq c$. 易见$(a+b, b+c, c+a) \prec (2a, 2b, 2c)$. 因此，将Karamata不等式应用于凸函数$f(x) = \frac{1}{x}$, $x \in (0, +\infty)$ 即得证.

例 2.54. (1998年加拿大国家奥林匹克数学竞赛) 设自然数$n \geq 2$, 证明

$$\frac{1}{n+1}\left(1 + \frac{1}{3} + \cdots + \frac{1}{2n-1}\right) > \frac{1}{n}\left(\frac{1}{2} + \frac{1}{4} + \cdots + \frac{1}{2n}\right) \tag{2.81}$$

证明 因$f(x) = \frac{1}{x}$ 在$(0, +\infty)$ 上严格凸，又控制关系(1.78)是严格的，由Karamata不等式即得证.

例 2.55. [184] 设$x_i \in (0, +\infty), i = 1, \ldots, n$, 求证

$$\sum_{i=1}^{n} \frac{x_i}{x_i + x_{i+1}} < n - 1 + \frac{1}{n+1} \quad (x_{i+1} = x_i). \tag{2.82}$$

证明 令$t_i = \frac{x_{i+1}}{x_i}$, 则$\sum_{i=1}^{n} t_i \geq n$, 且$\sum_{i=1}^{n} \frac{x_i}{x_i + x_{i+1}} = \sum_{i=1}^{n} \frac{1}{1+t_i}$. 设$f(x) = \frac{1}{1+x}, x > 0$, 则显然$f(x)$ 在$(0, +\infty)$ 是严格凸函数，由$(t_1, t_2, \ldots, t_n) \prec\prec$

$(\sum\limits_{i=1}^{n} t_i, 0, \ldots, 0)$, 有

$$\sum_{i=1}^{n} \frac{1}{1+t_i} < \frac{1}{1+\sum\limits_{i=1}^{n} t_i} + (n-1) \leq n-1 + \frac{1}{n+1},$$

由此得证.

2.3.4　一个有理分式的不等式的加细

专著[70]第150,151页记载了如下涉及有理分式的不等式:

设$x \geq 0, m > n, P_n(x) = \sum\limits_{k=0}^{n} x^k$, 记$f(x) = \frac{P_m(x)}{P_n(x)}, g(x) = f(x)x^{n-m}$, 则

$$1 < g(x) < \frac{m+1}{n+1} < f(x), \ 1 < x < \infty \tag{2.83}$$

和

$$\max\left\{1, x^{m-n}\frac{m+1}{n+1}\right\} < f(x) < \frac{m+1}{n+1} < g(x), \ 0 < x < 1. \tag{2.84}$$

笔者[131] 利用受控理论给出了式(2.83)和式(2.84) 的两种加细, 即下述定理2.24 和定理2.25, 并比较了两种加细的优劣.

定理 2.24. 设$x \geq 0, m > n, P_n(x) = \sum\limits_{k=0}^{n} x^k$, 并记$f(x) = \frac{P_m(x)}{P_n(x)}, g(x) = f(x)x^{n-m}$, 则

$$\begin{aligned}
1 < g(x) &< \frac{m+1}{n+1} - \frac{x^{n-m}(1-x^{n^*-n})}{(n+1)P_n(x)} \\
&< \frac{m+1}{n+1} < \frac{m+1}{n+1} + \frac{1-x^{n^*-n}}{(n+1)P_n(x)} < f(x), 1 < x < \infty
\end{aligned} \tag{2.85}$$

和

$$\max\left\{1, x^{m-n}\frac{m+1}{n+1}\right\} < f(x) < \frac{m+1}{n+1} - \frac{x^m(1-x^{n-n^*})}{(n+1)P_n(x)} < \frac{m+1}{n+1}$$

$$< \frac{m+1}{n+1} + \frac{x^n(1-x^{n-n^*})}{(n+1)P_n(x)} < g(x), \ 0 < x < 1, \tag{2.86}$$

其中$n^* = n - \frac{1}{2}(m+1)(n+1)(m-n)$.

证明　先证式(2.85), 只需证式(2.85)的第2 个和第5 个不等式.

不难验证

$$\boldsymbol{x} = \left(\underbrace{n, \ldots, n}_{n+1}, \underbrace{n+1, \ldots, n+1}_{n+1}, \ldots, \underbrace{n+m, \ldots, n+m}_{n+1} \right)$$

$$\prec_w \left(\underbrace{m, \ldots, m}_{m+1}, \underbrace{m+1, \ldots, m+1}_{m+1}, \ldots, \underbrace{m+n, \ldots, m+n}_{m+1} \right) = \boldsymbol{y}. \quad (2.87)$$

事实上, 由 $m > n$, 有 $x_{[i]} \leq y_{[i]}, i = 1, \ldots, (m+1)(n+1)$. 对于式(2.87), 算得

$$y_{(m+1)(n+1)+1} = \sum_{i=1}^{(m+1)(n+1)+1} x_i - \sum_{i=1}^{(m+1)(n+1)} y_i = n^*$$

其中

$$x_{(m+1)(n+1)+1} = \min\{x_1, \ldots, x_{(m+1)(n+1)}, y_1, \ldots, y_{(m+1)(n+1)}\} = n.$$

由定理1.27 (a) 有

$$\left(n, \underbrace{n, \ldots, n}_{n+1}, \underbrace{n+1, \ldots, n+1}_{n+1}, \ldots, \underbrace{n+m, \ldots, n+m}_{n+1} \right)$$

$$\prec\prec \left(\underbrace{m, \ldots, m}_{m+1}, \underbrace{m+1, \ldots, m+1}_{m+1}, \ldots, \underbrace{m+n, \ldots, m+n}_{m+1}, n^* \right) \quad (2.88)$$

设 $\varphi(t) = x^t$, 当 $x \neq 1$ 和 $x > 0$ 时, $\frac{\mathrm{d}^2 \varphi(t)}{\mathrm{d}t^2} = x^t(\ln x)^2 > 0$, 故 $\varphi(t)$ 是 $\mathbb{R}$ 上的严格凸函数. 从而据定理1.32 (b), 由式(2.88)有

$$x^n + (n+1)P_m(x)x^n < (m+1)x^m P_n(x) + x^{n^*},$$

两边同除以 $(n+1)x^m P_n(x)$, 得

$$\frac{x^n}{(n+1)x^m P_n(x)} + g(x) < \frac{m+1}{n+1} + \frac{x^{n^*}}{(n+1)x^m P_n(x)},$$

即

$$g(x) < \frac{m+1}{n+1} - \frac{x^{n-m}(1 - x^{n^*-n})}{(n+1)P_n(x)},$$

这样就证得式(2.85)的第2 个不等式.

类似地, 不难验证

$$\left(\underbrace{0,\ldots,0}_{m+1},\underbrace{1,\ldots,1}_{m+1},\ldots,\underbrace{n,\ldots,n}_{m+1}\right) \prec_w \left(\underbrace{0,\ldots,0}_{n+1},\underbrace{1,\ldots,1}_{n+1},\ldots,\underbrace{m,\ldots,m}_{n+1}\right).$$

(2.89)

对于式(2.89)算得

$$\sum_{i=1}^{(m+1)(n+1)+1} x_i - \sum_{i=1}^{(m+1)(n+1)} y_i = n^* - n,$$

其中$x_{(m+1)(n+1)+1} = \min\{x_1,\ldots,x_{(m+1)(n+1)}\} = 0$.

由定理1.27 (a), 有

$$\left(0,\underbrace{0,\ldots,0}_{n+1},\underbrace{1,\ldots,1}_{n+1},\ldots,\underbrace{n,\ldots,n}_{n+1}\right)$$
$$\prec \left(\underbrace{0,\ldots,0}_{m+1},\underbrace{1,\ldots,1}_{m+1},\ldots,\underbrace{m,\ldots,m}_{m+1},n^* - n\right).$$

(2.90)

从而据定理1.27 (b), 由式(2.90)有

$$1 + (m+1)P_n(x) < (n+1)P_m(x) + x^{n^*-n}.$$

两边同除以$(n+1)P_n(x)$, 得

$$\frac{1}{(n+1)P_n(x)} + \frac{m+1}{n+1} < f(x) + \frac{x^{n^*-n}}{(n+1)P_n(x)},$$

即

$$f(x) > \frac{m+1}{n+1} + \frac{1 - x^{n^*-n}}{(n+1)P_n(x)}.$$

这样就证得式(2.85)的第5 个不等式.

下面证式(2.86), 只需证式(2.86)的第2个和第5个不等式. 注意当$0 < x < 1$ 时, 有$1 < \frac{1}{x} < \infty$, 且$g(x) = f(\frac{1}{x})$, 作置换$x \to \frac{1}{x}$, 式(2.86)的第2个和第5个不等式即可相应地得到式(2.85)的第2个和第5个不等式.

定理 2.25. 条件同定理2.24, 则

$$1 < g(x) < \frac{m+1}{n+1} - \frac{(m+1)(x^{\frac{m-n}{2}} - 1)}{x^m P_n(x)}$$

$$< \frac{m+1}{n+1} < \frac{m+1}{n+1} + \frac{(m+1)(x^{\frac{m-n}{2}}-1)}{P_n(x)} < f(x), 1 < x < \infty \quad (2.91)$$

和

$$\max\left\{1, x^{m-n}\frac{m+1}{n+1}\right\} < f(x) < \frac{m+1}{n+1} - \frac{(m+1)x^{\frac{m+3n}{2}}(1-x^{\frac{m-n}{2}})}{P_n(x)} < \frac{m+1}{n+1}$$

$$< \frac{m+1}{n+1} + \frac{(m+1)x^{\frac{m+3n}{2}}(1-x^{\frac{m-n}{2}})}{P_n(x)} < g(x), 0 < x < 1. \quad (2.92)$$

证明 先证式(2.91), 只需证式(2.91)的第2个和第5个不等式. 对于式(2.87), 经计算

$$\delta = \sum_{i=1}^{(m+1)(n+1)} (y_i - x_i) = \frac{1}{2}(m+1)(n+1)(m-n).$$

由定理1.29有

$$\left(\underbrace{n,\ldots,n}_{n+1}, \underbrace{n+1,\ldots,n+1}_{n+1}, \ldots, \underbrace{n+m,\ldots,n+m}_{n+1}, \underbrace{\frac{m-n}{2}, \ldots, \frac{m-n}{2}}_{(m+1)(n+1)}\right)$$

$$\prec\prec \left(\underbrace{m,\ldots,m}_{m+1}, \underbrace{m+1,\ldots,m+1}_{m+1}, \ldots, \underbrace{m+n,\ldots,m+n}_{m+1}, \underbrace{0,\ldots,0}_{(m+1)(n+1)}\right).$$

$$(2.93)$$

因为当$x \neq 1, x > 0$时, $\varphi(t) = x^t$ 是$\mathbb{R}$ 上的严格凸函数. 从而据定理1.32 (g), 由式(2.93)有

$$(n+1)x^n P_m(x) + (n+1)(m+1)x^{\frac{m-n}{2}} < (m+1)x^m P_n(x) + (n+1)(m+1),$$

两边同除以$(n+1)x^m P_n(x)$, 得

$$g(x) + \frac{(m+1)x^{\frac{m-n}{2}}}{x^m P_n(x)} < \frac{m+1}{n+1} + \frac{m+1}{x^m P_n(x)},$$

即

$$g(x) < \frac{m+1}{n+1} - \frac{(m+1)(x^{\frac{m-n}{2}-1})}{x^m P_n(x)}.$$

这样就证得式(2.91)的第2个不等式. 类似地, 对于式(2.89), 有

$$\delta = \sum_{i=1}^{(m+1)(n+1)} (y_i - x_i) = \frac{1}{2}(m+1)(n+1)(m-n).$$

由定理1.29有

$$\left(\underbrace{0,\ldots,0}_{m+1},\underbrace{1,\ldots,1}_{m+1},\ldots,\underbrace{n,\ldots,n}_{m+1},\underbrace{\frac{n-m}{2},\ldots,\frac{n-m}{2}}_{(m+1)(n+1)}\right)$$

$$\prec\prec \left(\underbrace{0,\ldots,0}_{n+1},\underbrace{1,\ldots,1}_{n+1},\ldots,\underbrace{m,\ldots,m}_{n+1},\underbrace{0,\ldots,0}_{(m+1)(n+1)}\right). \tag{2.94}$$

从而据定理1.32(g), 由式(2.94)有

$$(m+1)P_n(x) + (n+1)(m+1)x^{\frac{m-n}{2}} < (n+1)P_m(x) + (n+1)(m+1),$$

两边同除以$(n+1)P_n(x)$, 得

$$\frac{m+1}{n+1} + \frac{(m+1)x^{\frac{m-n}{2}}}{P_n(x)} < f(x) + \frac{m+1}{P_n(x)},$$

即

$$f(x) > \frac{m+1}{n+1} + \frac{(m+1)(x^{\frac{m-n}{2}}-1)}{P_n(x)}.$$

这样就证得了式(2.91)的第5个不等式.

下面证式(2.92), 只需证式(2.92)的第2个和第5个不等式. 应用置换$x \to \frac{1}{x}$, 由式(2.91)的第2个和第5个不等式即可相应地得到式(2.92)的第2 个和第5个不等式.

注记 2.9. 若$m \geq 3n$, 即$n \leq \frac{m-n}{2}$, 注意$n - \frac{1}{2}(m+1)(n+1)(m-n) \leq 0$, 由例1.29有

$$\left(n, \underbrace{0,\ldots,0}_{(m+1)(n+1)}\right)$$

$$\prec \left(\underbrace{\frac{m-n}{2},\ldots,\frac{m-n}{2}}_{(m+1)(n+1)}, n-\frac{1}{2}(m+1)(n+1)(m-n)\right),$$

从而

$$(m+1)(n+1)x^{\frac{m-n}{2}} + x^{n-\frac{1}{2}(m+1)(n+1)(m-n)} \geq x^n + (m+1)(n+1)$$

$$\Leftrightarrow (m+1)(n+1)(x^{\frac{m-n}{2}} - 1) \geq x^n(1 - x^{-\frac{1}{2}(m+1)(n+1)(m-n)})$$

$$\Leftrightarrow \frac{m+1}{n+1} - \frac{(m+1)(x^{\frac{m-n}{2}} - 1)}{x^m P_n(x)} \leq \frac{m+1}{n+1} - \frac{x^{n-m}(1 - x^{-\frac{1}{2}(m+1)(n+1)(m-n)})}{(n+1)P_n(x)}.$$

$$(2.95)$$

这说明当 $m \geq 3n$ 时, 式(2.91)中的第2个不等式强于式(2.85)中的第2个不等式. 而当 $m < 3n$ 时, 二者不分强弱. 例如, 取 $m = 4, n = 2$, 则 $(2.95) \Leftrightarrow 15x + x^{-13} \geq x^2 + 15 \Leftrightarrow \varphi(x) = 15x^{14} - x^{15} - 15x^{13} + 1 \geq 0$, 经计算 $\varphi'(x) = -15x^{12}(x - 13)(x - 1)$. 当 $1 \leq x \leq 13$ 时, $\varphi'(x) \geq 0$, 从而 $\varphi(x) \geq \varphi(1) = 0$, 即式(2.95)成立. 当 $x \geq 13$ 时, $\varphi'(x) \leq 0$, 从而当 $x \geq 15$ 时, $\varphi(x) \leq \varphi(15) = 1 - 15^{14} < 0$, 即式(2.95) 反向成立.

注记 2.10. 由定理1.20(a) 知

$$\left(\underbrace{0, \ldots, 0}_{(m+1)(n+1)+1} \right)$$

$$\prec \left(\underbrace{\frac{m-n}{2}, \ldots, \frac{m-n}{2}}_{(m+1)(n+1)}, -\frac{1}{2}(m+1)(n+1)(m-n) \right),$$

从而

$$(n+1)(m+1)x^{\frac{m-n}{2}} + x^{-\frac{1}{2}(m+1)(n+1)(m-n)} \geq (n+1)(m+1) + 1$$

$$\Leftrightarrow (n+1)(m+1)(x^{\frac{m-n}{2}} - 1) \geq 1 - x - \frac{1}{2}(m+1)(n+1)(m-n)$$

$$\Leftrightarrow \frac{m+1}{n+1} + \frac{1 - x^{-\frac{1}{2}(m+1)(n+1)(m-n)}}{(n+1)P_n(x)} \leq \frac{m+1}{n+1} + \frac{(m+1)(x^{\frac{m-n}{2}} - 1)}{P_n(x)}.$$

这说明式(2.91)中的第5个不等式强于式(2.85) 中的第5个不等式.

2.3.5 其他不等式的控制证明

例 2.56. 设函数 $f(x)$ 有连续的二阶导数 $f''(x)$, 且对于所有实数 x, $f''(x)$ 为正数. 证明对于满足 $a < b < c < d$ 的实数 a, b, c, d, 有

$$f(d-a) + f(c-b) > f(d-b) + f(c-a). \tag{2.96}$$

证明 因 $a < b < c < d$, $\max\{d-a, c-b\} = d-a \geq \max\{d-b, c-a\}$, 且 $d-a+c-b = d-b+c-a$, 所以 $(d-b, c-a) \prec (d-a, c-b)$. 进而因 $f''(x) > 0$, 据Karamata不等式即知不等式(2.96) 成立.

例 2.57. *(由加拿大多伦多Jalil Hajimir提供的问题)* 如果 $A, B \geq 0$, 那么

$$\arctan A + \arctan B + 3\arctan\left(\frac{A+B}{3}\right)$$
$$\leq 2\arctan\left(\frac{A+B}{2}\right) + 4\arctan\left(\frac{A+B}{4}\right). \tag{2.97}$$

证明 令 $f(x) = \arctan x$, 则 $f'(x) = \frac{1}{1+x^2}$, $f''(x) = \frac{-2x}{(1+x^2)^2} \leq 0$. 从而由

$$\left(\frac{A+B}{2}, \frac{A+B}{2}, \frac{A+B}{4}, \frac{A+B}{4}, \frac{A+B}{4}, \frac{A+B}{4}\right) \tag{2.98}$$
$$\prec \left(A, B, \frac{A+B}{3}, \frac{A+B}{3}, \frac{A+B}{3}, 0\right), \tag{2.99}$$

即可得证.

例 2.58. *(2020 年首都师范大学研究生考试题)* 设 $\alpha \in (0,1), x > 0, y > 0$, 证明

$$(x+y)^\alpha < x^\alpha + y^\alpha. \tag{2.100}$$

证明 注意对于 $\alpha \in (0,1)$, 函数 t^α 在 $(0, +\infty)$ 严格凹, 又 $(x, y) \prec\prec (x+y, 0)$ 即可得证.

定理 2.26. (Popoviciu (波波维奇亚)不等式)　如果 f 是凸函数, 则

$$f(a) + f(b) + f(c) + f\left(\frac{a+b+c}{3}\right)$$
$$\geq \frac{4}{3}\left(f\left(\frac{a+b}{2}\right) + f\left(\frac{b+c}{2}\right) + f\left(\frac{c+a}{2}\right)\right). \tag{2.101}$$

证明 不妨设 $a \geq b \geq c$. 考虑如下两个向量

$$\boldsymbol{y} = (a, a, a, b, t, t, t, b, b, c, c, c), \quad \boldsymbol{x} = (\alpha, \alpha, \alpha, \alpha, \beta, \beta, \beta, \beta, \gamma, \gamma, \gamma, \gamma),$$

其中

$$t = \frac{a+b+c}{3}, \quad \alpha = \frac{a+b}{2}, \quad \beta = \frac{a+c}{2}, \gamma = \frac{b+c}{2}.$$

显然, $\boldsymbol{x}$ 的分量是递减排列的. 此外

$$a \geq \alpha, 3a + b \geq 4\alpha, \ 3a + b + t \geq 4\alpha + 2\beta, \ 3a + b + 3t \geq 4\alpha + 3\beta,$$

$$3a + 2b + 3t \geq 4\alpha + 4\beta, \ 3a + 3b + 3t \geq 4\alpha + 4\beta + \gamma,$$

$$3a + 3b + 3t + c \geq 4\alpha + 4\beta + 2, \ 3a + 3b + 3t + 3c \geq 4\alpha + 4\beta + 4\gamma.$$

因此据命题1.2, 有 $\boldsymbol{x} \prec \boldsymbol{y}$. 通过Karamata不等式, 我们得出结论

$$3(f(a) + f(b) + f(c) + f(t)) \geq 4(f(\alpha) + f(\beta) + f(\gamma)),$$

由此得证.

定理 2.27. (Popoviciu不等式) 设 f 是区间 $I \subset \mathbb{R}$ 到 $\mathbb{R}$ 的凸函数, a, b, c 是 I 中的三点, 则

$$
\begin{aligned}
&f(a) + f(b) + f(c) + 3f\left(\frac{a+b+c}{3}\right) \\
&\geq 2\left(f\left(\frac{a+b}{2}\right) + f\left(\frac{b+c}{2}\right) + f\left(\frac{c+a}{2}\right)\right)
\end{aligned} \tag{2.102}
$$

当 f 是严格凸函数时, 除了 $a = b = c$ 外, 不等式严格成立.

证明 考虑如下两个向量

$$\boldsymbol{y} = (a, b, t, t, t, b, b, c), \quad \boldsymbol{x} = (\alpha, \alpha, \beta, \beta, \gamma, \gamma),$$

其中

$$t = \frac{a+b+c}{3}, \quad \alpha = \frac{a+b}{2}, \quad \beta = \frac{a+c}{2}, \gamma = \frac{b+c}{2}.$$

不妨设 $a \geq b \geq c$, 则

$$a + b \geq a + c \geq b + c,$$

$$a \geq t \geq c.$$

欲证明 $\boldsymbol{x} \prec \boldsymbol{y}$, 分两种情况推论:

(1) $b \geq t \Leftrightarrow b \geq \alpha$. 此时有

$$a \geq \alpha \Leftrightarrow a \geq b,$$

$$a + b \geq \alpha + \alpha \Leftrightarrow a + b \geq a + b,$$

$$a + b + t > \alpha + \alpha + \beta \Leftrightarrow b > \beta,$$

$$a + b + 2t \geq 2\alpha + 2\beta \Leftrightarrow b \geq \beta,$$

$$a + b + 3t \geq 2\alpha + 2\beta + \gamma \Leftrightarrow b \geq c.$$

(2) $b \leq t \Leftrightarrow b \leq \alpha$. 此时有

$$a \geq \alpha \Leftrightarrow a \geq b,$$

$$a + t \geq 2\alpha \Leftrightarrow \beta \geq b,$$

$$a + 2t \geq 2\alpha + \beta \Leftrightarrow \beta \geq b,$$

$$a + 3t \geq 2\alpha + 2\beta \Leftrightarrow 0 \geq 0,$$

$$a + 3t + b \geq 2\alpha + 2\beta + \gamma \Leftrightarrow b \geq c.$$

于是, 据Karamata不等式即得证.

例 2.59. 设a, b, c 是正实数, 且$a + b + c = 3$, 证明

$$(a + b)(b + c)(c + a) \geq 8\sqrt{abc}. \tag{2.103}$$

证明 将原不等式齐次化得到

$$27(a + b)^2(b + c)^2(c + a)^2 \geq 64abc(a + b + c)^3,$$

该不等式等价于

$$\left(\frac{a + b}{2}\right)^2 \left(\frac{b + c}{2}\right)^2 \left(\frac{c + a}{2}\right)^2 \geq abc \left(\frac{a + b + c}{3}\right)^3$$

或

$$2\ln\frac{a + b}{2} + 2\ln\frac{b + c}{2} + 2\ln\frac{c + a}{2} \geq \ln a + \ln b + \ln c + 3\ln\frac{a + b + c}{3}$$

这就是将Popoviciu 不等式用于凸函数$f(x) = -\ln x$ 得到的.

2.4　Schur凸函数的推广

2.4.1　Schur几何凸函数

定义 2.2. *[234]* 设$\Omega \subset \mathbb{R}_+^n$, $\varphi : \Omega \to \mathbb{R}$.

(a) 若 $\forall \boldsymbol{x}, \boldsymbol{y} \in \Omega$, 总有 $(x_1^\alpha y_1^\beta, \ldots, x_n^\alpha y_n^\beta) \in \Omega$, 则称 Ω 为几何凸集, 其中 $\alpha, \beta \in [0,1]$ 且 $\alpha + \beta = 1$.

(b) $\forall \boldsymbol{x}, \boldsymbol{y} \in \Omega$, 若 $\ln \boldsymbol{x} = (\ln x_1, \ldots, \ln x_n) \prec (\ln y_1, \ldots, \ln y_n) = \ln \boldsymbol{y} \Rightarrow \varphi(\boldsymbol{x}) \le \varphi(\boldsymbol{y})$, 则称 φ 为 Ω 上的Schur几何凸函数, 亦称Schur 乘积凸函数, 简记为S- 几何凸函数; 若 $-\varphi$ 是 Ω 上的S-几何凸函数, 则称 φ 为 Ω 上S-几何凹函数.

定理 2.28. [234] 设 $\Omega \subset \mathbb{R}_{++}^n$, $\varphi : \Omega \to \mathbb{R}_{++}$, $\ln \Omega = \{(\ln x_1, \ldots, \ln x_n) \mid \boldsymbol{x} \in \Omega\}$, 则 φ 为 Ω 上S-几何凸(S-几何凹) 函数当且仅当 $\varphi(e^{\boldsymbol{x}}) = \varphi(e^{x_1}, \ldots, e^{x_n})$ 为 $\ln \Omega$ 上S-凸(S-凹) 函数.

例 2.60. (1988年IMO预选题) 若 $x_1, \ldots, x_n$ 均是大于1 的实数, 证明

$$\frac{1}{1+x_1} + \cdots + \frac{1}{1+x_n} \ge \frac{n}{1 + \sqrt[n]{x_1 \cdots x_n}}. \tag{2.104}$$

证明 令 $f(x) = \frac{1}{1+e^x}$, 则

$$f'(x) = \frac{-e^x}{(1+e^x)^2}, \quad f''(x) = \frac{e^x(e^x - 1)}{(e^x + 1)^3} \ge 0,$$

$f(x)$ 在 $\mathbb{R}_{++}$ 上凸, 进而 $\frac{1}{1+e^{x_1}} + \cdots + \frac{1}{1+e^{x_n}}$ 在 $\mathbb{R}_{++}^n$ 上S-凸, 据定理2.28, $\frac{1}{1+x_1} + \cdots + \frac{1}{1+x_n}$ 在 $\mathbb{R}_{++}^n$ 上S- 几何凸, 从而由

$$\left(\ln \sqrt[n]{x_1 \cdots x_n}, \ldots, \ln \sqrt[n]{x_1 \cdots x_n}\right) \prec (\ln x_1, \cdots, \ln x_n)$$

有

$$\frac{1}{1+x_1} + \cdots + \frac{1}{1+x_n} \ge \frac{n}{1 + \sqrt[n]{x_1 \cdots x_n}}.$$

由于 $x_1, \ldots, x_n$ 均是大于1 的实数, 有

$$(\ln x_1, \cdots, \ln x_n) \prec \left(\sum_{i=1}^n \ln x_i, 0, \ldots, 0\right) = (\ln(x_1 \cdots x_n), \ln 1, \ldots, \ln 1),$$

从而

$$\frac{1}{1+x_1} + \cdots + \frac{1}{1+x_n} \le \frac{1}{1 + x_1 \cdots x_n} + \frac{n-1}{2}, \tag{2.105}$$

这样我们得到式(2.104)一个上界估计.

例 2.61. (1989年全国高中数学联赛试题) 若 $x_i \in \mathbb{R}_{++}$, $i = 1, \ldots, n$, 满

足 $\prod\limits_{i=1}^{n} x_i = 1$, 求证

$$\prod_{i=1}^{n}(2 + x_i) \geq 3^n. \tag{2.106}$$

证明 令 $f(x) = \ln(2 + \mathrm{e}^x)$, 则 $f''(x) = \frac{2\mathrm{e}^x}{(\mathrm{e}^x+1)^2} \geq 0$, $f(x)$ 在 $\mathbb{R}_{++}$ 上凸, 进而 $\sum\limits_{i=1}^{n} \ln(2 + \mathrm{e}^{x_i})$ 在 $\mathbb{R}_{++}^n$ 上 S-凸, 据定理2.28, $\sum\limits_{i=1}^{n} \ln(2 + x_i)$ 在 $\mathbb{R}_{++}^n$ 上 S-几何凸, 从而由

$$\left(\ln \sqrt[n]{x_1 \cdots x_n}, \ldots, \ln \sqrt[n]{x_1 \cdots x_n}\right) \prec (\ln x_1, \cdots, \ln x_n)$$

有

$$\sum_{i=1}^{n} \ln(2 + x_i) \geq n \ln(2 + \sqrt[n]{x_1 \cdots x_n}) = n \ln(2 + 1),$$

由此得证.

类似地, 可以证明下例:

例 2.62. 设 $x_i > 0, i = 1, \ldots, n$, 满足 $\prod\limits_{i=1}^{n} x_i = 1$, 求证

$$\prod_{i=1}^{n}(\sqrt{2} + x_i) \geq (\sqrt{2} + 1)^n. \tag{2.107}$$

定理 2.29. *[234]* 若 φ 是对称集 $\Omega \subset \mathbb{R}_{++}$ 上的 S-几何凸(S-几何凹)函数, 则 φ 是 Ω 上的对称函数.

借助于定理2.3, 张小明 [234] 证得如下 S-几何凸函数的判定定理.

定理 2.30. *[234, p. 108]* 设 $\Omega \subset \mathbb{R}_+^n$ 是有内点的对称对数凸集, $\varphi : \Omega \to \mathbb{R}_+$ 于 Ω 上连续, 在 Ω 的内部 Ω° 一阶可微, 则 φ 在 Ω 上 S-几何凸(S-几何凹)的充要条件是 φ 在 Ω 上对称, 且 $\forall \boldsymbol{x} = (x_1, \cdots, x_n) \in \Omega^\circ$, 有

$$(\ln x_1 - \ln x_2)\left(x_1 \frac{\partial \varphi}{\partial x_1} - x_2 \frac{\partial \varphi}{\partial x_2}\right) \geq 0 \ (\leq 0). \tag{2.108}$$

注记 2.11. 由于当 $x_1 \neq x_2$ 时, 总有 $\frac{\ln x_1 - \ln x_2}{x_1 - x_2} \geq 0$, 故式(2.108)等价于

$$(x_1 - x_2)\left(x_1 \frac{\partial \varphi}{\partial x_1} - x_2 \frac{\partial \varphi}{\partial x_2}\right) \geq 0 \ (\leq 0). \tag{2.109}$$

例 2.63. (Mathematical Reflections 2020 (5)) 设实数 a, b 满足 $ab \geq 1$, 证明

$$\frac{1}{a^2 + 1} + \frac{1}{b^2 + 1} \geq \frac{2}{ab + 1}. \tag{2.110}$$

证明 由 $ab \geq 1$ 知 a, b 同号, 不妨设 $a > 0, b > 0$. 令

$$\varphi(a, b) = \frac{1}{a^2 + 1} + \frac{1}{b^2 + 1},$$

则

$$\Lambda := (a - b)\left(a\frac{\partial \varphi}{\partial a} - b\frac{\partial \varphi}{\partial b}\right) = \frac{(a - b)^2(a + b)(2a^2b^2 - 2)}{(a^2 + 1)^2(b^2 + 1)^2} \geq 0.$$

这意味着 $\varphi(a, b)$ 在 $(0, +\infty)^2$ 上 S-几何凸, 由

$$(\ln \sqrt{ab}, \ln \sqrt{ab},) \prec (\ln a, \ln b),$$

得

$$\varphi(a, b) \leq \varphi(\sqrt{ab}, \sqrt{ab}),$$

由此得证.

类似地可以证明下例.

例 2.64. (Mathematical Reflections 2020(5)) 设实数 a, b 满足 $ab \geq \frac{1}{3}$, 证明

$$\frac{1}{3a^2 + 1} + \frac{1}{3b^2 + 1} \geq \frac{2}{3ab + 1}. \tag{2.111}$$

例 2.65. [231] 设 $a, b, c \in (0, 1]$, 则有

$$\frac{1}{\sqrt{1 + a}} + \frac{1}{\sqrt{1 + b}} + \frac{1}{\sqrt{1 + c}} \leq \frac{3}{\sqrt{1 + \sqrt[3]{abc}}}. \tag{2.112}$$

证明 令

$$\varphi(a, b, c) = \frac{1}{\sqrt{1 + a}} + \frac{1}{\sqrt{1 + b}} + +\frac{1}{\sqrt{1 + c}},$$

则

$$\Lambda := (a - b)\left(a\frac{\partial \varphi}{\partial a} - b\frac{\partial \varphi}{\partial b}\right) = (a - b)\left(\frac{-a}{(1 + a)^{\frac{3}{2}}} - \frac{-b}{(1 + b)^{\frac{3}{2}}}\right). \tag{2.113}$$

记 $f(x) = \frac{-x}{(1+x)^{\frac{3}{2}}}$, 则

$$f'(x) = -(1 + x)^{-\frac{3}{2}}\left(1 - \frac{3x}{2(1 + x)}\right). \tag{2.114}$$

易见当 $x \in (0, 2]$ 时, $f'(x) \leq 0$, 从而 $\Lambda \leq 0$, 这意味着 $\varphi(a, b, c)$ 在 $(0, 2]^3$

上S-几何凹, 由

$$\left(\ln \sqrt[3]{abc}, \ln \sqrt[3]{abc}, \ln \sqrt[3]{abc}\right) \prec (\ln a, \ln b, \ln c),$$

得

$$\varphi(a, b, c) \leq \varphi\left(\sqrt[3]{abc}, \sqrt[3]{abc}, \sqrt[3]{abc}\right),$$

由此得证.

注记 2.12. 由证明过程可见, 条件$a, b, c \in (0, 1]$ 可放宽为$a, b, c \in (0, 2]$. 又由式(2.114) 知当$x \geq 2$ 时, $f'(x) \geq 0$, 从而由式(2.113) 知$\Lambda \geq 0$, 这意味着$\varphi(a, b, c)$ 在$[2, +\infty)^3$ 上S-几何凸, 于是所证不等式反向成立.

例 2.66. $[225]$ 若$x, y \in \mathbb{R}_{++}$, 满足$xy = 1$, 且$\lambda \leq 4$, 则

$$\frac{1}{x} + \frac{1}{y} + \frac{\lambda}{x + y} \geq 2 + \frac{\lambda}{2}. \tag{2.115}$$

证明 令$\varphi(x, y) = \frac{1}{x} + \frac{1}{y} + \frac{\lambda}{x+y}$, 不难算得

$$\begin{aligned}
\Lambda := (x - y)\left(x \frac{\partial \varphi}{\partial x} - y \frac{\partial \varphi}{\partial y}\right) &= (x - y)^2 \left(\frac{1}{xy} - \frac{\lambda}{(x+y)^2}\right) \\
&\geq (x - y)^2 \left(\frac{1}{xy} - \frac{4}{(x+y)^2}\right) \geq 0,
\end{aligned}$$

故$\varphi(x, y)$ 在$\mathbb{R}_{++}^2$ 上S-几何凸, 因

$$(\ln \sqrt{xy}, \ln \sqrt{xy}) \prec (\ln x, \ln y),$$

故

$$\varphi(x, y) \geq \varphi(\sqrt{xy}, \sqrt{xy}) = \varphi(1, 1),$$

由此得证.

例 2.67. (2020 年马其顿奥数试题) 对于$x, y \geq 0$, $xy = 1$, 证明

$$(x + y + 1)(x^2 + y^2) + \frac{4}{x + y} \geq 8. \tag{2.116}$$

证明 令

$$\varphi(x, y) = (x + y + 1)(x^2 + y^2) + \frac{4}{x + y},$$

则

$$\Lambda := (x - y)\left(x\frac{\partial \varphi}{\partial x} - y\frac{\partial \varphi}{\partial y}\right)$$
$$= \frac{(x-y)^2}{(x+y)^2}((x+y)^2(x^2+y^2) + 2(x+y)^3 - 4)$$
$$\geq \frac{(x-y)^2}{(x+y)^2}((x+y)^2(x^2+y^2) + 2(2\sqrt{xy})^3 - 4) \geq 0,$$

故$\varphi(x,y)$ 在$(0,+\infty)^2$ 上S-几何凸, 由$(\ln\sqrt{xy}, \ln\sqrt{xy}) \prec (\ln x, \ln y)$, 有

$$\varphi(\sqrt{xy}, \sqrt{xy}) \leq \varphi(x,y),$$

由此得证.

例 2.68. *[67]* 设$a, b, c, d > 0$, 且$abcd = 1$, $k \in \mathbb{R}, k \geq 2$, 则

$$\frac{1}{(1+a)^k} + \frac{1}{(1+b)^k} + \frac{1}{(1+c)^k} + \frac{1}{(1+d)^k} \geq \frac{4}{2^k}. \tag{2.117}$$

证明 令$f(x) = \frac{1}{(1+e^x)^k}$, 则

$$f'(x) = \frac{-ke^x}{(1+e^x)^{k+1}},$$

$$f''(x) = \frac{-ke^x(1+e^x)^k(1-ke^x)}{(e^x+1)^{2(k+1)}} \geq 0, \ \forall k \geq 1,$$

$f(x)$ 在$\mathbb{R}_{++}$ 上凸, 进而

$$\frac{1}{(1+e^a)^k} + \frac{1}{(1+e^b)^k} + \frac{1}{(1+e^c)^k} + \frac{1}{(1+e^d)^k}$$

在$\mathbb{R}_{++}^n$ 上S-凸, 据定理2.28

$$\frac{1}{(1+a)^k} + \frac{1}{(1+b)^k} + \frac{1}{(1+c)^k} + \frac{1}{(1+d)^k}$$

在$\mathbb{R}_{++}^n$ 上S-几何凸, 从而由

$$\left(\ln\sqrt[4]{abcd}, \ln\sqrt[4]{abcd}, \ln\sqrt[4]{abcd}, \ln\sqrt[4]{abcd}\right) \prec (\ln a, \ln b, \ln c, \ln d)$$

有

$$\frac{1}{(1+a)^k} + \frac{1}{(1+b)^k} + \frac{1}{(1+c)^k} + \frac{1}{(1+d)^k} \geq 4 \cdot \frac{1}{(1+\sqrt[4]{abcd})^k} = \frac{4}{2^k}.$$

注记 2.13. 从证明过程可见, 条件中的$k \geq 2$ 可放宽为$k \geq 1$.

例 2.69. (2010年摩尔多瓦国家集训队试题) 已知$x_1, \ldots, x_n$ 为正数, 且$x_1, \cdots x_n = 1$, 证明

$$\frac{1}{x_1(x_1+1)} + \frac{1}{x_2(x_2+1)} + \cdots + \frac{1}{x_n(x_n+1)} \geq \frac{n}{2}. \tag{2.118}$$

证明 令

$$\varphi(x_1, \ldots, x_n) = \frac{1}{x_1(x_1+1)} + \frac{1}{x_2(x_2+1)} + \cdots + \frac{1}{x_n(x_n+1)},$$

$$\Lambda := (x_1 - x_2)\left(x_1 \frac{\partial \varphi}{\partial x_1} - x_2 \frac{\partial \varphi}{\partial x_2}\right)$$
$$= (x_1 - x_2)(g(x_1) - g(x_2)),$$

其中

$$g(x) = -\frac{2x+1}{x(x+1)^2}.$$

由于

$$g'(x) = -\frac{2x(x+1)^2 - (2x+1)((x+1)^2 + 2x(x+1))}{x^2(x+1)^4}$$
$$= -\frac{-(x+1)^2 - 2x(2x+1)(x+1)}{x^2(x+1)^4} \geq 0,$$

故$\Lambda \geq 0$, 这意味着$\varphi(x_1, \ldots, x_n)$ 在$\mathbb{R}_{++}^n$ 上S-几何凸, 因

$$(\ln \sqrt[n]{x_1 \cdots x_n}, \ldots, \ln \sqrt[n]{x_1 \cdots x_n}) \prec (\ln x_1, \ldots, \ln x_n),$$

故

$$\varphi(x_1, \ldots, x_n) \geq \varphi\left(\sqrt[n]{x_1 \cdots x_n}, \ldots, \sqrt[n]{x_1 \cdots x_n}\right) = \varphi(1, \ldots, 1) = \frac{n}{2},$$

由此得证.

定理 2.31. $[238, \mathrm{p.}\,95]$ 对称的对数凸集上的对称几何凸(几何凹) 函数必是S-几何凸(S-几何凹) 函数.

定理 2.32. $[190]$ 设区间$I \subset \mathbb{R}$, 二元对称函数$\varphi : I \times I \to \mathbb{R}$ 是S-几何凸(S-几何凹) 函数的充要条件是$\forall a \in I$, 一元函数$\varphi_a(x) = \varphi(ax, \frac{a}{x})$ 在$J = (1, \infty) \cap (I/a) \cap (a/I)$ 上递增(递减), 其中$I/a = \{x/a : x \in I\}$,

$a/I = \{a/x : x \in I\}$.

例 2.70. 证明均值差 $M_{AG}(x,y) = \frac{x+y}{2} - xy$ 在 $\mathbb{R}^2_{++}$ 上S- 几何凸.

证明 $\forall a \in \mathbb{R}_{++}$, 令 $\varphi_a(x) = \varphi(ax, \frac{a}{x}) = M_{AG}(ax, \frac{a}{x}) = \frac{ax + \frac{a}{x}}{2} - a^2$. 则 $\forall x \in (1, \infty) \cap (\mathbb{R}_{++}/a) \cap (a/\mathbb{R}_{++}) = (1, \infty)$, 有 $\varphi_a'(x) = \frac{a}{2}\left(1 - \frac{1}{x^2}\right) \geq 0$, 即 $\varphi_a(x)$ 在 $(1, \infty)$ 上递减, 由定理2.32, 知 $M_{AG}(x,y) = \frac{x+y}{2} - xy$ 在 $\mathbb{R}^2_{++}$ 上S-几何凸.

定理 2.33. 设 $\varphi(\boldsymbol{x})$ 在 $\Omega \subset \mathbb{R}^n_{++}$ 上非负可微.

(a) 若 $\varphi(\boldsymbol{x})$ 是单调增的S-凸函数, 则 $\varphi(\boldsymbol{x})$ 一定是S-几何凸函数;

(b) 若 $\varphi(\boldsymbol{x})$ 是单调减的S-凹函数, 则 $\varphi(\boldsymbol{x})$ 一定是S-几何凹函数.

证明 (a)设 $\boldsymbol{x} \in \mathbb{R}^n_{++}$, 因 $\varphi(\boldsymbol{x})$ 单调增, 则

$$\nabla\varphi(\boldsymbol{x}) = \left(\frac{\partial\varphi(\boldsymbol{x})}{\partial x_1}, \ldots, \frac{\partial\varphi(\boldsymbol{x})}{\partial x_n}\right) \geq 0.$$

又因 $\varphi(\boldsymbol{x})$ 是S-凸函数, 有

$$\Delta = (x_1 - x_2)\left(\frac{\partial\varphi(\boldsymbol{x})}{\partial x_1} - \frac{\partial\varphi(\boldsymbol{x})}{\partial x_2}\right) \geq 0,$$

于是

$$\begin{aligned}
\Lambda &= (x_1 - x_2)\left(x_1\frac{\partial\varphi(\boldsymbol{x})}{\partial x_1} - x_2\frac{\partial\varphi(\boldsymbol{x})}{\partial x_2}\right) \\
&= (x_1 - x_2)\left(x_1\frac{\partial\varphi(\boldsymbol{x})}{\partial x_1} - x_1\frac{\partial\varphi(\boldsymbol{x})}{\partial x_2} + x_1\frac{\partial\varphi(\boldsymbol{x})}{\partial x_2} - x_2\frac{\partial\varphi(\boldsymbol{x})}{\partial x_2}\right) \\
&= x_1(x_1 - x_2)\left(\frac{\partial\varphi(\boldsymbol{x})}{\partial x_1} - \frac{\partial\varphi(\boldsymbol{x})}{\partial x_2}\right) + \frac{\partial\varphi(\boldsymbol{x})}{\partial x_2}(x_1 - x_2)^2 \geq 0.
\end{aligned}$$

由定理2.30 知 φ 是 Ω 上S-几何凸函数.

类似地可证(b).

定理 2.34. 设 φ 是对称的对数凸集 Ω 上的对称几何凸(几何凹) 函数, 则 φ 是 Ω 上的S-几何凸(S-几何凹) 函数.

2.4.2 Schur调和凸函数

2008 年, 褚玉明等 [14, 15] 率先提出并建立了Schur-调和凸的定义及判定定理.

定义 2.3. [14] 设 $\Omega \subset \mathbb{R}_{++}^n$ 或 $\Omega \subset \mathbb{R}_{--}^n$.

(a) 若 $\forall \boldsymbol{x}, \boldsymbol{y} \in \Omega$ 和 $\alpha \in [0,1]$, 总有

$$\left(\frac{x_1 y_1}{\alpha x_1 + (1-\alpha)y_1}, \ldots, \frac{x_n y_n}{\alpha x_n + (1-\alpha)y_n} \right) \in \Omega,$$

则称 Ω 是调和凸集;

(b) 称一个函数 $\varphi : \Omega \to \mathbb{R}$ 为 Ω 上的Schur 调和凸函数 (Schur 调和凹函数), 如果

$$\left(\frac{1}{x_1}, \ldots, \frac{1}{x_n} \right) \prec \left(\frac{1}{y_1}, \ldots, \frac{1}{y_n} \right) \Rightarrow \varphi(\boldsymbol{x}) \le (\ge) \varphi(\boldsymbol{y}),$$

或等价地

$$\varphi(\boldsymbol{x}) \prec \varphi(\boldsymbol{y}) \Rightarrow \varphi\left(\frac{1}{x_1}, \ldots, \frac{1}{x_n} \right) \le (\ge) \varphi\left(\frac{1}{y_1}, \ldots, \frac{1}{y_n} \right).$$

Schur调和凸函数(Schur调和凹函数) 简称为S-调和凸函数(S-调和凹函数).

定理 2.35. 设 $\Omega \subset \mathbb{R}_{++}^n$, $\varphi : \Omega \to \mathbb{R}_+$ 为S-调和凸函数, 当且仅当

$$\varphi\left(\frac{1}{x_1}, \ldots, \frac{1}{x_n} \right)$$

为

$$\frac{1}{\Omega} = \left\{ \frac{1}{\boldsymbol{x}} = \left(\frac{1}{x_1}, \ldots, \frac{1}{x_n} \right) \mid \boldsymbol{x} = (x_1, \ldots, x_n) \in \Omega \right\}.$$

上的S-凸函数.

定理 2.36. (Schur 调和凸函数判定定理) [14] 设 $\Omega \subset \mathbb{R}_{++}^n$ 或 $\Omega \subset \mathbb{R}_{--}^n$ 是有内点的对称调和凸集, $\varphi : \Omega \to \mathbb{R}$ 于 Ω 上连续, 在 Ω 的内部 Ω° 一阶可微, 则 φ 在 Ω 上S-调和凸(S-调和凹) 的充要条件是 φ 在 Ω 上对称, 且对于任意 $\boldsymbol{x} \in \Omega^\circ$, 有

$$(x_1 - x_2)\left(x_1^2 \frac{\partial \varphi(\boldsymbol{x})}{\partial x_1} - x_2^2 \frac{\partial \varphi(\boldsymbol{x})}{\partial x_2} \right) \ge 0 \ (\le 0). \tag{2.119}$$

注记 2.14. 我们将褚玉明建立的Schur调和凸函数的定义和判定定理作了如下扩展:

(a) 将 $\Omega \subset \mathbb{R}_+^n$ 扩展为 $\Omega \subset \mathbb{R}_+^n$ 或 $\Omega \subset \mathbb{R}_-^n$.

(b) $\varphi : \Omega \to \mathbb{R}$ 不必是正函数.

例 2.71. (1988 年全国高中数学联赛第一试) 已知 a, b 为正实数, 且 $\frac{1}{a} + \frac{1}{b} = 1$, 试证对每一个 $n \in \mathbb{N}$, 有

$$(a+b)^n - a^n - b^n \geq 2^{2n} - 2^{n+1}. \tag{2.120}$$

李世杰和李盛 [81] 给出此例的四种证明, 这里笔者利用S-调和凸性加以证明.

证明 由题设 $\frac{1}{a} + \frac{1}{b} = 1$, 有 $a + b = ab$, 且 $\frac{a+b}{2} \geq \frac{2}{\frac{1}{a}+\frac{1}{b}} = 2$, 即 $a + b \geq 4$. 记

$$f(a, b) = (a+b)^n - a^n - b^n,$$

则

$$\frac{\partial f}{\partial a} = na^{n-1}b^n - na^{n-1}, \quad \frac{\partial f}{\partial b} = nb^{n-1}a^n - nb^{n-1},$$

于是

$$(a-b)\left(a^2\frac{\partial f}{\partial a} - b^2\frac{\partial f}{\partial b}\right)$$
$$=(a-b)\left(na^nb^n(a-b) - n(a^{n+1} - b^{n+1})\right)$$
$$=n(a-b)^2\left(a^nb^n - (a^n + a^{n-1}b + \cdots + b^{n-1}a + b^n)\right)$$
$$=n(a-b)^2\left((a+b)^n - (a^n + a^{n-1}b + \cdots + b^{n-1}a + b^n)\right)$$
$$=n(a-b)^2(a^n + C_n^1 a^{n-1}b + \cdots + C_n^{n-1}b^{n-1}a + b^n)$$
$$-(a^n + a^{n-1}b + \cdots + b^{n-1}a + b^n)) \geq 0,$$

故 $f(a, b)$ S-调和凸, 由

$$\left(\frac{\frac{1}{a}+\frac{1}{b}}{2}, \frac{\frac{1}{a}+\frac{1}{b}}{2}\right) \prec \left(\frac{1}{a}, \frac{1}{b}\right),$$

即

$$\left(\frac{1}{2}, \frac{1}{2}\right) \prec \left(\frac{1}{a}, \frac{1}{b}\right),$$

有 $f(2, 2) \leq f(a, b)$, 由此得证.

类似地可以证明该例的 m 维推广:

已知 $x_i > 0, i = 1, \ldots, m$ 为正实数, $n \in \mathbb{N}_+$, 且 $\frac{1}{x_1} + \cdots + \frac{1}{x_m} = 1$, 则

$$(x_1 + \ldots + x_m)^n - x_1^n - \cdots - x_m^n \geq m^{2n} - m^{n+1}. \tag{2.121}$$

类似于定理2.33可以证明:

定理 2.37. 设$\varphi(\boldsymbol{x})$ 在$\Omega \subset \mathbb{R}_{++}^n$ 上非负可微.

(a) 若$\varphi(\boldsymbol{x})$ 是单调增的S-凸函数或S-几何凸函数, 则$\varphi(\boldsymbol{x})$ 一定是S-调和凸函数;

(b) 若$\varphi(\boldsymbol{x})$ 是单调减的S-凹函数或S-几何凹函数, 则$\varphi(\boldsymbol{x})$ 一定是S-调和凹函数.

2.4.3　Schur幂凸函数

作为S-凸, S-几何凸, S-调和凸等概念的推广和统一, 2010年, 杨镇杭[221] 在《不等式研究通讯》(2010 年第2 期)上定义了Schur-f凸函数及Schur-幂凸函数, 并研究它们的性质及判定.

定义 2.4. [221]

(a) 设$f : \mathbb{R}_{++} \to \mathbb{R}$ 是严格单调函数, $\Omega \subset \mathbb{R}^n, n \geq 2$. 若对于任何$\boldsymbol{x},$ $\boldsymbol{y} \in \Omega$, 总有

$$(f^{-1}(\alpha f(x_1) + (1-\alpha)f(y_1)), \ldots, f^{-1}(\alpha f(x_n) + (1-\alpha)f(y_n))) \in \Omega,$$

则称Ω 是f- 凸集, 其中$\alpha \in [0,1]$ 且$\alpha + \beta = 1$;

(b) 设$\Omega \subset \mathbb{R}^n$, 其内部非空. $\varphi : \Omega \to \mathbb{R}_+$, 对于任意$\boldsymbol{x}, \boldsymbol{y} \in \Omega$, 若

$$(f(x_1), \ldots, f(x_n)) \prec (f(y_1), \ldots, f(y_n)) \Rightarrow \varphi(\boldsymbol{x}) \leq \varphi(\boldsymbol{y}),$$

则称φ 为Ω 上的S-f 凸函数; 若$-\varphi$ 是Ω 上S-f凸函数, 则称φ 为Ω上S-f凹函数.

定义 2.5. 在定义2.4中若取

$$f(x) = \begin{cases} \dfrac{x^m - 1}{m}, & m \neq 0; \\ \ln x, & m = 0. \end{cases} \tag{2.122}$$

则称φ 为Ω 上的m 阶S-幂凸函数; 若S - φ 是Ω 上的m 阶S-幂凸函数, 则称φ 为Ω 上的m 阶S- 幂凹函数.

注记 2.15. 在定义2.4中取$f(x) = x$, $\ln x$ 和x^{-1} 可分别得S- 凸函数, S-几何凸函数和S-调和凸函数的定义.

定理 2.38. [221] 设$f : \mathbb{R} \to \mathbb{R}$ 是严格单调函数, $\Omega \subset \mathbb{R}^n$, $f(\Omega) = \{(f(x_1), \ldots, f(x_n)) \mid \boldsymbol{x} \in \Omega\}$, 则$\varphi : \Omega \to \mathbb{R}$ 在Ω 上S-f凸(S-f凹) 当且仅当$\varphi \circ f^{-1}$ 在$f(\Omega)$ 上S-凸(S-凹).

证明 假定 φ 在 Ω 上 S-f 凸. 现设 $\boldsymbol{x}', \boldsymbol{y}' \in f(\Omega)$, 则存在 $\boldsymbol{x}, \boldsymbol{y} \in \Omega$ 使得 $\boldsymbol{x}' = (f(x_1), \ldots, f(x_n))$, $\boldsymbol{y}' = (f(y_1), \ldots, f(y_n))$, 若 $\boldsymbol{x}' \prec \boldsymbol{y}'$, 即 $(f(x_1), \ldots, f(x_n)) \prec (f(y_1), \ldots, f(y_n))$, 则 $\varphi(\boldsymbol{x}) \leq \varphi(\boldsymbol{y})$, 即 $\varphi \circ f^{-1}(\boldsymbol{x}') \leq \varphi \circ f^{-1}(\boldsymbol{y}')$, 故 $\varphi \circ f^{-1}$ 在 $f(\Omega)$ 上 S-凸. 反之, 假定 $\varphi \circ f^{-1}$ 在 $f(\Omega)$ 上 S- 凸. 现设 $\boldsymbol{x}, \boldsymbol{y} \in \Omega$, 满足 $(f(x_1), \ldots, f(x_n)) \prec (f(y_1), \ldots, f(y_n))$, 则 $\varphi \circ f^{-1}(f(x_1), \ldots, f(x_n)) \leq \varphi \circ f^{-1}(f(y_1), \ldots, f(y_n))$, 即 $\varphi(\boldsymbol{x}) \leq \varphi(\boldsymbol{y})$.

类似可证凹的情形.

定理 2.39. [221] 设 $\Omega \subset \mathbb{R}^n (n \geq 2)$ 是对称集, 且 $\varphi : \Omega \to \mathbb{R}$ 在 Ω 上 S-f 凸(S-f 凹), 则 φ 在 Ω 上对称.

定理 2.40. [221] 设 $f : \mathbb{R} \to \mathbb{R}$ 是严格单调的可微函数, $\Omega = U^n(U \subset \mathbb{R})$ 是有内点的对称 f-凸集, $\varphi : \Omega \to \mathbb{R}$ 于 Ω 上连续, 在 Ω 的内部 Ω° 可微, φ 是 Ω 上 S-f 凸(S-f 凹) 的充要条件是 φ 在 Ω 上对称, 且对于 $\forall \boldsymbol{x} \in \Omega^\circ$ 且 $x_1 \neq x_2$, 有

$$(f(x_1) - f(x_2)) \left(\frac{1}{f'(x_1)} \frac{\partial \varphi}{\partial x_1} - \frac{1}{f'(x_2)} \frac{\partial \varphi}{\partial x_2} \right) \geq 0 \ (\leq 0). \tag{2.123}$$

证明 不难验证 $\varphi \circ f^{-1}$ 在 $f(\Omega)$ 上对称等价于 φ 在 Ω 上对称. 由定理2.35和定理2.3知: $\varphi : \Omega \to \mathbb{R}$ 在 Ω 上 S-f 凸(S-f 凹) $\Leftrightarrow \varphi \circ f^{-1}$ 在 $f(\Omega)$ 上 S-凸(S- 凹) $\Rightarrow \varphi \circ f^{-1}$ 在 $f(\Omega)$ 上对称, 且 $\forall \boldsymbol{y} \in f(\Omega)^\circ$, 且 $y_1 \neq y_2$, 令 $\boldsymbol{x} = f^{-1}(\boldsymbol{y})$, 此时 $\boldsymbol{x} \in \Omega^\circ$, 且有

$$(y_1 - y_2) \left(\frac{\partial \varphi}{\partial y_1} - \frac{\partial \varphi}{\partial y_2} \right) \geq 0 (\leq 0).$$

对于 $\forall \boldsymbol{x} \in \Omega^\circ$ 有 $(f(x_1), \ldots, f(x_n)) \in f(\Omega)^\circ$, 因此有

$$(f(x_1) - f(x_2)) \left(f'(x_1) \frac{\partial (\varphi \circ f^{-1})}{\partial x_1} - f'(x_2) \frac{\partial (\varphi \circ f^{-1})}{\partial x_2} \right) \geq 0 (\leq 0),$$

即

$$(f(x_1) - f(x_2)) \left(\frac{1}{f'(x_1)} \frac{\partial \varphi}{\partial x_1} - \frac{1}{f'(x_2)} \frac{\partial \varphi}{\partial x_2} \right) \geq 0 (\leq 0).$$

对于 S-幂凸函数, 若 $m \in \mathbb{R}, m \neq 0$, 根据定理2.38, 我们得出以下推论.

推论 2.7. [221] 设 $\Omega \subset \mathbb{R}$ 是带有非空内部 Ω° 的对称集, $\varphi : \Omega \to \mathbb{R}$ 在 Ω 上连续且在 Ω° 上可微, 则 φ 在 Ω 上 Schur-m-幂凸(Schur-m-幂凹), 当且仅当 φ 在 Ω 上对称且 $\forall \boldsymbol{x} \in \Omega^\circ$ $(x_1 \neq x_2)$, 有

$$\frac{x_1^m - x_2^m}{m} \left(x_1^{1-m} \frac{\partial \varphi}{\partial x_1} - x_2^{1-m} \frac{\partial \varphi}{\partial x_2} \right) \geq (\leq 0), \text{ 若 } m \neq 0, \tag{2.124}$$

$$(\ln x_1 - \ln x_2)\left(x_1 \frac{\partial \varphi}{\partial x_1} - x_2 \frac{\partial \varphi}{\partial x_2}\right) \geq 0 \quad (\leq 0), \text{ 若 } m = 0. \tag{2.125}$$

对于$m \neq 0$, 因

$$\left(\frac{1}{n}\sum_{i=1}^{n}\frac{x_i^m - 1}{m}, \ldots, \frac{1}{n}\sum_{i=1}^{n}\frac{x_i^m - 1}{m}\right) \prec \left(\frac{x_1^m - 1}{m}, \ldots, \frac{x_n^m - 1}{m}\right),$$

即

$$\left(\frac{(M_m(\boldsymbol{x}))^m - 1}{m}, \ldots, \frac{(M_m(\boldsymbol{x}))^m - 1}{m}\right) \prec \left(\frac{x_1^m - 1}{m}, \ldots, \frac{x_n^m - 1}{m}\right), \tag{2.126}$$

其中$M_m(\boldsymbol{x}) = \left(\frac{1}{n}\sum_{i=1}^{n}x_i^m\right)^{\frac{1}{m}}$ 为幂平均.

若φ 在Ω 上Schur-m-幂凸(Schur-m-幂凹), 则

$$\varphi(M_m(\boldsymbol{x}), \ldots, M_m(\boldsymbol{x})) \leq (\geq)\varphi(x_1, \ldots, x_n). \tag{2.127}$$

例 2.72. (2002年英国数学奥林匹克第一轮问题3) 设正实数x, y, z 满足$x^2 + y^2 + z^2 = 1$, 证明

$$x^2yz + xy^2z + xyz^2 \leq \frac{1}{3}. \tag{2.128}$$

证明 令

$$\varphi(x, y, z) = x^2yz + xy^2z + xyz^2,$$

则

$$\begin{aligned}
\Delta :&= \frac{x^2 - y^2}{2}\left(\frac{1}{x}\cdot\frac{\partial \varphi}{\partial x} - \frac{1}{y}\cdot\frac{\partial \varphi}{\partial y}\right) \\
&= \frac{x^2 - y^2}{2}\left(\frac{1}{x}(2xyz + y^2z + yz^2) - \frac{1}{y}(x^2z + 2xyz + xz^2)\right) \\
&= \frac{x^2 - y^2}{2}\left(2xyz(y - x) + z(y^3 - x^3) + z^2(y^2 - x^2)\right),
\end{aligned}$$

注意$(x^2 - y^2)(x^k - y^k) \leq 0, k = 1, 2, 3$, 有$\Delta \leq 0$, 故$\varphi$ 是$\mathbb{R}^2$ 上的二阶S- 幂凹函数, 由式(2.127)有

$$\varphi(x, y, z) \geq \varphi\left(\frac{1}{\sqrt{3}}, \frac{1}{\sqrt{3}}, \frac{1}{\sqrt{3}}\right) = \frac{1}{3}.$$

由此得证.

例 2.73. $[28, \mathrm{p.}\,101]$ 设非负实数 x, y 满足 $x^2 + y^2 = 1$, 求证

$$2(\sqrt{2} - 1) \le \frac{x}{1+y} + \frac{y}{1+x} \le 1. \tag{2.129}$$

证明 右边不等式易证, 只证左边不等式. 令

$$\varphi(x,y) = \frac{x}{1+y} + \frac{y}{1+x},$$

则

$$\frac{x^2 - y^2}{2}\left(\frac{1}{x} \cdot \frac{\partial \varphi}{\partial x} - \frac{1}{y} \cdot \frac{\partial \varphi}{\partial y}\right)$$

$$= \frac{x^2 - y^2}{2}\left(\frac{1}{x}\left(\frac{1}{1+y} - \frac{y}{(1+x)^2}\right) - \frac{1}{y}\left(\frac{1}{1+x} - \frac{x}{(1+y)^2}\right)\right)$$

$$= \frac{(x-y)^2(x+y)}{2} \cdot \frac{(1+x+y)^2 - (1+y)(1+x)}{xy(1+y)^2(1+x)^2} \ge 0,$$

故 φ 是 $\mathbb{R}^3$ 上的二阶S- 幂凸函数, 由

$$\left(\frac{\frac{x^2-1}{2} + \frac{y^2-1}{2}}{2}, \frac{\frac{x^2-1}{2} + \frac{y^2-1}{2}}{2}\right) \prec \left(\frac{x^2-1}{2}, \frac{y^2-1}{2}\right),$$

即

$$\left(\frac{\left(\sqrt{\frac{x^2+y^2}{2}}\right)^2 - 1}{2}, \frac{\left(\sqrt{\frac{x^2+y^2}{2}}\right)^2 - 1}{2}\right) \prec \left(\frac{x^2-1}{2}, \frac{y^2-1}{2}\right),$$

有

$$\varphi(x,y) \ge \varphi\left(\frac{1}{\sqrt{2}}, \frac{1}{\sqrt{2}}\right) = 2(\sqrt{2} - 1),$$

由此得证.

例 2.74. (引自《数学奥林匹克之窗》JOP40 – Francesco Cavazzan, 意大利) 已知 x, y 为正实数, n 为正整数, 若 $x^{2n+1} + y^{2n+1} \ge 2$, 则

$$x^{n+1} + y^{n+1} \ge x^n + y^n. \tag{2.130}$$

证明 令

$$\varphi(x,y) = x^{n+1} + y^{n+1} - x^n - y^n.$$

我们分两步证明.

(I) 若$x^{2n+1} + y^{2n+1} = 2$, 此时, 由幂平均的单调性, 有

$$\sqrt{xy} \le \left(\frac{x^{2n+1} + y^{2n+1}}{2} \right)^{\frac{1}{2n+1}} = 1,$$

$$\frac{\partial \varphi}{\partial x} = (n+1)x^n - nx^{n-1}, \quad \frac{\partial \varphi}{\partial y} = (n+1)y^n - ny^{n-1}.$$

$$\begin{aligned}
\Delta :&= \frac{x^{2n+1} - y^{2n+1}}{2n+1} \left(\frac{1}{x^{2n}} \frac{\partial \varphi}{\partial x} - \frac{1}{y^{2n}} \frac{\partial \varphi}{\partial y} \right) \\
&= \frac{x^{2n+1} - y^{2n+1}}{2n+1} \cdot \left((n+1) \left(\frac{1}{x^n} - \frac{1}{y^n} \right) - n \left(\frac{1}{x^{n+1}} - \frac{1}{y^{n+1}} \right) \right) \\
&= \frac{x^{2n+1} - y^{2n+1}}{2n+1} \cdot \frac{n(x^{n+1} - y^{n+1}) - (n+1)xy(x^n - y^n)}{x^{n+1}y^{n+1}},
\end{aligned}$$

欲证$\Delta \ge 0$, 只需证$n(x^{n+1} - y^{n+1}) \ge (n+1)xy(x^n - y^n)$, 即

$$\frac{1}{xy} \cdot E(n, n+1; x, y) = \frac{1}{xy} \cdot \left(\frac{n}{n+1} \cdot \frac{x^{n+1} - y^{n+1}}{x^n - y^n} \right)^{\frac{1}{(n+1)-n}} \ge 1.$$

由文[247]的定理1.1 知, $E(n, n+1; x, y)$ 在$\mathbb{R}^2_{++}$ 上Schur 凸, 故

$$E(n, n+1; x, y) \ge E(n, n+1; (x+y)/2, (x+y)/2) = (x+y)/2,$$

从而

$$\frac{1}{xy} \cdot E(n, n+1; x, y) \ge \frac{(x+y)/2}{xy} \ge \frac{\sqrt{xy}}{xy} = \frac{1}{\sqrt{xy}} \ge 1,$$

故$\Delta \ge 0$, φ 是$\mathbb{R}^2_{++}$ 上的$2m+1$阶S-幂凸函数, 由式(2.127)有

$$\varphi(x, y) \ge \varphi \left(\left(\frac{x^{2n+1} + y^{2n+1}}{2} \right)^{\frac{1}{2}}, \left(\frac{x^{2n+1} + y^{2n+1}}{2} \right)^{\frac{1}{2}} \right) = \varphi(1, 1) = 0.$$

(II) 若$x^{2n+1} + y^{2n+1} = a > 2$, 则

$$\left(\left(\frac{2}{a} \right)^{\frac{1}{2n+1}} x \right)^{2n+1} + \left(\left(\frac{2}{a} \right)^{\frac{1}{2n+1}} y \right)^{2n+1} = 2,$$

由(I)有

$$\left(\left(\frac{2}{a}\right)^{\frac{1}{2n+1}}x\right)^{n+1}+\left(\left(\frac{2}{a}\right)^{\frac{1}{2n+1}}y\right)^{n+1}\geq\left(\left(\frac{2}{a}\right)^{\frac{1}{2n+1}}x\right)^{n}+\left(\left(\frac{2}{a}\right)^{\frac{1}{2n+1}}y\right)^{n},$$

即

$$x^{n+1}\left(\frac{2}{a}\right)^{\frac{n+1}{2n+1}}+y^{n+1}\left(\frac{2}{a}\right)^{\frac{n+1}{2n+1}}\geq x^{n}\left(\frac{2}{a}\right)^{\frac{n}{2n+1}}+y^{n}\left(\frac{2}{a}\right)^{\frac{n}{2n+1}},$$

两边同除以$\left(\frac{2}{a}\right)^{\frac{n+1}{2n+1}}$, 得

$$x^{n+1}\left(\frac{a}{2}\right)^{\frac{1}{2n+1}}+y^{n+1}\left(\frac{a}{2}\right)^{\frac{1}{2n+1}}\geq x^{n}+y^{n},$$

注意因$\frac{a}{2}>1$, 右边不等式成立, 此例得证.

例 2.75. (2010 年陈省身杯数学奥林匹克试题) 正实数a,b,c, 满足$a^3+b^3+c^3=3$, 证明

$$\frac{1}{a^2+a+1}+\frac{1}{b^2+b+1}+\frac{1}{c^2+c+1}\geq 1. \tag{2.131}$$

证明 令

$$\varphi(a,b,c)=\frac{1}{a^2+a+1}+\frac{1}{b^2+b+1}+\frac{1}{c^2+c+1},$$

则

$$\begin{aligned}
\Lambda :&=\frac{a^3-b^3}{3}\left(a^{1-3}\frac{\partial\varphi}{\partial a}-b^{1-3}\frac{\partial\varphi}{\partial b}\right)\\
&=-\frac{a^3-b^3}{3}\left(\frac{2a+1}{a^2(a^2+a+1)^2}-\frac{2b+1}{b^2(b^2+b+1)^2}\right)\\
&=-\frac{a^3-b^3}{3}\frac{f(a,b)}{a^2b^2(a^2+a+1)^2(b^2+b+1)^2},
\end{aligned}$$

其中

$$\begin{aligned}
f(a,b):=&(2a+1)b^2(b^2+b+1)^2-(2b+1)a^2(a^2+a+1)^2\\
=&(b^6-a^6)+(2ab+2)(b^5-a^5)+(4ab+3)(b^4-a^4)\\
&+(6ab+2)(b^3-a^3)+(4ab+1)(b^2-a^2)+2ab(b-a).
\end{aligned}$$

注意$(a^3-b^3)(b^k-a^k)\leq 0, k=1,2,3,4,5,6,$则$\Lambda\geq 0$, 故$\varphi(a,b,c)$ 在$(0,+\infty)^3$

上三阶S-幂凸, 由

$$(A_3, A_3, A_3) \prec \left(\frac{a^3 - 1}{3}, \frac{b^3 - 1}{3}, \frac{c^3 - 1}{3} \right),$$

其中

$$A_3 = \frac{1}{3} \left(\frac{a^3 - 1}{3} + \frac{b^3 - 1}{3} + \frac{c^3 - 1}{3} \right) = \frac{\left(\left(\frac{a^3 + b^3 + c^3}{3} \right)^{\frac{1}{3}} \right)^3 - 1}{3},$$

故

$$\varphi(a, b, c) \geq \varphi \left(\left(\frac{a^3 + b^3 + c^3}{3} \right)^{\frac{1}{3}}, \left(\frac{a^3 + b^3 + c^3}{3} \right)^{\frac{1}{3}}, \left(\frac{a^3 + b^3 + c^3}{3} \right)^{\frac{1}{3}} \right)$$
$$= \varphi(1, 1, 1) = 1,$$

由此得证.

例 2.76. (2003 年英国数学奥林匹克试题) 已知正实数 x, y, z 满足 $x^2 + y^2 + z^2 = 1$, 证明

$$x^2 yz + xy^2 z + xyz^2 \leq \frac{1}{3}. \tag{2.132}$$

证明 令

$$\varphi(x, y, z) = x^2 yz + xy^2 z + xyz^2,$$

则

$$\begin{aligned} \Lambda := &\frac{x^2 - y^2}{2} \left(\frac{1}{x} \frac{\partial \varphi}{\partial x} - \frac{1}{y} \frac{\partial \varphi}{\partial y} \right) \\ = &\frac{x^2 - y^2}{2} \left(\frac{2xyz + y^2 z + yz^2}{x} - \frac{x^2 z + 2xyz + xz^2}{y} \right) \\ = &\frac{x^2 - y^2}{2xy} \left(z(y^3 - x^3) + z^2(y^2 - x^2) + 2xyz(y - x) \right), \end{aligned}$$

注意 $(x^2 - y^2)(y^k - x^k) \leq 0, k = 1, 2, 3$, 则 $\Lambda \leq 0$, 这意味着 $\varphi(x, y, z)$ 在 $\mathbb{R}^3_{++}$ 上二阶S-幂凹, 由式(2.127) 有

$$\varphi(x, y, z) \leq \varphi \left(M_2(x, y, z), M_2(x, y, z), M_2(x, y, z) \right) = \varphi \left(\frac{1}{\sqrt{3}}, \frac{1}{\sqrt{3}}, \frac{1}{\sqrt{3}} \right) = \frac{1}{3},$$

由此得证.

例 2.77. [2] 设 $a, b, c > 0$, $a^2 + b^2 + c^2 = 1$, 求证

$$a + b + c + \frac{1}{a} + \frac{1}{b} + \frac{1}{c} \geq 4\sqrt{3}. \tag{2.133}$$

证明 令

$$\varphi(a, b, c) = a + b + c + \frac{1}{a} + \frac{1}{b} + \frac{1}{c},$$

则

$$
\begin{aligned}
\Lambda : &= \frac{a^2 - b^2}{2}\left(\frac{1}{a}\frac{\partial \varphi}{\partial a} - \frac{1}{b}\frac{\partial \varphi}{\partial b} \right) \\
&= \frac{a^2 - b^2}{2}\left(\frac{1}{a} - \frac{1}{a^3} \right) - \left(\frac{1}{b} - \frac{1}{b^3} \right) \\
&= \frac{a^2 - b^2}{2}\left(\frac{b - a}{ab} - \frac{b^3 - a^3}{a^3 b^3} \right) \\
&= \frac{(a^2 - b^2)(b - a)}{2ab}\left(1 - \frac{b^2 + ab + a^2}{a^2 b^2} \right) \\
&= -\frac{(a - b)^2(b + a)}{2ab}\left(1 - \frac{b^2 + ab + a^2}{a^2 b^2} \right).
\end{aligned}
$$

由条件 $a^2 + b^2 + c^2 = 1$ 知 $a^2 \leq 1, b^2 \leq 1$, 进而 $a^2 b^2 \leq ab \leq b^2 + ab + a^2$, 因此 $1 - \frac{b^2 + ab + a^2}{a^2 b^2} \leq 0$, 于是, $\Lambda \geq 0$, 这意味着 $\varphi(a, b, c)$ 在 $\mathbb{R}_{++}^3$ 上二阶S-幂凸, 由式(2.127) 有

$$\varphi(a, b, c) \geq \varphi\left(M_2(a, b, c), M_2(a, b, c), M_2(a, b, c) \right) = \varphi\left(\frac{1}{\sqrt{3}}, \frac{1}{\sqrt{3}}, \frac{1}{\sqrt{3}} \right) = 4\sqrt{3},$$

由此得证.

例 2.78. (《罗马尼亚数学杂志》, 2019(14), 罗马尼亚Vasile Mircea Popa 供题) 已知 $x_1, \ldots, x_n$ 为正数, 且 $x_1^2 + \cdots + x_n^2 = n$, 证明

$$\frac{x_1}{(x_1 + n)} + \frac{x_2}{(x_2 + n)} + \cdots + \frac{x_n}{(x_n + n)} \leq \frac{n}{n + 1}. \tag{2.134}$$

证明 令

$$\varphi(x_1, \ldots, x_n) = \frac{x_1}{(x_1 + n)} + \frac{x_2}{(x_2 + n)} + \cdots + \frac{x_n}{(x_n + n)},$$

$$\Lambda : = \frac{x_1^2 - x_2^2}{2}\left(\frac{1}{x_1}\frac{\partial \varphi}{\partial x_1} - \frac{1}{x_2}\frac{\partial \varphi}{\partial x_2} \right)$$

$$= \frac{x_1^2 - x_2^2}{2} \left(\frac{n}{x_1(x_1 + n)^2} - \frac{n}{x_2(x_2 + n)^2} \right)$$

$$= \frac{x_1^2 - x_2^2}{2} \cdot \frac{n\left((x_2^3 - x_1^3) + 2n(x_2^2 - x_1^2) + n^2(x_2 - x_1) \right)}{x_1 x_2 (x_1 + n)^2 (x_2 + n)^2},$$

注意 $(x_1^2 - x_2^2)(x_2^k - x_1^k) \le 0, k = 1, 2, 3$, 有 $\Lambda \le 0$, 故 φ 是 $\mathbb{R}^3$ 上的二阶S- 幂凹函数, 由式(2.127)有

$$\varphi(x_1, \ldots, x_n) \le \varphi\left(\left(\frac{1}{n} \sum_{i=1}^n x_i^2 \right)^{\frac{1}{2}}, \ldots, \left(\frac{1}{n} \sum_{i=1}^n x_i^2 \right)^{\frac{1}{2}} \right) = \varphi(1, \ldots, 1) = \frac{n}{n+1},$$

由此得证.

关于具有不同阶数的两个Schur 幂凸函数之间的关系, 张小明[235] 证明了以下定理.

定理 2.41. 设 $p > q$, 区间 $I \subset \mathbb{R}_{++}$, $\varphi: I^n \to \mathbb{R}$ 为对称可微函数.

(a) 若 φ 为递增的 p 阶S-幂凸函数, 则 φ 为 q 阶S-幂凸函数;

(b) 若 φ 为递增的 q 阶S-幂凹函数, 则 φ 为 p 阶S-幂凹函数;

(c) 若 φ 为递减的 p 阶S-幂凹函数, 则 φ 为 q 阶S-幂凹函数;

(d) 若 φ 为递减的 q 阶S-幂凸函数, 则 φ 为 p 阶S-幂凸函数.

证明 (a)由对称性, 以下不妨假定 $x_1 \ge x_2 > 0$.

当 $pq \ne 0$ 时

$$\frac{x_1^q - x_2^q}{q} \left(x_1^{1-q} \frac{\partial \varphi}{\partial x_1} - x_2^{1-q} \frac{\partial \varphi}{\partial x_2} \right)$$

$$= \frac{x_1^q - x_2^q}{q} \left(x_1^{p-q} \left(x_1^{1-q} \frac{\partial \varphi}{\partial x_1} - x_2^{1-q} \frac{\partial \varphi}{\partial x_2} \right) + x_2^{1-p}(x_1^{p-q} - x_2^{p-q}) \frac{\partial \varphi}{\partial x_2} \right)$$

$$= x_1^{p-q} \frac{x_1^q - x_2^q}{q} \left(x_1^{1-p} \frac{\partial \varphi}{\partial x_1} - x_2^{1-p} x_1^{1-p} \frac{\partial \varphi}{\partial x_2} \right)$$

$$+ x_2^{1-p} \frac{x_1^q - x_2^q}{q} (x_1^{p-q} - x_2^{p-q}) \frac{\partial \varphi}{\partial x_2} \ge 0;$$

当 $q = 0$ 时

$$(\ln x_1 - \ln x_2) \left(x_1 \frac{\partial \varphi}{\partial x_1} - x_2 \frac{\partial \varphi}{\partial x_2} \right)$$

$$= (\ln x_1 - \ln x_2) \left(x_1^p \left(x_1^{1-p} \frac{\partial \varphi}{\partial x_1} - x_2^{1-p} \frac{\partial \varphi}{\partial x_2} \right) + x_2^{1-p}(x_1^p - x_2^p) \frac{\partial \varphi}{\partial x_2} \right)$$

$$=x_1^p(\ln x_1 - \ln x_2)\left(x_1^{1-p}\frac{\partial\varphi}{\partial x_1} - x_2^{1-p}\frac{\partial\varphi}{\partial x_2}\right)$$

$$+x_2^p(\ln x_1 - \ln x_2)\left(x_1^{1-p}\frac{\partial\varphi}{\partial x_1} - x_2^{1-p}\frac{\partial\varphi}{\partial x_2}\right) \geq 0.$$

当$p = 0$时,

$$\frac{x_1^q - x_2^q}{q}\left(x_1^{1-q}\frac{\partial\varphi}{\partial x_1} - x_2^{1-q}\frac{\partial\varphi}{\partial x_2}\right)$$

$$=\frac{x_1^q - x_2^q}{q}\left(x_1^{-q}\left(x_1\frac{\partial\varphi}{\partial x_1} - x_2\frac{\partial\varphi}{\partial x_2}\right) + x_2(x_1^{-q} - x_2^{-q})\frac{\partial\varphi}{\partial x_2}\right)$$

$$=x_1^{-q}\frac{x_1^q - x_2^q}{q}\left(x_1\frac{\partial\varphi}{\partial x_1} - x_2\frac{\partial\varphi}{\partial x_2}\right)$$

$$+x_2\frac{x_1^q - x_2^q}{q}(x_1^{-q} - x_2^{-q})\frac{\partial\varphi}{\partial x_2} \geq 0.$$

同理可证(b),(c)和(d).

以下定理是杨学枝提出的一个猜想, 2011年, 张小明利用Schur幂凸性给出了以下证明.

定理 2.42. 设$n \geq m \geq 2, n, m \in \mathbb{N}, x_i \geq 0, i = 1, 2, \ldots, m$, 则有

$$m\left(\sum_{i=1}^m x_i^n\right)^{n+1} \geq \sum_{i=1}^m x_i^{n+1}\left(\sum_{i=1}^m x_i^{n-1}\right)^{n+1}. \tag{2.135}$$

证明 对于$\boldsymbol{x} = (x_1, \ldots, x_n) \in [0, +\infty)^n$, 令

$$f(\boldsymbol{x}) = m\left(\sum_{i=1}^m x_i^n\right)^{n+1} - \sum_{i=1}^m x_i^{n+1}\left(\sum_{i=1}^m x_i^{n-1}\right)^{n+1},$$

则

$$\frac{\partial f}{\partial x_1} = mn(n+1)x_1^{n-1}\left(\sum_{i=1}^m x_i^n\right)^n - (n+1)x_1^n\left(\sum_{i=1}^m x_i^{n-1}\right)^{n+1}$$

$$- (n+1)(n-1)x_1^{n-2}\sum_{i=1}^m a_i^{n+1}\left(\sum_{i=1}^m x_i^{n-1}\right)^n,$$

于是

$$x_1^{2-n}\frac{\partial f}{\partial x_1} - x_2^{2-n}\frac{\partial f}{\partial x_2}$$

$$=(n+1)(x_1-x_2)\left(mn\left(\sum_{i=1}^m x_i^n\right)^n-(x_1+x_2)\left(\sum_{i=1}^m x_i^{n-1}\right)^{n+1}\right)$$

$$=(n+1)(x_1-x_2)\left(m^{1+n}n\left(\left(\frac{1}{m}\sum_{i=1}^m x_i^n\right)^{\frac{1}{n}}\right)^{n^2}-(x_1+x_2)\left(\sum_{i=1}^m a_i^{n-1}\right)^{n+1}\right).$$

由幂平均不等式

$$\left(\frac{1}{m}\sum_{i=1}^m x_i^n\right)^{\frac{1}{n}}\geq\left(\frac{1}{m}\sum_{i=1}^m x_i^{n-1}\right)^{\frac{1}{n-1}},$$

知

$$\Delta:=(x_1^{n-1}-x_2^{n-1})\left(x_1^{2-n}\frac{\partial f}{\partial x_1}-x_2^{2-n}\frac{\partial f}{\partial x_2}\right)$$

$$\geq(n+1)(x_1-x_2)(x_1^{n-1}-x_2^{n-1})$$

$$\cdot\left(m^{1+n}n\left(\left(\frac{1}{m}\sum_{i=1}^m x_i^{n-1}\right)^{\frac{1}{n-1}}\right)^{n^2}-(x_1+x_2)\left(\sum_{i=1}^m x_i^{n-1}\right)^{n+1}\right)$$

$$=(n+1)(x_1-x_2)(x_1^{n-1}-x_2^{n-1})$$

$$\cdot\left(m^{1+n-\frac{n^2}{n-1}}n\left(\sum_{i=1}^m x_i^{n-1}\right)^{\frac{n^2}{n-1}}-(x_1+a_2)\left(\sum_{i=1}^m x_i^{n-1}\right)^{n+1}\right)$$

$$=(n+1)(x_1-x_2)(x_1^{n-1}-x_2^{n-1})\left(\sum_{i=1}^m x_i^{n-1}\right)^{n+1}$$

$$\cdot\left(m^{-\frac{1}{n-1}}n\left(\sum_{i=1}^m x_i^{n-1}\right)^{\frac{1}{n-1}}-(x_1+x_2)\right)$$

$$\geq(n+1)m^{-\frac{1}{n-1}}(x_1-x_2)(x_1^{n-1}-x_2^{n-1})\left(\sum_{i=1}^m x_i^{n-1}\right)^{n+1}$$

$$\cdot(n(x_1^{n-1}+x_2^{n-1})^{\frac{1}{n-1}}-m^{\frac{1}{n-1}}(x_1+x_2))$$

$$\geq(n+1)m^{-\frac{1}{n-1}}x_2(x_1-x_2)(x_1^{n-1}-x_2^{n-1})\left(\sum_{i=1}^m x_i^{n-1}\right)^{n+1}$$

$$\cdot[n(t^{n-1}+1)^{\frac{1}{n-1}}-n^{\frac{1}{n-1}}(t+1)],$$

其中$t=\frac{a_1}{a_2}$.

不妨设 $t \geq 1$, 此时

$$n(t^{n-1}+1)^{\frac{1}{n-1}} - n^{\frac{1}{n-1}}(t+1) \geq 0$$

等价于

$$n^{n-2}(t^{n-1}+1) \geq (t+1)^{n-1}. \tag{2.136}$$

考虑到 $n \geq 2$, 利用导数知识可证式(2.136)成立, 至此有 $\Delta \geq 0$. 由推论2.7和

$$\left(\frac{(M_{n-1}(\boldsymbol{x}))^{n-1}-1}{n-1}, \ldots, \frac{(M_{n-1}(\boldsymbol{x}))^{n-1}-1}{n-1} \right) \prec \left(\frac{x_1^{n-1}-1}{n-1}, \ldots, \frac{x_n^{n-1}-1}{n-1} \right),$$

有

$$f(x_1, \ldots, x_n) \geq f(M_{n-1}(\boldsymbol{x}), \ldots, M_{n-1}(\boldsymbol{x})) = 0,$$

即不等式(2.135) 成立, 其中 M_α 表示幂平均.

定理2.42 得证.

2.4.4　一类条件不等式的控制证明

定理 2.43. [160] 设 $\boldsymbol{x} = (x_1, \ldots, x_n) \in \mathbb{R}_+^n$ 且 $\sum\limits_{k=1}^{n} \frac{1}{x_k} = \lambda$, 则 $\forall m \in \mathbb{N}$, 不等式

$$n(n^{m-1}-1)G^{-m} \leq \left(\sum_{k=1}^{n} x_k^{-1} \right)^m - \left(\sum_{k=1}^{n} x_k^{-m} \right) \leq \left(1 - \frac{1}{n^{m-1}} \right) \lambda^m \tag{2.137}$$

和

$$\left(\sum_{k=1}^{n} x_k \right)^m - \sum_{k=1}^{n} x_k^m \geq \frac{n^{2m} - n^{m+1}}{\lambda^m} \tag{2.138}$$

成立, 其中 $G = \sqrt[n]{\prod\limits_{k=1}^{n} x_k}$.

注记 2.16. 当 $\lambda = 1$ 时, 式(2.137)中右边不等式见文献[70, p. 158].

证明 令

$$\varphi(x_1, \ldots, x_n) = \left(\sum_{k=1}^{n} x_k \right)^m - \sum_{k=1}^{n} x_k^m.$$

显然 φ 在 $\mathbb{R}_+^n$ 上对称, 且有

$$\frac{\partial \varphi}{\partial x_i} = m \left(\sum_{k=1}^{n} x_k^m \right)^{m-1} - m x_i^{m-1}, \ i = 1, \ldots, n.$$

不妨设$x_1 \neq x_2$, 于是

$$\Delta_1 := (x_1 - x_2)\left(\frac{\partial \varphi}{\partial x_1} - \frac{\partial \varphi}{\partial x_2}\right) = -m(x_1 - x_2)(x_1^{m-1} - x_2^{m-1}) \leq 0.$$

据定理2.3, $\varphi(x_1, \ldots, x_n)$ 在$\mathbb{R}_+^n$ 上S-凹. 由式(1.14)有

$$\left(\frac{\lambda}{n}, \ldots, \frac{\lambda}{n}\right) \prec \left(\frac{1}{x_1}, \ldots, \frac{1}{x_2}\right),$$

故

$$\varphi\left(\frac{\lambda}{n}, \ldots, \frac{\lambda}{n}\right) \geq \varphi\left(\frac{1}{x_1}, \ldots, \frac{1}{x_2}\right),$$

即式(2.137)中右边不等式成立.

$$\Delta_2 := (x_1 - x_2)\left(x_1 \frac{\partial \varphi}{\partial x_1} - x_2 \frac{\partial \varphi}{\partial x_2}\right)$$

$$= m(x_1 - x_2)\left((x_1 - x_2)\left(\sum_{k=1}^{n} x_k\right)^{m-1} - (x_1^m - x_2^m)\right)$$

$$= (x_1 - x_2)^2\left(\left(\sum_{k=1}^{n} x_k\right)^{m-1} - \frac{x_1^m - x_2^m}{x_1 - x_2}\right)$$

$$\geq (x_1 - x_2)^2\left((x_1 + x_2)^{m-1} - \frac{x_1^m - x_2^m}{x_1 - x_2}\right)$$

$$= m(x_1 - x_2)^2((x_1^{m-1} + (m-1)x_1^{m-2}x_2 + \cdots + (m-1)x_1 x_2^{m-2} + x_2^{m-1})$$

$$- (x_1^{m-1} + x_1^{m-2}x_2 + \cdots + x_1 x_2^{m-2} + x_2^{m-1})) \geq 0.$$

注意$\frac{\ln x_1 - \ln x_2}{x_1 - x_2} > 0$, 故据定理2.30 有$\varphi(x_1, \ldots, x_n)$ 在$\mathbb{R}_+^n$ 上S-几何凸. 由式(1.14) 有

$$\left(\ln \frac{1}{G}, \ldots, \ln \frac{1}{G}\right) \prec \left(\ln \frac{1}{x_1}, \ldots, \ln \frac{1}{x_n}\right),$$

故

$$\varphi\left(\frac{1}{G}, \ldots, \frac{1}{G}\right) \leq \varphi\left(\frac{1}{x_1}, \ldots, \frac{1}{x_n}\right),$$

即式(2.137)中左边不等式成立.

$$\Delta_3 := (x_1 - x_2)\left(x_1^2 \frac{\partial \varphi}{\partial x_1} - x_2^2 \frac{\partial \varphi}{\partial x_2}\right)$$

$$= m(x_1 - x_2)\left((x_1^2 - x_2^2)\left(\sum_{k=1}^{n} x_k\right)^{m-1} - (x_1^{m+1} - x_2^{m+1})\right)$$

$$= m(x_1 - x_2)^2 \left((x_1 + x_2) \left(\sum_{k=1}^{n} x_k \right)^{m-1} - \frac{x_1^{m+1} - x_2^{m+1}}{x_1 - x_2} \right)$$

$$\geq m(x_1 - x_2)^2 \left((x_1 + x_2)^m - \frac{x_1^{m+1} - x_2^{m+1}}{x_1 - x_2} \right)$$

$$= m(x_1 - x_2)^2 ((x_1^m + (m-1)x_1^{m-1}x_2 + \cdots + mx_1 x_2^{m-1} + x_2^m)$$

$$- (x_1^m + x_1^{m-1}x_2 + \cdots + x_1 x_2^{m-1} + x_2^m)) \geq 0$$

据定理2.36, $\varphi(x_1, \ldots, x_n)$ 在 $\mathbb{R}_+^n$ 上S-调和凸. 由式(1.14) 有

$$\left(\frac{\lambda}{n}, \ldots, \frac{\lambda}{n} \right) \prec \left(\frac{1}{x_1}, \ldots, \frac{1}{x_n} \right),$$

故

$$\varphi \left(\frac{n}{\lambda}, \ldots, \frac{n}{\lambda} \right) \leq \varphi(x_1 \ldots, x_n),$$

即式(2.138)成立, 定理2.43 证毕.

定理 2.44. 设 $x_k > 0, k = 1, \ldots, n, n \geq 2$ 且 $\sum\limits_{k=1}^{n} \frac{1}{x_k} = \lambda \leq 1$, 则 $\forall m \in \mathbb{N}$, 不等式

$$\prod_{i=1}^{n} \left(\frac{1}{x_k} - 1 \right) \leq \left(\frac{1}{G} - 1 \right)^n \tag{2.139}$$

和

$$\prod_{i=1}^{n} (x_k - 1) \geq \left(\frac{n}{\lambda} - 1 \right)^n \tag{2.140}$$

成立, 其中 $G = \left(\prod\limits_{k=1}^{n} x_k \right)^{\frac{1}{n}}$.

证明 根据定理条件可知 $x_k > 1, k = 1, \ldots, n$. 令 $\psi(x_1, \ldots, x_n) = \prod\limits_{k=1}^{n} (x_k - 1)$, 则

$$\frac{\partial \psi}{\partial x_1} = \frac{\psi(x_1, \ldots, x_n)}{x_1 - 1}, \quad \frac{\partial \psi}{\partial x_2} = \frac{\psi(x_1, \ldots, x_n)}{x_2 - 1}.$$

于是

$$\Delta_2 = (x_1 - x_2) \left(x_1 \frac{\partial \psi}{\partial x_1} - x_1 \frac{\partial \psi}{\partial x_2} \right)$$

$$= (x_1 - x_2) \psi(x_1, \ldots, x_n) \left(\frac{x_1}{x_1 - 1} - \frac{x_2}{x_2 - 1} \right)$$

$$= -\frac{(x_1 - x_2)^2 \psi(x_1, \ldots, x_n)}{(x_1 - 1)(x_2 - 1)} \leq 0.$$

注意到 $\frac{\ln x_1 - \ln x_2}{x_1 - x_2} > 0$, 故据定理2.30, $\psi(x_1, \ldots, x_n)$ 在 $\mathbb{R}_+^n$ 上S-几何凹. 由

$$\left(\ln \frac{1}{G}, \ldots, \ln \frac{1}{G}\right) \prec \left(\ln \frac{1}{x_1}, \ldots, \ln \frac{1}{x_n}\right)$$

有

$$\psi\left(\ln \frac{1}{G}, \ldots, \ln \frac{1}{G}\right) \geq \psi\left(\ln \frac{1}{x_1}, \ldots, \ln \frac{1}{x_n}\right),$$

即式(2.139)成立.

$$\begin{aligned}
\Delta_3 &= (x_1 - x_2)\left(x_1^2 \frac{\partial \psi}{\partial x_1} - x_2^2 \frac{\partial \psi}{\partial x_2}\right) \\
&= (x_1 - x_2)\psi(x_1, \ldots, x_n)\left(\frac{x_1}{x_1^2 - 1} - \frac{x_2^2}{x_2 - 1}\right) \\
&= -(x_1 - x_2)^2 \psi(x_1, \ldots, x_n)\frac{x_1 x_2 - (x_1 + x_2)}{(x_1 - 1)(x_2 - 1)}.
\end{aligned}$$

因 $\sum_{k=1}^{n} \frac{1}{x_k} = \lambda \leq 1$, 我们有 $1 \geq \frac{1}{x_1} + \frac{1}{x_2}$, 即 $x_1 x_2 - (x_1 + x_2) \geq 0$, 于是 $\Delta_3 \geq 0$. 据定理2.36, $\psi(x_1, \ldots, x_n)$ 在 $\mathbb{R}_+^n$ 上S-调和凸. 由

$$\left(\frac{\lambda}{n}, \ldots, \frac{\lambda}{n}\right) \prec \left(\frac{1}{x_1}, \ldots, \frac{1}{x_n}\right),$$

有

$$\psi\left(\frac{\lambda}{n}, \ldots, \frac{\lambda}{n}\right) \leq \psi\left(\frac{1}{x_1}, \ldots, \frac{1}{x_n}\right),$$

即式(2.140) 成立, 证毕.

推论 2.8. [234, p. 80] 设 $x_k > 0, k = 1, \ldots, n, n \geq 2$ 且 $\sum_{k=1}^{n} \frac{1}{1+x_k} = \lambda \leq 1$, 则

$$\prod_{k=1}^{n} x_k \geq \left(\frac{n}{\lambda} - 1\right)^n. \tag{2.141}$$

证明 应用置换 $x_k \to x_k - 1, k = 1, \ldots, n$, 则式(2.141)化为式(2.140).

推论 2.9. 设 $x_k > 1, k = 1, \ldots, n, n \geq 2$ 且 $\sum_{k=1}^{n} \frac{x_k^2}{1+x_k^2} = 1$, 则

$$\prod_{k=1}^{n} x_k \leq (n-1)^{-\frac{n}{2}}. \tag{2.142}$$

证明 应用置换 $x_k \to \frac{1}{\sqrt{x_k - 1}}, k = 1, \ldots, n$, 则推论2.9化为式(2.140)中 $\lambda = 1$ 的情形.

当 $n = 3$ 时, 推论2.9即为第31 届IMO 国家集训队试题.

推论 2.10. 设 $x_k > 1, k = 1, \ldots, n, n \geq 2$ 且 $\sum\limits_{k=1}^{n} \frac{1}{1+x_k^n} = 1$, 则

$$\prod_{k=1}^{n} x_k \geq (n-1). \tag{2.143}$$

证明 应用置换 $x_k \to \sqrt[n]{x_k - 1}, k = 1, \ldots, n$, 则推论2.10化为式(2.140)中 $\lambda = 1$ 的情形.

推论 2.11. (2016 年马其顿国家数学奥林匹克竞赛第5题) 设 $n \geq 3$ 且 $a_1, a_2, \ldots, a_n \in \mathbb{R}_{++}$, 满足 $\sum\limits_{k=1}^{n} \frac{1}{1+a_k^4} = 1$, 证明

$$\prod_{k=1}^{n} x_k \geq (n-1)^{\frac{n}{4}}. \tag{2.144}$$

证明 应用置换 $x_k \to \sqrt[4]{x_k - 1}, k = 1, \ldots, n$, 并取 $\lambda = 1$, 由推论2.11的式(2.140), 有

$$\prod_{k=1}^{n} x_k^4 \geq (n-1)^n,$$

两边开4 次方即得证.

定理 2.45. 设 $x_k > 0, k = 1, \ldots, n, n \geq 2$ 且 $\sum\limits_{k=1}^{n} \frac{1}{x_k} = \lambda \leq 1$, 则不等式

$$\sum_{i=1}^{n} \frac{x_k}{1 - x_k} \geq \frac{nG}{1 - G} \tag{2.145}$$

和

$$\sum_{i=1}^{n} \frac{1}{x_k - 1} \geq \frac{n\lambda}{n - \lambda} \tag{2.146}$$

成立, 其中 $G = \left(\prod\limits_{k=1}^{n} x_k \right)^{\frac{1}{n}}$.

证明 令 $\xi(x_1, \cdots, x_n) = \sum\limits_{k=1}^{n} \frac{1}{x_k - 1}$, 由定理2.45 的条件可断定 $x_k > 1, k = 1, \cdots, n$, 显然 ξ 在 $U = \{x_k > 1, k = 1, \cdots, n\}$ 上对称, 且有

$$\frac{\partial \xi}{\partial x_1} = -\frac{1}{(x_1 - 1)^2}, \frac{\partial \xi}{\partial x_2} = -\frac{1}{(x_2 - 1)^2}.$$

于是

$$\begin{aligned}
\Delta_2 &= (x_1 - x_2)\left(x_1 \frac{\partial \xi}{\partial x_1} - x_2 \frac{\partial \xi}{\partial x_2}\right) \\
&= (x_1 - x_2)\left(\frac{x_2}{(x_2 - 1)^2} - \frac{x_1}{(x_1 - 1)^2}\right) \\
&= (x_1 - x_2)\left(\frac{x_2(x_1 - 1)^2 - x_1(x_2 - 1)^2}{(x_1 - 1)^2 (x_2 - 1)^2}\right) \\
&= (x_1 - x_2)^2 \frac{x_1 x_2 - 1}{(x_1 - 1)^2 (x_2 - 1)^2},
\end{aligned}$$

因 $x_k > 1, k = 1, \cdots, n$, 于是 $x_1 x_2 - 1 > 0$, 故 $\Delta_2 \geq 0$, 据定理2.30, $\xi(x_1, \cdots, x_n)$ 在 U 上 Schur 几何凸. 由 $(\ln G^{-1}, \cdots, \ln G^{-1}) \prec (\ln x_1^{-1}, \cdots, \ln x_n^{-1})$, 有

$$\xi\left(G^{-1}, \cdots, G^{-1}\right) \leq \xi\left(x_1^{-1}, \cdots, x_n^{-1}\right),$$

即式(2.145)成立.

$$\begin{aligned}
\Delta_3 &= (x_1 - x_2)\left(x_1^2 \frac{\partial \xi}{\partial x_1} - x_2^2 \frac{\partial \xi}{\partial x_2}\right) \\
&= (x_1 - x_2)\left(\frac{x_2^2}{(x_2 - 1)^2} - \frac{x_1^2}{(x_1 - 1)^2}\right) \\
&= (x_1 - x_2)\left(\frac{x_2^2(x_1 - 1)^2 - x_1^2(x_2 - 1)^2}{(x_1 - 1)^2 (x_2 - 1)^2}\right) \\
&= (x_1 - x_2)^2 \frac{(x_1 - 1)x_2 + x_1(x_2 - 1)}{(x_1 - 1)^2 (x_2 - 1)^2},
\end{aligned}$$

因 $x_k > 1, k = 1, \cdots, n$, 故 $\Delta_3 \geq 0$. 据定理2.36, $\xi(x_1, \cdots, x_n)$ 在 U 上 Schur 调和凸.

由 $\left(\frac{\lambda}{n}, \cdots, \frac{\lambda}{n}\right) \prec \left(\frac{1}{x_1}, \cdots, \frac{1}{x_n}\right)$ 有 $\xi\left(\frac{n}{\lambda}, \cdots, \frac{n}{\lambda}\right) \leq \xi(x_1, \cdots, x_n)$, 即式(2.146)成立, 证毕.

推论 2.12. 设 $x_k > 0, k = 1, \cdots, n, n \geq 2$, 且 $\sum\limits_{k=1}^{n} \frac{x_k}{1 + x_k} = \lambda \leq 1$, 则

$$\sum_{k=1}^{n} x_k \geq \frac{n\lambda}{n - \lambda}. \tag{2.147}$$

证明 应用置换 $x_k \to \frac{1}{x_k - 1}, k = 1, \cdots, n$, 则推论2.12 化为定理2.45 中式(2.146) 的情形.

2.5　对称函数Schur凸性的一个判定定理

由推论2.4知, 对称凸集上的对称凸函数必是S-凸函数. 又由定理2.1知, 所有对称集上的S-凸函数都是对称函数, 因此对称是对称集上的函数Schur-凸的必要条件. 下面介绍专著[90]中的关于对称函数Schur凸性的一个判定定理, 并将其推广到S-几何凸函数和S-调和凸函数的情形.

定理 2.46. 设区间$I \subset \mathbb{R}$, φ 是I^k 上的S-凸函数, 具有性质: 对每一个固定的$x_2, \cdots, x_k$, $\varphi(z, x_2, \cdots, x_k)$ 关于z 在$\{z : (z, x_2, \cdots, x_k) \in I^k\}$ 上是凸的, 则$\forall n > k$, 对称函数

$$\psi(\boldsymbol{x}) = \sum_{1 \le i_1 < \cdots < i_k \le n} \varphi(x_{i_1}, \cdots, x_{i_k}) \tag{2.148}$$

在I^n 上是S-凸的.

注意, 因为φ 是对称的, 固定其他变量, φ 在第一个自变量上的凸性也蕴含着在其他变量上的凸性.

定理2.46对于判断(2.148)形式的对称函数的Schur凸性非常有效. 石焕南和张静[133]针对S-几何凸函数和S-调和凸函数, 建立类似于定理2.46 的如下判定定理.

定理 2.47. 设区间$I \subset \mathbb{R}$, φ 是I^k 上的S-几何凸(S-几何凹) 函数, 具有性质:对每一个固定的$x_2, \cdots, x_k$, $\varphi(z, x_2, \cdots, x_k)$ 关于z 在

$$\{z : (z, x_2, \cdots, x_k) \in I^k\}$$

上GA 凸(GA 凹), 则$\forall n > k$, 对称函数

$$\psi(\boldsymbol{x}) = \sum_{1 \le i_1 < \cdots < i_k \le n} \varphi(x_{i_1}, \cdots, x_{i_k})$$

在I^n 上S-几何凸(S-几何凹).

定理 2.48. 设区间$I \subset \mathbb{R}$, φ 是I^k 上的S-调和凸(S-调和凹) 函数, 具有性质: 对每一个固定的$x_2, \cdots, x_k$, $\varphi(z, x_2, \cdots, x_k)$ 关于z 在

$$\{z : (z, x_2, \cdots, x_k) \in I^k\}$$

上HA 凸(HA 凹), 则$\forall n > k$, 对称函数

$$\psi(\boldsymbol{x}) = \sum_{1 \le i_1 < \cdots < i_k \le n} \varphi(x_{i_1}, \cdots, x_{i_k})$$

在 I^n 上 S-调和凸(S-调和凹).

记
$$E_k\left(\frac{\boldsymbol{x}}{1-\boldsymbol{x}}\right) = \sum_{1\le i_1<\cdots<i_k\le n}\prod_{j=1}^{k}\frac{x_{i_j}}{1-x_{i_j}}. \tag{2.149}$$

2011年, 关开中和关汝柯 [48] 利用定理2.30证得如下定理.

定理 2.49. 对称函数 $E_k\left(\frac{\boldsymbol{x}}{1-\boldsymbol{x}}\right)$, $k=1,\cdots,n$, 在 $(0,1)^n$ 上 S-几何凸.

这里我们利用定理2.47给出定理2.49的一个新的证明, 并利用定理2.48证明下述定理2.50.

定理 2.50. 对称函数 $E_k\left(\frac{\boldsymbol{x}}{1-\boldsymbol{x}}\right)$, $k=1,\cdots,n$, 在 $(0,1)^n$ 上 S-调和凸.

定理2.49的证明: 令 $\varphi(\boldsymbol{z})=\prod\limits_{i=1}^{k}\frac{z_i}{1-z_i}$. 则

$$\ln\varphi(\boldsymbol{z}) = \sum_{i=1}^{k}(\ln z_i - \ln(1-z_i)),$$

$$\frac{\partial\varphi(\boldsymbol{z})}{\partial z_1} = \varphi(\boldsymbol{z})\left(\frac{1}{z_1}+\frac{1}{1-z_1}\right),\quad \frac{\partial\varphi(\boldsymbol{z})}{\partial z_2} = \varphi(\boldsymbol{z})\left(\frac{1}{z_2}+\frac{1}{1-z_2}\right),\quad (2.150)$$

$$\begin{aligned}
\Delta:&=(z_1-z_2)\left(z_1\frac{\partial\varphi(\boldsymbol{z})}{\partial z_1}-z_2\frac{\partial\varphi(\boldsymbol{z})}{\partial z_2}\right)\\
&=(z_1-z_2)\varphi(\boldsymbol{z})\left(\frac{z_1}{1-z_1}-\frac{z_2}{1-z_2}\right)\\
&=(z_1-z_2)^2\varphi(\boldsymbol{z})\frac{1}{(1-z_2)(1-z_1)}.
\end{aligned}$$

由此可见, 当 $0<z_i<1$, $i=1,\cdots,k$ 时, $\Delta\ge 0$, 据定理2.30, φ 在 $A=\{\boldsymbol{z}:\boldsymbol{z}\in(0,1)^k\}$ 上 S-几何凸. 又令 $g(t)=\frac{t}{1-t}$, 则 $h(t):=tg'(t)=\frac{t}{(1-t)^2}$, 当 $t\in(0,1)$ 时, $h'(t)=\frac{1+t}{(1-t)^3}\ge 0$, 由推论1.4 (b), φ 对于单个变量在 $(0,1)$ 上 GA 凸, 故据定理2.47 知 $E_k\left(\frac{\boldsymbol{x}}{1-\boldsymbol{x}}\right)$ 在 $(0,1)^n$ 上 S-几何凸. 定理2.49证毕.

定理2.50 的证明: 令 $\varphi(\boldsymbol{z})=\prod\limits_{i=1}^{k}\frac{z_i}{1-z_i}$, 则

$$\ln\varphi(\boldsymbol{z}) = \sum_{i=1}^{k}(\ln z_i - \ln(1-z_i)).$$

于是, 由式(2.150)可得

$$
\begin{aligned}
\Delta_1 &:= (z_1 - z_2) \left(z_1^2 \frac{\partial \varphi(z)}{\partial z_1} - z_2^2 \frac{\partial \varphi(z)}{\partial z_2} \right) \\
&= (z_1 - z_2) \varphi(z) \left(z_1 - z_2 + \frac{z_1^2}{1 - z_1} - \frac{z_2^2}{1 - z_2} \right) \\
&= (z_1 - z_2)^2 \varphi(z) \left(1 + \frac{z_1 + z_2 - z_1 z_2}{(1 - z_2)(1 - z_1)} \right).
\end{aligned}
$$

由此可见, 当 $0 < z_i < 1$, $i = 1, \cdots, k$ 时, $\Delta_1 \geq 0$. 据定理2.36, φ 在 $A = \{z : z \in (0, 1)^k\}$ 上S-调和凸. 又令 $g(t) = \frac{t}{1-t}$, 则 $p(t) := t^2 g'(t) = \frac{t^2}{(1-t)^2}$ 当 $t \in (0, 1)$ 时, $p'(t) = \frac{2t}{(1-t)^3} \geq 0$. 由推论1.4 (g), φ 对于单个变量在 $(0, 1)$ 上 HA 凸, 故据定理2.48 知 $E_k \left(\frac{x}{1-x} \right)$ 在 $(0, 1)^n$ 上S-调和凸, 定理2.50 证毕.

文[92, p. 129]利用定理2.46 证得函数

$$
\overline{\psi}(x) = \sum_{1 \leq i_1 < \cdots < i_k \leq n} \frac{x_{i_1} + \cdots + x_{i_k}}{x_{i_1} \cdots x_{i_k}} \tag{2.151}
$$

在 $\mathbb{R}_+^n$ 上S-凸.

这里我们分别利用定理2.47和定理2.48考查 $\overline{\psi}(x)$ 的S-几何凸性和S-调和凸性. 我们有

定理 2.51. $\overline{\psi}(x)$ 在 $\mathbb{R}_+^n$ 上S-几何凸和S-调和凹.

证明 令 $\varphi(y) = \frac{\sum\limits_{i=1}^{k} y_i}{\prod\limits_{i=1}^{k} y_i}$, 则 $\ln \varphi(y) = \ln(\sum\limits_{i=1}^{k} y_i) - \sum\limits_{i=1}^{k} \ln y_i$. 于是

$$
\frac{\partial \varphi(y)}{\partial y_1} = \varphi(y) \left(\frac{1}{\sum\limits_{i=1}^{k} y_i} - \frac{1}{y_1} \right), \quad \frac{\partial \varphi(y)}{\partial y_2} = \varphi(y) \left(\frac{1}{\sum\limits_{i=1}^{k} y_i} - \frac{1}{y_2} \right),
$$

$$
\begin{aligned}
\Delta &:= (y_1 - y_2) \left(y_1 \frac{\partial \varphi(y)}{\partial y_1} - y_2 \frac{\partial \varphi(y)}{\partial y_2} \right) \\
&= (y_1 - y_2) \varphi(y) \left(\frac{y_1 - y_2}{\sum\limits_{i=1}^{k} y_i} \right) \\
&= \frac{(y_1 - y_2)^2}{\prod\limits_{i=1}^{k} y_i} \geq 0.
\end{aligned}
$$

据定理2.30, $\varphi\left(\boldsymbol{y}\right)$ 在$\mathbb{R}_+^k$ 上S-几何凸. 令$g(z) = \varphi\left(z, x_2, \cdots, x_k\right) = \frac{z+a}{bz} = \frac{1}{b} + \frac{a}{bz}$, 其中$a = \sum\limits_{i=2}^{k} x_i, b = \prod\limits_{i=2}^{k} x_i$, 则$h(z) := zg'\left(z\right) = -\frac{a}{bz}$. 当$z \in \mathbb{R}_+$ 时, $h'(z) = \frac{a}{bz^2} \geq 0$. 由推论1.4 (b), φ 对于单个变量在$\mathbb{R}_+$ 上GA 凸. 故据定理2.47, $\overline{\psi}\left(\boldsymbol{x}\right)$ 在$\mathbb{R}_+^n$ 上S-几何凸.

易见

$$\Delta_1 := (y_1 - y_2)\left(y_1^2 \frac{\partial \varphi\left(\boldsymbol{y}\right)}{\partial y_1} - y_2^2 \frac{\partial \varphi\left(\boldsymbol{y}\right)}{\partial y_2}\right)$$

$$= \frac{(y_1 - y_2)^2 \left(y_1 + y_2 - \sum\limits_{i=1}^{k} y_i\right)}{\prod\limits_{i=1}^{k} y_i} \leq 0.$$

据定理2.36, $\varphi\left(\boldsymbol{y}\right)$ 在$\mathbb{R}_+^k$上Schur凹. 又$h(z) := z^2 g'\left(z\right) = -\frac{a}{b}$. 当$z \in \mathbb{R}_+$ 时, $h'(z) = 0$. 由推论1.4 (g), φ 对于单个变量在$\mathbb{R}_+$ 上HA 凹. 故据定理2.48知$\overline{\psi}\left(\boldsymbol{x}\right)$ 在$\mathbb{R}_+^n$ 上S-调和凹.

注记 2.17. 令

$$H = \frac{n}{\sum\limits_{i=1}^{n} \frac{1}{x_i}}, \quad G = \left(\prod_{i=1}^{n} x_i\right)^{\frac{1}{n}},$$

其中$x_i > 0, \ i = 1, \cdots, n,$ 则

$$(\ln G, \cdots, \ln G) \prec (\ln x_1, \cdots, \ln x_n), \tag{2.152}$$

$$\left(\frac{1}{H}, \cdots, \frac{1}{H}\right) \prec \left(\frac{1}{x_1}, \cdots, \frac{1}{x_n}\right), \tag{2.153}$$

从而由定理2.51, 有

$$\frac{k\mathrm{C}_n^k}{H^{k-1}} \geq \sum_{1 \leq i_1 < \cdots < i_k \leq n} \frac{x_{i_1} + \cdots + x_{i_k}}{x_{i_1} \cdots x_{i_k}} \geq \frac{k\mathrm{C}_n^k}{G^{k-1}}. \tag{2.154}$$

文[92]第129 页利用定理2.46 证得函数

$$\phi\left(\boldsymbol{x}\right) = \sum_{1 \leq i_1 < \cdots < i_k \leq n} \frac{x_{i_1} \cdots x_{i_k}}{x_{i_1} + \cdots + x_{i_k}}$$

在$\mathbb{R}_+^n$ 上S-凹.

利用定理2.47, 我们进一步得到:

定理 2.52. 对称函数$\phi(\boldsymbol{x})$在$\mathbb{R}_+^n$上S-调和凸.

证明 令$\lambda(\boldsymbol{y}) = \dfrac{\prod\limits_{i=1}^{k} y_i}{\sum\limits_{i=1}^{k} y_i}$. 由定理2.51的证明, 已知$\varphi(\boldsymbol{y})$在$\mathbb{R}_+^k$上S-调和凹, 因$\lambda(\boldsymbol{y}) = \dfrac{1}{\varphi(\boldsymbol{y})}$, 由S-调和凸的定义可知$\lambda(\boldsymbol{y})$在$\mathbb{R}_+^k$上一定是S-调和凸的. 又令$g(z) = \lambda(z, x_2, \cdots, x_k) = \dfrac{bz}{z+a}$, 其中$a = \sum\limits_{i=2}^{k} x_i, b = \prod\limits_{i=2}^{k} x_i$, 则$h(z) := z^2 g'(z) = \dfrac{z^2 ab}{(z+a)^2}$. 当$z \in \mathbb{R}_+$时, $h'(z) = \dfrac{2za^2 b}{(z+a)^3} \geq 0$, 这意味着$\lambda$对于单个变量在$\mathbb{R}_+$上$HA$凸, 故据定理2.48知$\phi(\boldsymbol{x})$在$\mathbb{R}_+^n$上S-调和凸.

由定理2.52和式(2.153), 有

推论 2.13.

$$\sum_{1 \leq i_1 < \cdots < i_k \leq n} \frac{x_{i_1} \cdots x_{i_k}}{x_{i_1} + \cdots + x_{i_k}} \geq \frac{H^{k-1} C_n^k}{k}, \tag{2.155}$$

其中$x_i > 0$, $i = 1, \cdots, n$.

问题 2.1. $\phi(\boldsymbol{x})$在$\mathbb{R}_+^n$上的S-几何凸性如何?

第3章 Schur凸函数与初等对称函数不等式

3.1 初等对称函数及其对偶式的Schur凸性

根据定理2.4, 一个对称凸集上的S-凸函数(或S-凹函数)必是对称函数. 这意味着控制不等式理论最适宜处理对称函数不等式问题, 同时也意味着控制不等式理论不大适宜处理非对称函数不等式问题. 这是控制不等式理论的局限性. 俗话说, 没有包治百病的灵丹妙药. 同样没有对任何类型的不等式均有效的通法. 本章着重介绍用控制方法处理与初等对称函数(亦称初等对称多项式)有关的不等式.

记

$$A_n(\boldsymbol{x}) = \frac{1}{n}\sum_{i=1}^{n} x_i,\ \boldsymbol{x} \in \mathbb{R}^n, \quad G_n(\boldsymbol{x}) = \left(\prod_{i=1}^{n} x_i\right)^{\frac{1}{n}},\ \boldsymbol{x} \in \mathbb{R}_+^n \quad (3.1)$$

和

$$H_n(\boldsymbol{x}) = n\left(\sum_{i=1}^{n} \frac{1}{x_i}\right)^{-n},\ \boldsymbol{x} \in \mathbb{R}_+^n \cup \mathbb{R}_-^n. \quad (3.2)$$

称$A_n(\boldsymbol{x})$, $G_n(\boldsymbol{x})$ 和$H_n(\boldsymbol{x})$ 分别为$\boldsymbol{x} = (x_1,\cdots,x_n)$ 的算术平均, 几何平均和调和平均.

设$\boldsymbol{x} = (x_1,\ldots,x_n) \in \mathbb{R}^n$, $\boldsymbol{x}$ 的第k 个初等对称函数定义为

$$E_k(\boldsymbol{x}) = E_k(x_1,\ldots,x_n) := \sum_{1\le i_1<\cdots<i_k\le n}\prod_{j=1}^{k} x_{i_j},\ k = 1,\ldots,n. \quad (3.3)$$

称

$$E_k^*(\boldsymbol{x}) = E_k^*(x_1, \ldots, x_n) := \prod_{1 \leq i_1 < \cdots < i_k \leq n} \sum_{j=1}^{k} x_{i_j}, \ k = 1, \ldots, n \qquad (3.4)$$

为初等对称函数的对偶式.

定义 $E_0(\boldsymbol{x}) = E_0^*(\boldsymbol{x}) = 1$, 并且若 $k < 0$, $k > n$, 规定 $E_k(\boldsymbol{x}) = E_k^*(\boldsymbol{x}) = 0$. 记 $B_k(\boldsymbol{x}) = \frac{E_k(\boldsymbol{x})}{\mathrm{C}_n^k}$, 称 $P_k(\boldsymbol{x}) = (B_k(\boldsymbol{x}))^{\frac{1}{k}}$ 为 $\boldsymbol{x}$ 的第 k 个对称平均, $k = 1, \ldots, n$.

下面三个恒等式是常用的

$$E_k(\boldsymbol{x}) = x_1 E_{k-1}(x_2, \ldots, x_n) + E_k(x_2, \ldots, x_n), \qquad (3.5)$$

$$E_k(\boldsymbol{x}) = x_1 x_2 E_{k-2}(x_3, \ldots, x_n) + (x_1 + x_2) E_{k-1}(x_3, \ldots, x_n) + E_k(x_3, \ldots, x_n), \qquad (3.6)$$

$$\sum_{k=0}^{n} E_k(\boldsymbol{x}) t^{n-k} = \sum_{k=0}^{n} \mathrm{C}_n^k B_k(\boldsymbol{x}) t^{n-k} = \prod_{k=1}^{n} (x_k + t). \qquad (3.7)$$

这里列出与初等对称函数有关的几个重要的不等式.

定理 3.1. [*100*] (Newton(牛顿) 不等式) 对于 $k = 1, \ldots, n-1$, 我们有

$$B_k^2(\boldsymbol{x}) - B_{k-1}(\boldsymbol{x}) B_{k+1}(\boldsymbol{x}) \geq 0 \qquad (3.8)$$

和

$$E_k^2(\boldsymbol{x}) - E_{k-1}(\boldsymbol{x}) E_{k+1}(\boldsymbol{x}) \geq 0, \qquad (3.9)$$

式(3.8)中等式成立当且仅当 $x_1 = \cdots = x_n$.

定理 3.2. [*100*] (Maclaurin(麦克劳林)不等式) 若 $1 < s < t < n$, 则

$$G_n(\boldsymbol{x}) \leq P_t(\boldsymbol{x}) \leq P_s(\boldsymbol{x}) \leq A_n(\boldsymbol{x}). \qquad (3.10)$$

定理 3.3. [*185*] 设 $\boldsymbol{x} \in \mathbb{R}_{++}^n$, $2 \leq k \leq n-1$, 则使不等式

$$M_p(\boldsymbol{x}) \leq P_k(\boldsymbol{x}) \leq M_q(\boldsymbol{x}) \qquad (3.11)$$

成立的 p 的最大值为 0, q 的最小值为 $\frac{2(\ln n - \ln(n-1))}{\ln n - \ln(n-2)}$, 其中 $M_p(\boldsymbol{x}) = \left(\frac{1}{n} \sum_{i=1}^{n} x_i^p \right)^{\frac{1}{p}}$ 为 $\boldsymbol{x}$ 的幂平均.

定理 3.4. [186] 设 $x \in \mathbb{R}^n_{++}, 2 \leq k \leq n-1$, 则

$$(A(x))^p (G(x))^{1-p} \leq P_k(x) \leq qA(x) + (1-q)G(x), \qquad (3.12)$$

其中 $p = \frac{n-k}{k(n-1)}$ 与 $q = \frac{n}{n-1}(1 - \frac{k}{n})^{\frac{1}{k}}$ 均为最佳值.

定理 3.5. [175, p. 59] 初等对称函数 $E_k(x)$ 是 $\mathbb{R}^n_+$ 上的增的S-凹函数, 当 $k > 1$ 时, $E_k(x)$ 还是 $\mathbb{R}^n_{++}$ 上的严格S-凹函数; 特别, $E_2(x)$ 是 $\mathbb{R}^n$ 上的严格S-凹函数.

证明 显然 $E_k(x)$ 在 $\mathbb{R}^n_+$ 上是增的, 在 $\mathbb{R}^n_{++}$ 上是严格增的, 其次利用式(3.6)易得

$$\Delta := (x_1 - x_2)\left(\frac{\partial E_k(x)}{\partial x_1} - \frac{\partial E_k(x)}{\partial x_2}\right) = -(x_1 - x_2)^2 E_{k-2}(x_3, \ldots, x_n),$$

于是当 $x \in \mathbb{R}^n_+$ 时, $\Delta \leq 0$, 这表明 $E_k(x)$ 在 $\mathbb{R}^n_+$ 上是增且S-凹的; 当 $x \in \mathbb{R}^n_{++}, x_1 \neq x_2$ 且 $k > 1$ 时, $\Delta < 0$, 这表明 $E_k(x)$ 在 $\mathbb{R}^n_{++}$ 上是严格增且严格S-凹的; 最后当 $k = 2$ 及对于任意 $x \in \mathbb{R}^n$ 但 $x_1 \neq x_2$ 时, $\Delta < 0$, 故 $E_2(x)$ 在 $\mathbb{R}^n$ 上是严格S-凹的.

例 3.1. 对于 $x \in \mathbb{R}^n_+$, 有

$$E_k(x) = \sum_{1 \leq i_1 < \cdots < i_k \leq n} \prod_{j=1}^k x_{i_j} \leq C_n^k \left(\frac{1}{n} \sum_{i=1}^n x_i\right)^k, \quad k = 1, \ldots, n. \qquad (3.13)$$

当 $k = n$ 时, 不等式(3.13) 就化为算术-几何平均值不等式.

例 3.2. 设 $\sum_{i=1}^n a_i = \sum_{i=1}^n b_i, 1 \leq \sum_{i<j \leq n} a_i a_j = \sum_{1 \leq i < j \leq n} b_i b_j$ 且

$$\min_{1 \leq i_1 < \cdots < i_{n-k} \leq n} \sum_{j=1}^{n-k} a_{i_j} \leq \min_{1 \leq i_1 < \cdots < i_{n-k} \leq n} \sum_{j=1}^{n-k} b_{i_j}, \quad k = 2, \ldots, n-1,$$

求证: $\max_i\{a_i\} \geq \max_i\{b_i\}$. (当 $n = 3$ 时, 即为2008 年北京大学自主招生数学试题第三题.)

证明 不妨设 $a_1 \geq \cdots \geq a_n, b_1 \geq \cdots \geq b_n$, 欲证 $a_1 \geq b_1$, 由题设 $\sum_{i=k+1}^n a_i \leq \sum_{i=k+1}^n b_i, k = 2, \ldots, n-1$, 因 $\sum_{i=1}^n a_i = \sum_{i=1}^n b_i$ 有 $\sum_{i=1}^k a_i \geq \sum_{i=1}^k b_i, k = 2, \ldots, n-1$. 假若 $a_1 < b_1$, 则 $(a_1, \ldots, a_n) \prec\prec (b_1, \ldots, b_n)$. 因为 $E_2(x)$ 是 $\mathbb{R}^n$ 上的严格S- 凹函数, 所以 $E_2(a) > E_2(b)$, 即 $\sum_{1 \leq i < j \leq n} a_i a_j > \sum_{1 \leq i < j \leq n} b_i b_j$, 这与题设矛盾.

笔者 [127] 研究了初等对称函数对偶式 $E_k^*(\boldsymbol{x})$ 的S-凹性.

定理 3.6. 对于 $k = 1, \ldots, n, n \geq 2, E_k^*(\boldsymbol{x})$ 是 $\mathbb{R}_+^n$ 上的递增的S-凹函数, $\mathbb{R}_{++}^n$ 上的严格递增的S-凹函数, S-几何凸函数和S-调和凸函数.

注记 3.1. $E_k^*(\boldsymbol{x})$ 在 $\mathbb{R}_+^n$ 上的S-凹性的另一证明见专著[90] 第86 页.

推论 3.1. 设 $\boldsymbol{x} \in \mathbb{R}_+^n, n \geq 2$, 且 $\sum_{i=1}^{n} x_i = s > 0, c \geq s, 0 \leq \alpha \leq 1$. 则对于 $k = 1, \ldots, n$, 有

$$\frac{E_k^*(c - \boldsymbol{x})^\alpha}{E_k^*(\boldsymbol{x}^\alpha)} \geq \left(\frac{nc}{s} - 1\right)^{\alpha C_n^k}, \tag{3.14}$$

当 $\alpha = 1$ 时, 等式成立当且仅当 $x_1 = \cdots = x_n$.

推论 3.2. 设 $\boldsymbol{x} \in \mathbb{R}_+^n, n \geq 2$, 且 $\sum_{i=1}^{n} x_i = s, c \geq 0, 0 \leq \alpha \leq 1$. 则对于 $k = 1, \ldots, n$, 有

$$\frac{E_k^*(c + \boldsymbol{x})^\alpha}{E_k^*(\boldsymbol{x}^\alpha)} \geq \left(\frac{nc}{s} + 1\right)^{\alpha C_n^k}, \tag{3.15}$$

当 $\alpha = 1$ 时, 等式成立当且仅当 $x_1 = \cdots = x_n$.

3.2 初等对称函数商或差的Schur凸性

本节讨论初等对称函数商或差的S-凸性.

3.2.1 初等对称函数商的Schur凸性

下面先介绍国内学者建立的两个重要的不等式.

定理 3.7. 若 $1 < s < t < n$, 则

$$\frac{G_n(\boldsymbol{x})}{G_n(1 - \boldsymbol{x})} \leq \frac{P_t(\boldsymbol{x})}{P_t(1 - \boldsymbol{x})} \leq \frac{P_s(\boldsymbol{x})}{P_s(1 - \boldsymbol{x})} \leq \frac{A_n(\boldsymbol{x})}{A_n(1 - \boldsymbol{x})}, \tag{3.16}$$

其中 $\boldsymbol{x} \in (0, 1/2]^n$.

定理 3.8. 设 $\boldsymbol{x}, \boldsymbol{y} \in \mathbb{R}_{++}^n$ 满足 $0 < y_1 \leq \cdots \leq y_n$ 且 $0 < \frac{x_1}{y_1} \leq \cdots \leq \frac{x_n}{y_n}$, 则对于 $1 < s < t < n$, 有

$$\frac{G_n(\boldsymbol{x})}{G_n(\boldsymbol{y})} \leq \frac{P_t(\boldsymbol{x})}{P_t(\boldsymbol{y})} \leq \frac{P_s(\boldsymbol{x})}{P_s(\boldsymbol{y})} \leq \frac{A_n(\boldsymbol{x})}{A_n(\boldsymbol{y})}, \tag{3.17}$$

等式成立当且仅当 $\frac{x_1}{y_1} = \cdots = \frac{x_n}{y_n}$.

定理 3.9. [90, p. 80] 若 $1 \leq p \leq k \leq n$, 则

(a) $\left(\frac{E_k(\boldsymbol{x})}{E_{k-p}(\boldsymbol{x})}\right)^{\frac{1}{p}}$ 是 $\mathbb{R}_{++}^n$ 上的凹函数; 因此 $F_{k,p}(\boldsymbol{x})$ 还是 $\mathbb{R}_{++}^n$ 上的S-凹函数;

(b) $\frac{E_k(\boldsymbol{x})}{E_{k-p}(\boldsymbol{x})}$ 是 $\mathbb{R}_{++}^n$ 上的严格递增和严格S-凹函数.

定理 3.10. [203] 若 $1 \le p \le k \le n$, 则 $\frac{E_k(\boldsymbol{x})}{E_{k-p}(\boldsymbol{x})}$ 和 $\left(\frac{E_k(\boldsymbol{x})}{E_{k-p}(\boldsymbol{x})}\right)^{\frac{1}{p}}$ 在 $\mathbb{R}_{++}^n$ 上S-调和凸.

推论 3.3. [203] 若 $1 \le p \le k \le n$, 且 $\boldsymbol{x} \in \mathbb{R}_{++}^n$, 则

$$\frac{n-k+1}{k} H(\boldsymbol{x}) \le \frac{E_k(\boldsymbol{x})}{E_{k-1}(\boldsymbol{x})} \le \frac{n-k+1}{k} A(\boldsymbol{x}) \tag{3.18}$$

和

$$\left(\frac{\mathrm{C}_n^k}{\mathrm{C}_n^{k-p}}\right)^{\frac{1}{p}} H(\boldsymbol{x}) \le \frac{E_k(\boldsymbol{x})}{E_{k-1}(\boldsymbol{x})} \le \left(\frac{\mathrm{C}_n^k}{\mathrm{C}_n^{k-p}}\right)^{\frac{1}{p}} A(\boldsymbol{x}). \tag{3.19}$$

作者 [125] 使用定理3.9 (a) 建立了以下定理3.11和定理3.12.

定理 3.11. 设 $\boldsymbol{x} \in \mathbb{R}_{++}^n, \sum\limits_{i=1}^n x_i = s, c > s$, 且 $0 < \alpha \le 1$, 则

$$\frac{E_k((c-\boldsymbol{x})^\alpha)}{E_k(\boldsymbol{x}^\alpha)} \ge \left(\frac{nc}{s} - 1\right)^\alpha \frac{E_{k-1}((c-\boldsymbol{x})^\alpha)}{E_{k-1}(\boldsymbol{x}^\alpha)}, \quad k = 1, \ldots, n, \tag{3.20}$$

其中 $E_k((c-\boldsymbol{x})^\alpha) = E_k((c-x_1)^\alpha, \ldots, (c-x_n)^\alpha), E_k(\boldsymbol{x}^\alpha) = E_k(x_1^\alpha, \ldots, x_n^\alpha)$.

定理 3.12. 设 $\boldsymbol{x} \in \mathbb{R}_{++}^n, \sum\limits_{i=1}^n x_i = s, c > s$, 且 $0 < \alpha \le 1$, 则

$$\frac{E_k((c+\boldsymbol{x})^\alpha)}{E_k(\boldsymbol{x}^\alpha)} \ge \left(\frac{nc}{s} - 1\right)^\alpha \frac{E_{k-1}((c+\boldsymbol{x})^\alpha)}{E_{k-1}(\boldsymbol{x}^\alpha)}, \quad k = 1, \ldots, n. \tag{3.21}$$

2000 年, 续铁权 [215] 给出如下结论.

定理 3.13. 若 $2 \le k \le n$, 则:

(a) $f_1(\boldsymbol{x}) = \frac{E_k(\boldsymbol{x})}{E_k(1-\boldsymbol{x})}$ 在 $A = \{\boldsymbol{x} \mid 0 \le x_i < \frac{1}{2}, i = 1, \ldots, n\}$ 上严格S-凸;

(b) $f_2(\boldsymbol{x}) = \frac{E_k(1-\boldsymbol{x})}{E_k(\boldsymbol{x})}$ 在 A 上严格S-凹;

(c) $f_3(\boldsymbol{x}) = \frac{E_k(1+\boldsymbol{x})}{E_k(1-\boldsymbol{x})}$ 在 $B = \{\boldsymbol{x} \mid 0 \le x_i < 1, i = 1, \ldots, n\}$ 上严格S-凸.

3.2.2　初等对称函数差的Schur凸性

由定理3.9知商函数 $\frac{E_k(\boldsymbol{x})}{E_{k-1}(\boldsymbol{x})}$ 在 $\mathbb{R}_+^n$ 上S-凹, 很自然猜想差函数 $E_k(\boldsymbol{x}) - E_{k-1}(\boldsymbol{x})$ 在 $\mathbb{R}_+^n$ 上也S-凹. 但实际上此猜想不成立. 例如, 在 $\mathbb{R}_+^3$ 中取 $\boldsymbol{x} =$

$(1,1,1), \boldsymbol{y} = (2,0.5,0.5) \in \mathbb{R}_+^3$, 则$\boldsymbol{x} \prec \boldsymbol{y}$, 而$E_3(\boldsymbol{x}) - E_2(\boldsymbol{x}) = -2 < E_3(\boldsymbol{y}) - E_2(\boldsymbol{y}) = -1\,175$; 若取$\boldsymbol{x} = (5,5,5), \boldsymbol{y} = (10,3,2)$, 则$\boldsymbol{x} \prec \boldsymbol{y}$, 但$E_3(\boldsymbol{x}) - E_2(\boldsymbol{x}) = 50 > E_3(\boldsymbol{y}) - E_2(\boldsymbol{y}) = 4$. 这说明$E_k(\boldsymbol{x}) - E_{k-1}(\boldsymbol{x})$在$\mathbb{R}_+^n$上的S-凹凸性不确定. 但笔者[134]获得了如下两个结果.

定理 3.14. 若$3 \leq k \leq n$, 则$E_k(\boldsymbol{x}) - E_{k-1}(\boldsymbol{x})$在单形$\Omega_n = \{\boldsymbol{x} \in \mathbb{R}_+^n, E_1(\boldsymbol{x}) \leq 1\}$上递减且S-凸. 若$k = 2$, 则$E_k(\boldsymbol{x}) - E_{k-1}(\boldsymbol{x})$在$\Omega_n$上递减且S-凹.

定理 3.15. 设$n \geq 2$, 若$n \geq k \geq \frac{n+3}{2}$, 则$E_k(\boldsymbol{x}) - E_{k-1}(\boldsymbol{x})$是$n$维立方体$\Omega'_n = \{\boldsymbol{x} \in \mathbb{R}_+^n, 0 \leq x_i \leq 1, i = 1, \dots, n\}$上的递减的S-凸函数. 若$k = 2$, 则$E_k(\boldsymbol{x}) - E_{k-1}(\boldsymbol{x})$是$\Omega'_n$上的递减的S-凹函数.

为证明定理3.14和定理3.15, 先给出如下引理.

引理 3.1. 设$\boldsymbol{x} \in \mathbb{R}_+^n, k = 1, 2, \dots, n$. 若$E_1(\boldsymbol{x}) \leq \frac{nk}{n-k+1}$, 则

$$E_{k-1}(\boldsymbol{x}) \geq E_k(\boldsymbol{x}).$$

证明 由麦克劳林不等式(3.10)有

$$\frac{E_{k-1}(\boldsymbol{x})}{\mathrm{C}_n^{k-1}} \geq \left(\frac{E_k(\boldsymbol{x})}{\mathrm{C}_n^k}\right)^{\frac{k-1}{k}}$$

和

$$\frac{E_1(\boldsymbol{x})}{\mathrm{C}_n^1} \geq \left(\frac{E_k(\boldsymbol{x})}{\mathrm{C}_n^k}\right)^{\frac{1}{k}}.$$

两式对应相乘得

$$\frac{E_1(\boldsymbol{x})E_{k-1}(\boldsymbol{x})}{\mathrm{C}_n^1 \mathrm{C}_n^{k-1}} \geq \frac{E_k(\boldsymbol{x})}{\mathrm{C}_n^k},$$

即

$$E_{k-1}(\boldsymbol{x}) \geq \frac{\mathrm{C}_n^1 \mathrm{C}_n^{k-1} E_k(\boldsymbol{x})}{\mathrm{C}_n^k E_1(\boldsymbol{x})}.$$

注意到$E_1(\boldsymbol{x}) \leq \frac{nk}{n-k+1} \Leftrightarrow \frac{\mathrm{C}_n^1 \mathrm{C}_n^{k-1}}{\mathrm{C}_n^k E_1(\boldsymbol{x})} \geq 1$, 即知引理3.1成立.

定理3.14的证明 记

$$\varphi(\boldsymbol{x}) = E_k(\boldsymbol{x}) - E_{k-1}(\boldsymbol{x}),$$

利用恒等式(3.5), 可算得

$$\frac{\partial \varphi(\boldsymbol{x})}{\partial x_1} = E_{k-1}(x_2, \dots, x_n) - E_{k-2}(x_2, \dots, x_n).$$

当$2 \leq k \leq n$ 时，$E_1(x_2, \ldots, x_n) \leq 1 + \frac{n(k-2)}{n-k+1} = \frac{(n-1)(k-1)}{(n-1)-(k-1)+1}$，据引理3.1知$\frac{\partial \varphi(\boldsymbol{x})}{\partial x_1} \leq 0$. 同理，$\frac{\partial \varphi(\boldsymbol{x})}{\partial x_i} \leq 0, i = 2, \ldots, n$，故$\varphi(\boldsymbol{x})$ 是Ω_n 上的减函数.

利用恒等式(3.6)可算得

$$\Delta := (x_1 - x_2)\left(\frac{\partial \varphi(\boldsymbol{x})}{\partial x_1} - \frac{\partial \varphi(\boldsymbol{x})}{\partial x_2}\right)$$
$$= (x_1 - x_2)^2 (E_{k-3}(x_3, \ldots, x_n) - E_{k-2}(x_3, \ldots, x_n)).$$

当$k = 2$ 时，$\Delta = (x_1 - x_2)^2(0 - 1) \leq 0$，当$3 \leq k \leq n$ 时，$E_1(x_2, \ldots, x_n) \leq 1 + \frac{(n-1)(k-3)}{n-k+1} = \frac{(n-2)(k-2)}{(n-2)-(k-2)+1}$，据引理3.1知，$\Delta \geq 0$，由此得证.

定理3.15的证明　注意当$n \geq k \geq \frac{n+3}{2}$ 时，有

$$E_1(x_2, \ldots, x_n) \leq n - 1 \leq \frac{(n-1)(k-1)}{(n-1)-(k-1)+1}$$

和

$$E_1(x_3, \ldots, x_n) \leq n - 1 \leq \frac{(n-2)(k-2)}{(n-2)-(k-2)+1},$$

从而由引理3.1即可得证.

推论 3.4. 若$\lambda \geq 1, n \geq k > j \geq 2$，则$\varphi(\boldsymbol{x}, \lambda) = E_k(\boldsymbol{x}) - \lambda E_j(\boldsymbol{x})$ 是单形$\Omega_n = \{\boldsymbol{x} \in \mathbb{R}_+^n, E_1(\boldsymbol{x}) \leq 1\}$ 上递减的S-凸函数. 若$0 < \lambda \leq 1, k = 2$，则$\varphi(\boldsymbol{x}, \lambda)$ 是Ω_n 上的S-凹函数.

推论 3.5. 设$\lambda \geq 1, n \geq 2$. 若$n \geq k > j \geq \frac{n+3}{2}$，则$E_k(\boldsymbol{x}) - E_j(\boldsymbol{x})$ 是$\Omega'_n = \{\boldsymbol{x} \in \mathbb{R}_+^n, 0 \leq x_i \leq 1, i = 1, \ldots, n\}$ 上递减的S-凸函数. 若$k = 2$，则$E_k(\boldsymbol{x}) - E_{k-1}(\boldsymbol{x})$ 是Ω'_n 上递减的S-凸函数.

1999年，作者考虑了不等式(0.3)的指数推广并引入了一个参数，得到如下结论.

定理 3.16. 设$\boldsymbol{x} \in \mathbb{R}_{++}^n$，$E_1(\boldsymbol{x}) = 1$，则

$$(\mathrm{C}_{n-1}^k)^r \leq E_k^r(1 - \boldsymbol{x}^\alpha) - \lambda E_k^r(\boldsymbol{x}^\alpha) \leq (\mathrm{C}_n^k)^r \left(\left(1 - \frac{1}{n^\alpha}\right)^{kr} - \left(\frac{1}{n^\alpha}\right)^k\right), \tag{3.22}$$

其中$n \geq 3, r \geq 1, \alpha \geq 1, k = 2, \ldots, n, 0 \leq \lambda \leq \max\{1, (n-1)^{k(r-1)}\}$. 当$k = 1$ 时，不等式(3.22)的左端改为$(\mathrm{C}_{n-1}^k)^r - 1$.

作者猜想，对于$E_k(\boldsymbol{x})$ 的对偶$E_k^*(\boldsymbol{x})$ 也存在类似的不等式.

问题 3.1. 设 $\boldsymbol{x} \in \mathbb{R}_{++}^n, n \geq 2, E_1(\boldsymbol{x}) \leq 1$. 则对于 $k = 1, \ldots, n$, 有

$$E_k^*(1 - \boldsymbol{x}) - E_k^*(\boldsymbol{x}) \leq \left(\frac{k(n-1)}{n}\right)^{C_n^k} - \left(\frac{k}{n}\right)^{C_n^k}. \tag{3.23}$$

张小明和李世杰 [236] 研究了与初等对称函数的差有关的Schur几何凸性, 并给出了以下结果.

定理 3.17. 设 $n \geq 3, 2 \leq k \leq n - 1$, 则

$$E_k^2(\boldsymbol{x}) - E_{k-1}(x)E_{k+1}(\boldsymbol{x})$$

在 $\mathbb{R}_{++}^n$ 上S-几何凸.

证明 记 $\widetilde{\boldsymbol{x}} = (x_3, \ldots, x_n)$. 当 $n \geq 3, k = 2$ 时, 有

$$f(\boldsymbol{x}) := E_2^2(\boldsymbol{x}) - E_1(\boldsymbol{x})E_3(\boldsymbol{x}) = (x_1x_2 + (x_1 + x_2)E_1(\widetilde{\boldsymbol{x}}) + E_2(\widetilde{\boldsymbol{x}}))^2$$
$$- E_1(\boldsymbol{x})((x_1 + x_2)E_2(\widetilde{\boldsymbol{x}}) + x_1x_2E_1(\widetilde{\boldsymbol{x}}) + E_3(\widetilde{\boldsymbol{x}})),$$

$$\frac{\partial f(\boldsymbol{x})}{\partial x_1} = 2(x_1x_2 + (x_1 + x_2)E_1(\widetilde{\boldsymbol{x}}) + E_2(\widetilde{\boldsymbol{x}}))(x_2 + E_1(\widetilde{\boldsymbol{x}}))$$
$$- ((x_1 + x_2)E_2(\widetilde{\boldsymbol{x}}) + x_1x_2E_1(\widetilde{\boldsymbol{x}}) + E_3(\widetilde{\boldsymbol{x}})) - E_1(x)(E_2(\widetilde{\boldsymbol{x}}) + x_2E_1(\widetilde{\boldsymbol{x}})),$$

从而

$$\Delta := (\ln x_1 - \ln x_2)\left(x_1\frac{\partial f(\boldsymbol{x})}{\partial x_1} - x_2\frac{\partial f(\boldsymbol{x})}{\partial x_2}\right) = (\ln x_1 - \ln x_2)(x_1 - x_2)$$
$$\cdot (x_1x_2E_1(\widetilde{\boldsymbol{x}}) + (x_1 + x_2)(2E_1^2(\widetilde{\boldsymbol{x}}) - 2E_2(\widetilde{\boldsymbol{x}})) + E_2(\widetilde{\boldsymbol{x}})E_1(\widetilde{\boldsymbol{x}}) - E_3(\widetilde{\boldsymbol{x}})).$$

由 $E_1^2(\widetilde{\boldsymbol{x}}) \geq E_2(\widetilde{\boldsymbol{x}})$ 和 $E_1(\widetilde{\boldsymbol{x}})E_2(\widetilde{\boldsymbol{x}}) \geq E_3(\widetilde{\boldsymbol{x}})$ 知 $\Delta \geq 0$. 故对于 $n \geq 3, k = 2$, 定理3.17成立.

当 $k \geq 3$, 则 $n \geq 4$.

$$\frac{\partial f(\boldsymbol{x})}{\partial x_1} = 2E_k(\boldsymbol{x})E_{k-1}(x_2, \ldots, x_n) - E_{k-2}(x_2, \ldots, x_n)E_{k+1}(\boldsymbol{x})$$
$$- E_{k-1}(\boldsymbol{x})E_k(x_2, \ldots, x_n),$$

从而

$$\Lambda := (\ln x_1 - \ln x_2)\left(x_1\frac{\partial f(\boldsymbol{x})}{\partial x_1} - x_2\frac{\partial f(\boldsymbol{x})}{\partial x_2}\right)$$

$$- (\ln x_1 - \ln x_2)(x_1 - x_2) \cdot h(\boldsymbol{x}), \tag{3.24}$$

其中

$$
\begin{aligned}
h(\boldsymbol{x}) =& 2E_k(x)E_{k-1}(\widetilde{\boldsymbol{x}}) - E_{k-2}(\widetilde{\boldsymbol{x}})E_{k+1}(\boldsymbol{x}) - E_{k-1}(\boldsymbol{x})E_k(\widetilde{\boldsymbol{x}}) \\
=& 2((x_1 + x_2)E_{k-1}(\widetilde{\boldsymbol{x}}) + x_1 x_2 E_{k-2}(\widetilde{\boldsymbol{x}}))E_{k-1}(\widetilde{\boldsymbol{x}}) \\
& - E_{k-2}(\widetilde{\boldsymbol{x}})((x_1 + x_2)E_k(\widetilde{\boldsymbol{x}}) + x_1 x_2 E_{k-1}(\widetilde{\boldsymbol{x}})) \\
& - ((x_1 + x_2)E_{k-2}(\widetilde{\boldsymbol{x}}) + x_1 x_2 E_{k-3}(\widetilde{\boldsymbol{x}}))E_k(\widetilde{\boldsymbol{x}}) \\
=& x_1 x_2 (E_{k-2}(\widetilde{\boldsymbol{x}})E_{k-1}(\widetilde{\boldsymbol{x}}) - E_{k-3}(\widetilde{\boldsymbol{x}})E_k(\widetilde{\boldsymbol{x}})) \\
& + 2(x_1 + x_2)(E_{k-1}^2(\widetilde{\boldsymbol{x}}) - E_{k-2}(\widetilde{\boldsymbol{x}})E_k(\widetilde{\boldsymbol{x}})).
\end{aligned}
$$

$$\tag{3.25}$$
$$\tag{3.26}$$

又由式(3.8), 我们知道$E_k(\widetilde{\boldsymbol{x}}), 1 \le k \le n-2$ 是一个对数凹序列, 据定理5.7, 有

$$E_{k-2}(\widetilde{\boldsymbol{x}})E_{k-1}(\widetilde{\boldsymbol{x}}) - E_{k-3}(\widetilde{\boldsymbol{x}})E_k(\widetilde{\boldsymbol{x}}) \ge 0.$$

于是, 由式(3.24) 和式(3.25)知$\Lambda \ge 0$, 故对于$k \ge 3$, 定理3.17成立.

定理 3.18. 设$n \ge 3, 2 \le k \le n-1, G_n(\boldsymbol{x}) = \sqrt[n]{\prod\limits_{i=1}^{n} x_i}$, 则

$$g(\boldsymbol{x}) = E_k^2(\boldsymbol{x}) - E_{k-1}(\boldsymbol{x})E_{k+1}(\boldsymbol{x}) - \left((\mathrm{C}_n^{k-p})^2 - \mathrm{C}_n^{k-1}\mathrm{C}_n^{k+1}\right) G_{2k}(\boldsymbol{x})$$

是$\mathbb{R}_{++}^n$ 上的几何凸函数.

定理 3.19. 设$1 \le k \le \frac{n-1}{2}$, 则

$$B_k^2(\boldsymbol{x}) - B_{k-1}(\boldsymbol{x})B_{k+1}(\boldsymbol{x})$$

是$\mathbb{R}_{++}^n$ 上的S- 几何凸函数.

注记 3.2. 2010年11 月23 日, 张小明给作者写信指出: $E_k^2(\boldsymbol{x}) - E_{k-1}(\boldsymbol{x}) \cdot E_{k+1}(\boldsymbol{x})$ 和$B_k^2(\boldsymbol{x}) - B_{k-1}(\boldsymbol{x})B_{k+1}(\boldsymbol{x})$ 在$\mathbb{R}_{++}^n$ 上的Schur- 凸性和调和凸性都不确定.

定理 3.20. [237] 设$n = 2$ 或$n \ge 3$. 对于 $2 \le k - 1 < k \le n$, $P_{k-1}(\boldsymbol{x}) - P_k(\boldsymbol{x})$ 是$\mathbb{R}_{++}^n$ 上的S- 几何凸函数.

3.3　初等对称函数的某些复合函数的Schur 凸性

3.3.1　复合函数 $E_k\left(\frac{x}{1-x}\right)$ 的Schur 凸性

定理 3.21. [49] 设 $x \in [0,1)^n$, 记

$$E_k\left(\frac{x}{1-x}\right) = \sum_{1 \le i_1 < \cdots \le n} \prod_{j=1}^{k} \frac{x_{i_j}}{1-x_{i_j}}, k = 1, \ldots, n, \qquad (3.27)$$

则:

(a) 对于 $n \ge 2$, $E_1\left(\frac{x}{1-x}\right)$ 在 $[0,1)^n$ 上严格S-凸;

(b) 对于 $n \ge 3$, $E_2\left(\frac{x}{1-x}\right)$ 在 $\Omega = \left\{ x \mid \sum_{i=1}^{n} x_i \le 1 \right\}$ 上严格S- 凸;

(c) 对于 $n \ge 3$, $E_{n-1}\left(\frac{x}{1-x}\right)$ 在 $\Omega = \left\{ x \mid \sum_{i=1}^{n} x_i \le 1 \right\}$ 上严格S-凹;

(d) 对于 $n \ge 3$, $E_n\left(\frac{x}{1-x}\right)$ 在 $[0,\frac{1}{2})^n$ 上严格S-凹;

(e) 对于 $1 \le k \le n$, $E_n\left(\frac{x}{1-x}\right)$ 在 $(0,1)^n$ 上S-几何凸.

推论 3.6. (a) 设 $x \in \mathbb{R}_{++}^n$ 且 $\sum_{i=1}^{n} x_i = 1$, 则

$$\sum_{i=1}^{n} \frac{x_i}{1-x_i} \ge \frac{n}{n-1}; \qquad (3.28)$$

(b) 设 $x \in \mathbb{R}^n$ 且 $\sum_{i=1}^{n} x_i = 1$, 则

$$\sum_{1 \le i < j \le n} \left(\frac{x_i}{1-x_i}\right) \cdot \left(\frac{x_j}{1-x_j}\right) \ge \frac{n}{2(n-1)}; \qquad (3.29)$$

(c) 设 $x \in (0,1)^n$, 则

$$\prod_{i=1}^{n} \frac{x_i}{1-x_i} \ge \left(\frac{G_n(x)}{1-G_n(x)}\right)^n. \qquad (3.30)$$

褚玉明, 夏卫锋, 赵铁洪 [16] 完善了定理3.21, 得到:

定理 3.22. 设 $n \ge 2$, 且 $2 \le k \le n$, 则 $E_k\left(\frac{x}{1-x}\right)$ 在 $\left[\frac{k-1}{2(n-1)}, 1\right)^n$ 上S-凸, 在 $\left[0, \frac{k-1}{2(n-1)}\right]^n$ 上S-凹.

笔者 [135] 利用定理2.46 证明了如下结论.

定理 3.23. 设$n \geq 2, 2 \leq k \leq n$, 则$E_k\left(\frac{x}{1-x}\right)$ 在

$$\Omega = \{x | x \in (0,1)^n, x_i + x_j \geq 1, i \neq j\}$$

上S-凸.

证明 设$\varphi(z) = \prod_{j=1}^{k}\left(\frac{z_j}{1-z_j}\right)$, 则$\ln\varphi(z) = \sum_{i=1}^{k}(\ln z_i - \ln(1-z_i))$, 从而

$$\frac{\partial\varphi(z)}{\partial z_1} = \varphi(z)\left(\frac{1}{z_1} + \frac{1}{1-z_1}\right), \quad \frac{\partial\varphi(z)}{\partial z_2} = \varphi(z)\left(\frac{1}{z_2} + \frac{1}{1-z_2}\right),$$

$$\Delta := (z_1 - z_2)\left(\frac{\partial\varphi(z)}{\partial z_1} - \frac{\partial\varphi(z)}{\partial z_2}\right)$$
$$= (z_1 - z_2)^2\varphi(z)\frac{z_1 + z_2 - 1}{z_1 z_2(1-z_1)(1-z_2)}.$$

于是, 当$z_i + z_j \geq 1, i \neq j$ 和$0 < z_i < 1, i = 1,\ldots,k$ 时, 有$\Delta \geq 0$, 即φ 在$A = \{z \mid z \in (0,1)^k, z_i + z_j \geq 1, i \neq j\}$ 上S-凸. 又令$g(t) = \frac{t}{1-t}$, 则对于$t \in (0,1)$ $g''(t) = \frac{2}{(1-2t)^3} > 0$, 这意味着$\varphi$ 对于单个变量在$(0,1)$ 凸. 故据定理2.46知$E_k\left(\frac{x}{1-x}\right)$ 在Ω 上S-凸.

注记 3.3. 文 [16] 是利用定理2.36, 即S-凸函数判定定理证得定理3.21. 定理3.23 与定理3.26比较, 二者的S-凸区域互不包含, 因此定理3.23扩展了定理3.26 的结论.

2014 年, 孙明保 [164] 进一步考查了$E_k\left(\frac{x}{1-x}\right)$ 在$(-\infty,0]^n \cup (1,+\infty)^n$ 上的S-凸性, 得到如下结果:

定理 3.24. 对于$x \in (-\infty,0]^n \cup (1,+\infty)^n, n \geq 2$ 和$k = 1,2,\ldots,n$, 若k 是偶数(奇数), 则$E_k\left(\frac{x}{1-x}\right)$ 在$(-\infty,0]^n$ 上S-凹(S-凸), 在$(1,+\infty)^n$ 上S-凸(S-凹).

定理 3.25. [136] 对称函数

$$E_k^*\left(\frac{x}{1-x}\right) = \prod_{1 \leq i_1 < \cdots < i_k \leq n}\sum_{j=1}^{k}\frac{x_{i_j}}{1-x_{i_j}}, k = 1,\ldots,n \tag{3.31}$$

在$[\frac{1}{2},1)^n$ 上S-凸.

推论 3.7. 设 $x \in [\frac{1}{2}, 1)^n$, 则

$$E_k^* \left(\frac{x}{1-x} \right) \geq \left(\frac{kA(x)}{1-A(x)} \right)^{C_n^k}. \tag{3.32}$$

3.3.2 复合函数 $E_k \left(\frac{1-x}{x} \right)$ 的Schur凸性

定理 3.26. $[204]$ 对于 $x \in (0,1]^n$, 令

$$E_k \left(\frac{1-x}{x} \right) = \sum_{1 \leq i_1 < \cdots < i_k \leq n} \prod_{j=1}^{k} \frac{1-x_{i_j}}{x_{i_j}}, k = 1, \ldots, n, \tag{3.33}$$

则:

(a) $E_1 \left(\frac{1-x}{x} \right)$ 在 $(0,1]^n$ 上S- 凸;

(b) 对于 $2 \leq k \leq n$, $E_k \left(\frac{1-x}{x} \right)$ 在 $(0, \frac{2n-k-1}{2n-2}]^n$ 上S-凸, 在 $[\frac{2n-k-1}{2n-2}, 1]^n$ 上S-凹.

例 3.3. $[6, \mathrm{p}.\, 469-490]$ (2004 年印度数学奥林匹克试题) 已知 $0 < x_i < \frac{1}{2}, i = 1, 2, \ldots, n$, 求证

$$\frac{\prod\limits_{i=1}^{n} x_i}{(\sum\limits_{i=1}^{n} x_i)^n} \leq \frac{\prod\limits_{i=1}^{n} (1-x_i)}{(\sum\limits_{i=1}^{n} (1-x_i))^n}. \tag{3.34}$$

证明 对于 $k = n$, 由定理3.26(b)知 $E_n \left(\frac{1-x}{x} \right) = \prod\limits_{i=1}^{n} \frac{1-x_i}{x_i}$ 在 $(0, \frac{1}{2}]^n$ 上S-凸, 结合控制关系(1.14), 有

$$\prod_{i=1}^{n} \frac{1-x_i}{x_i} \geq \prod_{i=1}^{n} \frac{1 - \frac{\sum\limits_{i=1}^{n} x_i}{n}}{\frac{\sum\limits_{i=1}^{n} x_i}{n}} = \left(\frac{\sum\limits_{i=1}^{n} (1-x_i)}{\sum\limits_{i=1}^{n} x_i} \right)^n,$$

由此即得证.

定理 3.27. 条件同定理3.26:

(a) $E_1 \left(\frac{1-x}{x} \right)$ 在 $(0,1]^n$ 上S- 几何凸;

(b) $E_n \left(\frac{1-x}{x} \right)$ 在 $(0,1]^n$ 上S- 几何凹;

(c) 对于 $n \geq 3, 2 \leq k \leq n-1$, $E_k \left(\frac{1-x}{x} \right)$ 在 $(0, \frac{n-k}{n-1}]^n$ 上S-几何凸, 在 $[\frac{n-k}{n-1}, 1]^n$ 上S-几何凹.

推论 3.8.　(a) 设 $\boldsymbol{x} \in \mathbb{R}_{++}^n$ 且 $\sum\limits_{i=1}^{n} x_i = 1$, 则

$$\sum_{i=1}^{n} \frac{1-x_i}{x_i} \geq n(n-1); \tag{3.35}$$

(b) 设 $\boldsymbol{x} \in (0,1]^n$, 则

$$\sum_{i=1}^{n} \frac{1-x_i}{x_i} \geq \frac{n(1-G_n(\boldsymbol{x}))}{G_n(\boldsymbol{x})}; \tag{3.36}$$

(c) 设 $\boldsymbol{x} \in (0,1]^n$, 则

$$\prod_{i=1}^{n} \frac{1-x_i}{x_i} \geq \left(\frac{1-G_n(\boldsymbol{x})}{G_n(\boldsymbol{x})}\right)^n. \tag{3.37}$$

定理 3.28. [136] 对称函数

$$E_k^*\left(\frac{1-\boldsymbol{x}}{\boldsymbol{x}}\right) = \prod_{1 \leq i_1 < \cdots \leq n} \sum_{j=1}^{k} \frac{1-x_{i_j}}{x_{i_j}}, k = 1, \ldots, n \tag{3.38}$$

在 $(0, \frac{1}{2}]^n$ 上S- 凸.

推论 3.9.　设 $(0, \frac{1}{2}]^n$, 则

$$E_k^*\left(\frac{1-\boldsymbol{x}}{\boldsymbol{x}}\right) \geq \left(\frac{k(1-A(\boldsymbol{x}))}{A(\boldsymbol{x})}\right)^{C_n^k}. \tag{3.39}$$

3.3.3　复合函数 $E_k\left(\frac{1+x}{1-x}\right)$ 的Schur 凸性

文[205]是利用定理2.3, 即S-凸函数判定定理证明S-凸性的. 笔者[135] 应用定理2.46给出一个简洁的证明.

定理 3.29. [205] 对于 $\boldsymbol{x} \in (0,1]^n$, 令

$$E_k\left(\frac{1+\boldsymbol{x}}{1-\boldsymbol{x}}\right) = \sum_{1 \leq i_1 < \cdots < i_k \leq n} \prod_{j=1}^{k} \frac{1+x_{i_j}}{1-x_{i_j}}, k = 1, \ldots, n, \tag{3.40}$$

则 $E_k\left(\frac{1+x}{1-x}\right), k = 1,2,\ldots,n$ 在 $(0,1)^n$ 上S-凸, S-几何凸和S-调和凸.

证明 令 $\varphi(\boldsymbol{z}) = \prod\limits_{i=1}^{l} \frac{1+z_i}{1-z_i}$，则 $\ln \varphi(\boldsymbol{z}) = \sum\limits_{i=1}^{l} (\ln(1+z_i) - \ln(1-z_i))$，

$$\frac{\partial \varphi(\boldsymbol{z})}{\partial z_i} = \varphi(\boldsymbol{z}) \left(\frac{1}{1+z_i} + \frac{1}{1-z_i} \right), \ i = 1, 2,$$

于是

$$\begin{aligned}
\Delta : &= (z_1 - z_2) \left(\frac{\partial \varphi(\boldsymbol{z})}{\partial z_1} - \frac{\partial \varphi(\boldsymbol{z})}{\partial z_2} \right) \\
&= (z_1 - z_2)\varphi(z) \left(\frac{1}{1+z_1} - \frac{1}{1+z_2} + \frac{1}{1-z_1} - \frac{1}{1-z_2} \right) \\
&= (z_1 - z_2)^2 \varphi(z) \frac{2(z_1 + z_2)}{(1-z_2^2)(1-z_1^2)}.
\end{aligned}$$

当 $0 < z_i < 1, i = 1, \ldots, k$ 时，$\Delta \geq 0$，即 φ 在 $(0,1)^k$ 上S-凸. 又令 $g(t) = \frac{1+t}{1-t}$，当 $t \in (0,1)$ 时，$g''(t) = \frac{4}{(1-t)^3} > 0$，这意味着 φ 对于单个变量在 $(0,1)$ 上凸. 故据定理2.46知 $E_k \left(\frac{1+\boldsymbol{x}}{1-\boldsymbol{x}} \right)$ 在 $(0,1)^n$ 上S-凸.

推论 3.10. 设 $\boldsymbol{x} \in (0,1)^n$，则

$$E_k \left(\frac{1+\boldsymbol{x}}{1-\boldsymbol{x}} \right) \geq C_n^k \left(\frac{n + A_n(\boldsymbol{x})}{n - A_n(\boldsymbol{x})} \right)^k; \tag{3.41}$$

对于 $\boldsymbol{x} \in [0,1)^n$，令

$$F_n^k (\boldsymbol{x}, \lambda, \alpha) = \sum_{1 \leq i_1 < \cdots < i_k \leq n} \prod_{j=1}^{k} \frac{1 + \lambda x_{i_j}^\alpha}{1 - \lambda x_{i_j}^\alpha}, \ k = 1, \ldots, n. \tag{3.42}$$

定理 3.30. [179] 对于 $\lambda \in (0,1]$，$F_n^k (\boldsymbol{x}, \lambda, \alpha)$ 在 $(0,1)^n$ 上S-凸，S-几何凸且S-调和凸，当 $\lambda \in [-1,0)$ 时，$F_n^k (\boldsymbol{x}, \lambda, \alpha)$ 在 $(0,1)^n$ 上S-凹，S-几何凹且S-调和凹.

定理 3.31. [137] 对称函数

$$E_k^* \left(\frac{1+\boldsymbol{x}}{1-\boldsymbol{x}} \right) = \prod_{1 \leq i_1 < \cdots < i_k \leq n} \sum_{j=1}^{k} \frac{1 + x_{i_j}}{1 - x_{i_j}}, k = 1, \ldots, n \tag{3.43}$$

既是 $(0,1)^n$ 上的S-凸函数，也是 $(0,1)^n$ 上的S-几何凸函数和S-调和凸函数.

推论 3.11. 设 $(0,1)^n$，则

$$E_k^* \left(\frac{1+\boldsymbol{x}}{1-\boldsymbol{x}} \right) \geq \left(\frac{k(1 + A(\boldsymbol{x}))}{1 - A(\boldsymbol{x})} \right)^{C_n^k}. \tag{3.44}$$

3.3.4　复合函数$E_k\left(\frac{1}{x}-x\right)$的Schur凸性

对于$x\in\mathbb{R}_{++}^n$, 令

$$E_k\left(\frac{1}{x}-x\right)=\sum_{1\le i_1<\cdots<i_k\le n}\prod_{j=1}^k\left(\frac{1}{x_{i_j}}-x_{i_j}\right),k=1,\ldots,n.\qquad(3.45)$$

邵志华[116]证得下述定理3.32 和定理3.33.

定理 3.32.

(a) $E_1\left(\frac{1}{x}-x\right)$ 在$(0,1]^n$ 上S- 几何凸, $E_n\left(\frac{1-x}{x}\right)$ 在$(0,1]^n$ 上S-几何凹;

(b) 对于$2\le k\le n-1$ 和$a=\frac{\sqrt{n-1}-\sqrt{k-1}}{\sqrt{n-k}}$, $E_k\left(\frac{1}{x}-x\right)$ 在$(0,a]^n$ 上S-几何凸;

(c) 对于$2\le k\le n-1$ 和$a=\frac{\sqrt{n-1}-\sqrt{k-1}}{\sqrt{n-k}}$, $E_k\left(\frac{1}{x}-x\right)$ 在$[a,1)^n$ 上S-几何凹.

定理 3.33. $E_k\left(\frac{1}{x}-x\right)$ 在$(0,1]^n$ 上S- 调和凹.

例 3.4. (《数学通报》2006 年第10 期数学问题1640) 设变量$\alpha_i\in\left(0,\frac{\pi}{2}\right),i=1,\ldots,n,n\ge 2$, 且$\prod_{i=1}^n\sin\alpha_i=a$ (正常数), 求证

$$\prod_{i=1}^n\cos\alpha_i\le\sqrt{a\left(\frac{1}{\sqrt[n]{a}}-\sqrt[n]{a}\right)^n}.\qquad(3.46)$$

证明 记$x_i=\sin\alpha_i$, 则

$$\cos\alpha_i=\sqrt{1-x_i^2},i=1,\ldots,n,$$

于是$\prod_{i=1}^n x_i=a$, 且

$$\left(\prod_{i=1}^n\cos\alpha_i\right)^2=\frac{a\prod_{i=1}^n(1-x_i^2)}{\prod_{i=1}^n x_i}=a\prod_{i=1}^n\left(\frac{1}{x_i}-x_i\right).$$

据定理3.32(a), $E_n\left(\frac{1-x}{x}\right)$ 在$(0,1]^n$ 上S-几何凹, 由

$$(\ln\sqrt[n]{a},\ldots,\ln\sqrt[n]{a})\prec(\ln x_1,\ldots,\ln x_n),$$

有
$$\prod_{i=1}^{n} \left(\frac{1}{x_i} - x_i \right) \leq a \left(\frac{1}{\sqrt[n]{a}} - \sqrt[n]{a} \right)^n,$$

由此即得证.

上述定理3.32 和定理3.33的结果仅与区域$(0,1]^n$ 有关, 最近张涛和席博彦研究了$E_k\left(\frac{1}{x} - x\right)$ 在$\mathbb{R}^n$ 上的S-凸性和S-调和凸性以及$E_k\left(\frac{1}{x} - x\right)$ 在$\mathbb{R}^n_{++}$ 上的S-几何凸性.

定理 3.34. 设$n \geq 2$.

(a) $E_1\left(\frac{1}{x} - x\right)$ 在$\mathbb{R}^n_+$ 上S- 凸, 在$\mathbb{R}^n_-$ 上S-凹;

(b) $E_n\left(\frac{1}{x} - x\right)$ 在$(-\infty, -1]^n \cup \left(\sqrt{\sqrt{5}-2}, 1\right]^n$ 上S-凹, 在$\left(0, \sqrt{\sqrt{5}-2}\right]^n$ 上S-凸; 若n 是奇数(偶数), 则$E_n\left(\frac{1}{x} - x\right)$ 在$\left(-1, -\sqrt{\sqrt{5}-2}\right]^n \cup (1, +\infty)^n$ 上S-凸(S- 凹), 在$\left[-\sqrt{\sqrt{5}-2}, 0\right)^n$ 上S-凹(S-凸);

(c) 对于$2 \leq k \leq n-1$, $E_k\left(\frac{1}{x} - x\right)$ 在$(-\infty, -1]^n$ 上S-凹, 在$\left(0, \sqrt{\sqrt{5}-2}\right]^n$ 上S- 凸. 若n 是奇数(偶数), $E_k\left(\frac{1}{x} - x\right)$ 在$\left(-1, -\sqrt{\sqrt{5}-2}\right]^n \cup (1, +\infty)^n$ 上S-凸(S-凹), 在$\left[-\sqrt{\sqrt{5}-2}, 0\right)^n$ 上S-凹(S-凸).

定理 3.35. 设$n \geq 2$.

(a) $E_1\left(\frac{1}{x} - x\right)$ 在$[1, +\infty)^n$ 上S-几何凹;

(b) 若n 是奇数(偶数), 则$E_n\left(\frac{1}{x} - x\right)$ 在$(1, +\infty)^n$上S- 几何凹(S-几何凸);

(c) 对于$2 \leq k \leq n-1$ 和$b = \frac{\sqrt{n-1}+\sqrt{k-1}}{\sqrt{n-k}}$, 若$k$ 是奇数(偶数), 则$E_k\left(\frac{1}{x} - x\right)$ 在$[1, b]^n$ 上S-几何凸(S-几何凹), 在$(b, +\infty)^n$ 上S-几何凹(S-几何凸).

定理 3.36. 设$n \geq 2$.

(a) $E_1\left(\frac{1}{x} - x\right)$ 在$\mathbb{R}^n_+$ 上S-调和凸, 在$\mathbb{R}^n_-$ 上S-调和凹;

(b) $E_n\left(\frac{1}{x} - x\right)$ 在$\left(-\infty, -\sqrt{2+\sqrt{5}}\right)^n$ 上S-调和凸, 在$\left[-\sqrt{2+\sqrt{5}}, -1\right]^n \cup (0, 1]^n$ 上S-调和凹;

若n 是奇数(偶数), 则$E_n\left(\frac{1}{x} - x\right)$ 在$\left[-1, 0\right)^n \cup \left[1, \sqrt{2+\sqrt{5}}\right]^n$ 上S-调和凸(S-调和凹);

若n 是奇数(偶数), 则$E_n\left(\frac{1}{x} - x\right)$ 在$\left[\sqrt{2+\sqrt{5}}, +\infty\right)^n$ 上S-调和凹(S-调和凸);

(c) 若 $2 \leq k \leq n-1$, 则$E_k\left(\frac{1}{x} - x\right)$ 在$\left(-\infty, -\sqrt{2+\sqrt{5}}\right]^n$ 上S-调和凸, 在$(0, 1]^n$ 上S-调和凹. 若n 是奇数(偶数), 则$E_k\left(\frac{1}{x} - x\right)$ 在$\left[-1, 0\right)^n$ 上S-调和凸(S-调和凹), 在$\left[\sqrt{2+\sqrt{5}}, +\infty\right)^n$ 上S-调和凹(S- 调和凸).

作为应用, 张涛和席博彦获得以下不等式.

定理 3.37. 设 $n \geq 2$. 若 $\boldsymbol{x} \in \left(0, \sqrt{\sqrt{5}-2}\,\right]^n$ 或 $\boldsymbol{x} \in \left(-1, -\sqrt{\sqrt{5}-2}\,\right]^n \cup$ $(1, +\infty)^n$, $2 \leq k \leq n$, 且 k 是奇数或 $\boldsymbol{x} \in \left[-\sqrt{\sqrt{5}-2}, 0\right]^n$, $2 \leq k \leq n$, 且 k 是偶数或 $\boldsymbol{x} \in \mathbb{R}_+^n$ $(k = 1)$, 则

$$C_n^k \left(\frac{1}{A_n(\boldsymbol{x})} - A_n(\boldsymbol{x}) \right)^k \leq E_k \left(\frac{1}{\boldsymbol{x}} - \boldsymbol{x} \right). \tag{3.47}$$

若 $\boldsymbol{x} \in (-\infty, -1]^n$ 或 $\boldsymbol{x} \in \left(-1, -\sqrt{\sqrt{5}-2}\,\right]^n \cup (1, +\infty)^n$, $2 \leq k \leq n$, 且 k 是偶数, 或 $\boldsymbol{x} \in \left[-\sqrt{\sqrt{5}-2}, 0\right]^n$, $2 \leq k \leq n$, 且 k 是奇数, 或 $\boldsymbol{x} \in \mathbb{R}_-^n$ $(k = 1)$, 则不等式 (3.47) 反向.

定理 3.38. 设 $n \geq 2$, 且设 $a = \frac{\sqrt{n-1} - \sqrt{k-1}}{\sqrt{n-k}}$ 和 $b = \frac{\sqrt{n-1} + \sqrt{k-1}}{\sqrt{n-k}}$.

若 $\boldsymbol{x} \in (0, 1]^n$, $k = 1$ 或 $\boldsymbol{x} \in (0, a]^n$, $2 \leq k \leq n-1$, 或 $\boldsymbol{x} \in (1, +\infty)^n$, $k = n$, 且 k 是偶数, 或 $\boldsymbol{x} \in (1, b]^n$, $2 \leq k \leq n-1$, 且 k 是奇数, 或 $\boldsymbol{x} \in [b, +\infty)^n$, $2 \leq k \leq n-1$, 且 k 是偶数, 则

$$C_n^k \left(\frac{1}{G_n(\boldsymbol{x})} - G_n(\boldsymbol{x}) \right)^k \leq E_k \left(\frac{1}{\boldsymbol{x}} - \boldsymbol{x} \right). \tag{3.48}$$

若 $\boldsymbol{x} \in (0, 1]^n$, $k = n$ 或 $\boldsymbol{x} \in (a, 1]^n$, $2 \leq k \leq n-1$, 或 $\boldsymbol{x} \in (1, +\infty)^n$, $k = 1$, 或 $\boldsymbol{x} \in (1, +\infty)^n$, $k = n$, 且 k 是奇数, 或 $\boldsymbol{x} \in (1, b]^n$, $2 \leq k \leq n-1$, 且 k 是偶数, 或 $\boldsymbol{x} \in [b, +\infty)^n$, $2 \leq k \leq n-1$, 且 k 是奇数, 则不等式 (3.48) 反向.

定理 3.39. 设 $n \geq 2$. 若 $\boldsymbol{x} \in \mathbb{R}_+^n$, $k = 1$, 或 $\boldsymbol{x} \in \left(-\infty, -\sqrt{2+\sqrt{5}}\,\right]^n$, $2 \leq k \leq n$ 或 $\boldsymbol{x} \in (-1, 0]^n$, $2 \leq k \leq n$, 且 k 是奇数, 或 $\boldsymbol{x} \in \left(1, \sqrt{2+\sqrt{5}}\,\right]^n$, $k = n$, 且 k 是奇数或 $\boldsymbol{x} \in \left(\sqrt{2+\sqrt{5}}, +\infty\right)^n$, $2 \leq k \leq n$, 且 k 是偶数, 则

$$C_n^k \left(\frac{1}{H_n(\boldsymbol{x})} - H_n(\boldsymbol{x}) \right)^k \leq E_k \left(\frac{1}{\boldsymbol{x}} - \boldsymbol{x} \right). \tag{3.49}$$

若 $\boldsymbol{x} \in \mathbb{R}_-^n$, $k = 1$, 或 $\boldsymbol{x} \in \left[-\sqrt{2+\sqrt{5}}, -1\right]^n$, $k = n$ 或 $\boldsymbol{x} \in (-1, 0]^n$, $2 \leq k \leq n$, 且 k 是偶数, 或 $\boldsymbol{x} \in (0, 1]^n$, $2 \leq k \leq n$, 或 $\boldsymbol{x} \in \left(1, \sqrt{2+\sqrt{5}}\,\right]^n$, $k = n$, 且 k 是偶数, 或 $\boldsymbol{x} \in \left(\sqrt{2+\sqrt{5}}, +\infty\right)^n$, $2 \leq k \leq n$, 且 k 是奇数, 则不等式 (3.49) 反向.

定理 3.40. [137] 对称函数

$$E_k^* \left(\frac{1}{\boldsymbol{x}} - \boldsymbol{x} \right) = \prod_{1 \leq i_1 < \cdots \leq n} \sum_{j=1}^k \left(\frac{1}{x_{i_j}} - x_{i_j} \right), \quad k = 1, \ldots, n \tag{3.50}$$

在 $\left(0, \sqrt{\sqrt{5}-2}\right)^n$ 上S-凸.

3.3.5 复合函数 $E_k\left(\frac{1}{\boldsymbol{x}}-\mu\right)$ 的Schur凸性

为了实现著名的Pedoe(佩多)不等式的高维推广, 文[74]提出了一个分析不等式.

设 $0 < x_i < \frac{1}{2}, i = 1, 2, \ldots, n$,且 $\sum\limits_{i=1}^{n} x_i = 1$, 则

$$E_{n-1}\left(\frac{1}{\boldsymbol{x}}-2\right) = E_{n-1}\left(\frac{1}{x_1}-2, \ldots, \frac{1}{x_n}-2\right) \geq n(n-2)^{n-1}. \qquad (3.51)$$

马统一等人 [94] 用分析方法将式(3.51)作了如下推广.

定理 3.41. 设 $\boldsymbol{x} \in \mathbb{R}^n_{++}, n, k \in \mathbb{N}, \mu > 0, n \geq 2$, 且 $\sum\limits_{i=1}^{n} x_i = 1$, 则对于 $n \geq k+\mu-1$, 有

$$E_k\left(\frac{1}{\boldsymbol{x}}-\mu\right) = E_k\left(\frac{1}{x_1}-\mu, \ldots, \frac{1}{x_n}-\mu\right) \geq n(n-\mu)^k. \qquad (3.52)$$

2013年, 石焕南, 张静 [138]通过研究 $E_k\left(\frac{1}{\boldsymbol{x}}-\mu\right)$ 的Schur调和凸性得到了式(3.52)的反向不等式.

定理 3.42. 设 $\boldsymbol{x} \in \mathbb{R}^n_{++}, n, k \in \mathbb{N}, \mu > 0, n \geq 2$, 且 $\sum\limits_{i=1}^{n} x_i = 1$, 则对于 $n \geq k+\mu-1$, $E_k\left(\frac{1}{\boldsymbol{x}}-\mu\right)$ 在 $\Omega = \{\boldsymbol{x} \mid \boldsymbol{x} \in \mathbb{R}^n_{++}, E_1(\boldsymbol{x}) \leq 1\}$ 上S-调和凸, 且当 $\sum\limits_{i=1}^{n} x_i \leq 1$ 时, 有

$$E_k\left(\frac{1}{\boldsymbol{x}}-\mu\right) = E_k\left(\frac{1}{x_1}-\mu, \ldots, \frac{1}{x_n}-\mu\right) \leq C_n^k\left(\frac{1}{H_n(\boldsymbol{x})}-\mu\right)^k. \qquad (3.53)$$

3.3.6 复合函数 $E_k(f(\boldsymbol{x}))$ 的Schur凸性

考虑初等对称函数的如下一般的复合函数的Schur凸性

$$E_k(f(\boldsymbol{x})) = E_k(f(x_1), \ldots, f(x_n)) = \sum_{1 \leq i_1 < \cdots < i_k \leq n} \prod_{j=1}^{k} f(x_{i_j}), k = 1, \ldots, n. \qquad (3.54)$$

王淑红、张天宇、华志强 [177] 得到了如下结论.

定理 3.43. [177] 设 $\Omega \subset \mathbb{R}$ 是具有非空内部的对称凸集, 函数 $f : \Omega \to \mathbb{R}_{++}$ 在 Ω 上连续, 在 Ω 的内部 Ω° 可微且对数凸, 则 $E_k(f(\boldsymbol{x}))$ 在 Ω^n 上S-凸.

定理 3.44. [177] 设 $\Omega \subset \mathbb{R}$ 是具有非空内部的对称凸集, 函数 $f : \Omega \to \mathbb{R}_{++}$ 在 Ω 上连续, 递增且对数凸, 在 Ω 的内部 Ω° 可微, 则 $E_k(f(\boldsymbol{x}))$ 在 Ω^n 上S-几何凸且S-调和凸.

注记 3.4. 文 [177] 是利用定理2.36, 即S-凸函数判定定理证明 $E_k(f(\boldsymbol{x}))$ 的S- 凸性的, 张静和石焕南 [139] 应用定理2.46 给出如下简洁的证明.

定理3.43的证明 令 $\varphi(\boldsymbol{x}) = \prod_{j=1}^{k} f(x_i)$, 由推论2.3 知 φ 在 I^k 上S-凸. 又因 f 是 I 上的对数凸函数, 据推论1.1(a), f 亦是 I 上的凸函数, 这样对每一个固定的 $x_2, \ldots, x_k, \varphi(z, x_2, \ldots, x_k) = f(z) \prod_{j=2}^{k} f(x_i)$, 关于 z 在 $\{z \mid (z, x_2, \ldots, x_k) \in I^k\}$ 上凸. 于是由定理2.46, 对任意的 $k = 1, 2, \ldots, n, E_k(\boldsymbol{x})$ 为 I^n 上的S-凸函数.

定理3.44的证明 因 f 在 I 上非负递增, 显然 $E_k(f(\boldsymbol{x}))$ 亦在 I^n 上非负递增, 结合定理3.43和定理2.33及定理2.35即得证.

利用S-凸, S-几何凸和S-调和凸函数的判定定理, 夏卫锋等人 [206]证得如下定理.

定理 3.45. 设 $\boldsymbol{x} \in \mathbb{R}_{++}^n$. 对称函数

$$E_k^* \left(\frac{1 + \boldsymbol{x}}{\boldsymbol{x}} \right) = \prod_{1 \le i_1 < \cdots \le n} \sum_{j=1}^{k} \frac{1 + x_{i_j}}{x_{i_j}}, k = 1, \ldots, n \tag{3.55}$$

在 $\mathbb{R}_{++}^n$ 上S-凸, S-几何凸和S-调和凸.

也可利用定理2.46, 定理2.47和定理2.48证明定理3.45.

考虑 $E_k(f(\boldsymbol{x}))$ 的对偶函数

$$E_k^*(f(\boldsymbol{x})) = E_k^*(f(x_1), \ldots, f(x_n)) = \prod_{1 \le i_1 < \cdots \le n} \sum_{j=1}^{k} f(x_{i_j}), k = 1, \ldots, n. \tag{3.56}$$

2014年, 石焕南和张静 [137]研究了 $E_k^*(f(\boldsymbol{x}))$ 的S-凸性, 利用Schur 凸函数, Schur几何凸函数和Schur调和凸函数的性质证得如下结果:

定理 3.46. 设 $I \subset \mathbb{R}$ 是一具有非空内部的对称凸集, 函数 $f : I \to \mathbb{R}$ 为在 I 上连续, 在 I 的内部可微的对数凸函数, 则对任意的 $k = 1, 2, \ldots, n,$ $E_k^*(f(\boldsymbol{x}))$ 为 I^n 上的S-凸函数.

定理 3.47. 设 $I \subset \mathbb{R}_+$ 是一具有非空内部的对称凸集, 函数 $f : I \to \mathbb{R}$ 在 I 上连续, 在 I 的内部可微, 且 f 为 I 上递增的对数凸函数, 则对任意的 $k = 1, 2, \ldots, n, E_k^*(f(\boldsymbol{x}))$ 为 I^n 上的S-几何凸函数和S-调和凸函数.

下面给出三例应用.

例 3.5. 定理3.29的证明: 令 $f(x) = \frac{1+x}{1-x}$, 则 $\ln f(x) = \ln(1+x) - \ln(1-x)$. 对于 $x \in (0,1)$, $f'(x) = \frac{2}{(1-2x)^2} > 0$ 且

$$(\ln f(x))'' = \frac{1}{(1-x)^2} - \frac{1}{(1+x)^2} = \frac{4x}{(1+x)^2(1-x)^2} \geq 0.$$

即 f 是 $(0,1)$ 上的递增的对数凸函数, 据定理3.46和定理3.47即得证.

例 3.6. 设 $x > 1$, 则

$$P_k(\boldsymbol{t}) = \prod_{1 \leq i_1 < \cdots \leq n} \sum_{j=1}^{k} \left(\frac{x^{t_{i_j}} - 1}{t_{i_j}} \right), k = 1, \ldots, n \tag{3.57}$$

是 $\mathbb{R}_{++}^n$ 上的S-凸函数. 从而若 $\boldsymbol{p}, \boldsymbol{q} \in \mathbb{R}_{++}^n, \boldsymbol{p} \prec \boldsymbol{q}$, 有

$$\prod_{1 \leq i_1 < \cdots \leq n} \sum_{j=1}^{k} \left(\frac{x^{p_{i_j}} - 1}{p_{i_j}} \right) \leq \prod_{1 \leq i_1 < \cdots \leq n} \sum_{j=1}^{k} \left(\frac{x^{q_{i_j}} - 1}{q_{i_j}} \right). \tag{3.58}$$

证明 令 $g(t) = \frac{x^t - 1}{t}$, 由引理2.2 知 $g(t)$ 是 $\mathbb{R}_{++}^n$ 上的对数凸函数, 据定理3.43即得证.

注记 3.5. 若取 $n = 2, k = 1$, 且 $\boldsymbol{p} = (m, m), \boldsymbol{q} = (m+r, m-r)$, 由式(3.58) 可得熟知的不等式

$$(x^{m-r} - 1)(x^{m+r} - 1) \geq \left(1 - \frac{r^2}{m^2}\right)(x^m - 1)^2, \tag{3.59}$$

其中 $r \in \mathbb{N}, m \geq 2, r < m$.

若 $k = 1$, 由式(3.58)可得文 [189]中的不等式

$$\prod_{j=1}^{n} q_j (x^{p_j} - 1) \leq \prod_{j=1}^{n} p_j (x^{q_j} - 1). \tag{3.60}$$

若取 $k = n$, 由式(3.58)可得不等式

$$\sum_{j=1}^{n} \frac{x^{p_j} - 1}{p_j} \leq \sum_{j=1}^{n} \frac{x^{q_j} - 1}{q_j}. \tag{3.61}$$

例 3.7. 若$a > 0$, 则

$$\psi_k(\boldsymbol{x}) = \sum_{1 \le i_1 < \cdots < i_k \le n} \prod_{j=1}^{k} \left(\frac{1}{x_{i_j}}\right)^a, k = 1, \ldots, n \tag{3.62}$$

在$\mathbb{R}_{++}$ 上递减, 且S-凸. 对于$\boldsymbol{x} \in \mathbb{R}_{++}$, 满足$\sum\limits_{i=1}^{n} x_i \le 1$, 则有

$$\psi_k(\boldsymbol{x}) = \sum_{1 \le i_1 < \cdots < i_k \le n} \prod_{j=1}^{k} \left(\frac{1}{x_{i_j}}\right)^a \ge \mathrm{C}_n^k n^{ka}. \tag{3.63}$$

证明　易见$g(t) = x^{-a}$ 是$\mathbb{R}_{++}$ 上的递减的对数凸函数, 据定理3.43, $\psi_k(\boldsymbol{x})$ 是$\mathbb{R}_{++}^n$ 上的递减的S-凸函数, 由$\left(\frac{1}{n}, \ldots, \frac{1}{n}\right) \prec^w \boldsymbol{x}$, 即知式(3.63)成立.

若$x_i < 1, i = 1, \ldots, n$, 则可以在式(3.62)中以$1 - x_i$ 代替x_i, 得到一个增的凸函数. 类似于式(3.63)可以证明, 若$x_i \le 1$ 且$\sum\limits_{i=1}^{n} x_i \ge 1$, 则

$$\psi_k(\boldsymbol{x}) = \sum_{1 \le i_1 < \cdots < i_k \le n} \prod_{j=1}^{k} \left(\frac{1}{1 - x_{i_j}}\right)^a \ge \mathrm{C}_n^k \left(\frac{n}{n-1}\right)^{ka}. \tag{3.64}$$

3.4　几个著名不等式的证明与推广

将式(0.2)的$E_n(\boldsymbol{x})$ 替换成一般的$E_k(\boldsymbol{x})$ 便得到式(0.3), 本节介绍沿着这一思路对几个著名不等式所作的推广.

3.4.1　Weierstrass 不等式

设$0 < x_i < 1, i = 1, \ldots, n$, 则

$$\prod_{i=1}^{n}(1 + x_i) > 1 + \sum_{i=1}^{n} x_i, \quad \prod_{i=1}^{n}(1 - x_i) > 1 - \sum_{i=1}^{n} x_i. \tag{3.65}$$

1983 年, Pečarić 将式(3.65)推广为:

设$0 < x_i < 1, a_i \ge 1, i = 1, \ldots, n$, 则

$$\prod_{i=1}^{n}(1 + x_i)^{a_i} > 1 + \sum_{i=1}^{n} a_i x_i, \quad \prod_{i=1}^{n}(1 - x_i)^{a_i} > 1 - \sum_{i=1}^{n} a_i x_i. \tag{3.66}$$

式(3.65)和式(3.66)均称为Weierstrass(魏尔斯特拉斯)不等式 [70, p. 186].

笔者在文献 [140] 中将上述各式推广到一般初等对称函数上, 并给出一个上界估计.

定理 3.48. 设 $\boldsymbol{x} \in \mathbb{R}_{++}^n, n \geq 2, 1 < k \leq n, p > 0, 0 \leq \alpha \leq 1$, 则

$$C_n^k(p+\overline{\boldsymbol{x}})^{k\alpha} \geq E_k((p+\boldsymbol{x})^\alpha) \geq C_{n-1}^k p^{k\alpha} + C_{n-1}^{k-1} p^{(k-1)\alpha} \left(p + \sum_{i=1}^n x_i\right)^\alpha,$$

$$(3.67)$$

其中 $\overline{\boldsymbol{x}} = \frac{1}{n}\sum_{i=1}^n x_i$. 当 $\alpha = 1$ 时, 右边不等式为严格不等式.

定理 3.49. 设 $\boldsymbol{x} \in \mathbb{R}_{++}^n, n \geq 2, a_i \geq 1, i = 1, \ldots, n, 1 \leq k \leq n$, 则

$$C_n^k \cdot \left(\frac{1}{n}\sum_{i=1}^n (1+x_i)^{a_i}\right)^k \geq E_k((1+x_1)^{a_1}, \ldots, (1+x_n)^{a_n}) \tag{3.68}$$

$$> C_{n-1}^k + C_{n-1}^{k-1}\left(1 + \sum_{i=1}^n a_i x_i\right).$$

证明 记 $y = \frac{1}{n}\sum_{i=1}^n (1+x_i)^{a_i}$. 由Bernoulli(贝努利)不等式[70, p. 152] $(1+x_i)^{a_i} \geq 1 + a_i x_i, i = 1, \ldots, n$, 有

$$(y, \ldots, y) \prec ((1+x_1)^{a_1}, \ldots, (1+x_n)^{a_n})$$

$$\geq (1 + a_1 x_1, \ldots, 1 + a_n x_n) \prec\prec (1 + \sum_{i=1}^n a_i x_i, 1, \ldots, 1).$$

从而由 $E_k(\boldsymbol{x})$ 递增的严格S-凹性, 有

$$E_k(y, \ldots, y) \geq E_k((1+x_1)^{a_1}, \ldots, (1+x_n)^{a_n})$$

$$\geq E_k(1 + a_1 x_1, \ldots, 1 + a_n x_n) > E_k(1 + \sum_{i=1}^n a_i x_i, 1, \ldots, 1).$$

由此证得式(3.68). 当 $k = n$ 时, 式(3.68) 右边不等式化为式(3.66)中第一个不等式.

定理 3.50. 设 $\boldsymbol{x} \in \mathbb{R}_{++}^n, n \geq 2, 1 \leq k \leq n, 0 \leq \alpha \leq 1, p > 0$, 且 $\sum_{i=1}^n x_i \leq p$, 则

$$C_n^k(p-\overline{\boldsymbol{x}})^{k\alpha} \geq E_k((p-x_1)^\alpha, \ldots, (p-x_n)^\alpha) \tag{3.69}$$

$$> C_{n-1}^k p^{k\alpha} + C_{n-1}^{k-1} p^{(k-1)\alpha}\left(p - \sum_{i=1}^n x_i\right),$$

其中 $\overline{x} = \frac{1}{n} \sum\limits_{i=1}^{n} x_i$. 当 $\alpha = 1$ 时, 右边不等式是严格不等式.

对于式 (3.69) 左边不等式以及当 $k = 2$ 或 $k = n$ 时的右边不等式, 条件 $\sum\limits_{i=1}^{n} x_i \leq p$ 可放宽为 $0 < x_i < p, i = 1, \ldots, n$. 当 $\alpha = p = 1, k = n$ 时, 式 (3.69) 右边不等式化为式 (3.65) 中第二个不等式.

类似于定理 3.49, 可以证明:

定理 3.51. 设 $x \in \mathbb{R}_{++}^n, n \geq 2, 1 \leq k \leq n, a_i \geq 1, i = 1, \ldots, n, \sum\limits_{i=1}^{n} a_i x_i \leq 1$, 则

$$C_n^k \left(\frac{1}{n} \sum_{i=1}^{n} (1 - x_i)^{a_i} \right)^k \geq E_k((1 - x_1)^{a_1}, \ldots, (1 - x_n)^{a_n})$$

$$> C_{n-1}^k + C_{n-1}^{k-1} \left(1 - \sum_{i=1}^{n} a_i x_i \right). \qquad (3.70)$$

对于式 (3.70) 左边不等式以及当 $k = 2$ 或 $k = n$ 时的右边不等式, 条件 $\sum\limits_{i=1}^{n} a_i x_i \leq 1$ 可放宽为 $0 < x_i < 1, i = 1, \ldots, n$. 当 $k = n$ 时, 式 (3.70) 右边不等式化为式 (3.66) 中第二个不等式.

定理 3.52. 设 $a_i \geq 1, x_i \geq 1, i = 1, \ldots, n, n \geq 2, 1 \leq k \leq n, A_k = \min\limits_{1 \leq i_1 < \cdots < i_k \leq n} \sum\limits_{j=1}^{k} a_{i_j}$, 则

$$E_k((1 + x_1)^{a_1}, (1 + x_2)^{a_2}, \ldots, (1 + x_n)^{a_n})$$

$$\geq \frac{2^{A_k}}{1 + A_k} C_{n-1}^{k-1} \left(\frac{n}{k} (1 + A_k) - A_n + \sum_{i=1}^{n} a_i x_i \right). \qquad (3.71)$$

证明

$$E_k((1 + x_1)^{a_1}, (1 + x_2)^{a_2}, \ldots, (1 + x_n)^{a_n})$$

$$= \sum_{1 \leq i_1 < \cdots < i_k \leq n} \sum_{j=1}^{k} (1 + x_{i_j})^{a_{i_j}}$$

$$= \sum_{1 \leq i_1 < \cdots < i_k \leq n} 2^{\sum\limits_{j=1}^{k} a_{i_j}} \prod_{j=1}^{k} \left(1 + \frac{x_{i_j} - 1}{2} \right)^{a_{i_j}}$$

$$\geq 2^{A_k} E_k \left(\left(1 + \frac{x_1 - 1}{2} \right)^{a_2}, \cdots, \left(1 + \frac{x_n - 1}{2} \right)^{a_n} \right)$$

$$\geq 2^{A_k} \left(C_{n-1}^k + C_{n-1}^{k-1} \left(1 + \sum_{i=1}^{n} \frac{a_i(x_i - 1)}{2} \right) \right)$$

$$=2^{A_k}\mathrm{C}_{n-1}^k\left(\frac{n}{k}+\sum_{i=1}^n\frac{a_i(x_i-1)}{2}\right)$$

$$\geq 2^{A_k}\mathrm{C}_{n-1}^k\left(\frac{n}{k}+\sum_{i=1}^n\frac{a_i(x_i-1)}{1+A_k}\right)$$

$$\geq\frac{2^{A_k}}{1+A_k}\mathrm{C}_{n-1}^{k-1}\left(\frac{n}{k}(1+A_k)-A_n+\sum_{i=1}^n a_ix_i\right).$$

证毕.

当 $k=n$ 时, 式(3.71) 化为专著[97] 第69 页中的式(7.5)

$$\prod_{i=1}^n(1+x_i)^{a_i}\geq\frac{2^{A_n}}{1+A_n}\left(1+\sum_{i=1}^n a_ix_i\right).$$

3.4.2 Adamović 不等式

若所有的因子都为正时, 下述不等式成立

$$\prod_{i=1}^n a_i\geq\prod_{i=1}^n(s-(n-1)a_i), \tag{3.72}$$

其中 $s=\sum\limits_{i=1}^n a_i$. 式(3.72)为Adamović 不等式. 1996 年, Klamkin [100] 将Adamović 不等式 推广为:

设 $a_1,\ldots,a_n\in\mathbb{R}_{++}^n$, 且 $s=\sum\limits_{i=1}^n a_i$, 则对任一凸函数 f, 有

$$\sum_{i=1}^n f(s-(n-1)a_i)\geq\sum_{i=1}^n f(a_i). \tag{3.73}$$

取 $f(x)=-\ln x$, 则式(3.73)便化为式(3.72). 专著[71]第166 页收录了下述与式(3.72) 类似的不等式:

设 $a_i\geq 0$, 且 $\sum\limits_{i=1}^n a_i=s, y_i=a_i+\frac{n-3}{n-1}(s-a_i), i=1,\ldots,n$, 则

$$\prod_{i=1}^n y_i\geq\prod_{i=1}^n(s-2a_i). \tag{3.74}$$

笔者[126] 统一推广了式(3.72), 式(3.73) 和式(3.74).

定理 3.53. 设 $a\in\mathbb{R}_+^n, \sum\limits_{i=1}^n a_i=s, x_i=s-ma_i\geq 0, y_i=\frac{(c-x_i)(n-m)s}{nc-(n-m)s}, i=1,2,\ldots,n, m\leq n, c\geq(n-m)s$, 且设 f 是 $\mathbb{R}_+$ 上的凹函数, 则对于 $k=$

$1, 2, \ldots, n$, 有

$$
\mathrm{C}_n^k\left(f\left(\frac{(n-m)s}{n}\right)\right)^k \geq E_k(f(y_1), \ldots, f(y_n)) \geq E_k(f(x_1), \ldots, f(x_n)),
$$

$$
\tag{3.75}
$$

$$
\left(k \cdot f\left(\frac{(n-m)s}{n}\right)\right)^{\mathrm{C}_n^k} \geq E_k^*(f(y_1), \ldots, f(y_n)) \geq E_k^*(f(x_1), \ldots, f(x_n)),
$$

$$
\tag{3.76}
$$

若 $s - ma_i > 0, i = 1, 2, \ldots, n, 1 \leq p \leq k \leq n$, 则

$$
\frac{E_k(f(y_1), \ldots, f(y_n))}{E_k(f(x_1), \ldots, f(x_n))} \geq \frac{E_{k-p}(f(y_1), \ldots, f(y_n))}{E_{k-p}(f(x_1), \ldots, f(x_n))};
$$

$$
\tag{3.77}
$$

若 $\lambda \geq 1, n \geq k > p \geq 2$, 则

$$
\begin{aligned}
& E_k\left(f\left(\frac{y_1}{(n-m)s}\right), \ldots, f\left(\frac{y_n}{(n-m)s}\right)\right) \\
& - E_k\left(f\left(\frac{x_1}{(n-m)s}\right), \ldots, f\left(\frac{x_n}{(n-m)s}\right)\right) \\
& \leq \lambda \cdot E_p\left(f\left(\frac{y_1}{(n-m)s}\right), \ldots, f\left(\frac{y_n}{(n-m)s}\right)\right) \\
& - \lambda \cdot E_p\left(f\left(\frac{x_1}{(n-m)s}\right), \ldots, f\left(\frac{x_n}{(n-m)s}\right)\right).
\end{aligned}
$$

$$
\tag{3.78}
$$

取 $p = 1$, 反复应用式(3.78)可得如下推论:

推论 3.12. 设 $a \in \mathbb{R}_+^n, \sum\limits_{i=1}^{n} a_i = s, x_i = s - ma_i > 0, y_i = \frac{(c-x_i)(n-m)s}{nc-(n-m)s}, i = 1, \ldots, n, m \leq n, c \geq (n-m)s$, 且设 f 是 $\mathbb{R}_+$ 上的凹函数, $1 \leq k \leq n$, 则

$$
\begin{aligned}
& \frac{E_n(f(y_1), \ldots, f(y_n))}{E_n(f(x_1), \ldots, f(x_n))} \geq \frac{E_{n-1}(f(y_1), \ldots, f(y_n))}{E_{n-1}(f(x_1), \ldots, f(x_n))} \geq \cdots \\
& \geq \frac{E_1(f(y_1), \ldots, f(y_n))}{E_1(f(x_1), \ldots, f(x_n))} \geq \frac{E_0(f(y_1), \ldots, f(y_n))}{E_0(f(x_1), \ldots, f(x_n))} = 1.
\end{aligned}
$$

$$
\tag{3.79}
$$

注记 3.6. (a) 若任一凸函数 f, 则 $-f$ 为凹函数, 取 $k = 1, m = n - 1, c = (n-m)s$, 由式(3.78)右边不等式即得式(3.73).

(b) 取 $f(x) = x, k = n, m = 2, c = (n-m)s$, 且

$$
y_i = \frac{((n-2)s - (s - 2a_i))}{n-1} = a_i + \frac{(n-3)(s - a_i)}{n-1},
$$

则式(3.78) 右边不等式即化为式(3.74), 不过式(3.74) 不必限制 $s - ma_i \geq 0, i = 1, \ldots, n$. 取 $f(x) = x, k = 1, m = 2, c = (n-m)s$,

式(3.76)右边不等式即化为式(3.74).

(c) 式(3.79)给出式(3.78) 右边不等式的等价形式的加细.

3.4.3 Chrystal不等式

设 $\boldsymbol{x} \in \mathbb{R}_{++}^n$, Chrystal不等式 [72, p. 188]为

$$\prod_{i=1}^{n}(1+x_i) \geq (1+G_n(\boldsymbol{x}))^n, \tag{3.80}$$

仅当 $x_1 = \cdots = x_n = G_n(\boldsymbol{x})$ 时等号成立.

顾春, 石焕南 [46] 建立了如下三个反向Chrystal不等式.

定理 3.54. 设 $\boldsymbol{x} = (x_1, \ldots, x_n) \in \mathbb{R}_+^n$, 则

$$(1+G_n(\boldsymbol{x}))^{n+1} \geq (1+G_n(\boldsymbol{x}) - n(A_n(\boldsymbol{x}) - G_n(\boldsymbol{x})))\prod_{i=1}^{n}(1+x_i). \tag{3.81}$$

证明 由算术-几何平均值不等式和式(1.14)有

$$\underbrace{(1+G_n(\boldsymbol{x}), \ldots, 1+G_n(\boldsymbol{x}))}_{n} \leq \underbrace{(1+A_n(\boldsymbol{x}), \ldots, 1+A_n(\boldsymbol{x}))}_{n}$$
$$\prec (1+x_1, \ldots, 1+x_n),$$

故

$$\underbrace{(1+G_n(\boldsymbol{x}), \ldots, 1+G_n(\boldsymbol{x}))}_{n} \prec_w (1+x_1, \ldots, 1+x_n), \tag{3.82}$$

据定理1.27(a),由式(3.82)可得

$$\underbrace{(1+G_n(\boldsymbol{x}), \ldots, 1+G_n(\boldsymbol{x}))}_{n+1} \prec (1+x_1, \ldots, 1+x_n, 1+G_n(\boldsymbol{x}) - n(A_n(\boldsymbol{x}) - G_n(\boldsymbol{x}))),$$

进而由初等对称函数的S-凹性, 有

$$E_{n+1}\underbrace{(1+G_n(\boldsymbol{x}), \ldots, 1+G_n(\boldsymbol{x}))}_{n+1}$$
$$\geq E_{n+1}(1+x_1, \ldots, 1+x_n, 1+G_n(\boldsymbol{x}) - n(A_n(\boldsymbol{x}) - G_n(\boldsymbol{x}))),$$

即式(3.81) 成立.

定理 3.55. 设 $\boldsymbol{x} = (x_1, \ldots, x_n) \in \mathbb{R}_+^n, n \in \mathbb{N}$，且$x_1 \leq \cdots \leq x_n$，则

$$(1 + G_n(\boldsymbol{x}))^n \geq (1 + x_n - n(A_n(\boldsymbol{x}) - G_n(\boldsymbol{x}))) \prod_{i=1}^{n-1}(1 + x_i). \qquad (3.83)$$

证明 据定理1.27，由式(3.82)，有

$$\underbrace{(1 + G_n(\boldsymbol{x}), \ldots, 1 + G_n(\boldsymbol{x}))}_{n}$$

$$\prec (1 + x_1, \ldots, 1 + x_{n-1}, 1 + x_n - n(A_n(\boldsymbol{x}) - G_n(\boldsymbol{x}))),$$

进而由初等对称函数的S-凹性，有

$$E_n\underbrace{(1 + G_n(\boldsymbol{x}), \ldots, 1 + G_n(\boldsymbol{x}))}_{n}$$

$$\geq E_n(1 + x_1, \ldots, 1 + x_{n-1}, 1 + x_n - n(A_n(\boldsymbol{x}) - G_n(\boldsymbol{x}))),$$

即式(3.83)成立.

定理 3.56. 设 $\boldsymbol{x} = (x_1, \ldots, x_n) \in \mathbb{R}_+^n, n \in \mathbb{N}, k = 1, \ldots, n$，且$0 \leq \alpha \leq 1$，则

$$\sum_{k=0}^{n}(\mathrm{C}_n^k)^2(1 + G_n(\boldsymbol{x}))^{\alpha k}(A_n(\boldsymbol{x}) - G_n(\boldsymbol{x}))^{\alpha(n-k)} \geq \prod_{i=1}^{n}(1 + x_i)^{\alpha}. \qquad (3.84)$$

证明 据定理1.29，由式(3.82)，有

$$\underbrace{(1 + G_n(\boldsymbol{x}), \ldots, 1 + G_n(\boldsymbol{x})}_{n}, \underbrace{A_n(\boldsymbol{x}) - G_n(\boldsymbol{x}), \ldots, A_n(\boldsymbol{x}) - G_n(\boldsymbol{x}))}_{n}$$

$$\prec (1 + x_1, \ldots, 1 + x_n, \underbrace{0, \ldots, 0}_{n}),$$

进而由初等对称函数的递增的S-凹性并结合定理2.12 (b)，有

$$E_n(\underbrace{1 + G_n(\boldsymbol{x}), \ldots, 1 + G_n(\boldsymbol{x})}_{n}, \underbrace{A_n(\boldsymbol{x}) - G_n(\boldsymbol{x}), \ldots, A_n(\boldsymbol{x}) - G_n(\boldsymbol{x})}_{n})$$

$$\geq E_n(1 + x_1, \ldots, 1 + x_n, \underbrace{0, \ldots, 0}_{n})$$

即式(3.84)成立.

3.4.4　Bernoulli不等式

设$x > -1$, 且n 是一个正整数, 则

$$(1 + x)^n \geq 1 + nx. \tag{3.85}$$

式(3.85) 为Bernoulli不等式. 该不等式在数学分析中占有非常重要的地位. 因此, 不断有人探索它的变形、推广、证明和应用. 例如, 文 [72, p. 127-128] 记录了如下推广和变形:

定理 3.57. 对于$x > -1$, 若$\alpha > 1$ 或$\alpha < 0$, 则

$$(1 + x)^\alpha \geq 1 + \alpha x, \tag{3.86}$$

若$0 < \alpha < 1$, 则

$$(1 + x)^\alpha \leq 1 + \alpha x. \tag{3.87}$$

式(3.86)和式(3.87)中的等式成立当且仅当$x = 0$.

定理 3.58. 设$a_i \geq 0$, $x_i > -1$, $i = 1, \ldots, n$, 且$\sum_{i=1}^{n} a_i \leq 1$, 则

$$\prod_{i=1}^{n} (1 + x_i)^{a_i} \leq 1 + \sum_{i=1}^{n} a_i x_i, \tag{3.88}$$

若$a_i \geq 1$, $x_i > 0$ 或$a_i \leq 0$, $x_i < 0$, $i = 1, \ldots, n$, 则

$$\prod_{i=1}^{n} (1 + x_i)^{a_i} \geq 1 + \sum_{i=1}^{n} a_i x_i. \tag{3.89}$$

定理 3.59. 设$x > 0$ 且$x \neq 1$. 若$0 < \alpha < 1$, 则

$$\alpha x^{\alpha-1}(x - 1) < x^\alpha - 1 < \alpha(x - 1). \tag{3.90}$$

若$\alpha > 1$ 或$\alpha < 0$, 式(3.90)中的两个不等式均反向.

定理3.57的证法有多种, 包括数学归纳法、幂级数方法、积分方法以及利用算术- 几何平均值不等式、利用幂平均不等式、利用函数的单调性、利用中值定理等方法. 笔者 [141] 用控制方法证明了定理3.57和定理3.59 并推广了Bernoulli不等式(3.85)和定理3.58.

定理 3.60. [141] 设m, n 是正整数, $k = 1, \ldots, n$.

(a) 若$m \geq n$, 且$x > -1$, 则

$$C_m^k \left(1 + \frac{n}{m}x\right)^k \geq \sum_{i=0}^{k} C_n^i C_{m-n}^{k-i}(1+x)^i \qquad (3.91)$$

和

$$k^{C_m^k} \left(1 + \frac{n}{m}x\right)^{C_m^k} \geq \prod_{i=0}^{k} (ix+k)^{C_m^i C_{m-n}^{k-i}}. \qquad (3.92)$$

(b) 若$m < n$ 且$x > -\frac{m}{n}$, 则

$$C_m^k (1+x)^k \geq \sum_{i=0}^{k} C_m^i C_{m-n}^{k-i} \left(1 + \frac{m}{n}x\right)^i \qquad (3.93)$$

和

$$k^{C_m^k} (1+x)^{C_m^k} \geq \prod_{i=0}^{k} \left(\frac{m}{n}ix + k\right)^{C_m^i C_{m-n}^{k-i}}, \qquad (3.94)$$

且式(3.91), 式(3.92), 式(3.93) 和式(3.94) 中等式成立当且仅当$x = 0$.

注记 3.7. 当$x = 0$ 时, 式(3.91), (3.92), (3.93) 和式(3.94)均化为 Vandermonde(范德蒙德) 恒等式

$$C_m^k = \sum_{i=0}^{k} C_m^i C_{m-n}^{k-i}. \qquad (3.95)$$

定理 3.61. [142] 若$a_i \geq 1$, $x_i > 0$ 或$a_i \leq 0$, $0 \geq x_i \geq -1$, 则

$$C_n^k \left(\frac{1}{n} \sum_{i=1}^{n} (1+x_i)^{a_i}\right)^k \geq \sum_{1 \leq i_1 < \ldots < i_k \leq n} \prod_{j=1}^{k} \left(1 + x_{i_j}\right)^{a_{i_j}}$$

$$\geq \sum_{1 \leq i_1 < \ldots < i_k \leq n} \prod_{j=1}^{k} \left(1 + a_{i_j}x_{i_j}\right) \geq C_{n-1}^k + C_{n-1}^{k-1} \left(1 + \sum_{i=1}^{n} a_i x_i\right). \qquad (3.96)$$

$$\left(\frac{k}{n} \sum_{i=1}^{n} (1+x_i)^{a_i}\right)^{C_n^k} \geq \prod_{1 \leq i_1 < \ldots < i_k \leq n} \sum_{j=1}^{k} \left(1 + x_{i_j}\right)^{a_{i_j}}$$

$$\geq \prod_{1 \leq i_1 < \ldots < i_k \leq n} \sum_{j=1}^{k} \left(1 + a_{i_j}x_{i_j}\right) \geq k^{C_{n-1}^k} \left(k + \sum_{i=1}^{n} a_i x_i\right)^{C_{n-1}^{k-1}}. \qquad (3.97)$$

注记 3.8. 当$k = n$ 时, 由式(3.96)即可得式(3.89), 且当$k = 1$ 时, 由

式(3.97) 也可得式(3.89).

3.4.5　Rado-Popoviciu 不等式

对于 $\boldsymbol{x} = (x_1, \ldots, x_n) \in \mathbb{R}^n_{++}$, 不等式

$$n(A_n(\boldsymbol{x}) - G_n(\boldsymbol{x})) \geq (n-1)(A_{n-1}(\boldsymbol{x}) - G_{n-1}(\boldsymbol{x})) \tag{3.98}$$

和

$$\left(\frac{A_n(\boldsymbol{x})}{G_n(\boldsymbol{x})}\right)^n \geq \left(\frac{A_{n-1}(\boldsymbol{x})}{G_{n-1}(\boldsymbol{x})}\right)^{n-1} \tag{3.99}$$

分别是著名的Rado不等式和Popoviciu不等式 (见Mitrinović and Vasić [100, p. 94]). 不等式(3.98)和(3.99) 为连接正数的算术平均值$A_n(\boldsymbol{x})$和几何平均值$G_n(\boldsymbol{x})$提供了一条很好的途径. 这对不等式引起了许多数学家的极大关注, 并引发了许多研究文章, 给出了简单的证明, 提供了各种改进, 推广和类似(参见文 [100], [97], [143]).

张静和石焕南利用初等对称函数及其对偶式的Schur凸性给出这两个不等式的多参数推广.

定理 3.62. *[143]* 设$n \geq 2, t, \lambda > 0$, $g : \mathbb{R}_{++} \to \mathbb{R}_+$ 是凹函数, 则对于$k = 1, \cdots, n$, 有

$$g\left(\frac{t+\lambda}{n}\right) \geq \left(\left(1 - \frac{1}{k}\right) g\left(\frac{t}{n-1}\right) + \frac{1}{k} \cdot g(\lambda)\right)^{\frac{k}{n}} \cdot \left(g\left(\frac{t}{n-1}\right)\right)^{1-\frac{k}{n}}. \tag{3.100}$$

证明　由式(1.14)有

$$u = \left(\underbrace{\frac{t+\lambda}{n}, \cdots, \frac{t+\lambda}{n}}_{n}\right) \prec \left(\underbrace{\frac{t}{n-1}, \cdots, \frac{t}{n-1}}_{n-1}, \lambda\right) = v. \tag{3.101}$$

据定理3.6和定理2.11(b) 知$E_k^*(g(t))$ 在$\mathbb{R}_{++}$ 上Schur-凹, 结合式(3.101)有

$$E_k^*(g(u)) \leq E_k^*(g(v)),$$

即

$$\left(kg\left(\frac{t+\lambda}{n}\right)\right)^{\binom{n}{k}} \geq \left((k-1)g\left(\frac{t}{n-1}\right) + g(\lambda)\right)^{\binom{n-1}{k-1}} \left(kg\left(\frac{t}{n-1}\right)\right)^{\binom{n-1}{k}}. \tag{3.102}$$

在不等式(3.102)两边开C_n^k 次方, 得

$$k\left(g\left(\frac{x+\lambda}{n}\right)\right) \geq \left((k-1)g\left(\frac{x}{n-1}\right)+g(\lambda)\right)^{\frac{k}{n}}\cdot\left(kg\left(\frac{x}{n-1}\right)\right)^{1-\frac{k}{n}}$$
(3.103)

在不等式(3.102)两边同除以$k=k^{\frac{k}{n}}\cdot k^{(1-\frac{k}{n})}$, 即获得不等式(3.100).

定理 3.63. $[227]$ 设$\boldsymbol{x}\in\mathbb{R}_{++}^n$, $n\geq 2, 0<\alpha\leq 1, \lambda>0$. 则对于$k=1,\cdots,n$, 有

$$\left(A_n(\boldsymbol{x})+\frac{(\lambda-1)x_n}{n}\right)^\alpha$$
$$\geq \left(\left(1-\frac{1}{k}\right)(A_{n-1}(\boldsymbol{x}))^\alpha+\frac{1}{k}\lambda^\alpha(x_n)^\alpha\right)^{\frac{k}{n}}\cdot(A_{n-1}(\boldsymbol{x}))^{(1-\frac{k}{n})\alpha}.$$
(3.104)

证明 取$g(y)=y^\alpha, 0<\alpha\leq 1$ 和$t=\frac{\sum\limits_{i=1}^{n-1}x_i}{x_n}$, 由式(3.100)可得

$$\left(\frac{A_n(x)+\frac{(\lambda-1)x_n}{n}}{x_n}\right)^\alpha \geq \left(\left(1-\frac{1}{k}\right)\left(\frac{A_{n-1}(x)}{x_n}\right)^\alpha+\frac{1}{k}\lambda^\alpha\right)^{\frac{k}{n}}\cdot\left(\frac{A_{n-1}(x)}{x_n}\right)^{(1-\frac{k}{n})\alpha}.$$
(3.105)

在不等式(3.105)两边同乘以$(x_n)^\alpha=(x_n)^{\frac{k}{n}\alpha}(x_n)^{(1-\frac{k}{n})\alpha}$即得不等式(3.104). 取$\alpha=\lambda=1$ 和$k=n$, 由不等式(3.104)可得如下推论.

推论 3.13. 设$\boldsymbol{x}\in\mathbb{R}_{++}^n$, $n\geq 2$, 则

$$nA_n(\boldsymbol{x})-(n-1)A_{n-1}(\boldsymbol{x})\geq x_n.$$
(3.106)

注记 3.9. 由算术-几何平均不等式, 可得

$$\frac{x_n+G_{n-1}(\boldsymbol{x})+\cdots+G_{n-1}(\boldsymbol{x})}{n}\geq (x_nG_{n-1}(\boldsymbol{x})\cdots G_{n-1}(\boldsymbol{x}))^{\frac{1}{n}},$$

即

$$x_n+(n-1)G_{n-1}(\boldsymbol{x})\geq n\left(x_nG_{n-1}^{n-1}(\boldsymbol{x})\right)^{\frac{1}{n}}=nG_n(\boldsymbol{x}),$$

也就是

$$x_n\geq nG_n(\boldsymbol{x})-(n-1)G_{n-1}(\boldsymbol{x}).$$
(3.107)

式(3.106) 和(3.107) 给出

$$nA_n(\boldsymbol{x})-(n-1)A_{n-1}(\boldsymbol{x})\geq x_n\geq nG_n(\boldsymbol{x})-(n-1)G_{n-1}(\boldsymbol{x}).$$
(3.108)

不等式(3.108) 加细了Rado不等式(3.98)的等价形式.

取$\alpha = \lambda = 1$ 和$k = 1$, 由不等式(3.104)可得如下推论.

推论 3.14. 设$x \in \mathbb{R}^n_{++}$, $n \geq 2$, 则

$$A_n(\boldsymbol{x}) \geq (x_n)^{\frac{1}{n}}(A_{n-1}(\boldsymbol{x}))^{1-\frac{1}{n}}. \tag{3.109}$$

注记 3.10. 显然不等式(3.109) 等价于

$$(A_n(\boldsymbol{x}))^n \geq x_n(A_{n-1}(\boldsymbol{x}))^{n-1},$$

从而

$$\left(\frac{A_n(\boldsymbol{x})}{G_n(\boldsymbol{x})}\right)^n \geq \frac{x_n(A_{n-1}(\boldsymbol{x}))^{n-1}}{(G_n(\boldsymbol{x}))^n} = \left(\frac{A_{n-1}(\boldsymbol{x})}{G_{n-1}(\boldsymbol{x})}\right)^{n-1},$$

这说明不等式(3.109) 等价于Popoviciu不等式(3.99).

定理 3.64. $[227]$ 设$x \in \mathbb{R}^n_{++}$, $n \geq 2, 0 < \alpha \leq 1, \lambda > 0$, 则对于$k = 1, \cdots, n$, 有

$$\frac{\left(A_n(\boldsymbol{x}) + \frac{(\lambda-1)x_n}{n}\right)^{k\alpha}}{(G_n(\boldsymbol{x}))^{n\alpha}} \geq \lambda^\alpha \cdot \frac{k}{n} \cdot \frac{(A_{n-1}(\boldsymbol{x}))^{(k-1)\alpha}}{(G_{n-1}(\boldsymbol{x}))^{(n-1)\alpha}} + \left(1 - \frac{k}{n}\right)\frac{(A_{n-1}(\boldsymbol{x}))^{k\alpha}}{(G_n(\boldsymbol{x}))^{n\alpha}}. \tag{3.110}$$

注记 3.11. 当$\alpha = \lambda = 1$, 且$k = n$ 时, 不等式(3.110) 化为Popoviciu不等式(3.99), 而当$\alpha = \lambda = 1$, 且$k = 1$ 时, 不等式(3.110) 化为(3.106).

徐 [216] 给出Rado 不等式的如下推广.

定理 3.65. $[216]$ 设$x \in \mathbb{R}^n_{++}$, $1 \leq m < n$, 则

$$\left(\frac{A_n}{G_n}\right)^n \geq \left(\frac{A_m}{G_m}\right)^m \cdot \frac{\left(\frac{1}{n-m}\sum\limits_{i=m+1}^{n} x_i\right)^{n-m}}{\prod\limits_{i=m+1}^{n} x_i}, \tag{3.111}$$

其中式(3.111)中等式成立当且仅当$x_1 = \cdots = x_n$.

证明 由式(1.14), 有

$$\left(\underbrace{\frac{x_1 + \cdots + x_n}{n}, \cdots, \frac{x_1 + \cdots + x_n}{n}}_{n}\right)$$

$$\prec \left(\underbrace{\frac{x_1 + \cdots + x_m}{m}, \ldots, \frac{x_1 + \cdots + x_m}{m}}_{m}, \underbrace{\frac{x_{m+1} + \cdots + x_n}{n-m}, \ldots, \frac{x_{m+1} + \cdots + x_n}{n-m}}_{n-m}\right),$$

对于凸函数 $f(x) = \ln x$, 由定理1.32 (a) , 有

$$n \ln \frac{x_1 + \cdots + x_n}{n} \geq m \ln \frac{x_1 + \cdots + x_m}{m} + (n-m) \ln \frac{x_{m+1} + \cdots + x_n}{n-m}.$$

易见上述不等式等价于不等式(3.111).

3.4.6　幂平均不等式

著名的幂平均不等式 [197] 是

$$n^{\frac{1}{p}-1} \left(\frac{\sum\limits_{i=1}^{n} x_i^p}{n}\right)^{\frac{1}{p}} < \frac{\sum\limits_{i=1}^{n} x_i}{n} \leq \left(\frac{\sum\limits_{i=1}^{n} x_i^p}{n}\right)^{\frac{1}{p}}, \tag{3.112}$$

其中 $x_i > 0, i = 1, 2, \ldots, n$, 且 $p > 1$.

它也可以写作

$$\sum_{i=1}^{n} x_i^p < \left(\sum_{i=1}^{n} x_i\right)^p \leq n^{p-1} \sum_{i=1}^{n} x_i^p. \tag{3.113}$$

1990年, Janous等人 [64] 提出如下猜想

$$\left(\sum_{i=1}^{n} x_i\right)^n \leq (n-1)^{n-1} \sum_{i=1}^{n} x_i^n + n(n^{n-1} - (n-1)^{n-1}) \prod_{i=1}^{n} x_i. \tag{3.114}$$

2005年, 吴善和 [197] 应用受控理论和分析技巧推广和加强了幂平均不等式, 得到如下结果.

定理 3.66. 设 $\boldsymbol{x} \in \mathbb{R}_{++}^n, n \geq 2, 0 \leq \lambda \leq 1, p \geq 2, 1 \leq k \leq n$, 则

$$(E_k(\boldsymbol{x}))^p - E_k(\boldsymbol{x}^p) \geq \left(\left(E_k(\boldsymbol{x}^{\frac{\lambda}{\lambda-n}})\right)^p - E_k\left(\boldsymbol{x}^{\frac{\lambda p}{\lambda-n}}\right)\right) \prod_{i=1}^{n} x_i^{\frac{kp}{n-\lambda}}. \tag{3.115}$$

定理 3.67. 设 $\boldsymbol{x} \in \mathbb{R}_{++}^n, \lambda \geq \max\{(n-1)^{p-1}, (p-1)^{p-1}\}, n \geq 1, p > 1$, 则

$$\left(\sum_{i=1}^{n} x_i\right)^p \leq \lambda \sum_{i=1}^{n} x_i^p + (n^p - n\lambda) \left(\prod_{i=k}^{n} x_i\right)^{\frac{p}{n}}. \tag{3.116}$$

定理 3.68. 设 $\boldsymbol{x} \in \mathbb{R}^n_{++}, \lambda \geq \max\{(\mathrm{C}^k_n - 1)^{p-1}, (p-1)^{p-1}\}, n \geq 1, p > 1, 1 \leq k \leq n,$ 则

$$(E_k(\boldsymbol{x}))^p - E_k(\boldsymbol{x}^p) \leq \left((\mathrm{C}^k_n)^p - \lambda \mathrm{C}^k_n\right) \prod_{i=1}^n x_i^{\frac{kp}{n}}. \tag{3.117}$$

为证明上述三个定理, 需用如下引理.

引理 3.2. 设 $\boldsymbol{x} \in \mathbb{R}^n_{++}$ 且 $n \geq 2,$ 则 $(E_k(\boldsymbol{x}))^p - E_k(\boldsymbol{x}^p)$ 在 $\mathbb{R}^n$ 上S-凸.

3.4.7　算术-几何-调和平均值不等式

设 $\boldsymbol{x} \in \mathbb{R}^n_{++},$ 著名的算术-几何-调和平均值不等式为

$$A_n(\boldsymbol{x}) \geq G_n(\boldsymbol{x}) \geq H_n(\boldsymbol{x}), \tag{3.118}$$

即

$$\frac{1}{n}\sum_{i=1}^n x_i \leq \sqrt[n]{\prod_{i=1}^n x_i} \geq \frac{n}{\sum\limits_{i=1}^n \frac{1}{x_i}}.$$

1999年, Paul 和Jack Abad 在美国数学协会(MAA)上推荐了 "100 个最伟大的定理"(The Hundred Greatest Theorems), 这些定理的排名是基于这样的准则:"定理在文献里的地位, 有高质量的证明, 以及突破性的结果". 算术-几何平均值不等式位列 "100个最伟大的定理" 的第38 位, 足见它在数学及其应用中拥有的崇高地位. 寻求对算术—几何平均值不等式的不同证法, 一直是人们研究的热点, 至今已有上百种不同的证明方法(见文献 [70], [5]).

文 [144]利用控制不等式的方法, 给出式(3.118)一个简单证明.

对于 $\boldsymbol{x} \in \mathbb{R}^n_{++},$ 令

$$\varphi(\boldsymbol{x}) = nA_n(\boldsymbol{x}) + \frac{1}{G^n_n(\boldsymbol{x})} = \sum_{i=1}^n x_i + \frac{1}{\prod\limits_{i=1}^n x_i}.$$

容易计算

$$(x_1 - x_2)\left(\frac{\partial\varphi}{\partial x_1} - \frac{\partial\varphi}{\partial x_2}\right) = \frac{(x_1 - x_2)^2}{x_1^2 x_2^2 x_3 \cdots x_n} \geq 0,$$

故 $\varphi(\boldsymbol{x})$ 在 $\mathbb{R}^n_{++}$ 上S-凸, 由式(1.14) 有

$$\varphi\left(A_n(\boldsymbol{x}), \cdots, A_n(\boldsymbol{x})\right) \leq \varphi\left(x_1, \cdots, x_n\right),$$

即

$$nA_n(\boldsymbol{x}) + \frac{1}{A_n^n(\boldsymbol{x})} \le nA_n(\boldsymbol{x}) + \frac{1}{G_n^n(\boldsymbol{x})},$$

由此即得

$$A_n(\boldsymbol{x}) \ge G_n(\boldsymbol{x}). \tag{3.119}$$

因

$$(x_1 - x_2)\left(x_1\frac{\partial\varphi(\boldsymbol{x})}{\partial x_1} - x_2\frac{\partial\varphi(\boldsymbol{x})}{\partial x_2}\right) = (x_1 - x_2)^2 \ge 0,$$

故$\varphi(\boldsymbol{x})$ 在$\mathbb{R}_+^n$ 上S-几何凸, 由式(1.14) 有

$$\left(\ln\frac{1}{G_n(\boldsymbol{x})}, \cdots, \ln\frac{1}{G_n(\boldsymbol{x})}\right) \prec \left(\ln\frac{1}{x_1}, \cdots, \ln\frac{1}{x_n}\right),$$

于是有

$$\varphi\left(\frac{1}{G_n(\boldsymbol{x})}, \cdots, \frac{1}{G_n(\boldsymbol{x})}\right) \le \varphi\left(\frac{1}{x_1}, \cdots, \frac{1}{x_n}\right),$$

由此即可得

$$\frac{n}{G_n(\boldsymbol{x})} + G_n^n(\boldsymbol{x}) \le \sum_{i=1}^{n}\frac{1}{x_i} + G_n^n(\boldsymbol{x}),$$

即

$$G_n(\boldsymbol{x}) \ge H_n(\boldsymbol{x}). \tag{3.120}$$

注记 3.12. 　若取$\psi(\boldsymbol{x}) = A_n(\boldsymbol{x}) + G_n(\boldsymbol{x})$, 同样可证得式(3.118).

第4章 Schur凸函数与其他对称函数不等式

4.1 完全对称函数的Schur凸性

4.1.1 完全对称函数的Schur凸性

对于 $\boldsymbol{x} = (x_1, \ldots, x_n) \in \mathbb{R}^n$, 完全对称函数 $c_k(\boldsymbol{x})$ 定义如下

$$c_k(\boldsymbol{x}) = \sum_{i_1 + \cdots + i_n = k} x_1^{i_1} \cdots x_n^{i_n}, \tag{4.1}$$

其中 $i_1, \ldots, i_n$ 是非负整数, 且定义 $c_0(\boldsymbol{x}) = 1$, 当 $k > n$ 时, 规定 $c_k(\boldsymbol{x}) = 0$.

相应地, $\boldsymbol{x}$ 的 k 次完全对称函数平均定义为

$$D_k(\boldsymbol{x}) = D_k(x_1, \ldots, x_n) := \frac{c_k(\boldsymbol{x})}{\mathrm{C}_{k+n-1}^{n-1}}. \tag{4.2}$$

例如

$$c_2(a, b, c) = ab + bc + ca + a^2 + b^2 + c^2,$$

$$D_2(a, b, c) = \frac{1}{6}(ab + bc + ca + a^2 + b^2 + c^2).$$

对于 $\boldsymbol{x} \in \mathbb{R}_{++}^n$, 记 $\widetilde{\boldsymbol{x}}_i = (x_1, \ldots, x_{i-1}, x_{i+1}, \ldots, x_n)$, 不难验证

$$c_k(\boldsymbol{x}) = x_i c_{k-1}(\boldsymbol{x}) + c_k(\widetilde{\boldsymbol{x}}_i) \tag{4.3}$$

事实上, 易见

$$c_k(\boldsymbol{x}) = \sum_{i_1 + \cdots + i_n = k} x_1^{i_1} \cdots x_n^{i_n} = x_i^k + x_i^{k-1} c_1(\widetilde{\boldsymbol{x}}_i) + \cdots + c_k(\widetilde{\boldsymbol{x}}_i),$$

$$c_{k-1}(\boldsymbol{x}) = x_i^{k-1} + x_i^{k-2} c_1(\widetilde{\boldsymbol{x}}_i) + \cdots + c_{k-1}(\widetilde{\boldsymbol{x}}_i),$$

故式(4.3)成立.

完全对称函数是一类重要的对称函数. 关于此函数, 有如下结果

$$(c_k(\boldsymbol{x} + \boldsymbol{y}))^{\frac{1}{k}} \leq (c_k(\boldsymbol{x}))^{\frac{1}{k}} + (c_k(\boldsymbol{y}))^{\frac{1}{k}}; \tag{4.4}$$

$$c_r(\boldsymbol{x})c_{s-1}(\boldsymbol{x}) \geq c_{r-1}(\boldsymbol{x})c_s(\boldsymbol{x}), 0 < r < s; \tag{4.5}$$

$$(c_r(\boldsymbol{x}))^{\frac{1}{r}} \geq (c_s(\boldsymbol{x}))^{\frac{1}{s}}, 0 < r < s; \tag{4.6}$$

$$D_{k-2}(\boldsymbol{x})D_{k+2}(\boldsymbol{x}) - D_{k-1}(\boldsymbol{x})D_{k+1}(\boldsymbol{x}) \geq 0. \tag{4.7}$$

2006年, 关开中 [50] 建立了如下两个重要结论:

定理 4.1. $c_k(\boldsymbol{x})$ 是$\mathbb{R}_{++}^n$ 上的递增的S-凸函数.

定理 4.2. 设$\boldsymbol{x} \in \mathbb{R}_{++}^n$, $c_k(\boldsymbol{x})$ 是$\boldsymbol{x}$ 的完全对称函数, 则对于正整数$k \geq 1$, $\varphi_k(\boldsymbol{x}) = \frac{c_k(\boldsymbol{x})}{c_{k-1}(\boldsymbol{x})}$ 是$\mathbb{R}_{++}^n$ 上的递增的S-凸函数.

由定理4.1易得如下推论:

推论 4.1. *[145]* 若r 是偶整数(奇整数), 则$c_k(\boldsymbol{x})$ 在$\mathbb{R}_{--}^n$ 上递减且S-凸(递增且S-凹).

以下定理给出了定理4.2的一个应用.

定理 4.3. *[161]* 设$\boldsymbol{a} = (a_1, \ldots, a_n) \in \mathbb{R}_{++}^n, n \geq 2, s = \sum_{i=1}^{n} a_i, r \geq 1, \alpha \geq 1$.

(a) 记$x_i = \frac{a_i^t}{rs - a_i}, i = 1, 2, \ldots, n, c_1(\boldsymbol{x}), \ldots, c_n(\boldsymbol{x})$ 是关于$\boldsymbol{x} = (x_1, \ldots, x_n)$ 的完全对称函数, 则当$t \geq 1$ 时, 有

$$1 \leq \frac{n^{(t-1)}(rn-1)^{\alpha}c_1(\boldsymbol{x}^{\alpha})}{s^{\alpha(t-1)}\mathrm{C}_n^1} \leq \frac{n^{2\alpha(t-1)}(rn-1)^{2\alpha}c_2(\boldsymbol{x}^{\alpha})}{s^{2\alpha(t-1)}\mathrm{C}_{n+1}^2}$$
$$\leq \cdots \leq \frac{n^{n(t-1)}(rn-1)^{n\alpha}c_n(\boldsymbol{x}^{\alpha})}{s^{n\alpha(t-1)}\mathrm{C}_{n+(n-1)}^n}. \tag{4.8}$$

(b) 记$y_i = \frac{rs - a_i}{a_i^t}, i = 1, 2, \ldots, n, c_1(\boldsymbol{y}), \ldots, c_n(\boldsymbol{y})$ 是关于$\boldsymbol{y} = (y_1, \ldots, y_n)$ 的完全对称函数, 则当$t > 0$ 时, 有

$$1 \leq \frac{s^{\alpha(t-1)}c_1(\boldsymbol{y}^{\alpha})}{n^{\alpha(t-1)}(rn-1)^{\alpha}\mathrm{C}_n^1} \leq \frac{s^{2\alpha(t-1)}c_2(\boldsymbol{y}^{\alpha})}{n^{2\alpha(t-1)}(rn-1)^{2\alpha}\mathrm{C}_{n+1}^2}$$
$$\leq \cdots \leq \frac{s^{n\alpha(t-1)}c_n(\boldsymbol{y}^{\alpha})}{n^{n(t-1)}(rn-1)^{n\alpha}\mathrm{C}_{n+(n-1)}^n}. \tag{4.9}$$

根据定理4.2 和定理1.31(c), 结合(1.100) 和(1.101)两式, 即可证得定理4.3.

取 $t = r = 1$, 式(4.8)中第一个不等式可化为1987 年第28 届IMO 备选题

$$\left(\frac{a_1}{a_2 + a_3 + \cdots + a_n}\right)^\alpha + \cdots + \left(\frac{a_n}{a_1 + a_2 + \cdots + a_{n-1}}\right)^\alpha \geq \frac{n}{(n-1)^\alpha}. \tag{4.10}$$

因此式(4.8)是式(4.10) 的推广和引申.

取 $\alpha = r = 1, n = 3$, 式(4.8)中第一个不等式可化为1989 年第30 届IMO 备选题

$$\frac{a_1^t}{a_2 + a_3} + \frac{a_2^t}{a_3 + a_1} + \frac{a_3^t}{a_1 + a_2} \geq \left(\frac{2}{3}\right)^{t-2} \left(\frac{a_1 + a_2 + a_3}{2}\right)^{t-1}. \tag{4.11}$$

而式(4.9)中第一个不等式可化为

$$\frac{a_2 + a_3}{a_1^t} + \frac{a_3 + a_1}{a_2^t} + \frac{a_1 + a_2}{a_3^t} \geq \frac{2 \cdot 3^t}{(a_1 + a_2 + a_3)^{t-1}}. \tag{4.12}$$

当 $t = 1$ 时, 式(4.11)和式(4.12)分别化为下述两个熟悉的对偶不等式

$$\frac{a_1}{a_2 + a_3} + \frac{a_2}{a_3 + a_1} + \frac{a_3}{a_1 + a_2} \geq \frac{2}{3} \tag{4.13}$$

和

$$\frac{a_2 + a_3}{a_1} + \frac{a_3 + a_1}{a_2} + \frac{a_1 + a_2}{a_3} \geq 6. \tag{4.14}$$

当 $t = \frac{1}{2}$ 时, 式(4.12) 化为

$$\frac{a_2 + a_3}{\sqrt{a_1}} + \frac{a_3 + a_1}{\sqrt{a_2}} + \frac{a_1 + a_2}{\sqrt{a_3}} \geq 6\sqrt{\frac{a_1 + a_2 + a_3}{3}}. \tag{4.15}$$

褚玉明等人 [17] 证得如下两个定理.

定理 4.4. 完全对称函数 $c_k(\boldsymbol{x})$ 是 $\mathbb{R}_{++}^n$ 上的S-几何凸函数和S-调和凸函数.

定理 4.5. 设 $\boldsymbol{x} \in \mathbb{R}_{++}^n, c_k(\boldsymbol{x})$ 是 $\boldsymbol{x}$ 的完全对称函数, 则对于正整数 $k \geq 1$, $\varphi_k(\boldsymbol{x}) = \frac{c_k(\boldsymbol{x})}{c_{k-1}(\boldsymbol{x})}$ 是 $\mathbb{R}_{++}^n$ 上的S-几何凸函数和S-调和凸函数.

例 4.1. (2009 年伊朗数学奥林匹克试题) 设 a, b, c, d 是正实数, 且 $abcd = 1$. 证明

$$a^2 + b^2 + c^2 + d^2 + ab + ac + ad + bc + bd + dc \geq 10. \tag{4.16}$$

证明　由定理4.4知

$$c_2(a,b,c,d) = a^2 + b^2 + c^2 + d^2 + ab + ac + ad + bc + bd + dc$$

是$\mathbb{R}^4_{++}$ 上的S-几何凸函数, 由

$$\left(\ln \sqrt[4]{abcd}, \ln \sqrt[4]{abcd}, \ln \sqrt[4]{abcd}, \ln \sqrt[4]{abcd}\right) \prec (\ln a, \ln b, \ln c, \ln d)$$

有

$$c_2\left(a,b,c,d\right) \geq c_2(\sqrt[4]{abcd}, \sqrt[4]{abcd}, \sqrt[4]{abcd}, \sqrt[4]{abcd}) = 10.$$

4.1.2　完全对称函数的推广

关开中 [52] 对于完全对称函数的推广形式

$$c_k\left(\boldsymbol{x}^{\frac{1}{k}}\right) = \sum_{i_1+i_2+\cdots+i_n=k} (x_1^{i_1}\cdots x_n^{i_n})^{\frac{1}{k}}, \tag{4.17}$$

证得:

定理 4.6. 对于$k = 1, 2, \ldots, n$, $c_k\left(\boldsymbol{x}^{\frac{1}{k}}\right)$ 是$\mathbb{R}^n_{++}$ 上的递增的S- 凹函数.

褚玉明和孙天川 [18] 证得:

定理 4.7. 对于$k = 1, 2, \ldots, n$, $c_k\left(\boldsymbol{x}^{\frac{1}{k}}\right)$ 是$\mathbb{R}^n_{++}$ 上的S-调和凹函数.

王文和杨世国 [180] 证得:

定理 4.8. 对于$k = 1, 2, \ldots, n$, 当$m > 1$ 时, $c_k(\boldsymbol{x}^{\frac{1}{k}})$ 是$\mathbb{R}^n_{++}$ 上的Schur m-幂凹函数; 当$m \leq \frac{1}{k}$ 时, $c_k(\boldsymbol{x}^{\frac{1}{k}})$ 是$\mathbb{R}^n_{++}$ 上的Schur m-幂凸函数.

张孔生和石焕南[229] 考察了完全对称函数$c_k(\boldsymbol{x})$ 的对偶形式:

$$c_k^*(\boldsymbol{x}) = \prod_{i_1+\cdots+i_n=k} \sum_{j=1}^{n} i_j x_j = \prod_{1 \leq i_1 \leq \ldots \leq i_k \leq n} \sum_{j=1}^{k} x_{i_j}, \tag{4.18}$$

其中$i_1, \ldots, i_n$ 为非负整数.

张孔生证得:

定理 4.9. 对于$k = 1, 2, \ldots, n$, $c_k^*(\boldsymbol{x})$ 在$\mathbb{R}^n_{++}$上S-几何凸且S-调和凸.

石焕南证得:

定理 4.10. 对于$k = 1, 2, \ldots, n$, $c_k^*(\boldsymbol{x})$ 是$\mathbb{R}^n_{++}$ 上递增的S-凹函数.

4.1.3　一个完全对称复合函数的Schur凸性

孙明保等人 [168]考查了下述$c_k(\boldsymbol{x})$ 的复合函数的S-凸性, S-几何凸性和S-调和凸性.

$$F_n(\boldsymbol{x}, r) = \sum_{i_1+i_2+\cdots+i_n=r} \prod_{j=1}^{n} \left(\frac{x_j}{1 - x_j} \right)^{i_j}. \tag{4.19}$$

分别利用这三种凸性的判定定理, 即定理2.3, 定理2.30和定理2.36 证得如下三个定理.

定理 4.11. 对于$\boldsymbol{x} = (x_1, \ldots, x_n) \in [0,1)^n \cup (1,+\infty)^n$ 和$r \in \mathbb{N}$:

(a) 对于固定的r, $F_n(\boldsymbol{x}, r)$ 是$[0,1)^n$ 上递增的S-凸函数;

(b) 若r 是偶整数(奇整数), 则$F_n(\boldsymbol{x}, r)$ 在$(1,+\infty)^n$ 上是递减的S-凸函数(递增 S-凹函数).

定理 4.12. 对于$\boldsymbol{x} = (x_1, \ldots, x_n) \in [0,1)^n \cup (1,+\infty)^n$ 和$r \in \mathbb{N}$:

(a) $F_n(\boldsymbol{x}, r)$ 在$[0,1)^n$ 上S-几何凸;

(b) 若r 是偶整数(奇整数), 则$F_n(\boldsymbol{x}, r)$ 在$(1,+\infty)^n$ 上S-几何凸(S-几何凹).

定理 4.13. 对于$\boldsymbol{x} = (x_1, \ldots, x_n) \in [0,1)^n \cup (1,+\infty)^n$ 和$r \in \mathbb{N}$:

(a) $F_n(\boldsymbol{x}, r)$ 在$[0,1)^n$ 上S-调和凸;

(b) 若r 是偶整数(奇整数), 则$F_n(\boldsymbol{x}, r)$ 在$(1,+\infty)^n$ 上S-调和凸(S-调和凹).

利用推论4.1和Schur凸函数、 Schur 几何凸函数和Schur调和凸函数的性质, 石焕南等人 [145]为上述结果提供了非常简单的证明.

孙明保等人 [169]研究了下列复合函数的Schur凸性, Schur几何凸性和Schur调和凸性, 得到了

$$\widetilde{F}_n(\boldsymbol{x}, r) = \sum_{i_1+i_2+\cdots+i_n=r} \prod_{j=1}^{n} \left(\frac{1 + x_j}{1 - x_j} \right)^{i_j}, \tag{4.20}$$

其中$\boldsymbol{x} = (x_1, \ldots, x_n) \in [0,1)^n \cup (1,+\infty)^n$, $r \in \mathbb{N}$, $i_1, \ldots, i_n$ 是非负整数.

分别利用这三种凸性的判定定理, 即定理2.3, 定理2.30和定理2.36, 证明了以下三个定理.

定理 4.14. 设$\boldsymbol{x} = (x_1, \ldots, x_n) \in [0,1)^n \cup (1,+\infty)^n$ 和$r \in \mathbb{N}$.

(a) 对于固定的r, $\widetilde{F}_n(\boldsymbol{x}, r)$ 在$[0,1)^n$ 上递增且S- 凸;

(b) 若r是偶整数(奇整数), 则$\widetilde{F}_n(\boldsymbol{x},r)$ 在$(1,+\infty)^n$ 上递减且S-凸(递增且S-凹).

定理 4.15. 设$\boldsymbol{x} = (x_1,\ldots,x_n) \in [0,1)^n \cup (1,+\infty)^n$ 和$r \in \mathbb{N}$.

(a) $\widetilde{F}_n(\boldsymbol{x},r)$ 在$[0,1)^n$ 上S-几何凸;

(b) 若r 是偶整数(奇整数), 则$\widetilde{F}_n(\boldsymbol{x},r)$ 在$(1,+\infty)^n$ 上S-几何凸(S-几何凹).

定理 4.16. 设$\boldsymbol{x} = (x_1,\ldots,x_n) \in [0,1)^n \cup (1,+\infty)^n$ 和$r \in \mathbb{N}$.

(a) $\widetilde{F}_n(\boldsymbol{x},r)$ 在$[0,1)^n$ 上S-调和凸;

(b) 若r 是偶整数(奇整数), 则$\widetilde{F}_n(\boldsymbol{x},r)$ 在$(1,+\infty)^n$ 上S-调和凸(S-调和凹).

读者可以尝试用文献 [145]中的方法来证明定理4.14, 定理4.15 和定理4.16.

4.2　Hamy对称函数的Schur凸性

4.2.1　Hamy对称函数及其推广

设$\boldsymbol{x} = (x_1,\ldots,x_n) \in \mathbb{R}_{++}^n$, $\boldsymbol{x}$ 的Hamy对称函数为

$$H_k(\boldsymbol{x}) = \sum_{1 \le i_1 < \cdots < i_k \le n} \left(\prod_{j=1}^k x_{i_j}\right)^{\frac{1}{k}}, k = 1,2,\ldots,n. \tag{4.21}$$

与此相关的是k 阶Hamy平均

$$\sigma_n(\boldsymbol{x},k) = \frac{1}{\mathrm{C}_n^k} \sum_{1 \le i_1 < \cdots < i_k \le n} \left(\prod_{j=1}^k x_j\right)^{\frac{1}{k}}, k = 1,2,\ldots,n. \tag{4.22}$$

1981年, 张运筹 [70, p. 85]给出算术-几何平均不等式的加细

$$G_n(\boldsymbol{x}) = \sigma_n(\boldsymbol{x},n) \le \sigma_n(\boldsymbol{x},n-1) \le \cdots \le \sigma_n(\boldsymbol{x},2) \le \sigma_n(\boldsymbol{x},1) = A_n(\boldsymbol{x}). \tag{4.23}$$

关开中 [51]将Hamy对称函数和Hamy均值分别推广为

$$\sum_{n}^k (f(\boldsymbol{x})) = \sum_{1 \le i_1 < \cdots < i_k \le n} f\left(\prod_{j=1}^k x_{i_j}^{\frac{1}{k}}\right), k = 1,2,\ldots,n \tag{4.24}$$

和

$$\sigma_n^k(f(\boldsymbol{x})) = \frac{1}{C_n^k} \sum_{1 \le i_1 < \cdots < i_k \le n} f\left(\prod_{j=1}^k x_{i_j}^{\frac{1}{k}}\right), k = 1, 2, \ldots, n. \tag{4.25}$$

2011 年, 当f 是MN–凸函数时, 关开中和关汝柯 [48]研究了$\sum\limits_n^k(f(\boldsymbol{x}))$ 的Schur凸性(请参阅1.2.4), 并获得以下结果.

定理 4.17. 设$I \subset \mathbb{R}_{++}$, $f : I \to \mathbb{R}_{++}$ 连续, 则:

(a) 若f 在I 上递减且AA-凸(一般凸), 则$\sum\limits_n^k(f(\boldsymbol{x}))$ 在I^n 上S-凸;

(b) 若f 在I 上递增且AA-凹, 则$\sum\limits_n^k(f(\boldsymbol{x}))$ 在I^n 上S-凹.

定理 4.18. 设$I \subset \mathbb{R}_{++}$, $f : I \to \mathbb{R}_{++}$ 连续, 则:

(a) 若f 在I 上GA-凸, 则$\sum\limits_n^k(f(\boldsymbol{x}))$ 在I^n 上S- 几何凸;

(b) 若f 在I 上GA-凹, 则$\sum\limits_n^k(f(\boldsymbol{x}))$ 在I^n 上S- 几何凹.

定理 4.19. 设$I \subset \mathbb{R}_{++}$, $f : I \to \mathbb{R}_{++}$ 连续, 则:

(a) 若f 在I 上递增且HA-凸, 则$\sum\limits_n^k(f(\boldsymbol{x}))$ 在I^n 上S-调和凸;

(b) 若f 在I 上递减且HA-凹, 则$\sum\limits_n^k(f(\boldsymbol{x}))$ 在I^n 上S-调和凹.

定理 4.20. (a) 若 f GA-凸, 则:

$$\sigma_n^n(f(\boldsymbol{x})) \le \sigma_{n-1}^n(f(\boldsymbol{x})) \le \cdots \le \sigma_n^2(f(\boldsymbol{x})) \le \sigma_n^1(f(\boldsymbol{x})); \tag{4.26}$$

(b) 若f GA-凹, 则

$$\sigma_n^n(f(\boldsymbol{x})) \ge \sigma_{n-1}^n(f(\boldsymbol{x})) \ge \cdots \ge \sigma_n^2(f(\boldsymbol{x})) \ge \sigma_n^1(f(\boldsymbol{x})). \tag{4.27}$$

由推论1.4易证$f(x) = x$ 在$\mathbb{R}_{++}$ 上递增, 且AA- 凹, GA- 凸, 递增且HA-凸. 从而据定理4.17, 定理4.18 和定理4.19可得:

推论 4.2. Hamy对称函数$H_k(\boldsymbol{x})$ 在$\mathbb{R}_{++}$ 上S-凹, S-几何凸和S-调和凸, $k = 1, 2, \ldots, n$.

对于 $\boldsymbol{x} - (x_1,\ldots,x_n) \in \mathbb{R}^n_{++}$, 令

$$\widetilde{H}_k(\boldsymbol{x}) := \sum_{1 \le i_1 < \cdots < i_k \le n} \left(\prod_{j=1}^k x_{i_j}\right)^{-\frac{1}{k}}, \quad k = 1, 2, \ldots, n. \tag{4.28}$$

定理 4.21. 对称函数 $\widetilde{H}_k(\boldsymbol{x})$ 在 $\mathbb{R}^n_{++}$ 上S- 凸, S-几何凸和S-调和凹, $k = 1, 2, \ldots, n$.

证明 注意 $\widetilde{H}_k(\boldsymbol{x}) = \sum_n^k (f(\boldsymbol{x}))$, 其中 $f(x) = \frac{1}{x}$. 因 $f'(x) = -\frac{1}{x^2}$ 和 $f''(x) = \frac{2}{x^3}$, $f(x)$ 在 $\mathbb{R}_{++}$ 上递减且AA-凸, 从而由定理4.17 (a) 知 $\widetilde{H}_k(\boldsymbol{x})$ 在 $\mathbb{R}^n_{++}$ 上S-凸.

易见 $xf'(x) = -\frac{1}{x}$ 和 $x^2 f'(x) = -1$ 分别在 $\mathbb{R}_{++}$ 上递增或递减, 分别由推论1.4 (d) 和(g) 可知 $f(x)$ 在 $\mathbb{R}_{++}$ 上GA-凸和HA-凹, 从而分别由定理4.18(a) 和定理4.19 (b) 知 $\widetilde{H}_k(\boldsymbol{x})$ 在 $\mathbb{R}^n_{++}$ 上S-几何凸和S-调和凹.

文献 [52], [181] 和 [18]是分别利用S-凹, S-几何凸和S-调和凸判定定理证明了 $H_k(\boldsymbol{x})$ 的Schur凹性, Schur几何凸性和Schur调和凸性.

王文和杨世国 [181] 研究了 $\sum_n^k (f(\boldsymbol{x}))$ 的Schur 幂凸性并获得如下结果:

定理 4.22. 设 $I \subset \mathbb{R}_+, f : I \to \mathbb{R}_+$ 在I 上二次连续可微. 若f 在I 上递增且几何凸, 则:

(a) 对于 $m \le 0$, $\sum_n^k (f(\boldsymbol{x}))$ 在 I^n 上m 阶S-幂凸;

(b) 当 $r = 2, n = 2$ 时, 对于 $m > 0$, $\sum_n^k (f(\boldsymbol{x}))$ 在 I^n 上m 阶S-幂凹.

注记 4.1. 该定理由张鉴等人 [226] 进行了修订, 且不同于文 [181] 张鉴等人 [226] 给出结论(a) 的一个简单的证明:

由推论4.2知$\sum_n^k (f(\boldsymbol{x}))$ 是S-几何凸的, 即当 $m = 0$ 时, $\sum_n^k (f(\boldsymbol{x}))$ 是0-阶S-幂凸的. 因 f 在I 上递增, 显然$\sum_n^k (f(\boldsymbol{x}))$ 在 I^n 上递增. 若 $m < 0$, 由定理2.41可断定 $\sum_n^k (f(\boldsymbol{x}))$ 在 I^n 上m- 阶S-凸. 定理4.22 (a) 得证.

对于 $\boldsymbol{x} \in \mathbb{R}^n_{++}$ 和 $k \in \{1, 2, \ldots, n\}$, 对称函数 $N_n(\boldsymbol{x}, k)$ 定义为

$$N_n(\boldsymbol{x}, k) = \sum_{1 \le i_1 < \cdots < i_k \le n} \left(\prod_{j=1}^k \frac{1 + x_{i_j}}{x_{i_j}}\right)^{\frac{1}{k}}, \tag{4.29}$$

其中 $i_1, \ldots, i_k$ 是正整数.

通过使用Schur凹, Schur几何凸和Schur调和凸的判断定理, 何再银 [61] 证明了以下定理.

定理 4.23. 对称函数 $N_n(\boldsymbol{x}, k)$ 在 $\mathbb{R}_{++}^n$ 上S-凸, S-几何凸和S-调和凹, $k = 1, 2, \ldots, n$.

孙明保 [164]研究了对称函数 $F_n(\boldsymbol{x}; k)$ 的Schur凸性, Schur几何凸性和Schur调和凸性, $F_n(\boldsymbol{x}; k)$ 定义为

$$F_n(\boldsymbol{x}; k) = F_n(x_1, \ldots, x_n; k) = \sum_{1 \le i_1 < \cdots < i_k \le n} \left(\prod_{j=1}^{k} \frac{x_{i_j}}{1 - x_{i_j}} \right)^{\frac{1}{k}}, \quad (4.30)$$

其中$i_1, \ldots, i_n$ 是非负整数.

文 [164]的主要结果如下:

定理 4.24. 设$\boldsymbol{x} \in (-\infty, 1)^n \cup (1, +\infty)^n, n > 2$ 和$k \in \{1, 2, \ldots, n\}$.

(a) 函数$F_n(\boldsymbol{x}; k)$ 在$[0, \frac{n(k-1)}{2k(n-1)}]^n$ 上S- 凹, 在$[\frac{n(k-1)}{2k(n-1)}, 1)^n$ 上S-凸;

(b) 若k 是偶数(奇数), 则$F_n(\boldsymbol{x}; k)$ 在$(-\infty, 0]^n$ 上S-凹(S-凸).

定理 4.25. 对于$n \ge 2$, 和$r \in \{1, 2, \ldots, n\}$, $F_n(\boldsymbol{x}; k)$ 在$[0, 1)^n$ 上S-几何凸和S-调和凸.

对于$\boldsymbol{x} \in \mathbb{R}_{--}^n \cup \mathbb{R}_{++}^n$ 和$k \in \{1, 2, \ldots, n\}$, 对称函数$G_n(\boldsymbol{x}, k)$定义为

$$G_n(\boldsymbol{x}, k) = \sum_{1 \le i_1 < \cdots < i_k \le n} \left(\prod_{j=1}^{k} \frac{1 - x_{i_j}}{x_{i_j}} \right)^{\frac{1}{k}}, \quad (4.31)$$

其中$i_1, \ldots, i_k$ 是正整数.

对于$\boldsymbol{x} \in (-\infty, -1)^n \cup (-1, +\infty)^n$ 和$k \in \{1, 2, \ldots, n\}$, 对称函数$M_n(\boldsymbol{x}; k)$ [164] 定义为

$$M_n(\boldsymbol{x}, k) = \sum_{1 \le i_1 < \cdots < i_k \le n} \left(\prod_{j=1}^{k} \frac{x_{i_j}}{1 + x_{i_j}} \right)^{\frac{1}{k}}, \quad (4.32)$$

其中$i_1, \ldots, i_k$ 是正整数.

对于$M_n(\boldsymbol{x}; k)$, 夏卫锋和褚玉明 [207] 证得如下结果:

定理 4.26. (a) 对于$n \ge 2$, $k \in \{1, 2, \ldots, n\}$, $M_n(\boldsymbol{x}, k)$ 在$\mathbb{R}_{++}^n$ 上S-凹和S-调和凸;

(b) 对于$n \ge 2$, $k \in \{1, 2, \ldots, n\}$, $M_n(\boldsymbol{x}, k)$ 在$[\frac{1}{k}, \infty)^n$ 上S-几何凹;

(c) $M_n(\boldsymbol{x}, 1)$ 在$[0, 1)^n$ 上S-几何凸;

(d) $M_n(\boldsymbol{x}, n)$ 在$\mathbb{R}_{++}^n$ 上S-几何凹.

对于以上四种对称函数, 孙明保 [170] 得到以下进一步的结果.

定理 4.27. 对于$n \geq 2$ 和$k \in \{1, 2, \ldots, n\}$, 若$k$ 是偶数(奇数), 则:

(a) 函数$F_n(\boldsymbol{x}, k)$ 在$(1, +\infty)^n$ 上S-几何凸(S-几何凹);

(b) $F_n(\boldsymbol{x}, k)$ 在$(1, +\infty)^n$ 上S-调和凸(S-调和凹).

定理 4.28. 对于$n \geq 2$ 和$k \in \{1, 2, \ldots, n\}$:

(a) 函数$G_n(\boldsymbol{x}, k)$ 在$(0, \frac{n-r}{r(n-1)}]^n$ 上S- 几何凸, 在$(\frac{n-r}{r(n-1)}, 1]^n$ 上S-几何凹;

(b) 若k 是偶数(奇数), 则$G_n(\boldsymbol{x}, k)$ 在$(1, +\infty)^n$ 上S-几何凹(S-几何凸).

定理 4.29. 对于$\boldsymbol{x} \in (0, +\infty)^n, n \geq 2$ 和$k \in \{1, 2, \ldots, n\}$:

(a) 函数$G_n(\boldsymbol{x}, k)$ 在$(0, 1]^n$ 上S-调和凹;

(b) 若k 是偶数(奇数), 则$G_n(\boldsymbol{x}, k)$ 在$(1, +\infty)^n$ 上S-调和凹(S-调和凸).

定理 4.30. 对于$\boldsymbol{x} \in (0, +\infty)^n, n \geq 3$ 和$k \in \{1, 2, \ldots, n\}$, $M_n(\boldsymbol{x}, k)$ 在$(0, \frac{n-k}{k(n-1)}]^n$ 上S-几何凸, 在$(\frac{n-k}{k(n-1)}, +\infty)^n$ 上S-几何凹.

定理 4.31. 对于$n \geq 2$ 和$k \in \{1, 2, \ldots, n\}$:

(a) 函数$N_n(\boldsymbol{x}, k)$ 在$(0, +\infty)^n$ 上S-几何凹;

(b) $N_n(\boldsymbol{x}, k)$ 在$(0, +\infty)^n$ 上S-调和凹.

4.2.2　Hamy对称函数对偶式的复合函数

姜卫东 [66] 定义Hamy 对称函数的对偶形式如下

$$H_k^*(\boldsymbol{x}) = \prod_{1 \leq i_1 < \cdots < i_k \leq n} \left(\sum_{j=1}^{k} x_{i_j}^{\frac{1}{k}} \right), k = 1, 2, \ldots, n, \qquad (4.33)$$

且给出如下结果:

定理 4.32. $H_k^*(\boldsymbol{x})$ 在$\mathbb{R}_{++}^n$ 上递增且S- 凹, $k = 1, 2, \ldots, n$.

根据Schur几何凸函数的判断定理, 姜卫东 [66]证明了以下定理.

定理 4.33. $H_k^*(\boldsymbol{x})$ 在$\mathbb{R}_{++}^n$ 上S-几何凹, $k = 1, 2, \ldots, n$.

根据Schur调和凸函数的判断定理, 孟俊霞等人 [96] 证明了以下定理:

定理 4.34. $H_k^*(\boldsymbol{x})$ 在 $\mathbb{R}_{++}^n$ 上S-调和凹, $k = 1, 2, \ldots, n$.

注记 4.2. 由定理2.37 (a), 定理4.32 和定理4.33 知定理4.34 成立.

在2012年, 褚玉明等人 [19] 对Hamy 对称函数, 定义了第二类对偶形式

$$H_k^{**}(\boldsymbol{x}) = \prod_{1 \le i_1 < \cdots < i_k \le n} \left(\sum_{j=1}^{k} x_{i_j} \right)^{\frac{1}{k}}, k = 1, 2, \ldots, n, \qquad (4.34)$$

并利用Schur凹, Schur几何凸和Schur调和凸函数的判断定理, 得到以下结果:

定理 4.35. $H_k^{**}(\boldsymbol{x})$ 在 $\mathbb{R}_{++}^n$ 上S-凹, S- 几何凸和S-调和凹, $k = 1, 2, \ldots, n$.

4.2.3　Hamy对称函数对偶形式的复合函数

夏卫锋和褚玉明 [208] 研究了Hamy对称函数对偶形式的复合函数

$$\varphi_n(\boldsymbol{x}; k) = \varphi_n(x_1, \ldots, x_n; k) = \prod_{1 \le i_1 < \cdots < i_k \le n} \left(\sum_{j=1}^{k} \frac{x_{i_j}}{1 + x_{i_j}} \right)^{\frac{1}{k}}, \qquad (4.35)$$

其中 $\boldsymbol{x} \in \mathbb{R}_+^n$, $k = 1, 2, \ldots, n$, 且给出如下结果:

定理 4.36. $\varphi_n(\boldsymbol{x}; k)$ 在 $\mathbb{R}_{++}^n$ 上S-凹, $k = 1, 2, \ldots, n$.

定理 4.37. $\varphi_n(\boldsymbol{x}; k)$ 在 $[1, \infty)^n$ 上S-几何凹, $k = 1, 2, \ldots, n$; $\varphi_n(\boldsymbol{x}, 1)$ 在 $(0, \infty)^n$ 上S-几何凹; $\varphi_n(\boldsymbol{x}, n)$ 在 $(0, 1]^n$ 上S-几何凸.

定理 4.38. $\varphi_n(\boldsymbol{x}; k)$ 在 $\mathbb{R}_{++}^n$ 上S- 调和凸, $k = 1, 2, \ldots, n$.

褚玉明等人 [20] 证得如下结果.

定理 4.39. 对于 $r = 1, 2, \ldots, n$, $F_n(\boldsymbol{x}, r)$ 在 $\mathbb{R}_{++}^n$ 上S-凹且S-调和凸.

定理 4.40. 设 $I \subset \mathbb{R}_{++}$ 且 $f : I \to \mathbb{R}_{++}$ 连续, 则:

(a) $F_n(\boldsymbol{x}, 1)$ 在 $\mathbb{R}_{++}^n$ 上S-几何凹;

(b) $F_n(\boldsymbol{x}, n)$ 在 $\mathbb{R}_{++}^n$ 上S-几何凸;

(c) 若 $n \ge 3, 2 \le r \le n - 1$, 则对于 $t > 0$, $F_n(\boldsymbol{x}, r)$ 在 $\Omega_n(t, r)$ 上S-几何凸, 其中

$$\Omega_n(t, r) = \left\{ \boldsymbol{x} \in \mathbb{R}^n \mid t \le x_i \le \sqrt{(r-1)^2 t^2 + r(r-1)t} \right\}.$$

关于上述对称函数(4.34), (4.35) 的Schur凸性, 原作者都是使用Schur凸函数判断定理, 即定理2.3 加以证明的. 石焕南等人 [146] 使用Schur凸函数的性质给出了简单的证明.

王文和杨世国 [182] 定义了如下对称函数

$$F_{n,k}(\boldsymbol{x}, r) = \prod_{1 \leq i_1 < \cdots < i_r \leq n} f\left(\left(\sum_{j=1}^{k} x_{i_j}^r\right)^{\frac{1}{r}}\right), \ k = 1, \ldots, n, \qquad (4.36)$$

并利用Schur幂凸函数的判定定理, 即推论2.7证得如下结论.

定理 4.41. 设$\Omega \subset \mathbb{R}_{++}^n$ 是具有非空内点的对称凸集, $f : \Omega \to \mathbb{R}_{++}^n$ 在Ω 上连续, 在Ω° 上可微. 若f 是一个递增的几何凸函数, 则对于$m \leq 0, r > 0, k = 1, 2, \ldots, n, F_{n,k}(\boldsymbol{x}, r)$ 在Ω 上S- 幂凸.

这里利用Schur几何凸函数和Schur幂凸函数的性质给出定理4.41 一个简单的证明.

证明 令

$$\varphi(\boldsymbol{z}) = \ln f\left(\left(\sum_{j=1}^{k} z_{i_j}^r\right)^{\frac{1}{r}}\right),$$

则

$$\frac{\partial \varphi(\boldsymbol{z})}{\partial z_j} = \frac{z_j^{r-1} f'\left(\left(\sum_{j=1}^{k} z_{i_j}^r\right)^{\frac{1}{r}}\right)\left(\sum_{j=1}^{k} z_{i_j}^r\right)^{\frac{1}{r}-1}}{f\left(\left(\sum_{j=1}^{k} z_{i_j}^r\right)^{\frac{1}{r}}\right)}, \ j = 1, 2,$$

从而

$$\Delta := (z_1 - z_2)\left(z_1 \frac{\partial \varphi(\boldsymbol{z})}{\partial z_1} - z_2 \frac{\partial \varphi(\boldsymbol{z})}{\partial z_2}\right) \qquad (4.37)$$

$$= (z_1 - z_2)(z_1^r - z_2^r)\frac{f'\left(\left(\sum_{j=1}^{k} z_{i_j}^r\right)^{\frac{1}{r}}\right)\left(\sum_{j=1}^{k} z_{i_j}^r\right)^{\frac{1}{r}-1}}{f\left(\left(\sum_{j=1}^{k} z_{i_j}^r\right)^{\frac{1}{r}}\right)}. \qquad (4.38)$$

因f 递增, $f' \geq 0$, 且$f > 0, r > 0$, 则在$\Omega \cap \mathbb{R}^k$ 上, $\Delta \geq 0$, 故φ 在$\Omega \cap \mathbb{R}^k$ S-几何凸.

再令$g(t) = \ln f(u)$, 其中$u = (t^r + a)^{\frac{1}{r}}$ 且a 是一个常数, 则

$$h(t) := tg^{'}(t) = \frac{t^r}{t^r + a} \cdot \frac{uf^{'}(u)}{f(u)}.$$

易见$\frac{t^r}{t^r+a}$ 递增. 由f 的几何凸性, 据推论1.4(e) 知$h(t)$ 递增, 且由推论1.4(d) 知$h(t)$ GA-凸, 即$\varphi(z)$ 关于单个变量在$\mathbb{R}_{++}$ 上是GA-凸的, 由定理2.30 知$\ln F_{n,k}(\boldsymbol{x}, r)$ 在Ω 上S-几何凸. 注意函数$\ln t$ 递增, 且由Schur 几何凸的定义知$F_{n,k}(\boldsymbol{x}, r)$ 也在Ω 上S-几何凸, 即$F_{n,k}(\boldsymbol{x}, r)$ 在Ω 上0 阶S- 幂凸. 因f 递增, 易见$F_{n,k}(\boldsymbol{x}, r)$ 亦递增. 据定理2.41, 对于$m \leq 0$, $F_{n,k}(\boldsymbol{x}, r)$ 在Ω 上m 阶S-幂凸.

4.3 Muirhead对称函数的Schur凸性及其应用

4.3.1 Muirhead对称函数的Schur凸性

设$\{\pi_1, \ldots, \pi_{n!}\}$ 是$1, \ldots, n$ 的任意置换$(i = 1, \ldots, n!)$, 记$\pi_i = (\pi_{i(1)}, \ldots, \pi_{i(n)})$, $i = 1, \ldots, n!$, 又记$S_n = \{\pi_1, \ldots, \pi_{n!}\}$ 为$1, 2, \ldots, n$ 的所有置换的集合, 且令

$$\pi_i(\boldsymbol{x}) = (x_{\pi_i}(1), \ldots, x_{\pi_i}(n)).$$

定义 4.1. 设$\boldsymbol{x} \in \mathbb{R}_{++}^n, \boldsymbol{p} \in \mathbb{R}^n$, 称

$$\sum_{\pi \in S_n} x_{\pi(1)}^{p_1} x_{\pi(2)}^{p_2} \cdots x_{\pi(n)}^{p_n}$$

为$\boldsymbol{x}$ 的Muirhead 对称函数, 而称

$$[p] = \frac{1}{n!} \sum_{\pi \in S_n} x_{\pi(1)}^{p_1} x_{\pi(2)}^{p_2} \cdots x_{\pi(n)}^{p_n}$$

为$\boldsymbol{x}$ 的Muirhead 对称平均.

例如

$$[2, 1] = \frac{1}{2!} x^2 y + y^2 x,$$

$$[1, 3, 2] = \frac{1}{3!} \left(x_1 x_2^3 x_3^2 + x_1 x_3^3 x_2^2 + x_2 x_1^3 x_3^2 + x_2 x_3^3 x_1^2 + x_3 x_1^3 x_2^2 + x_3 x_2^3 x_1^2 \right).$$

由定义4.1易得.

定理 4.42.　设 $\boldsymbol{p} \in \mathbb{R}^n, \boldsymbol{x} \in \mathbb{R}_{++}^n$ 满足 $\prod_{i=1}^n x_i = 1$, 则对于任何 $r \in \mathbb{R}$, 有

$$[\boldsymbol{p}] = [\boldsymbol{p} - r]$$

定理 4.43.　$[58, \text{p. } 45]$ 设 $\boldsymbol{p}, \boldsymbol{q} \in \mathbb{R}^n$, 则不等式

(a)

$$[\boldsymbol{p}] \leq [\boldsymbol{q}] \tag{4.39}$$

对于一切 $\boldsymbol{x} \in \mathbb{R}_{++}^n$ 成立的充要条件是 $\boldsymbol{x} \prec \boldsymbol{y}$. 换言之, 对于固定的 $\boldsymbol{x} \in \mathbb{R}_{++}^n$, Muirhead 对称函数 $[\boldsymbol{p}]$ 关于 $\boldsymbol{p}$ 在 $\mathbb{R}^n$ 上S-凸;

(b) 式(4.39) 对于一切 $\boldsymbol{x} \in [1, \infty)^n$ 成立的充要条件是 $\boldsymbol{p} \prec_w \boldsymbol{q}$;

(c) 式(4.39) 对于一切 $\boldsymbol{x} \in (0, 1)^n$ 成立的充要条件是 $\boldsymbol{p} \prec^w \boldsymbol{q}$.

证明详见文 [90]第110 页的命题B.5(a), 亦可见文 [175] 的定理8.1.

推论 4.3. 对于固定的 $\boldsymbol{x} \in [1, \infty)^n$, Muirhead 对称函数 $[\boldsymbol{p}]$ 关于 $\boldsymbol{p}$ 在 $\mathbb{R}^n$ 上S-几何凸.

证明　易见当 $\boldsymbol{x} \in [1, \infty)^n$ 时, $[\boldsymbol{p}]$ 关于 $\boldsymbol{p}$ 在 $\mathbb{R}^n$ 上单调增, 又 $[\boldsymbol{p}]$ 关于 $\boldsymbol{p}$ 在 $\mathbb{R}^n$ 上S-凸, 据定理2.33 (a) 知推论4.3成立.

注意

$$[1, 0, \ldots, 0] = \frac{(n-1)!}{n!}(x_1 + \cdots + x_n) = A_n(\boldsymbol{x})$$

和

$$\left[\frac{1}{n}, \ldots, \frac{1}{n}\right] = \frac{n!}{n!} x_1^{1/n} \cdots x_n^{1/n} = G_n(\boldsymbol{x}),$$

因 $\left(\frac{1}{n}, \frac{1}{n}, \ldots, \frac{1}{n}\right) \prec (1, 0, \ldots, 0)$, 由式(4.39) 立得算术-几何平均值不等式 $G_n(\boldsymbol{x}) \leq A_n(\boldsymbol{x})$.

例 4.2.　若 a, b 是正数, m, n 是自然数, 则

$$a^{m+n} + b^{m+n} \geq a^m b^n + a^n b^m. \tag{4.40}$$

证明　$(m, n) \prec (m+n, 0)$, 由Muirhead不等式有

$$\frac{1}{2!}(a^{m+n}b^0 + b^{m+n}a^0) \geq \frac{1}{2!}(a^m b^n + a^n b^m),$$

得证.

例 4.3. 对于正数x, y, 证明

$$2(x^5 + y^5) \geq (x^2 + y^2)(x^3 + y^3). \tag{4.41}$$

证明 因$(3, 2) \prec (5, 0)$, 由Muirhead不等式有

$$\frac{1}{2!}(x^5 + y^5) \geq \frac{1}{2!}(x^3 y^2 + x^2 y^3),$$

即

$$x^5 + y^5 \geq x^3 y^2 + x^2 y^3,$$

因此

$$2(x^5 + y^5) \geq x^5 + x^3 y^2 + x^2 y^3 + y^5 = (x^2 + y^2)(x^3 + y^3).$$

例 4.4. (Nesbitt 不等式) 对于任意正数x, y, z, 有

$$\frac{x}{y + z} + \frac{y}{z + x} + \frac{z}{x + y} \geq \frac{2}{3}. \tag{4.42}$$

证明 不等式去分母, 可化为

$$2(x^3 + y^3 + z^3) \geq x^2 y + x^2 z + y^2 z + y^2 x + z^2 y + z^2 x,$$

即

$$[3, 0, 0] \geq [2, 1, 0].$$

因$(2, 1, 0) \prec (3, 0, 0)$, 由Muirhead 不等式知上式成立.

例 4.5. x, y, z 是正实数, 求证

$$\frac{1}{x} + \frac{1}{y} + \frac{1}{z} \leq \frac{x^8 + y^8 + z^8}{x^3 y^3 z^3}. \tag{4.43}$$

证明 不难验证原不等式等价于$[2, 3, 3] \leq [8, 0, 0]$, 因$(2, 3, 3) \prec (8, 0, 0)$, 由Muirhead不等式即可得证.

定理 4.44. (Schur 不等式) 设$(x, y, z) \in \mathbb{R}_{++}^3$, 则对于任意$a, b \in \mathbb{R}_{++}$, 有

$$[a + 2b, 0, 0] + [a, b, b] \geq 2[a + b, b, 0]. \tag{4.44}$$

证明 由于

$$\frac{1}{2}[a + 2b, 0, 0] + \frac{1}{2}[a, b, b] - 2[a + b, b, 0]$$

$$=x^a(x^b-y^b)(x^b-z^b)+y^a(y^b-x^b)(y^b-z^b)+z^a(z^b-x^b)(z^b-y^b).$$

不妨设$x \geq y \geq z$. 欲证上式非负, 只需证

$$x^a(x^b-y^b)(x^b-z^b)+y^a(y^b-x^b)(y^b-z^b) \geq 0,$$

即

$$(x^b-y^b)(x^a(x^b-z^b)-y^a(y^b-z^b)) \geq 0.$$

而此不等式等价于

$$x^{a+b}-y^{a+b}-z^b(x^a-y^a) \geq 0,$$

但

$$x^{a+b}-y^{a+b}-z^b(x^a-y^a) \geq x^{a+b}-y^{a+b}-y^b(x^a-y^a)=x^a(x^b-y^b) \geq 0.$$

至此证得定理4.44.

推论 4.4. 设$(x,y,z) \in \mathbb{R}^3_{++}, r \geq 0$, 则

$$x^r(x-y)(x-z)+y^r(y-z)(y-x)+z^r(z-x)(z-y) \geq 0. \tag{4.45}$$

证明 展开并整理, 式(4.45) 可写作

$$[r+2,0,0]+[r,1,1] \geq 2[r+1,1,0].$$

在式(4.44)中取$a=r$ 和$b=1$ 即得上式.

下面我们利用Muirhead不等式和Schur不等式证明命题0.1.

左边的不等式很容易证明. 右边的不等式等价于

$$12T[2,1,0] \leq 7T[3,0,0]+5T[1,1,1].$$

这个不等式是正确的, 因为可以通过对不等式求和来获得$2T[2,1,0] \leq 2T[3,0,0]$ 和$10T[2,1,0] \leq 5T[3,0,0]+5T[1,1,1]$(前者依据Muirhead不等式, 后者是$a=b=1$ 时的Schur不等式.

现在我们介绍两个求和符号$\sum\limits_{cyclic}$ 和$\sum\limits_{sym}$, 定义三元函数

$$\sum_{cyclic} P(x,y,z)=P(x,y,z)+P(y,z,x)+P(z,x,y),$$

$$\sum_{sym} P(x,y,z)$$

$$=P(x,y,z)+P(x,z,y)+P(y,x,z)+P(y,z,x)+P(z,x,y)+P(z,y,x)$$

例如, 我们有

$$\sum_{cyclic} x^3 y = x^3 y + y^3 z + z^3 x, \quad \sum_{sym} x^3 = 2(x^3+y^3+z^3),$$

$$\sum_{sym} x^2 y = x^2 y + x^2 z + y^2 z + y^2 x + z^2 x + z^2 y, \quad \sum_{sym} xyz = 6xyz.$$

以下Schur不等式的特例是有用的

$$\sum_{cyclic} x(x-y)(x-z) \geq 0 \Leftrightarrow 3xyz + \sum_{cyclic} x^3 \geq \sum_{sym} x^2 y$$

$$\Leftrightarrow \sum_{sym} xyz + \sum_{sym} x^3 \geq 2\sum_{sym} x^2 y.$$

例 4.6. (伊朗1996) 设 x,y,z 是正实数. 证明

$$(xy+yz+zx)\left(\frac{1}{(x+y)^2}+\frac{1}{(y+z)^2}+\frac{1}{(z+x)^2}\right) \geq \frac{9}{4}. \qquad (4.46)$$

证明 此不等式等价于

$$4\sum_{sym} x^5 y + 2\sum_{cyclic} x^4 yz + 6x^2 y^2 z^2$$

$$-\sum_{sym} x^4 y^2 - 6\sum_{cyclic} x^3 y^3 - 2\sum_{sym} x^3 y^2 z \geq 0.$$

我们重写如下

$$\left(\sum_{sym} x^5 y - \sum_{sym} x^4 y^2\right) + 3\left(\sum_{sym} x^5 y - \sum_{sym} x^3 y^3\right)$$

$$+2xyz\left(\sum_{cyclic} x(x-y)(x-z)\right) \geq 0.$$

即

$$6([5,1,0]-[4,2,0]) + 3(6[5,1,0] - 6[3,3,0])$$

$$+2xyz\left(\sum_{cyclic} x(x-y)(x-z)\right) \geq 0$$

注意$(4,2,0) \prec (5,1,0)$, $(3,3,0) \prec (5,1,0)$, 根据Muirhead不等式和Schur 不等式, 它是三个非负项的和, 得证.

例 4.7.　设x,y,z 为非负实数, $xy+yz+zx=1$. 证明

$$\frac{1}{x+y} + \frac{1}{y+z} + \frac{1}{z+x} \geq \frac{5}{2}. \tag{4.47}$$

证明　由$xy+yz+zx=1$, 所证不等式等价于

$$(xy+yz+zx)\left(\frac{1}{x+y} + \frac{1}{y+z} + \frac{1}{z+x}\right)^2 \geq \left(\frac{5}{2}\right)^2,$$

或

$$4\sum_{sym} x^5 y + \sum_{sym} x^4 yz + 14\sum_{sym} x^3 y^2 z + 38 x^2 y^2 z^2 \geq \sum_{sym} x^4 y^2 + 3\sum_{sym} x^3 y^3,$$

或

$$\left(\sum_{sym} x^5 y - \sum_{sym} x^4 y^2\right) + 3\left(\sum_{sym} x^5 y) - \sum_{sym} x^3 y^3\right)$$
$$+xyz\left(\sum_{sym} x^3 + 14\sum_{sym} x^2 y + 38xyz\right) \geq 0,$$

即

$$6[5,1,0] - 6[4,2,0] + 3(6[5,1,0] - 6[3,3,0])$$
$$+xyz\left(2(x^3+y^3+z^3) + 14\sum_{sym} x^2 y + 38xyz\right) \geq 0.$$

注意$(4,2,0) \prec (5,1,0)$, $(3,3,0) \prec (5,1,0)$, 由Muirhead不等式即得证.

例 4.8. [33] 设$(x,y,z) \in \mathbb{R}_{++}^3$. 对于$m \geq 1, k \geq 1$, 有

$$\frac{x^{m+k}}{y^m + z^m} + \frac{y^{m+k}}{z^m + x^m} + \frac{z^{m+k}}{x^m + y^m} \geq \frac{x^k + y^k + z^k}{2}. \tag{4.48}$$

证明　在不等式(4.48) 两边同乘以$2(z^m + x^m)(x^m + y^m)(y^m + z^m)$ 并化

简得

$$\sum_{sym} x^{3m+k} + \sum_{sym} z^m x^{2m+k} \geq \sum_{sym} z^{2m} x^{m+k} + \sum_{sym} z^{2m} x^m y^k,$$

即

$$[3m+k,0,0] + [2m+k,m,0] \geq [2m,m+k,0] + [2m,m,k]. \tag{4.49}$$

由

$$(2m,m,k) \prec (2m+k,m,0) \Rightarrow [2m,m,k] \leq [2m+k,m,0]$$

和

$$(2m,m+k,0) \prec (3m+k,0,0) \Rightarrow [2m,m+k,0] \leq [3m+k,0,0],$$

即得式(4.48).

例 4.9. (1995年国际数学奥林匹克试题) 设$(x,y,z) \in \mathbb{R}^3_{++}$ 满足$xyz = 1$, 证明

$$\frac{1}{x^3(y+z)} + \frac{1}{y^3(z+x)} + \frac{1}{z^3(x+y)} \geq \frac{3}{2}. \tag{4.50}$$

证明 式(4.50)两边同乘以公分母, 并整理得

$$\sum_{sym} x^4 y^4 + 2\sum_{sym} x^4 y^3 z + \sum_{sym} x^3 y^3 z^2$$
$$\geq 3\sum_{sym} x^5 y^4 z^3 + \sum_{sym} x^4 y^4 z^4.$$

即

$$[4,4,0] + 2[4,3,1] + [3,3,2] \geq 3[5,4,3] + [4,4,4].$$

注意$4+4+0 = 4+3+1 = 3+3+2 = 8$, 但$5+4+3 = 4+4+4 = 12$, 因此取$r = 43$, 由定理4.42 有

$$[5,4,3] = \left[\frac{11}{3}, \frac{8}{3}, \frac{5}{3}\right], \quad [4,4,4] = \left[\frac{8}{3}, \frac{8}{3}, \frac{8}{3}\right]$$

显然

$$\left(\frac{11}{3}, \frac{8}{3}, \frac{5}{3}\right) \prec (4,4,0), \quad \left(\frac{11}{3}, \frac{8}{3}, \frac{5}{3}\right) \prec (4,3,1), \quad \left(\frac{8}{3}, \frac{8}{3}, \frac{8}{3}\right) \prec (3,3,2),$$

由定理4.43 即可得证.

例 4.10. (1995 年国际数学奥林匹克试题) 设$(x,y,z) \in \mathbb{R}^3_{++}$, 证明

$$\frac{1}{x^3+y^3+xyz} + \frac{1}{y^3+z^3+xyz} + \frac{1}{z^3+x^3+xyz} \leq \frac{1}{xyz}. \qquad (4.51)$$

证明 将原不等式两边同乘以

$$xyz(x^3+y^3+xyz)(y^3+z^3+xyz)(z^3+x^3+xyz),$$

则式(4.51)等价于

$$\frac{3}{2}[4,4,1] + 2[5,2,2] + \frac{1}{2}[7,1,1] + \frac{1}{2}[3,3,3]$$
$$\leq \frac{1}{2}[4,4,1] + [6,3,0] + \frac{3}{2}[4,4,1] + \frac{1}{2}[7,1,1] + [5,2,2],$$

由$(5,2,2) \prec (6,3,0) \Rightarrow [5,2,2] \leq [6,3,0]$, 即得证.

例 4.11. 设$(a,b,c) \in \mathbb{R}^3_{++}$, 满足$abc=1$, 证明

$$\frac{1}{a+b+1} + \frac{1}{b+c+1} + \frac{1}{c+a+1} \leq 1. \qquad (4.52)$$

提示 使用条件$abc=1$, 所证不等式可齐次化为

$$\frac{1}{a+b+(abc)^{1/3}} + \frac{1}{b+c+(abc)^{1/3}} + \frac{1}{c+a+(abc)^{1/3}} \leq 1.$$

作替换$a=x^3, b=y^3, z=c^3$, 就变成了上例中的不等式.

例 4.12. 设$(x,y,z) \in \mathbb{R}^3_{++}$ 满足$xyz \geq 1$, 证明

$$\frac{x^5-x^2}{x^5+y^2+z^2} + \frac{y^5-y^2}{y^5+z^2+x^2} + \frac{z^5-z^2}{z^5+x^2+y^2} \geq 0. \qquad (4.53)$$

证明 将不等式两边与公分母相乘, 则不等式(4.53)等价于

$$[5,5,5] + 4[7,5,0] + [5,5,2] + [9,0,0]$$
$$\leq [5,2,2] + [6,0,0] + 2[5,4,0] + 2[4,2,0] + [2,2,2]$$

由Schur不等式和Muirhead不等式可得$[9,0,0]+[5,5,2] \geq 2[7,2,0] \geq 2[7,1,1]$. 因$xyz \geq 1$, 有$[7,1,1] \geq [6,0,0]$. 因此

$$[9,0,0] + [5,5,2] \geq 2[6,0,0] \geq [6,0,0] + 2[4,2,0]. \qquad (4.54)$$

此外, 由Muirhead不等式并结合$[7, 5, 0] \geq [5, 5, 2]$, $2[7, 5, 0] \geq 2[6, 5, 1] \geq 2[5, 4, 0]$, $[7, 5, 0] \geq [6, 4, 2] \geq 2[4, 2, 0]$ 和$[5, 5, 5] \geq [2, 2, 2]$. 将这四个不等式添加到式(4.54)就可以得到所需的结果.

例 4.13. 设$(x, y, z) \in \mathbb{R}^3_{++}$, 且$x + y + z = 1$, 证明

$$\frac{xy}{1 - xy} + \frac{yz}{1 - yz} + \frac{zx}{1 - zx} \geq \frac{3}{8}. \tag{4.55}$$

证明 因$x + y + z = 1$, 不等式(4.55) 等价于

$$\frac{xy}{(x + y + z)^2 - xy} + \frac{yz}{(x + y + z)^2 - yz} + \frac{zx}{(x + y + z)^2 - zx} \geq \frac{3}{8}.$$

去分母并整理可见上式等价于

$$3[6, 0, 0] + 14[5, 1, 0] + 2[4, 2, 0] + 10[4, 1, 1] \geq 6[3, 3, 0] + 10[3, 2, 1] + 13[2, 2, 2]. \tag{4.56}$$

由Muirhead 不等式, 有$10[3, 2, 1] \leq 10[4, 1, 1]$, $2[2, 2, 2] \leq 2[4, 2, 0]$, $11[2, 2, 2] \leq 11[5, 1, 0]$, $3[3, 3, 0] \leq 3[5, 1, 0]$, $3[3, 3, 0] \leq 3[6, 0, 0]$. 将这五个不等式相加即可得出不等式(4.56).

例 4.14. (1990年IMO入围问题) 对于任何$x, y, z > 0$, 且$xyz = 1$, 证明

$$\frac{x^3}{(1 + y)(1 + z)} + \frac{y^3}{(1 + z)(1 + x)} + \frac{z^3}{(1 + x)(1 + y)} \geq \frac{3}{4} \tag{4.57}$$

证明 两边乘以公分母并展开, 则所证不等式化为

$$4(x^4 + y^4 + z^4 + x^3 + y^3 + z^3) \geq 3(1 + x + y + z + xy + yz + zx + xyz),$$

这等价于

$$4[4, 0, 0] + 4[3, 0, 0] \geq [0, 0, 0] + 3[1, 0, 0] + 3[1, 1, 0] + [1, 1, 1].$$

据Muirhead不等式, 并注意$xyz = 1$, 有

$$[4, 0, 0] \geq [4/3, 4/3, 4/3] = [0, 0, 0],$$

$$3[4, 0, 0] \geq 3[2, 1, 1] = 3[1, 0, 0],$$

$$3[3, 0, 0] \geq 3[4/3, 4/3, 1/3] = 3[1, 1, 0]$$

和

$$[3,0,0] \geq [1,1,1].$$

将这些式子相加, 即得所证不等式.

例 4.15. (Evan Chen, The OTIS Excerpts – A collection of 192 problems and solutions) 设 $a, b, c > 0$, 且 $abc = 1$, 证明

$$a^2 + b^2 + c^2 \geq a + b + c. \tag{4.58}$$

证明 注意所证不等式可以写作

$$a^2 + b^2 + c^2 \geq a^{\frac{1}{3}} b^{\frac{1}{3}} c^{\frac{1}{3}} (a + b + c) = a^{\frac{4}{3}} b^{\frac{1}{3}} c^{\frac{1}{3}} + a^{\frac{1}{3}} b^{\frac{4}{3}} c^{\frac{1}{3}} + a^{\frac{1}{3}} b^{\frac{1}{3}} c^{\frac{4}{3}}.$$

又 $\left(\frac{4}{3}, \frac{1}{3}, \frac{1}{3}\right) \prec (2,0,0)$, 由Muirhead 不等式即得证.

例 4.16. (2002年英国数学奥林匹克第一轮问题3): 设正实数 x, y, z 满足 $x^2 + y^2 + z^2 = 1$, 证明

$$x^2 yz + xy^2 z + xyz^2 \leq \frac{1}{3}. \tag{4.59}$$

此题曾在例2.72中利用2 阶Schur幂凸性加以证明, 这里再利用Muirhead 不等式加以证明.

证明 因 $(2,1,1) \prec (4,0,0)$ 和 $(2,1,1) \prec (2,2,0)$, 有

$$\frac{2}{3!}(x^4 + y^4 + z^4) \geq \frac{2}{3!}(x^2 yz + xy^2 z + xyz^2)$$

和

$$\frac{2}{3!}(x^2 y^2 + y^2 z^2 + z^2 x^2) \geq \frac{2}{3!}(x^2 yz + xy^2 z + xyz^2),$$

即

$$(x^4 + y^4 + z^4) \geq (x^2 yz + xy^2 z + xyz^2)$$

和

$$(x^2 y^2 + y^2 z^2 + z^2 x^2) \geq (x^2 yz + xy^2 z + xyz^2),$$

将第一个不等式与第二个不等式的两倍相加得到

$$(x^4 + y^4 + z^4) + 2(x^2 y^2 + y^2 z^2 + z^2 x^2) \geq 3(x^2 yz + xy^2 z + xyz^2),$$

经整理得

$$(x^2 + y^2 + z^2)^2 \geq 3(x^2 yz + xy^2 z + xyz^2),$$

169

注意 $x^2 + y^2 + z^2 = 1$ 即得证.

现在, 我们应用Muirhead不等式证明一个几何不等式.

例 4.17. 如果 m_a, m_b, m_c 是三角形的中线, r_a, r_b, r_c 是三角形的旁切圆半径, 证明

$$\frac{r_a r_b}{m_a m_b} + \frac{r_b r_c}{m_b m_c} + \frac{r_c r_a}{m_c m_a} \geq 3. \tag{4.60}$$

证明 设 $2s = a + b + c$. 使用已知的恒等式

$$r_a = \sqrt{\frac{s(s-b)(s-c)}{s-a}}, \quad m_a = \frac{1}{2}\sqrt{(2b^2 + 2c^2 - a^2)}$$

等, 应用算术平均-几何平均不等式, 我们得到

$$\sum_{\text{cyclic}} \frac{r_b r_c}{m_b m_c} \geq \sum_{\text{cyclic}} \frac{8s(s-a)}{(2c^2 + 2a^2 - b^2) + (2a^2 + 2b^2 - c^2)}$$
$$= \sum_{\text{cyclic}} \frac{2(a+b+c)(b+c-a)}{4a^2 + b^2 + c^2},$$

欲证

$$\sum_{\text{cyclic}} \frac{2(a+b+c)(b+c-a)}{4a^2 + b^2 + c^2} \geq 3,$$

展开上述不等式, 可化为

$$2 \sum_{\text{cyclic}} a^6 + 4 \sum_{\text{cyclic}} a^4 bc + 20 \sum_{\text{sym}} a^3 b^2 c$$
$$+ 68 \sum_{\text{cyclic}} a^3 b^3 + 16 \sum_{\text{cyclic}} a^5 b$$
$$\geq 276 a^2 b^2 c^2 + 27 \sum_{\text{cyclic}} a^4 b^2.$$

此时不能通过应用Muirhead不等式直接证明上述不等式. 由于 a, b, c 是三角形的三边, 我们可以应用变换 $a = y + z, b = z + x, c = x + y$, 其中 $x, y, z > 0$. 经过一番计算整理, 我们可以将上述不等式重写为

$$25 \sum_{\text{sym}} x^6 + 230 \sum_{\text{sym}} x^5 y$$
$$+ 115 \sum_{\text{sym}} x^4 y^2 + 10 \sum_{\text{sym}} x^3 y^3 + 80 \sum_{\text{sym}} x^4 yz$$
$$\geq 336 \sum_{\text{sym}} x^3 y^2 z + 124 \sum_{\text{sym}} x^2 y^2 z^2.$$

现在我们就可以利用Muirhead不等式证得结果.

下面利用Muirhead不等式和Schur不等式证明关于3次齐次对称多项式不等式一个结果.

定理 4.45. 设$P(u,v,w)$是阶数为3 的齐次对称多项式, 那么以下两个陈述等价:

(a) $P(1,1,1) \geq 0, P(1,1,0) \geq 0, P(1,0;0) \geq 0$;

(b) 对于所有$x,y,z \geq 0, P(x,y,z) \geq 0$.

证明 我们只需证明(a) 蕴含(b). 令

$$P(u,v,w) = A \sum_{\text{cyclic}} u^3 + B \sum_{\text{sym}} u^2 v + Cuvw,$$

记$p = P(1,1,1) = 3A+6B+C, q = P(1,1,0) = A+B, r = P(1,0,0) = A$, 则$A = r, B = q-r, C = p-6q+3r$, 且$p,q,r \geq 0$. 于是, 对于$x,y,z \geq 0$, 有

$$P(x,y,z) = r \sum_{\text{cyclic}} x^3 + (q-r) \sum_{\text{sym}} x^2 y + (p-6q+3r)xyz.$$

于是

$$P(x,y,z) = r \left(\sum_{\text{cyclic}} x^3 + 3xyz - \sum_{\text{sym}} x^2 y \right) + q \left(\sum_{\text{sym}} x^2 y - 6xyz \right) + pxyz \geq 0.$$

情况1. $q \geq r$. 我们发现

$$P(x,y,z) = \frac{r}{2} \left(\sum_{\text{sym}} x^3 - \sum_{\text{sym}} xyz \right) + (q-r) \left(\sum_{\text{sym}} x^2 y - \sum_{\text{sym}} xyz \right) + pxyz,$$

由Muirhead不等式知右边的每一项均非负.

情况2. $q \leq r$. 我们发现

$$P(x,y,z) = \frac{q}{2} \left(\sum_{\text{sym}} x^3 - \sum_{\text{sym}} xyz \right) + (r-q) \left(\sum_{\text{cyclic}} x^3 + 3xyz - \sum_{\text{sym}} x^2 y \right) + pxyz,$$

由Muirhead不等式和Schur不等式知右边的每一项均非负, 证毕.

下面我们利用定理4.45 证明命题0.1.

利用$x+y+z = 1$, 我们将不等式(0.1)齐次化如下

$$0 \leq (xy+yz+zx)(x+y+z) - 2xyz \leq \frac{7}{27}(x+y+z)^3,$$

定义

$$L(u, v, w) = (uv + vw + wu)(u + v + w) - 2uvw$$

和

$$R(u, v, w) = \frac{7}{27}(u + v + w)^3 - (uv + vw + wu)(u + v + w) + 2uvw.$$

容易检验

$$L(1, 1, 1) = 7, \quad L(1, 1, 0) = 2, \quad L(1, 0, 0) = 0,$$
$$R(1, 1, 1) = 0, \quad R(1, 1, 0) = \frac{2}{27}, \quad R(1; 0; 0) = \frac{7}{27}.$$

定理 4.46. (K.B.Stolarsky) 设 $P(u, v, w)$ 是 3 阶实对称型, 如果 $P(1, 1, 1)$, $P(1, 1, 0)$, $P(2, 1, 1) \geq 0$, 那么我们有 $P(a, b, c) \geq 0$, 其中 a, b, c 是三角形的边长.

证明 应用变换 $a = y + z, b = z + x, c = x + y$, 并应用上述定理4.45 即可证明, 细节留给读者.

第5章 Schur凸函数与数列不等式

5.1 凸数列的定义及性质

定义 5.1. 若实数列 $\{a_k\}$（有限的 $\{a_k\}_{k=1}^n$ 或无限的 $\{a_k\}_{k=1}^\infty$）对于所有 $k = 2, \ldots, n-1$ 或 $k \geq 2$，满足条件

$$a_{k-1} + a_{k+1} \geq 2a_k, \tag{5.1}$$

则称 $\{a_k\}$ 是一个凸数列(或凸序列). 若不等式(5.1)反向, 则称数列 $\{a_k\}$ 是一个凹数列.

定义 5.2. 若非负实数列 $\{a_k\}$（有限的 $\{a_k\}_{k=1}^n$ 或无限的 $\{a_k\}_{k=1}^\infty$）对于所有 $k = 2, \ldots, n-1$ 或 $k \geq 2$，满足条件

$$a_k^2 \leq a_{k-1} a_{k+1}, \tag{5.2}$$

则称 $\{a_k\}$ 是一个对数凸数列. 若不等式(5.2)反向, 则称数列 $\{a_k\}$ 是一个对数凹数列.

定理 5.1. $[71, \text{p.} 208-209]$ 若 $\{a_k\}$ 是一个凸序列, 则 $\{A_k\}$ 也是一个凸序列, 其中 $A_k = \frac{1}{k} \sum_{i=1}^{k} a_i$.

命题 5.1. 若 $\{a_n\}$ 是对数凸数列, 则 $\{a_n\}$ 是凸数列.

证明 因 $\{a_n\}$ 是对数凸数列, 即 $a_{i-1} a_{i+1} \geq a_i^2$, 于是, $a_{i-1} + a_{i+1} \geq 2\sqrt{a_{i-1} a_{i+1}} \geq 2a_i$, 故 $\{a_n\}$ 是凸数列.

命题 5.2. 若 $\{a_n\}$ 既是凸数列也是对数凹数列, 则 $\left\{\frac{1}{a_n}\right\}$ 是凸数列.

证明 若 $\{a_n\}$ 既是凸数列也是对数凹数列, 则 $(a_{i-1} + a_{i+1})a_i = 2a_i^2 \geq 2a_{i-1}a_{i+1}$, 即 $\frac{1}{a_{i+1}} + \frac{1}{a_{i-1}} \geq \frac{2}{a_i}$, 故 $\left\{\frac{1}{a_n}\right\}$ 是凸数列.

命题 5.3. 设 $\{a_n\}$ 是单调递增的非负数列. 若 $\{a_n\}$ 是凸数列, 则 $\{ia_n\}$ 也是凸数列; 若 $\{a_n\}$ 是对数凹数列, 则 $\{ia_n\}$ 也是对数凹数列.

证明 若$\{a_n\}$是凸数列, 则$a_{i-1} + a_{i+1} \geq 2a_i$; 又因$\{a_n\}$单调递增, 有$a_{i+1} - a_{i-1} \geq 0$, 于是

$$(i+1)a_{i+1} + (i-1)a_{i-1} = i(a_{i-1} + a_{i+1}) + (a_{i+1} - a_{i-1}) \geq 2ia_i,$$

故$\{ia_n\}$是凸数列.

若$\{a_n\}$是对数凹数列, 则$a_{i-1}a_{i+1} \leq a_i^2$, 于是

$$(i+1)a_{i+1} \cdot (i-1)a_{i-1} = (i^2 - 1)a_{i-1}a_{i+1} \leq i^2 a_i^2,$$

故$\{ia_n\}$是对数凹数列.

凸数列是凸函数的离散形式, 下述三个定理反映了二者的关联.

定理 5.2. 设$\{a_k\}$是一个凸数列, f是一个递增的凸函数, 则$\{f(a_k)\}$也是一个凸数列.

证明 因

$$f(a_{i-1}) + f(a_{i+1}) \geq 2f\left(\frac{a_{i-1} + a_{i+1}}{2}\right) \geq 2f\left(\frac{2a_i}{2}\right) = 2f(a_i),$$

故$\{f(a_k)\}$也是一个凸序列.

定理 5.3. $[72, p. 465]$ 设φ是$\mathbb{R}_{++}$上的凸函数, 则$\{\varphi(k)\}$是凸数列.

专著$[107, p. 6]$给出如下注记, 但未叙述证明.

注记 5.1. 若$\{a_k\}$是一个凸序列, 则函数f是$[1, \infty)$上的凸函数, 这里f的图像是以$(k, a_k), k \in \mathbb{N}$为顶点的折线.

吴善和与Lokenath $[198]$给出了如下结论.

定理 5.4. 设$\{a_k\}$是凸数列, ψ是Ω上的连续的递增的凸函数. 定义函数$\varphi : [1, n] \to I, I \subset \Omega$如下:

$$\varphi(x) = \begin{cases} a_1 + (a_2 - a_1)(x - 1), & 1 \leq x < 2; \\ a_2 + (a_3 - a_2)(x - 2), & 2 \leq x < 3; \\ \cdots \\ a_i + (a_{i+1} - a_i)(x - i), & i \leq x < i+1; \\ \cdots \\ a_{n-1} + (a_n - a_{n-1})(x - n + 1), & n - 1 \leq x < n. \end{cases} \tag{5.3}$$

则$\psi(\varphi(x))$ 是$[1,n]$ 上的连续凸函数. 若ψ 是Ω 上的连续的递减的凹函数,
则$\psi(\varphi(x))$ 是$[1,n]$ 上的连续凹函数.

证明　$\psi(\varphi(x))$ 的连续性显然. 对于任意$x_1,x_2 \in [1,n]$(不妨设$x_1 < x_2$),
存在正整数$i,l,m,1 \leq i \leq l \leq m \leq n-1$, 使得$x_1 \in [i,i+1)$, $\frac{x_1+x_2}{2} \in [l,l+1)$,
$x_2 \in [m,m+1]$, 进而由式(5.3)有

$$\varphi(x_1) = a_i + (a_{i+1} - a_i)(x_1 - i),$$

$$\varphi(x_2) = a_m + (a_{m+1} - a_m)(x_2 - m),$$

$$\varphi\left(\frac{x_1+x_2}{2}\right) = a_l + (a_{l+1} - a_l)\left(\frac{x_1+x_2}{2} - l\right).$$

另外, 由凸数列的定义及$i \leq x_1 < i+1, i \leq l$, 有

$$
\begin{aligned}
\varphi(x_1) =& a_i + (a_{i+1} - a_i)(x_1 - i) \\
=& a_{i+1} + (a_{i+2} - a_{i+1})(x_1 - i - 1) + (2a_{i+1} - a_{i+2} - a_k)(x_1 - i - 1) \\
\geq& a_{i+1} + (a_{i+2} - a_{i+1})(x_1 - i - 1) \\
\geq& \cdots \geq a_l + (a_{l+1} - a_l)(x_1 - l)
\end{aligned}
\tag{5.4}
$$

类似地, 由$m \leq x_2 \leq m+1$ 和$m \geq l$ 有

$$
\begin{aligned}
\varphi(x_2) =& a_m + (a_{m+1} - a_m)(x_2 - m) \\
=& a_{m-1} + (a_m - a_{m-1})(x_2 - m + 1) + (a_{m+1} + a_{m-1} - 2a_m)(x_2 - m) \\
\geq& a_{m-1} + (a_m - a_{m-1})(x_2 - m + 1) \\
\geq& \cdots \geq a_l + (a_{l+1} - a_l)(x_2 - l)
\end{aligned}
\tag{5.5}
$$

结合式(5.4)和式(5.5)得

$$
\begin{aligned}
& \frac{\varphi(x_1) + \varphi(x_2)}{2} \\
\geq& \frac{a_l + (a_{l+1} - a_l)(x_1 - l) + a_l + (a_{l+1} - a_l)(x_2 - l)}{2} \\
=& a_l + (a_{l+1} - a_l)\left(\frac{x_1+x_2}{2}\right) = \varphi\left(\frac{x_1+x_2}{2}\right).
\end{aligned}
$$

因ψ 是Ω 上的连续的递增的凸函数, 则

$$\psi\left(\varphi\left(\frac{x_1+x_2}{2}\right)\right) \leq \psi\left(\frac{\varphi(x_1) + \varphi(x_2)}{2}\right) \leq \frac{\psi(\varphi(x_1)) + \psi(\varphi(x_2))}{2},$$

即 $\psi(\varphi(x))$ 在 $[1,n]$ 上是凸的. 类似地可证得定理5.4 的第二部分.

定理 5.5. *[213]* 数列 $\{a_k\}$ 是凸数列的充要条件为: 对任意四个非负整数 m,n,p,q, 当 $p<m<q, p<n<q$, 且 $m+n=p+q$ 时, 恒有

$$a_p + a_q \geq a_m + a_n \tag{5.6}$$

成立.

注记 5.2. 由文 *[213]* 的证明过程可见, 条件 $p<m<q, p<n<q$ 可放宽为 $p \leq m \leq q, p \leq n \leq q$. 从控制不等式的观点来看, 条件 $p \leq m \leq q, p \leq n \leq q$ 和 $m+n=p+q$ 意味着 $(m,n) \prec (p,q)$.

很自然想到上述结果是否可推广到 n 维情形? 石焕南, 李大矛[147] 建立了如下结果:

定理 5.6. 设 $n \geq 2$, 数列 $\{a_k\}$ 是凸数列的充要条件为: 对于所有 $\boldsymbol{p}, \boldsymbol{q} \in \mathbb{Z}_+^n$, 若 $\boldsymbol{p} \prec \boldsymbol{q}$, 恒有

$$a_{p_1} + \cdots + a_{p_n} \leq a_{q_1} + \cdots + a_{q_n}. \tag{5.7}$$

2007 年, 吴善和和Lokenath [198] 作了如下推广.

定理 5.7. 设 $n \geq 2$, 数列 $\{a_n\}$ 是一个凸数列, 且 ψ 是连续递增的凸函数, 对于所有 $\boldsymbol{p}, \boldsymbol{q} \in \mathbb{Z}_+^n$, 若 $\boldsymbol{p} \prec \boldsymbol{q}$, 有

$$\psi(a_{p_1}) + \cdots + \psi(a_{p_n}) \leq \psi(a_{q_1}) + \cdots + \psi(a_{q_n}). \tag{5.8}$$

若 ψ 是连续递减的凹函数, 则不等式(5.8)反向.

证明 定义函数 $\varphi(x)$ 如式(5.3). 由定理5.4 知 $\varphi(x)$ 在 $[1,n]$ 上是连续的和凸的. 由Karamata 不等式及 $(p_1,\ldots,p_k) \prec (q_1,\ldots,q_k)$, $1 \leq p_i \leq n, 1 \leq q_i \leq n$, 有

$$\psi(\varphi(p_1)) + \cdots + \psi(\varphi(p_k)) \leq \psi(\varphi(q_1)) + \cdots + \psi(\varphi(q_k)).$$

于是, 由 $\varphi(i) = a_i, i = 1, 2, \ldots, n$ 可得

$$\psi(a_{p_1}) + \cdots + \psi(a_{p_k}) \leq \psi(a_{q_1}) + \cdots + \psi(a_{q_k}).$$

类似地, 可以证明定理5.7 的第二部分, 证毕.

推论 5.1. 　设 $f: I \subset \mathbb{R} \to \mathbb{R}$ 是递增的凸函数, $\{a_k\}$ 是凸集 I 上的凸数列, $\forall \boldsymbol{p}, \boldsymbol{q} \in \mathbb{Z}_+^n$, 若 $\boldsymbol{p} \prec \boldsymbol{q}$, 则

$$\sum_{i=1}^{n} f(a_{q_i}) \geq \sum_{i=1}^{n} f(a_{p_i}). \tag{5.9}$$

证明 　由定理5.2知 $\{f(a_k)\}$ 是凸数列, 进而据定理5.7 即可证得推论5.1.

推论 5.2. 非负数列 $\{a_k\}$ 是对数凸数列的充要条件为:

$\forall \boldsymbol{p}, \boldsymbol{q} \in \mathbb{Z}_+^n$, 若 $\boldsymbol{p} \prec \boldsymbol{q}$, 则

$$\prod_{i=1}^{n} a_{p_i} \leq \prod_{i=1}^{n} a_{q_i}. \tag{5.10}$$

证明 　对数凸数列中有等于零的项, 易证此数列各项均为零, 这时推论5.2显然成立. 以下假设 $\{a_k\}$ 为正数列. 由于 $\{\ln a_k\}$ 是凸数列, 根据定理5.7, 我们有 $\sum\limits_{i=1}^{n} \ln a_{q_i} \geq \sum\limits_{i=1}^{n} \ln a_{p_i}$, 故式(5.10) 成立.

笔者 [148] 将定理5.7 推广为下面的定理.

定理 5.8. 　若数列 $\{a_k\}$ 是增的凸数列, 对于任意 $\boldsymbol{p}, \boldsymbol{q} \in \mathbb{Z}_+^n$, 若 $\boldsymbol{p} \prec_w \boldsymbol{q}$, 则

$$a_{p_1} + \cdots + a_{p_n} \leq a_{q_1} + \cdots + a_{q_n}. \tag{5.11}$$

证明 　因 $\boldsymbol{p} = (p_1, \ldots, p_n) \prec_w (q_1, \ldots, q_n) = \boldsymbol{q}$, 由专著 [175]第13 页定理1.20(a)知存在 $\boldsymbol{u} = (u_1, \ldots, u_n) \in \mathbb{R}^n$, 使得 $\boldsymbol{p} \leq \boldsymbol{u}, \boldsymbol{u} \prec \boldsymbol{q}$, 由该定理的证明过程可见, $\boldsymbol{u} \in \mathbb{Z}_+^n$, 从而由定理5.7 及 $\{a_k\}$ 是增数列的条件, 有

$$a_{p_1} + \cdots + a_{p_n} \leq a_{u_1} + \cdots + a_{u_n} \leq a_{q_1} + \cdots + a_{q_n},$$

证毕.

推论 5.3. 　设非负数列 $\{a_k\}$ 是递增的对数凸数列, 对于任意 $\boldsymbol{p}, \boldsymbol{q} \in \mathbb{Z}_+^n$, 若 $\boldsymbol{p} \prec_w \boldsymbol{q}$, 则

$$\prod_{i=1}^{n} a_{p_i} \leq \prod_{i=1}^{n} a_{q_i}. \tag{5.12}$$

证明 　若递增的对数凸数列中有等于零的项, 易证此数列各项均为零, 这时推论5.3 显然成立. 若各项均不为零, 注意此时 $\{\ln a_k\}$ 是递增的凸数列, 由定理5.7 即得证.

有关凸序列的更多的性质请参见专著 [107].

定理 5.9. $[199]$ 设$\{a_n\}$是一个凸序列, m, k 为非负整数, 则

$$(n - 2m)(a_{k+1} + a_{k+3} + \cdots + a_{k+2n+1})$$
$$+ (2m - n - 1)(a_{k+2} + a_{k+4} + \cdots + a_{k+2n})$$
$$+ 2m(a_{k+1} + a_{k+2n+1}) - m(a_{k+2} + a_{k+2n}) \geq 0. \tag{5.13}$$

证明 据定义1.8及式(1.78) 有

$$\left(\underbrace{k+2, \cdots, k+2}_{n+1}, \underbrace{k+4, \cdots, k+4}_{n+1}, \ldots, \underbrace{k+2n, \cdots, k+2n}_{n+1} \right)$$
$$\prec \left(\underbrace{k+1, \cdots, k+1}_{n}, \underbrace{k+3, \cdots, k+3}_{n}, \ldots, \underbrace{k+(2n+1), \cdots, k+(2n+1)}_{n} \right),$$

故由定理5.7得

$$(n+1)(a_{k+2} + a_{k+4} + \cdots + a_{k+2n}) \leq n(a_{k+1} + a_{k+3} + \cdots + a_{k+(2n+1)}), \tag{5.14}$$

又由定理1.18(a)易证

$$(\underbrace{k+1, \cdots, k+1}_{2m}, \underbrace{k+2, \cdots, k+2}_{m}, \underbrace{k+3, \cdots, k+3}_{2m},$$
$$\underbrace{k+5, \cdots, k+5}_{2m}, \ldots, \underbrace{k+2n-1, \cdots, k+2n-1}_{2m},$$
$$\underbrace{k+2n, \cdots, k+2n}_{m}, \underbrace{k+2n+1, \cdots, k+2n+1}_{2m})$$
$$\prec (\underbrace{k+1, \cdots, k+1}_{2m}, \underbrace{k+2, \cdots, k+2}_{m},$$
$$\underbrace{k+4, \cdots, k+4}_{2m}, \ldots, \underbrace{k+(2n-2), \cdots, k+(2n-2)}_{2m},$$
$$\underbrace{k+2n, \cdots, k+2n}_{m}, \underbrace{k+2n+1, \cdots, k+2n+1}_{2m}).$$

从而由定理5.7有

$$2m(a_{k+1} + a_{k+3} + \cdots + a_{k+2n+1}) + m(a_{k+2} + a_{k+2n})$$
$$\leq 2m(a_{k+2} + a_{k+4} + \cdots + a_{k+2n}) + 2m(a_{k+1} + a_{k+2n+1}). \tag{5.15}$$

式(5.14) 与式(5.15)的两边对应相加, 并稍加变形即得式(5.13).

当$m = 0$时, 由式(5.13)得:

推论 5.4. 设$\{a_n\}$是一个凸数列, k 为非负整数, 则

$$\frac{a_{k+1} + a_{k+3} + \cdots + a_{k+2n+1}}{n+1} \geq \frac{a_{k+2} + a_{k+4} + \cdots + a_{k+2n}}{n}. \tag{5.16}$$

当$k = 0$ 时, 式(5.16) 为著名的Nanson不等式 [71, p.509]

$$n \sum_{i=0}^{n} a_{2i+1} \geq (n+1) \sum_{i=1}^{n} a_{2i}. \tag{5.17}$$

例 5.1. 若$\{a_n\}$是一个凸数列, 则

$$\sum_{i=1}^{2n+1} (-1)^{i+1} a_{k+i} \geq \frac{1}{n+1} \sum_{i=0}^{n} a_{k+2i+1} \geq \frac{1}{2n+1} \sum_{i=1}^{2n+1} a_{k+i} \geq \frac{1}{n} \sum_{i=1}^{n} a_{k+2i}. \tag{5.18}$$

证明 不难验证式(5.18) 中的三个不等式均等价于式(5.16).

例 5.2. 设$\{a_n\}$是一个凸数列, $m \in \mathbb{N}$, 则

$$a_2 + a_4 + \cdots + a_{2m} \geq a_3 + a_5 + \cdots + a_{2m-1} + a_{m+1}, \tag{5.19}$$

$$a_1 + a_3 + a_5 + \cdots + a_{2m+1} \geq a_2 + a_4 + \cdots + a_{2m} + a_{m+1}. \tag{5.20}$$

证明 设$x_i = 2m - (i-1), i = 1, 2, \ldots, m$, 则$x_1 \geq x_2 \geq \cdots \geq x_{2m} \geq 0$, 且

$$\sum_{i=1}^{2m-1} (-1)^{i-1} x_i = m+1, \quad \sum_{i=1}^{2m} (-1)^{i-1} x_i = m.$$

由式(1.58) 和式(1.59) 可分别得

$$(m+1, 2m-1, 2m-3, \ldots, 5, 3) \prec (2m, 2m-2, \ldots, 4, 2) \tag{5.21}$$

和

$$(m, 2m-1, 2m-3, \ldots, 3, 1) \prec (2m, 2m-2, \ldots, 4, 2, 0). \tag{5.22}$$

由式(5.22), 显然有

$$(m+1, 2m, 2m-3, 2m-2, \ldots, 4, 2) \prec (2m+1, 2m-1, \ldots, 5, 3, 1). \tag{5.23}$$

从而由定理5.7并结合式(5.21)和式(5.23) 知式(5.19)和式(5.20)成立.

例 5.3. 设 $\{a_n\}$ 是一个凸序列, $h, m, n \in \mathbf{N}$, 则

$$\frac{1}{n-2m}\sum_{k=m+1}^{n-m}a_k \le \frac{1}{n}\sum_{k=1}^{n}a_k \le \frac{1}{2m}\left(\sum_{k=1}^{m}a_k + \sum_{k=n-m+1}^{n}a_k\right), \ n \ge 2m,$$

$$\tag{5.24}$$

$$\frac{n-m}{h}\sum_{k=1}^{h}a_k + \frac{h-n}{m}\sum_{k=1}^{m}a_k + \frac{m-h}{n}\sum_{k=1}^{n}a_k \ge 0, \ h < m < n, \quad \tag{5.25}$$

$$\frac{n+m}{n-m}\left(\sum_{k=1}^{n}a_k - \sum_{k=1}^{m}a_k\right) \le \sum_{k=1}^{m+n}a_k, \ m \ne n. \tag{5.26}$$

证明 因 $\{a_n\}$ 是凸数列, 由定理5.1知 $\{A_n\}$ 也是一个凸数列, 其中 $A_n = \frac{1}{n}\sum_{i=1}^{n}a_i$, 不难验证, 对于 $n > 2m$, 有

$$\left(\underbrace{n-m,\ldots,n-m}_{n-m}, \underbrace{n,\ldots,n}_{2m}\right) \prec \left(\underbrace{m,\ldots,m}_{m}, \underbrace{n,\ldots,n}_{n}\right).$$

从而由定理5.7可得

$$(n-m)A_{n-m} + 2mA_n \le mA_m + nA_n,$$

而易见式(5.24) 中左右两个不等式均等价于上式. 对于 $h < m < n$, 有

$$\left(\underbrace{m,\ldots,m}_{n-h}\right) \prec \left(\underbrace{n,\ldots,n}_{m-h}, \underbrace{h,\ldots,h}_{n-m}\right)$$

从而由定理5.7可得

$$(n-h)A_m \le (m-h)A_n + (n-m)A_h$$

而式(5.25)与上式等价, 从而式(5.25)得证.

由于式(5.26)关于 m, n 对称, 可不妨设 $m < n$. 注意到

$$\left(\underbrace{n,\ldots,n}_{n}\right) \prec \left(\underbrace{m,\ldots,m}_{m}, \underbrace{n+m,\ldots,n+m}_{n-m}\right)$$

由定理5.7可得

$$nA_n \le (n-m)A_{n+m} + mA_m,$$

而此式与式(5.25)等价, 从而式(5.26)得证.

例 5.4. 若 $\{a_n\}$ 是凸数列, $n \in \mathbf{N}, n > 1$, 则

$$\sum_{k=0}^{n} a_k \geq \frac{n+1}{n-1} \sum_{k=1}^{n-1} a_k, \tag{5.27}$$

$$\frac{1}{2^n} \sum_{i=0}^{n} a_i \mathrm{C}_n^i \leq \frac{1}{n+1} \sum_{i=0}^{n} a_i \leq \frac{1}{2}(a_0 + a_n). \tag{5.28}$$

证明 根据定理1.20(a) 成立

$$\left(\underbrace{1, \ldots, 1}_{n+1}, \underbrace{2, \ldots, 2}_{n+1}, \ldots, \underbrace{n-1, \ldots, n-1}_{n+1} \right) \prec \left(\underbrace{0, \ldots, 0}_{n-1}, \underbrace{1, \ldots, 1}_{n-1}, \ldots, \underbrace{n, \ldots, n}_{n-1} \right)$$

和

$$(0, 0, 1, 1, \ldots, n, n) \prec \left(\underbrace{0, \ldots, 0}_{n+1}, \underbrace{1, \ldots, 1}_{n+1}, \right).$$

从而由定理5.7即得式(5.26)和式(5.27).

例 5.5. 若 $\{a_k\}$ 是凸数列, 则对于 $0 \leq i \leq k$ 有

$$a_i \leq \left(1 - \frac{i}{k}\right) a_0 + \frac{i}{k} a_k. \tag{5.29}$$

证明 注意

$$\left(\underbrace{i, \ldots, i}_{k} \right) \prec \left(\underbrace{k, \ldots, k}_{i}, \underbrace{0, \ldots, 0}_{k-i} \right),$$

由定理5.7有 $ka_i \leq (k-i)a_0 + ia_k$, 即式(5.29)成立.

例 5.6. 设 $x > 0, n \in \mathbb{N}$, 则

$$\frac{1 + x^2 + \cdots + x^{2n}}{x + x^3 + \cdots + x^{2n-1}} \geq \frac{n+1}{n} + \left(\sqrt{x} - \frac{1}{\sqrt{x}}\right)^2. \tag{5.30}$$

证明 因为

$$\frac{n+1}{n} + \left(\sqrt{x} - \frac{1}{\sqrt{x}}\right)^2 = \frac{n+1}{n} + \left(\sqrt{x} - \frac{1}{\sqrt{x}}\right)^2 = \frac{nx^2 - (n-1)x + n}{nx},$$

所以由(5.30)有

$$nx(1 + x^2 + \cdots + x^{2n}) \geq (x + x^3 + \cdots + x^{2n-1})(nx^2 - (n-1)x + n)$$

$$\Leftrightarrow n(x + x^3 + \cdots + x^{2n+1}) + 2n(x^2 + x^4 + \cdots + x^{2n})$$
$$\geq n(x^{2n+1} + x) + (n+1)(x^2 + x^4 + \cdots + x^{2n}) + 2n(x^3 + x^5 + \cdots + x^{2n-1})$$
$$\Leftrightarrow x((n-1)(x + x^3 + \cdots + x^{2n-1}) - n(x^2 + x^4 + \cdots + x^{2n-2})) \geq 0.$$

记 $a_n = x^n, n \in \mathbf{N}$, 则

$$(n-1)(x + x^3 + \cdots + x^{2n-1}) - n(x^2 + x^4 + \cdots + x^{2n-2})$$
$$= (n-1)(a_1 + a_3 + \cdots + a_{2n-1}) - n(a_2 + a_4 + \cdots + a_{2n-2}).$$

由定理5.3知 $\{a_n\}$ 是凸序列, 由式(5.17) 知

$$(n-1)(a_1 + a_3 + \cdots + a_{2n-1}) - n(a_2 + a_4 + \cdots + a_{2n-2}) \geq 0$$

所以不等式(5.30)成立.

不等式(5.30)是著名的Wilson不等式 [71, p.125]

$$\frac{1 + x^2 + \cdots + x^{2n}}{x + x^3 + \cdots + x^{2n-1}} \geq \frac{n+1}{n}$$

的一个加强形式.

例 5.7. (1997 年中国数学奥林匹克试题) 设 $a_k \geq 0, a_{n+m} \leq a_n + a_m$, 则 $\forall n \geq m$, 下式成立

$$a_n \leq m a_1 + \left(\frac{n}{m} - 1\right) a_m. \tag{5.31}$$

证明 取 $n = k+1, m = k-1$, 由条件 $a_{n+m} \leq a_n + a_m$ 得 $a_{2k} \leq a_{k+1} + a_{k-1}$, 这说明 $\{a_k\}$ 是凸数列, 因

$$\left(\underbrace{m, \ldots, m}_{n-m}, \underbrace{1, \ldots, 1}_{m^2}\right) \prec\prec \left(\underbrace{n, \ldots, n}_{m}, \underbrace{0, \ldots, 0}_{m^2 - 2m + n}\right).$$

规定 $a_0 = 0$, 由定理5.7 有

$$m a_n < m^2 a_1 + (n-m) a_m,$$

即式(5.31)成立. 取 $m = 1$, 由上式得 $a_n < a_1 + (n-1)a_1 = n a_1$, 若 $a_1 = 1$, 则有 $a_n < n$.

例 5.8. (1993 年美国数学奥林匹克试题) 设 $a_0, a_1, a_2, \ldots$ 是一个正实

数序列, 满足$a_{i-1}a_{i+1} \le a_i^2, i = 1, 2, \ldots$, 证明: 对一切$n > 1$, 有

$$\frac{a_0 + a_1 + \cdots + a_n}{n+1} \cdot \frac{a_1 + a_2 + \cdots + a_{n-1}}{n-1}$$
$$\ge \frac{a_0 + a_1 + \cdots + a_{n-1}}{n} \cdot \frac{a_1 + a_2 + \cdots + a_n}{n}. \tag{5.32}$$

证明　不难验证式(5.32)等价于

$$(a_0 + a_1 + \cdots + a_{n-1})(a_n + \cdots + a_2 + a_1) \ge n^2 a_0 a_n, \tag{5.33}$$

注意$(n-i, i) \prec (n, 0)$, 由题设$a_0, a_1, a_2, \ldots$ 是一个对数凹数列, 故有$a_i a_{n-i} \ge a_0 a_n$, 即$a_i \ge \frac{1}{a_{n-i}} a_0 a_n, i = 0, \ldots, n-1$, 于是, 式(5.33)左边不小于

$$\left(\frac{1}{a_n} + \cdots + \frac{1}{a_2} + \frac{1}{a_1} \right)(a_n + \cdots + a_2 + a_1)a_0 a_n,$$

再结合熟知的不等式

$$\left(\frac{1}{a_n} + \cdots + \frac{1}{a_2} + \frac{1}{a_1} \right)(a_n + \cdots + a_2 + a_1) \ge n^2,$$

即得式(5.33), 证毕.

5.2　各种凸数列

凸数列和对数凸数列的种类繁多, 本节介绍数例.

例 5.9.　设$\boldsymbol{x} \in \mathbb{R}_{++}^n, k \in \mathbb{N}$, 令$S_k = \sum\limits_{i=1}^n x_i^k$, 则$\{S_k\}_{k \in \mathbb{N}}$ 是凸数列.

证明

$$S_{k-1} + S_{k+1} = \sum_{i=1}^n x_i^{k-1} + \sum_{i=1}^n x_i^{k+1} = \sum_{i=1}^n (x_i^{k-1} + x_i^{k+1})$$
$$\ge \sum_{i=1}^n 2\sqrt{x_i^{k-1} x_i^{k+1}} = 2 \sum_{i=1}^n x_i^k = 2S_k.$$

例 5.10.　设$\boldsymbol{x} \in \mathbb{R}_{++}^n, k \in \mathbb{N}$, 令$S_k = \sum\limits_{i=1}^n x_i^k$, 则$\{S_k\}_{k \in \mathbb{N}}$ 是对数凸数列.

证明　欲证

$$S_k^2 \le S_{k-1}S_{k+1}, k \ge 2. \tag{5.34}$$

对n 用归纳法. 当$n = 1$ 时, 式(5.34)等式成立. 假设当$n = m$ 时, 式(5.34)成

立. 现设 $n = m + 1$, 此时

$$\left(\sum_{i=1}^{m+1} x_i^k\right)^2 = \left(\sum_{i=1}^{m} x_i^k + x_{m+1}^k\right)^2 = \left(\sum_{i=1}^{m} x_i^k\right)^2 + 2x_{m+1}^k \sum_{i=1}^{m} x_i^k + x_{m+1}^{2k}$$

$$\leq \left(\sum_{i=1}^{m} x_i^{k-1}\right)\left(\sum_{i=1}^{m} x_i^{k+1}\right) + 2x_{m+1}^k \sum_{i=1}^{m} x_i^k + x_{m+1}^{2k}. \tag{5.35}$$

另外

$$\left(\sum_{i=1}^{m+1} x_i^{k-1}\right)\left(\sum_{i=1}^{m+1} x_i^{k+1}\right) = \left(\sum_{i=1}^{m} x_i^{k-1} + x_{m+1}^{k-1}\right)\left(\sum_{i=1}^{m} x_i^{k+1} + x_{m+1}^{k+1}\right)$$

$$= \left(\sum_{i=1}^{m} x_i^{k-1}\right)\left(\sum_{i=1}^{m} x_i^{k+1}\right) + x_{m+1}^{k+1} \sum_{i=1}^{m} x_i^{k-1} + x_{m+1}^{k-1} \sum_{i=1}^{m} x_i^{k+1} + x_{m+1}^{2k}. \tag{5.36}$$

比较式(5.35)和式(5.36)右端, 只需证

$$2x_{m+1}^k \sum_{i=1}^{m} x_i^k \leq x_{m+1}^{k+1} \sum_{i=1}^{m} x_i^{k-1} + x_{m+1}^{k-1} \sum_{i=1}^{m} x_i^{k+1}.$$

此不等式等价于

$$x_{m+1}^k \sum_{i=1}^{m} x_i^k - x_{m+1}^{k+1} \sum_{i=1}^{m} x_i^{k-1} + x_{m+1}^k \sum_{i=1}^{m} x_i^k - x_{m+1}^{k-1} \sum_{i=1}^{m} x_i^{k+1} \leq 0$$

$$\Leftrightarrow x_{m+1}^k \sum_{i=1}^{m} x_i^{k-1}(x_i - x_{m+1}) + x_{m+1}^{k-1} \sum_{i=1}^{m} x_i^k(x_{m+1} - x_i) \leq 0$$

$$\Leftrightarrow x_{m+1}^{k-1} \sum_{i=1}^{m} x_i^{k-1}(x_i - x_{m+1})(x_{m+1} - x_i) \leq 0$$

$$\Leftrightarrow -x_{m+1}^{k-1} \sum_{i=1}^{m} x_i^{k-1}(x_i - x_{m+1})^2 \leq 0,$$

而上式显然成立, 式(5.34)得证.

另证

$$S_{k-1}S_{k+1} - S_k^2 = \left(\sum_{i=1}^{n} x_i^{k-1}\right)\left(\sum_{i=1}^{n} x_i^{k+1}\right) - \left(\sum_{i=1}^{n} x_i^k\right)^2$$

$$= \left(\sum_{i=1}^{n} x_i^{k-1}\right)\left(\sum_{j=1}^{n} x_j^{k+1}\right) - \left(\sum_{i=1}^{n} x_i^k\right)\left(\sum_{j=1}^{n} x_j^k\right)$$

$$= \left(\sum_{i=1}^n x_i^{k-1} \sum_{j=1}^n x_j^{k+1} \right) - \left(\sum_{i=1}^n x_i^k \sum_{j=1}^n x_j^k \right)$$

$$= \sum_{i=1}^n x_i^{k-1} \sum_{j=1}^n x_j^{k+1} - \left(x_i^k \sum_{j=1}^n x_j^k \right)$$

$$= \sum_{i=1}^n \left(x_i^{k-1} \left(\sum_{j=1}^n x_j^{k+1} - x_i \sum_{j=1}^n x_j^k \right) \right)$$

$$= \sum_{i=1}^n \left(x_i^{k-1} \left(\sum_{j=1}^n (x_j^{k+1} - x_i x_j^k) \right) \right)$$

$$= \sum_{i=1}^n \left(x_i^{k-1} \left(\sum_{j=1}^n x_j^k (x_j - x_i) \right) \right)$$

$$= \sum_{i=1}^n \sum_{j=1}^n (x_j^{k+1} x_i^{k-1} - x_j^k x_i^k)$$

$$= \sum_{i=1}^n \sum_{j=1}^n x_i^{k-1} x_j^{k-1} (x_i - x_j)^2 \geq 0.$$

对于杨志明提出并证明的如下不等式, 我们给出控制证明.

例 5.11. 设 $a, b, c \geq 0$, $\sum$ 表示循环和, 求证

$$3(\sum a^3)^3 \geq (\sum a^4)(\sum a^2)^2(\sum a). \tag{5.37}$$

证明 因齐次, 不妨设 $\sum a = 1$, 则 $0 \leq a, b, c \leq 1$, $\{S_k\} = \{\sum a^k\}$ 是递增的对数凸数列, 由 $(4, 2, 2, 1) \prec_w (4, 3, 3, 0)$, 并注意 $\sum a^4 \leq \sum a^3$ 有

$$(\sum a^4)(\sum a^2)^2(\sum a) \leq (\sum a^4)(\sum a^3)^2(\sum a^0) \leq 3(\sum a^3)^3.$$

例 5.12. [10] 设 $x_1, \ldots, x_n \geq 0, a_1, a_2, a_3 \geq 0$, $k \geq 7$, $4 \leq u \leq 5$, 则

$$a_1 S_1 S_{k-1} + a_2 S_2 S_{k-2} + a_3 S_3 S_{k-3} \geq (a_1 + a_2 + a_3) S_4 S_{k-4}; \tag{5.38}$$

$$a_1 S_1 S_{u-1} + a_2 S_2 S_{u-2} + a_3 S_3 S_{u-3} \leq (a_1 + a_2 + a_3) S_4 S_{u-4}. \tag{5.39}$$

证明 因 $k \geq 7$, 有 $k - 1 \geq 4$, $k - 2 \geq 4$ 和 $k - 3 \geq 4$, 易见 $(4, k - 4) \prec (k - 1, 1)$, $(4, k - 4) \prec (k - 2, 2)$ 和 $(4, k - 4) \prec (k - 3, 3)$, 故由 $\{S_i\}$ 的对数凸性, 有 $S_4 S_{k-4} \leq S_1 S_{k-1}$, $S_4 S_{k-4} \leq S_2 S_{k-2}$ 和 $S_4 S_{k-4} \leq S_3 S_{k-3}$, 由此即可证得式 (5.38).

因 $4 \leq u \leq 5$, 有 $u - 1 \leq 4$, $u - 2 \leq 4$ 和 $u - 3 \leq 4$, 易见 $(u - 1, 1) \prec (4, u - 4)$, $(u-2, 2) \prec (4, u-4)$ 和 $(u-3, 3) \prec (4, u-4)$, 故有 $S_4 S_{u-4} \geq S_1 S_{u-1}$,

$S_4 S_{u-4} \geq S_2 S_{u-2}$ 和 $S_4 S_{u-4} \geq S_3 S_{u-3}$, 由此即可证得式(5.39).

例 5.13. [11, p. 435] 设 $S_r \geq n$, $x_1, \ldots, x_n \in \mathbb{R}_{++}$, $p \geq q \geq 0, p \geq r \geq 1$, 则

$$S_p \geq S_q. \tag{5.40}$$

证明 式(5.40)等价于

$$n^{p-q} S_p \geq S_q^r S_r^{p-q}. \tag{5.41}$$

因

$$\left(\underbrace{p, \cdots, p}_{r}, \underbrace{0, \cdots, 0}_{p-q} \right) \prec \left(\underbrace{q, \cdots, q}_{r}, \underbrace{r, \cdots, r}_{p-q} \right),$$

故由 $\{S_i\}$ 的对数凸性, 并注意 $S_0 = n$, 式(5.41)成立, 由此得证.

例 5.14. 设 m 是正整数, 记

$$S_n(m) = \sum_{k=1}^{n} k^m.$$

2008 年, 褚小光猜想

$$(m+1)^2 (S_n(m))^2 \geq m S_m (m-1)(m+2) S_n(m+1). \tag{5.42}$$

2015年, 朱世杰[244] 证明了该猜想成立. 式(5.42) 表明 $\{(m+1)S_n(m)\}$ 是关于 m 的凹数列.

命题 5.4. [71, p. 585] 设 f, g 是 $[a, b]$ 上的正的连续函数, 记

$$I_n = \int_a^b (f(x))^n g(x) \, \mathrm{d} x,$$

则 $\{I_n\}$ 是对数凸数列.

对任意自然数 m, 取 $\boldsymbol{p} = (\underbrace{m, \ldots, m}_{m+1})$, $\boldsymbol{q} = (\underbrace{m+1, \ldots, m+1}_{m}, 0)$, 则 $\boldsymbol{p} \prec \boldsymbol{q}$. 由推论5.2有 $I_m^{m+1} \leq I_{m+1}^m \cdot I_0$, 即

$$\left(\int_a^b f(x)^m g(x) \, \mathrm{d} x \right)^{m+1} \leq \int_a^b g(x) \, \mathrm{d} x \left(\int_a^b f(x)^{m+1} g(x) \, \mathrm{d} x \right)^m. \tag{5.43}$$

特别取$m = 1, g(x) = 1$, 由式(5.43)可得熟悉的不等式

$$\left(\int_a^b f(x)\,\mathrm{d}x\right)^2 \le \frac{1}{b-a}\left(\int_a^b f^2(x)\,\mathrm{d}x\right). \tag{5.44}$$

例 5.15. (罗马尼亚Daniel Sitaru提出, 罗马尼亚Daniel Sitaru 利用Chebyshev不等式证明) 若$0 < a \le b$, 则

$$\left(\int_a^b \mathrm{e}^{-13x^2}\mathrm{d}x\right)\left(\int_a^b \mathrm{e}^{-8x^2}\mathrm{d}x\right) \ge \left(\int_a^b \mathrm{e}^{-10x^2}\mathrm{d}x\right)\left(\int_a^b \mathrm{e}^{-11x^2}\mathrm{d}x\right). \tag{5.45}$$

对于正的连续函数$f(x) = \mathrm{e}^{-x^2}$ 和$g(x) = 1$, 因$(11, 10) \prec (13, 8)$, 由命题5.4 即得证.

例 5.16. 对于$\boldsymbol{x} = (x_1, \ldots, x_n)$ 的初等对称函数$E_k(\boldsymbol{x}) = \sum\limits_{1 \le i_1 < \cdots < i_k \le n} \prod\limits_{j=1}^{k} x_{i_j}$ 及其平均$B_k(\boldsymbol{x}) = \frac{E_k(\boldsymbol{x})}{\mathrm{C}_n^k}$, 由定理3.1 知$\{E_k(\boldsymbol{x})\}$和$\{B_k(\boldsymbol{x})\}$均是对数凹数列.

例 5.17. [73]

$$h_n = \sum_{k=1}^{n} \frac{1}{k}, n = 1, 2, \ldots,$$

表示调和级数的部分和, 令$a_n = h_n - \ln n$, 则

$$(a_n - \gamma)(a_{n+2} - \gamma) \ge (a_{n+1} - \gamma)^2, \tag{5.46}$$

即$a_n - \gamma$是对数凸数列, 其中$\gamma = 0.577\,215\,664\,9\ldots$是Euler $-$ Mascheroni 常数.

5.3　凸数列的几个加权和性质的控制证明

卢和萧 [88], [214]利用数学归纳法和Abel(阿贝尔)变换给出凸数列的几个有趣的加权和性质, 即下述五个定理. 文 [149] 利用受控理论并结合概率方法给出这些结果的新的证明.

定理 5.10. [88] 若$\{a_i\}_{i=0}^{\infty}$ 是一个凸数列, $p \in \mathbb{Z}_+$, 则对任意的$n \in \mathbb{N}$, 有

$$\sum_{i=0}^{n} a_i \mathrm{C}_{p+i}^p \ge \frac{1}{p+2} \mathrm{C}_{p+n+1}^{p+1}(n a_{n-1} + (p+2-n)a_n), \tag{5.47}$$

$$\sum_{i=0}^{n} a_i \mathrm{C}_{p+n-i}^p \ge \frac{1}{p+2} \mathrm{C}_{p+n+1}^{p+1}((p+2-n)a_0 + n a_1). \tag{5.48}$$

定理 5.11. [88] 若 $\{a_i\}_{i=0}^{\infty}$ 是一个凸数列, $p \in \mathbb{Z}_+$, 则对于任意 $n \in \mathbb{N}$, 有

$$\sum_{i=1}^{n} i^2 a_i \geq \frac{1}{12} n(n+1)(n(n-1)a_{n-1} - (n^2 - 5n - 2)a_n). \tag{5.49}$$

定理 5.12. [214] 若 $\{a_i\}_{i=0}^{\infty}$ 是一个凸数列, 则对于任意 $n \in \mathbb{N}, n \geq 3$, 有

$$\sum_{i=1}^{n} i^2 a_i \geq \frac{1}{12} n(n+1)(na_1 + (3n+2)a_n). \tag{5.50}$$

定理 5.13. [214] 若 $\{a_i\}_{i=0}^{\infty}$ 是一个凸数列, 则对于任意 $n \in \mathbb{N}, n \geq 3$, 有

$$2^{n-2} n(a_1 + a_n) \geq \sum_{i=1}^{n} i a_i \mathrm{C}_n^i, \tag{5.51}$$

$$2^{n-3} n(na_1 + (n+2)a_n) \geq \sum_{i=1}^{n} i^2 a_i \mathrm{C}_n^i. \tag{5.52}$$

定理 5.14. [214] 若 $\{a_i\}_{i=0}^{\infty}$ 是一个凸数列, 则对于任意 $n \in \mathbb{N}, n \geq 2$, 有

$$\sum_{i=0}^{n} a_i \mathrm{C}_n^i \leq 2^{n-1}(a_0 + a_n), \tag{5.53}$$

$$\sum_{i=0}^{n} a_i \mathrm{C}_k^i \mathrm{C}_m^{n-i} \geq \frac{ma_0 + ka_n}{m+k} \mathrm{C}_{m+k}^n, \tag{5.54}$$

其中 k, m 是不小于 n 的正整数.

引理 5.1. [88] 对任意正整数 n, 有下列等式成立

$$\sum_{i=1}^{n} i \mathrm{C}_n^i = 2^{n-1} n, \tag{5.55}$$

$$\sum_{i=1}^{n} i^2 \mathrm{C}_n^i = 2^{n-2} n(n+1), \tag{5.56}$$

$$\sum_{i=1}^{n} i^3 \mathrm{C}_n^i = 2^{n-3} n^2(n+3), \tag{5.57}$$

$$\sum_{i=0}^{n} \mathrm{C}_{p+n-i}^p = \mathrm{C}_{p+n+1}^{p+1} \quad (\text{朱世杰恒等式}). \tag{5.58}$$

下面用概率方法证明几个组合恒等式.

引理 5.2. 设$p \in \mathbb{Z}_+$, 对于任意$n \subset \mathbb{N}$和任意不小于n 的正整数k, m, 有

$$\sum_{i=0}^{n} C_k^i C_m^{n-i} = C_{m+k}^n \quad \text{(Vandermonde恒等式)} \tag{5.59}$$

和

$$\sum_{i=0}^{n} i C_k^i C_m^{n-i} = \frac{kn}{k+m} C_{m+k}^n. \tag{5.60}$$

证明 考虑随机试验: 袋里装$n + k$ 个球, 其中m 个红球, k 个白球. 现从中任取$n(n \leq k, n \leq m)$ 个球, 令X 表示取出的n 个球中的白球数, 则

$$P(X = i) = \frac{C_k^i C_m^{n-i}}{C_{m+k}^n}, i = 0, 1, \ldots, n,$$

从而

$$\sum_{i=0}^{n} \frac{C_k^i C_m^{n-i}}{C_{m+k}^n} = 1, \tag{5.61}$$

由此即得式(5.59). 又

$$E(X) = \sum_{i=0}^{n} i \frac{C_k^i C_m^{n-i}}{C_{m+k}^n}. \tag{5.62}$$

若令

$$X_i = \begin{cases} 1, & \text{若第}i \text{ 个白球被取出;} \\ 0, & \text{若第}i \text{ 个白球没被取出,} \end{cases}$$

$i = 1, \ldots, k,$ 则$X = X_1 + \cdots + X_k,$ 而

$$E(X_i) = P(X_i = 1) = P(\text{第}i \text{ 个白球被取出})$$

$$= \frac{C_{m+k-1}^{n-1}}{C_{m+k}^n} = \frac{n}{k+m}, i = 1, \ldots, k,$$

则

$$E(X) = E(X_1) + \cdots + E(X_k) = \frac{nk}{k+m}, \tag{5.63}$$

结合式(5.62)和式(5.63) 即得式(5.60).

引理 5.3. 设p 是一个非负整数, 则对任意的$n \in \mathbb{N}$, 有

$$\sum_{i=1}^{n} i C_{p+i}^p = \frac{n(p+1)}{p+2} C_{p+n+1}^{p+1}, \tag{5.64}$$

$$\sum_{i=0}^{n} i C_{p+n-i}^{p} = \frac{n}{p+2} C_{p+n+1}^{p+1}. \tag{5.65}$$

证明 考虑随机试验: 从自然数1 到 $p+n+1$ 中任取 $p+1$ 个数, 随机变量 X 表示取出的最大数与 $p+1$ 的差, 则

$$P(X=i) = \frac{C_{p+i}^{p}}{C_{p+n+1}^{p+1}}, i = 1, \dots, n,$$

从而, 我们有

$$P(X=i) = \sum_{i=1}^{n} \frac{C_{p+i}^{p}}{C_{p+n+1}^{p+1}} = 1,$$

即

$$\sum_{i=1}^{n} C_{p+i}^{p} = C_{p+n+1}^{p+1}. \tag{5.66}$$

又有

$$E(X) = \sum_{i=1}^{n} i \frac{C_{p+i}^{p}}{C_{p+n+1}^{p+1}}. \tag{5.67}$$

另外, 据文 [243, p. 169-170], 对于整值随机变量 X, 有

$$E(X) = \sum_{i=1}^{n} P(X \geq i) = n - \sum_{i=1}^{n} P(X < i)$$

$$= n - \sum_{i=2}^{n} P(X < i) = n - \sum_{i=2}^{n} \frac{C_{p+i}^{p+1}}{C_{p+n+1}^{p+1}}. \tag{5.68}$$

结合式(5.67)和式(5.68), 有

$$\sum_{i=1}^{n} i C_{p+i}^{p} = n C_{p+n+1}^{p+1} - \sum_{i=2}^{n} C_{p+i}^{p+1} C_{p+i}^{p+1}$$

$$= n C_{p+n+1}^{p+1} - \sum_{i=1}^{n-1} C_{p+i}^{p+1}$$

$$= n C_{p+n+1}^{p+1} - C_{p+n+1}^{p+2} (由式(5.66))$$

$$= n C_{p+n+1}^{p+1} - \frac{2}{p+2} C_{p+n+1}^{p+2} = \frac{n(p+1)}{p+2} C_{p+n+1}^{p+1}.$$

式(5.64)得证.

对式(5.64)作变换 $n-i \to i$, 可知

$$\sum_{i=1}^{n} i C_{p+n-i}^{p+1} = \sum_{i=1}^{n} (n-i) C_{p+i}^{p} = n \sum_{i=1}^{n} C_{p+i}^{p} - \sum_{i=1}^{n} i C_{p+i}^{p}$$

$$= nC_{p+n+1}^{p+1} - \frac{n(p+1)}{p+2}C_{p+n+1}^{p+1}(\text{由式}(5.66)\text{ 和式}(5.64))$$

$$= \frac{n}{p+2}C_{p+n+1}^{p+1},$$

式(5.65) 得证.

定理5.10的证明　令

$$\boldsymbol{x} = \left(\underbrace{n,\cdots,n}_{(p+2-n)C_{p+n+1}^{p+1}}, \underbrace{n-1,\cdots,n-1}_{nC_{p+n+1}^{p+1}} \right)$$

和

$$\boldsymbol{y} = \left(\underbrace{n,\cdots,n}_{(p+2)C_{p+n}^{p}},\cdots, \underbrace{1,\cdots,1}_{(p+2)C_{p+1}^{p}}, \underbrace{0,\cdots,0}_{(p+2)C_{p+0}^{p}} \right).$$

由式(5.66) 有

$$(p+2)\sum_{i=0}^{n} C_{p+i}^{p} = C_{p+n+1}^{p+1}((p+2-n)+n) = (p+2)C_{p+n+1}^{p+1} =: m$$

又由式(5.64) 有

$$\sum_{i=1}^{m} x_i = C_{p+n+1}^{p+1}(n(p+2-n)+(n-1)n)$$

$$=n(p+1)C_{p+n+1}^{p+1} = (p+2)\sum_{i=0}^{n} iC_{p+i}^{p} = \sum_{i=1}^{m} y_i.$$

再由$\boldsymbol{x}$ 和$\boldsymbol{y}$ 的结构, 易见存在$k, 1 \le k \le m$ 使得$x_i \le y_i, i = 1,\ldots,k, x_i \ge y_i$, $i = k+1,\ldots,m$, 故据定理1.20知$\boldsymbol{x} \prec \boldsymbol{y}$, 从而由定理5.7可得式(5.47).

令

$$\boldsymbol{u} = \left(\underbrace{1,\cdots,1}_{nC_{p+n+1}^{p+1}}, \underbrace{0,\cdots,0}_{(p+2-n)C_{p+n+1}^{p+1}} \right)$$

和

$$\boldsymbol{v} = \left(\underbrace{n,\cdots,n}_{(p+2)C_{p+n-n}^{p}}, \cdots, \underbrace{1,\cdots,1}_{(p+2)C_{p+n-1}^{p}}, \underbrace{0,\cdots,0}_{(p+2)C_{p+n-0}^{p}} \right).$$

由式(5.58)有

$$(p+2)\sum_{i=0}^{n}\mathrm{C}_{p+n-i}^{p}=\mathrm{C}_{p+n+1}^{p+1}((p+2-n)+n)$$

$$=(p+2)\mathrm{C}_{p+n+1}^{p+1}:=m,$$

且由式(5.65) 有

$$\sum_{i=1}^{m}u_i=\mathrm{C}_{p+n+1}^{p+1}(0\cdot(p+2-n)+1\cdot n)$$

$$=n\mathrm{C}_{p+n+1}^{p+1}=(p+2)\sum_{i=0}^{n}i\mathrm{C}_{p+n-i}^{p}=\sum_{i=1}^{m}v_i.$$

再由$\boldsymbol{u}$ 和$\boldsymbol{v}$ 的结构，易见存在$k,1\le k\le m$ 使得$u_i\le v_i,i=1,\ldots,k,u_i\ge v_i$, $i=k+1,\ldots,m$, 故据定理1.20知$\boldsymbol{u}\prec\boldsymbol{v}$, 从而由定理5.7可得式(5.48).

定理5.11的证明 令

$$\boldsymbol{x}=\left(\underbrace{n-1,\cdots,n-1}_{n^2(n+1)(n-1)}\right)$$

和

$$\boldsymbol{y}=\left(\underbrace{n,\cdots,n}_{12n^2+n(n+1)(n^2-5n-2)},\ldots,\underbrace{2,\cdots,2}_{12\cdot2^2},\underbrace{1,\cdots,1}_{12\cdot1^2}\right).$$

注意

$$n(n+1)(n^2-5n-2)+12\sum_{i=1}^{n}i^2$$

$$=n(n+1)(n^2-5n-2)+12\times\frac{1}{6}n(n+1)(2n+1)$$

$$=n^2(n+1)(n-1):=m,$$

$$\sum_{i=1}^{m}y_i=n^2(n+1)(n^2-5n-2)+12\sum_{i=1}^{n}i^3$$

$$=n^2(n+1)(n^2-5n-2)+12\times\left(\frac{1}{2}n(n+1)\right)^2$$

$$=n^2(n+1)(n-1)^2,$$

我们有 $\frac{1}{m}\sum\limits_{i=1}^{m}y_i=n-1$, 由式(1.14)知 $\boldsymbol{x}\prec\boldsymbol{y}$, 从而由定理5.7 可得式(5.49).

定理5.12的证明　令

$$\boldsymbol{x}=\left(\underbrace{n,\cdots,n}_{n(3n+2)(n+1)},\underbrace{1,\cdots,1}_{n^2(n+1)}\right)$$

和

$$\boldsymbol{y}=\left(\underbrace{n,\cdots,n}_{12n^2},\ldots,\underbrace{2,\cdots,2}_{12\cdot 2^2},\underbrace{1,\cdots,1}_{12\cdot 1^2}\right),$$

$$12\sum_{i=1}^{n}i^2=12\times\frac{1}{6}n(n+1)(2n+1)=n^2(n+1)+n(n+1)(3n+2):=m,$$

$$\sum_{i=1}^{m}y_i=12\sum_{i=1}^{n}i^3=12\times\left(\frac{1}{2}n(n+1)\right)^2=n^2(n+1)+n^2(n+1)(3n+2)=\sum_{i=1}^{m}x_i,$$

由 $\boldsymbol{x}$ 和 $\boldsymbol{y}$ 的结构, 易见存在 $k,1\le k\le m$, 使得 $x_i\le y_i, i=1,\ldots,k, x_i\ge y_i$, $i=k+1,\ldots,m$, 据定理1.20, 有 $\boldsymbol{x}\prec\boldsymbol{y}$, 由定理5.7 知式(5.50)成立.

定理5.13的证明　令

$$\boldsymbol{x}=\left(\underbrace{n,\cdots,n}_{n\mathrm{C}_n^n},\cdots,\underbrace{2,\cdots,2}_{2\mathrm{C}_n^2},\underbrace{1,\cdots,1}_{\mathrm{C}_n^1}\right)$$

和

$$\boldsymbol{y}=\left(\underbrace{n,\cdots,n}_{2^{n-2}n},\underbrace{1,\cdots,1}_{2^{n-2}n}\right).$$

由引理5.1有

$$2\times 2^{n-2}n=2^{n-1}n=\sum_{i=1}^{n}i\mathrm{C}_n^i:=m$$

和

$$\sum_{i=1}^{m}y_i=2^{n-2}n^2+2^{n-2}n=2^{n-2}n(n+1)=\sum_{i=1}^{n}i^2\mathrm{C}_n^i=\sum_{i=1}^{m}x_i.$$

注意 $n\mathrm{C}_n^n\le 2^{n-2}n$, 易见存在 $k,1\le k\le m$, 使得 $x_i\le y_i, i=1,\ldots,k, x_i\ge y_i$, $i=k+1,\ldots,m$, 由定理1.20, 有 $\boldsymbol{x}\prec\boldsymbol{y}$, 进而由定理5.7 知式(5.51)成立.

令

$$\boldsymbol{u} = \Big(\underbrace{n,\cdots,n}_{n^2\mathrm{C}_n^n},\cdots,\underbrace{2,\cdots,2}_{2^2\mathrm{C}_n^2},\underbrace{1,\cdots,1}_{\mathrm{C}_n^1}\Big)$$

和

$$\boldsymbol{v} = \Big(\underbrace{n,\cdots,n}_{2^{n-3}n(n+2)},\underbrace{1,\cdots,1}_{2^{n-3}n^2}\Big).$$

由引理5.3有

$$2^{n-3}n(n+2) + 2^{n-3}n^2 = 2^{n-2}n(n+1) = \sum_{i=1}^{n} i^2 \mathrm{C}_n^i := m$$

和

$$\sum_{i=1}^{m} v_i = 2^{n-3}n^2(n+2) + 2^{n-3}n^2 = 2^{n-3}n^2(n+3) = \sum_{i=1}^{n} i^3 \mathrm{C}_n^i = \sum_{i=1}^{m} u_i.$$

注意$n^2\mathrm{C}_n^n \leq 2^{n-3}n(n+3)$, 易见存在$k, 1 \leq k \leq m$, 使得$u_i \leq v_i, i = 1,\ldots,k, u_i \geq v_i, i = k+1,\ldots,m$, 由定理1.20, 有$\boldsymbol{u} \prec \boldsymbol{v}$, 进而由定理5.7 知式(5.52) 成立.

定理5.14的证明　令

$$\boldsymbol{x} = \Big(\underbrace{n,\cdots,n}_{\mathrm{C}_n^n},\underbrace{n-1,\cdots,n-1}_{\mathrm{C}_n^{n-1}},\cdots,\underbrace{1,\cdots,1}_{\mathrm{C}_n^1},\underbrace{0,\cdots,0}_{\mathrm{C}_n^0}\Big)$$

和

$$\boldsymbol{y} = \Big(\underbrace{n,\cdots,n}_{2^{n-1}},\underbrace{0,\cdots,0}_{2^{n-1}}\Big).$$

注意$2^n = \sum_{i=1}^{n} \mathrm{C}_n^i$, 易见存在$k = 2^{n-1}$, 满足$1 \leq k \leq 2^n$, $x_i \leq y_i, i = 1,\ldots,k, x_i \geq y_i, i = k+1,\ldots,2^n$, 据定理1.20, 有$\boldsymbol{u} \prec \boldsymbol{v}$, 进而由定理5.7 知式(5.64) 成立.

令

$$\boldsymbol{u} = \Big(\underbrace{n,\cdots,n}_{k\mathrm{C}_{m+k}^n},\underbrace{0,\cdots,0}_{m\mathrm{C}_{m+k}^n}\Big)$$

和

$$\boldsymbol{v} = \left(\underbrace{n, \cdots, n}_{(m+k)\mathrm{C}_n^k \mathrm{C}_m^{n-n}}, \cdots, \underbrace{1, \cdots, 1}_{(m+k)\mathrm{C}_n^n \mathrm{C}_k^1 \mathrm{C}_m^{n-1}}, \underbrace{0, \cdots, 0}_{(m+k)\mathrm{C}_k^0 \mathrm{C}_m^{n-0}} \right).$$

由引理5.3 有

$$(k+m)\mathrm{C}_{m+k}^n = (m+k) \sum_{i=1}^n \mathrm{C}_k^i \mathrm{C}_m^{n-i} := s$$

和

$$\sum_{i=1}^s u_i = nk\mathrm{C}_{m+k}^n = \sum_{i=0}^n i\mathrm{C}_k^i \mathrm{C}_m^{n-i} = \sum_{i=1}^s v_i,$$

由$\boldsymbol{u}$ 和$\boldsymbol{v}$的结构, 易见存在$k, 1 \leq k \leq m$, 使得$u_i \leq v_i, i = 1, \ldots, k, u_i \geq v_i$, $i = k+1, \ldots, m$, 据定理1.20, 知$\boldsymbol{u} \prec \boldsymbol{v}$, 进而由定理5.7 知式(5.65) 成立.

5.4　一类跳阶乘不等式

定理 5.15. $[70, \mathrm{p.\,} 119]$设正整数$n > 1$, 则有

$$\frac{1}{\sqrt{2n}} < \frac{(2n-1)!!}{(2n)!!} < \frac{1}{2\sqrt{2n+1}}, \tag{5.69}$$

$$\frac{1}{\sqrt{2n+1}} < \frac{(2n)!!}{(2n+1)!!} < \frac{1}{\sqrt{n+1}}, \tag{5.70}$$

式(5.69)是著名的Wallis(沃利斯)不等式.

刘琼 [85] 给出一个控制证明, 令人耳目一新.

证明 设$f(x) = \ln x$, 易知$f(x)$ 是$\mathbb{R}_{++}$ 上的严格凹函数. 因为

$$(2,2) \prec\prec (1,3), (4,4) \prec\prec (3,5), \cdots, (2n, 2n) \prec\prec (2n-1, 2n+1),$$

有

$$\ln 2 + \ln 2 > \ln 1 + \ln 3,$$

$$\ln 4 + \ln 4 > \ln 3 + \ln 5,$$

$$\vdots$$

$$\ln(2n) + \ln(2n) > \ln(2n-1) + \ln(2n+1),$$

将上述不等式相加得

$$2(\ln 2 + \ln 4 + \cdots + \ln(2n)) > 2(\ln 1 + \ln 3 + \cdots + \ln(2n-1) + \ln(2n+1)),$$

由此得

$$\frac{(2n-1)!!}{(2n)!!} < \frac{1}{2\sqrt{2n+1}}, \tag{5.71}$$

又

$$(3,3) \prec\prec (2,4), (5,5) \prec\prec (4,6), \ldots, (2n-1, 2n-1) \prec\prec (2n-2, 2n),$$

有

$$\ln 2 + \ln 2 > \ln 1 + \ln 3,$$

$$\ln 4 + \ln 4 > \ln 3 + \ln 5,$$

$$\vdots$$

$$\ln(2n) + \ln(2n) > \ln(2n-1) + \ln(2n+1).$$

在上述不等式中对应相加得

$$2(\ln 2 + \ln 4 + \cdots + \ln(2n)) > 2(\ln 1 + \ln 3 + \cdots + \ln(2n-1) + \ln(2n+1)).$$

这意味着

$$\frac{1}{2\sqrt{n}} < \frac{(2n-1)!!}{(2n)!!}. \tag{5.72}$$

由式(5.71) 和式(5.72)得式(5.69).

因为

$$(3,3) \prec\prec (2,4), (5,5) \prec\prec (4,6), \ldots, (2n+1, 2n+1) \prec\prec (2n, 2n+2)$$

和

$$(2,2) \prec\prec (1,3), (4,4) \prec\prec (3,5), \ldots, (2n, 2n) \prec\prec (2n-1, 2n+1).$$

类似于式(5.69)的证明可证得式(5.70).

定理 5.16. 设正整数 $n > 1$, 则有

$$\left(\frac{1}{3n+1}\right)^{\frac{1}{3}} < \frac{(3n)!!!}{(3n+1)!!!} < \left(\frac{1}{n+1}\right)^{\frac{1}{3}}, \tag{5.73}$$

$$\left(\frac{2}{9n}\right)^{\frac{1}{3}} < \frac{(3n-1)!!!}{(3n)!!!} < \left(\frac{2}{3n+2}\right)^{\frac{1}{3}} \tag{5.74}$$

和

$$\left(\frac{2}{4(3n-1)}\right)^{\frac{1}{3}} < \frac{(3n-2)!!!}{(3n-1)!!!} < \left(\frac{1}{3n+1}\right)^{\frac{1}{3}}. \tag{5.75}$$

证明 因为

$$(4,4,4) \prec\prec (3,3,6),$$

$$(7,7,7) \prec\prec (6,6,9),$$

$$\vdots$$

$$(3n+1,3n+1,3n+1) \prec\prec (3n,3n,3n+3),$$

由 $\ln x$ 在 $\mathbb{R}_{++}$ 上的严格凹性, 有

$$\ln 4 + \ln 4 + \ln 4 > \ln 3 + \ln 3 + \ln 6,$$

$$\ln 7 + \ln 7 + \ln 7 > \ln 6 + \ln 6 + \ln 9,$$

$$\vdots$$

$$\ln(3n+1) + \ln(3n+1) + \ln(3n+1) > \ln(3n) + \ln(3n) + \ln(3n+3).$$

上述不等式相加得

$$3(\ln 1 + \ln 4 + \ln 7 + \cdots + \ln(3n+1))$$
$$> 3(\ln 3 + \ln 6 + \cdots + \ln(3n)) - \ln 3 + \ln(3n+3).$$

由此得

$$\frac{(3n)!!!}{(3n+1)!!!} < \left(\frac{1}{n+1}\right)^{\frac{1}{3}}, \tag{5.76}$$

又

$$(3,3,3) \prec\prec (1,4,4), (6,6,6) \prec\prec (4,7,7), \ldots,$$
$$(3n,3n,3n) \prec\prec (3n-2, 3n+1, 3n+1),$$

有

$$\ln 3 + \ln 3 + \ln 3 > \ln 1 + \ln 4 + \ln 4,$$

$$\ln 6 + \ln 6 + \ln 6 > \ln 4 + \ln 7 + \ln 7,$$

$$\vdots$$

$$\ln(3n) + \ln(3n) + \ln(3n) > \ln(3n-2) + \ln(3n+1) + \ln(3n+1).$$

将上述不等式相加得

$$3(\ln 3 + \ln 6 + \cdots + \ln(3n)) > 3(\ln 1 + \ln 4 + \cdots + \ln(3n+1)) - \ln(3n+1).$$

由此得

$$\left(\frac{1}{3n+1}\right)^{\frac{1}{3}} < \frac{(3n)!!!}{(3n+1)!!!}. \tag{5.77}$$

由式(5.76) 和式(5.77)得式(5.73).

因为

$$(3,3,3) \prec\prec (2,2,5), (6,6,6) \prec\prec (5,5,8), \ldots,$$
$$(3n,3n,3n) \prec\prec (3n-1, 3n-1, 3n+2),$$

又

$$(2,2,2) \prec\prec (1,2,3), (5,5,5) \prec\prec (3,6,6), (8,8,8) \prec\prec (6,9,9), \ldots,$$
$$(3n-1, 3n-1, 3n-1) \prec\prec (3n-3, 3n, 3n),$$

类似于式(5.73)的证明可证得式(5.74).

因为

$$(2,2,2) \prec\prec (1,1,4), (5,5,5) \prec\prec (4,4,7), \ldots,$$
$$(3n-2, 3n-2, 3n-2) \prec\prec (3n-4, 3n-1, 3n-1)$$

和

$$(4,4,4) \prec\prec (2,5,5), (7,7,7) \prec\prec (5,8,8), \ldots,$$
$$(3n-2, 3n-2, 3n-2) \prec\prec (3n-4, 3n-1, 3n-1).$$

类似于式(5.73)的证明可证得式(5.75).

类似地, 我们可以证得如下定理.

定理 5.17. 设正整数$n > 1$, 则有

$$\left(\frac{1}{2(3n+1)^2} \right)^{\frac{1}{3}} < \frac{(3n)!!!}{(3n+2)!!!} < \left(\frac{1}{6(n+1)^2} \right)^{\frac{1}{3}}, \tag{5.78}$$

$$\left(\frac{1}{(3n+1)^2} \right)^{\frac{1}{3}} < \frac{(3n-1)!!!}{(3n+1)!!!} < \left(\frac{2}{(3n+2)^2} \right)^{\frac{1}{3}} \tag{5.79}$$

和

$$\frac{1}{3} \left(\frac{1}{n^2} \right)^{\frac{1}{3}} < \frac{(3n-2)!!!}{(3n)!!!} < \left(\frac{1}{(3n+1)^2} \right)^{\frac{1}{3}}. \tag{5.80}$$

对于更高级的跳阶乘不等式也可用控制方法证明, 在此不一一赘述.

5.5　等差数列和等比数列的凸性和对数凸性

5.5.1　等差数列的凸性和对数凸性

设$\{a_i\}$ 是公差为d 的等差数列, 则其通项为

$$a_i = a_1 + (i-1)d, \tag{5.81}$$

其前n 项和为

$$S_n = \sum_{i=1}^{n} a_i = \frac{n(a_1 + a_n)}{2} = n \left(a_1 + \frac{(n-1)d}{2} \right). \tag{5.82}$$

石焕南和李明 [150] 研究了等差数列的凸性和对数凸性, 并利用受控理论证明一些等差数列不等式.

定理 5.18. 等差数列 $\{a_i\}$ 满足

$$a_{i+1} + a_{i-1} = 2a_i, i \geq 2, \tag{5.83}$$

也就是说 $\{a_i\}$ 既是凸数列也是凹数列.

定理 5.19. 若 $\{a_i\}$ 是非负等差数列, 则 $\{a_i\}$ 是对数凹数列.

证明 因 $a_{i-1}a_{i+1} = (a_i - d)(a_i + d) = a_i^2 - d^2 \leq a_i^2$, 故 $\{a_n\}$ 是对数凹数列.

定理 5.20. 若 $\{a_i\}$ 是正项等差数列, 公差 $d \geq 0$, 则 $\left\{\dfrac{a_i}{a_{i-1}}\right\}$ 是对数凸数列也是凸数列.

证明 由定理5.19, $a_{i-2}a_i \leq a_{i-1}^2$, 于是

$$\frac{a_{i-1}}{a_{i-2}} \cdot \frac{a_{i+1}}{a_i} = \left(1 + \frac{d}{a_{i-2}}\right)\left(1 + \frac{d}{a_i}\right) = d\left(\frac{1}{a_{i-2}} + \frac{1}{a_i}\right) + \frac{d}{a_{i-2}} \cdot \frac{d}{a_i}$$

$$\geq 1 + \frac{2d}{\sqrt{a_{i-2}a_i}} + \left(\frac{d}{a_{i-1}}\right)^2 \geq 1 + \frac{2d}{a_{i-1}} + \left(\frac{d}{a_{i-1}}\right)^2 = \left(1 + \frac{d}{a_{i-1}}\right)^2 = \left(\frac{a_i}{a_{i-1}}\right)^2$$

故 $\left\{\dfrac{a_i}{a_{i-1}}\right\}$ 是对数凸数列. 由命题5.1 知 $\left\{\dfrac{a_i}{a_{i-1}}\right\}$ 也是凸数列.

定理 5.21. 若 $\{a_i\}$ 是非负等差数列, 公差 $d \geq 0$, 则 $\{ia_i\}$ 既是凸数列也是对数凹数列.

证明 由定理5.19 知, $\{a_i\}$ 是对数凹数列; 又 $d \geq 0$, $\{a_i\}$ 是递增的, 于是由命题5.3 知 $\{ia_i\}$ 既是凸数列, 也是对数凹数列.

定理 5.22. 若 $\{a_i\}$ 为正项等差数列, 则数列 $\left\{\dfrac{1}{a_i}\right\}$ 是凸数列.

证明 由定理5.19 知, 等差数列 $\{a_i\}$ 是对数凹数列, 由命题5.2 知 $\left\{\dfrac{1}{a_i}\right\}$ 是凸数列.

例 5.18. $[81, \mathrm{p}.\,52]$ 设 n 是大于1 的任意自然数, 求证

$$\frac{1}{n+1} + \frac{1}{n+2} + \cdots + \frac{1}{3n+1} > 1. \tag{5.84}$$

证明 注意

$$\frac{n+1+n+2+\cdots+3n+1}{2n+1} = 2n+1,$$

因 $\left\{\frac{1}{k}\right\}$ 是凸数列, 由

$$\left(\underbrace{2n+1,\ldots,2n+1}_{2n+1}\right) \prec\prec (n+1,n+2,\cdots,3n+1),$$

有

$$\frac{1}{n+1}+\frac{1}{n+2}+\cdots+\frac{1}{3n+1} > (2n+1)\cdot\frac{1}{2n+1} = 1.$$

例 5.19. *试证*

$$\frac{2}{3} \leq \frac{1}{n+1}+\frac{1}{n+2}+\cdots+\frac{1}{2n} < \frac{8}{10}. \tag{5.85}$$

证明 不难证明

$$(2n,2n,2n-1,2n-1,\ldots,n+2,n+2,n+1,n+1)$$

$$\prec \left(\underbrace{2n,\ldots,2n}_{n},\underbrace{n+1,\ldots,n+1}_{n}\right).$$

因 $\left\{\frac{1}{k}\right\}$ 是凸数列, 故

$$2\left(\frac{1}{n+1}+\frac{1}{n+2}+\cdots+\frac{1}{2n}\right) \leq n\left(\frac{1}{2n}+\frac{1}{n+1}\right) = \frac{3n+1}{2(n+1)},$$

从而

$$\frac{1}{n+1}+\frac{1}{n+2}+\cdots+\frac{1}{2n} \leq \frac{3n+1}{4(n+1)},$$

但

$$\frac{3n+1}{4(n+1)} < \frac{4}{5} \Leftrightarrow n > -11.$$

式(5.85)中的左边不等式成立.

由 $(n+1)+(n+2)+\cdots+2n = \frac{(3n+1)n}{2}$, 有

$$\left(\frac{3n+1}{2},\frac{3n+1}{2},\ldots,\frac{3n+1}{2}\right) \prec (n+1,n+2,\cdots,2n),$$

因 $\left\{\frac{1}{k}\right\}$ 是凸数列, 故

$$\frac{1}{n+1}+\frac{1}{n+2}+\cdots+\frac{1}{2n} \geq n\cdot\frac{1}{\frac{3n+1}{2}} = \frac{2n}{3n+1} > \frac{2}{3}.$$

定理 5.23. 若公差 $d \geq 0$, 则非负等差数列 $\{a_i\}$ 的前 n 项和数列 $\{S_n\}$

既是凸数列也是对数凹数列.

证明　因公差$d \geq 0$, 所以$a_{i+1} \geq a_i$, 于是

$$S_{i+1} + S_{i-1} = 2S_i + a_{i+1} - a_i \geq 2S_i,$$

故S_i是凸数列.

因$\{a_i\}$是对数凹数列, 所以

$$\begin{aligned}
S_{i+1}S_{i-1} &= \frac{(i-1)(a_1 + a_{i-1})}{2} \cdot \frac{(i-1)(a_1 + a_{i+1})}{2} \\
&= \frac{1}{4}(i^2 - 1)\left(a_i^2 + a_1(a_{i+1} + a_{i-1}) + a_{i+1}a_{i-1}\right) \\
&\leq \frac{1}{4}(i^2 - 1)\left(a_1^2 + 2a_1 a_i + a_i^2\right) \\
&= \frac{1}{4}(i^2 - 1)(a_1 + a_i)^2 \\
&\leq \frac{1}{4}i^2(a_1 + a_i)^2 = S_i^2
\end{aligned}$$

故$\{S_i\}$也是对数凹数列.

定理 5.24.　设$\{a_i\}$为非负等差数列, 公差$d \geq 0$, $T_i = \prod\limits_{j=1}^{i} a_j$为前$i$项乘积, 则$\{T_i\}$是对数凸数列也是凸数列.

证明　因公差$d \geq 0$, 所以$a_{i+1} \geq a_i$, 于是

$$T_{i-1}T_{i+1} = \prod_{j=1}^{i-1} a_j \prod_{j=1}^{i+1} a_j \geq \left(\prod_{j=1}^{i} a_j\right)^2 = T_i^2,$$

所以$\{T_i\}$是对数凸数列. 由命题5.1 知$\{T_i\}$也是凸数列.

命题 5.5. [79] 设a_i是正项等差数列, 则当$r \geq 1$或$r \leq 0$时, 有

$$n\left(\frac{a_1 + a_n}{2}\right)^r \leq \sum_{i=1}^{n} a_i^r \leq \frac{n(a_1^r + a_n^r)}{2}, \tag{5.86}$$

当$0 < r \leq 1$时, 不等式(5.86) 均反向.

证明　不妨设公差$d \geq 0$, 则$a_1 \leq a_2 \leq \cdots \leq a_n$, 于是由控制关系(1.14)与定理1.20, 有

$$\left(\underbrace{\frac{a_1 + a_n}{2}, \cdots, \frac{a_1 + a_n}{2}}_{2n}\right)$$

$$\prec (a_n, a_n, a_{n-1}, a_{n-1}, \ldots, a_2, a_2, a_1, a_1)$$

$$\prec \left(\underbrace{a_n, \cdots, a_n}_{n}, \underbrace{a_1, \cdots, a_1}_{n} \right),$$

当 $r \geq 1$ 或 $r \leq 0$ 时, x^r 是凸函数, 由定理1.32, 有

$$2n \left(\frac{a_1 + a_n}{2} \right)^r \leq 2 \sum_{i=1}^{n} a_i^r \leq n(a_1^r + a_n^r),$$

由此即得式(5.86). 当 $0 < r \leq 1$ 时, x^r 是凹函数, 由定理1.32 知不等式(5.86)均反向.

命题 5.6. [117] 设 $\{a_i\}$ 是正项等差数列, 公差 $d \geq 0$, n 为自然数, 则

$$\frac{a_2}{a_1} C_n^0 + \frac{a_3}{a_2} C_n^1 + \cdots + \frac{a_{n+2}}{a_{n+1}} C_n^n \leq 2^{n-1} \left(\frac{a_2}{a_1} + \frac{a_{n+2}}{a_{n+1}} \right). \tag{5.87}$$

证明　由定理5.20 知 $\left\{ \frac{a_i}{a_{i-1}} \right\}$ 是凸数列. 由定理1.20(a), 不难验证

$$\boldsymbol{x} = \left(\underbrace{n+2, \cdots, n+2}_{C_n^n}, \underbrace{n+1, \cdots, n+1}_{C_n^1}, \ldots, \underbrace{2, \cdots, 2}_{C_n^0} \right)$$

$$\prec \left(\underbrace{n+2, \cdots, n+2}_{2^{n-1}}, \underbrace{2, \cdots, 2}_{2^{n-1}} \right) = \boldsymbol{y}.$$

事实上, 显然 $x_1 \geq x_2 \geq \cdots \geq x_{2^n}$. 又

$$\sum_{i=1}^{2^n} x_i = \sum_{i=0}^{n} C_n^i (i+2) = \sum_{i=0}^{n} i C_n^i + 2 \sum_{i=0}^{n} C_n^i = n2^{n-1} + 2^{n+1},$$

$$\sum_{i=1}^{2^n} y_i = (n+2)2^{n-1} + 2 \cdot 2^{n-1} = n2^{n-1} + 2^{n+1} = \sum_{i=1}^{2^n} x_i,$$

易见对于 $k = 2^{n-1}$, 当 $i = 1, 2, \ldots, k$ 时, $x_i \leq y_i$, 当 $i = k+1, k+2, \ldots, n$ 时, $x_i \geq y_i$. 这样 $\boldsymbol{x}$ 和 $\boldsymbol{y}$ 满足定理1.20(a) 的条件, 故有 $\boldsymbol{x} \prec \boldsymbol{y}$, 从而由定理5.7 知式(5.87) 成立.

命题 5.7. [118] 设 $\{a_i\}$ 是正项等差数列, n 为自然数, 则

$$a_1 C_n^0 + a_2 C_n^1 + \cdots + a_{n+1} C_n^n = 2^{n-1}(a_1 + a_{n+1}); \tag{5.88}$$

$$\frac{\mathrm{C}_n^0}{a_1} + \frac{\mathrm{C}_n^1}{a_2} + \cdots + \frac{\mathrm{C}_n^n}{a_{n+1}} \leq 2^{n-1}\left(\frac{1}{a_1} + \frac{1}{a_{n+1}}\right). \tag{5.89}$$

证明 类似于式(5.87), 可得

$$\boldsymbol{x} = \left(\underbrace{n+1, \cdots, n+1}_{\mathrm{C}_n^n}, \underbrace{n, \cdots, n}_{\mathrm{C}_n^1}, \ldots, \underbrace{1, \cdots, 1}_{\mathrm{C}_n^0}\right)$$
$$\prec \left(\underbrace{n+1, \cdots, n+1}_{2^{n-1}}, \underbrace{1, \cdots, 1}_{2^{n-1}}\right) = \boldsymbol{y}, \tag{5.90}$$

因等差数列$\{a_i\}$是凸数列, 从而据定理5.7, 由式(5.90), 有

$$a_1 \mathrm{C}_n^0 + a_2 \mathrm{C}_n^1 + \cdots + a_{n+1} \mathrm{C}_n^n \leq 2^{n-1}(a_1 + a_{n+1}). \tag{5.91}$$

因等差数列$\{-a_i\}$是凸数列, 从而据定理5.7, 由式(5.90), 有

$$-a_1 \mathrm{C}_n^0 - a_2 \mathrm{C}_n^1 - \cdots - a_{n+1} \mathrm{C}_n^n \leq 2^{n-1}(-a_1 - a_{n+1}),$$

即

$$a_1 \mathrm{C}_n^0 + a_2 \mathrm{C}_n^1 + \cdots + a_{n+1} \mathrm{C}_n^n \geq 2^{n-1}(a_1 + a_{n+1}). \tag{5.92}$$

结合式(5.91)和式(5.92)得(5.88).

据定理5.22, 数列$\{\frac{1}{a_i}\}$是凸数列, 结合式(5.90) 可得式(5.89).

命题 5.8. 设$\{a_i\}$是正项等差数列, 若$n < p < m, n < q < m$, 且$n+m = p+q, n, m, p, q, k$ 均为正整数, 则

$$(ma_m)^k + (na_n)^k \geq (pa_p)^k + (qa_q)^k, \tag{5.93}$$

$$(ma_m)^k \cdot (na_n)^k \leq (pa_p)^k \cdot (qa_q)^k, \tag{5.94}$$

$$\frac{1}{(ma_m)^k} + \frac{1}{(na_n)^k} \geq \frac{1}{(pa_p)^k} + \frac{1}{(qa_q)^k}. \tag{5.95}$$

证明 条件$n < p < m, n < q < m$, 且$n+m = p+q$ 意味着$(p,q) \prec (n,m)$, 由定理5.21 知$\{ia_i\}$ 既是凸数列也是对数凹数列, 注意对于$k \geq 1$, t^k 是递增的凸函数, 由定理1.32 (a) 知式(5.93) 成立. 而由推论5.2, $(ma_m) \cdot (na_n) \leq (pa_p) \cdot (qa_q)$, 进而式(5.94)成立. 由命题5.2 知$\{\frac{1}{ia_i}\}$ 是凸数列, 进而由定理1.32 (a) 知式(5.95) 成立.

命题 5.9. [82] 设$\{a_i\}$ 是正项等差数列, 公差$d \geq 0$, S_n 是前n 项和.

若$n < p < m, n < q < m$, 且$n + m = p + q$, 则

$$(mS_m)^k + (nS_n)^k \geq (pS_p)^k + (qS_q)^k, \tag{5.96}$$

$$(mS_m)^k \cdot (nS_n)^k \leq (pS_p)^k \cdot (qS_q)^k, \tag{5.97}$$

$$\frac{1}{(mS_m)^k} + \frac{1}{(nS_n)^k} \geq \frac{1}{(pS_p)^k} + \frac{1}{(qS_q)^k}. \tag{5.98}$$

证明　由定理5.23知$\{S_i\}$既是凸数列, 也是对数凹数列. 由命题5.3, 知$\{iS_i\}$既是凸数列, 也是对数凹数列, 余下证明类似于命题5.8, 从略.

例 5.20. $[70]$设$n > 1$, 证明下述阶乘不等式

$$(n!)^{m-1} \leq (m!)^{n-1}, m > n, \tag{5.99}$$

$$((n+1)!)^n \leq \prod_{k=1}^{n}(2k)!, \tag{5.100}$$

$$(n!)^n \leq \prod_{k=1}^{n}(2k-1)!, \tag{5.101}$$

$$2^n \cdot n! \leq (2n)!, \tag{5.102}$$

$$(2n)!! \leq (n+1)^n. \tag{5.103}$$

证明　由定理5.24 知正项等差数列$\{i\}$的前i项乘积数列$\{i!\}$是对数凸数列. 利用定理1.20 (a)不难验证

$$\underbrace{(n, \ldots, n)}_{m-1} \prec (\underbrace{m, \ldots, m}_{n-1}, \underbrace{1, \ldots, 1}_{m-n}), \tag{5.104}$$

据推论5.2, 由上式即得式(5.99).

由式(1.14) 有

$$(n, \underbrace{n+1, \ldots, n+1}_{n}) \prec (2, 4, \ldots, 2n) \tag{5.105}$$

和

$$\underbrace{(n, \ldots, n)}_{n} \prec (1, 3, \ldots, 2n-1), \tag{5.106}$$

易见

$$(n, \underbrace{2, \ldots, 2}_{n}) \prec (2n \underbrace{1, \ldots, 1}_{n}). \tag{5.107}$$

据推论5.2, 由式(5.105), 式(5.106)和式(5.107)分别可得式(5.100), 式(5.101)和式(5.102).

由式(1.14), 有

$$\underbrace{(n+1,\ldots,n+1)}_{n} \prec (2,4,\ldots,2n), \tag{5.108}$$

据定理1.20 (a), 由上式可得式(5.103).

例 5.21. (Khinchin 不等式) [70] 设 n_k 为非负整数, 且 $\sum_{i=1}^{k} n_i = n$, 则

$$\prod_{j=1}^{k} n_j! \leq \left(\frac{1}{2}\right)^n \prod_{j=1}^{k} (2n_j)!. \tag{5.109}$$

证明 由定理5.24知正项等差数列 $\{i\}$ 的前 i 项乘积数列 $\{i!\}$ 是对数凸数列. 利用定理1.20(a) 不难验证

$$(n_1,\ldots,n_k,\underbrace{2,\ldots,2}_{n}) \prec (2n_1,\ldots,2n_k,\underbrace{1,\ldots,1}_{n}). \tag{5.110}$$

据推论5.2, 由式(5.110)可得

$$2^n \prod_{j=1}^{k} n_j! \leq \prod_{j=1}^{k} (2n_j)!.$$

即式(5.99)成立.

例 5.22. (1937年匈牙利数学奥林匹克题1) 假设正整数 $a_1, a_2, \ldots, a_n$ 的和小于某一个正整数 k, 证明

$$a_1! a_2! \cdots a_n! < k!. \tag{5.111}$$

证明 由定理5.24知正项等差数列 $\{i\}$ 的前 i 项乘积数列 $\{i!\}$ 是对数凸数列. 据推论5.2, 由式

$$(a_1, a_2, \ldots, a_n) \prec (a_1 + a_2 + \ldots + a_n, \underbrace{0, \ldots, 0}_{n-1})$$

可得

$$a_1! a_2! \cdots a_n! \leq (a_1 + a_2 + \ldots + a_n)! 0! \cdots 0! < k!.$$

例 5.23.　*证明*

$$\frac{1}{n} + \frac{1}{n+1} + \frac{1}{n+2} + \cdots + \frac{1}{n^2} \geq \frac{2(n^2-n+1)}{n(n+1)} > 1, n > 1, \qquad (5.112)$$

$$\frac{1}{n} + \frac{1}{n+1} + \frac{1}{n+2} + \cdots + \frac{1}{2n} \leq \frac{3(n+1)}{4n} \leq \frac{3}{2}. \qquad (5.113)$$

证明　由定理5.22知正数序列$\{i\}$的倒数序列$\{\frac{1}{i}\}$是凸序列. 由式(1.14)有

$$\left(\underbrace{\frac{n(n+1)}{2}, \cdots, \frac{n(n+1)}{2}}_{n^2-n+1} \right) \prec \left(n, n+1, \ldots, n^2 \right). \qquad (5.114)$$

据推论5.2, 由式(5.114) 有

$$\frac{1}{n} + \frac{1}{n+1} + \frac{1}{n+2} + \cdots + \frac{1}{n^2} > (n^2-n+1) \cdot \frac{1}{\frac{n(n+1)}{2}} = \frac{2(n^2-n+1)}{n(n+1)}.$$

当$n > 2$ 时

$$\frac{2(n^2-n+1)}{n(n+1)} > 1 \Leftrightarrow 2(n^2-n+1) > n(n+1) \Leftrightarrow (n-2)(n-1) > 0,$$

且当$n = 2$ 时

$$\frac{1}{2} + \frac{1}{3} + \frac{1}{4} = \frac{13}{12} > 1,$$

故不等式(5.101) 成立.

利用定理1.20(a)不难证明

$$(2n, 2n, 2n-1, 2n-1, \ldots, n+1, n+1, n, n) \prec \left(\underbrace{2n, \ldots, 2n}_{n+1}, \underbrace{n, \ldots, n}_{n+1} \right). \qquad (5.115)$$

因$\{\frac{1}{i}\}$ 是凸数列, 由推论5.2有

$$2 \left(\frac{1}{n} + \frac{1}{n+1} + \frac{1}{n+2} + \cdots + \frac{1}{2n} \right) \leq (n+1) \left(\frac{1}{2n} + \frac{1}{n} \right) = \frac{3(n+1)}{2n},$$

进而

$$\frac{1}{n} + \frac{1}{n+1} + \frac{1}{n+2} + \cdots + \frac{1}{2n} \leq \frac{3(n+1)}{4n},$$

但

$$\frac{3(n+1)}{4n} \leq \frac{3}{2} \Leftrightarrow 2 \leq 2n$$

故不等式(5.113) 成立.

注记 5.3. 不等式(5.112) 和(5.113) 分别加细了文 [44, p. 185] 中的两个不等式.

5.5.2 等比数列的凸性和对数凸性

设$\{b_i\}$ 是公比为q 的等比数列, 则其通项为

$$b_i = b_1 q^{i-1}; \tag{5.116}$$

前n 项之和为

$$S_n = \sum_{i=1}^{n} b_i = \frac{b_1(1-q^n)}{1-q} = \frac{b_1 - b_n q}{1-q}; \tag{5.117}$$

其前n 项积为

$$T_n = \prod_{i=1}^{n} b_i = b_1^n q^{\frac{n(n-1)}{2}}. \tag{5.118}$$

笔者 [151]研究了等比数列的凸性和对数凸性, 并利用受控理论证明了一些等比数列不等式.

定理 5.25. 等比数列$\{b_i\}$ 满足

$$b_{i-1} b_{i+1} = b_i^2, \ i \geq 2, \tag{5.119}$$

也就是说, $\{b_i\}$ 既是对数凸数列也是对数凹数列.

证明 因为

$$b_{i-1} b_{i+1} = (b_i q) \cdot \left(\frac{b_i}{q}\right) = b_i^2,$$

所以据定义5.2, $\{b_i\}$ 既是对数凸数列也是对数凹数列.

定理 5.26. 若$\{b_i\}$ 是非负等比数列, 则$\{b_i\}$ 是凸数列.

证明 由定理5.25 和命题5.1即得证.

定理 5.27. 若$\{b_i\}$ 是正项等比数列, 则$\{b_i - b_{i-1}\}$ 既是对数凸数列也是对数凹数列, 还是凸数列.

证明 由定理5.25 和式(5.116)有

$$(b_{i-1} - b_{i-2})(b_{i-1} - b_i) - (b_i - b_{i-1})^2$$

$$=b_{i-1}b_{i+1} - b_{i-1}b_i - b_{i-2}b_{i+1} + b_{i-2}b_i - (b_i^2 - 2b_{i-1}b_i + b_{i-1}^2)$$

$$=b_i^2 - b_{i-1}b_i - b_{i-2}b_{i+1} + b_{i-1}^2 - (b_i^2 - 2b_{i-1}b_i + b_{i-1}^2)$$

$$=b_{i-1}b_i - b_{i-2}b_{i+1} = b_1 q^{2i-3} - b_1 q^{2i-3} = 0.$$

故$\{b_i - b_{i-1}\}$既是对数凸数列也是对数凹数列, 由命题5.1知$\{b_i - b_{i-1}\}$也是凸数列.

定理 5.28.　若$\{b_i\}$是非负等比数列, 公比$q \geq 1$, 则$\{ib_i\}$既是凸数列也是对数凹数列.

证明　由定理5.25 和定理5.26知$\{b_i\}$是凸数列和对数凹数列, 又$q \geq 1$, $\{b_i\}$递增. 于是, 由命题5.3知$\{ib_i\}$是凸数列和对数凹数列.

定理 5.29.　若$\{b_i\}$是非负等比数列, 公比$q \geq 1$, 则$\{b_i^i\}$既是对数凸数列也是凸数列. 公比$q \leq 1$, 则$\{b_i^i\}$是对数凹数列.

证明　因$q \geq (\leq)1$, 则$b_{i+1} \geq (\leq)b_i$, 于是

$$b_{i-1}^{i-1}b_{i+1}^{i+1} = (b_{i-1}b_{i+1})^{i-1}b_{i+1}^2 = (b_i^2)^{i-1}b_{i+1}^2 \geq (\leq)(b_i^2)^{i-1}b_i^2 = (b_i^i)^2.$$

故$\{b_i^i\}$是对数凸(凹)数列, 进而由命题5.1 知$q \geq 1$ 时, $\{b_i^i\}$也是凸数列.

定理 5.30.　若$\{b_i\}$是非负等比数列, 公比$q > 0, b_1 \leq q$, 则$\{b_i^{\frac{1}{i}}\}$是对数凹数列.

证明　由于

$$b_{i-1}^{\frac{1}{i-1}}b_{i+1}^{\frac{1}{i+1}} = (b_1 q^{i-2})^{\frac{1}{i-1}}(b_1 q^i)^{\frac{1}{i+1}} = \left(q_{i-1}^{\frac{i^2-i-1}{i^2-1}} b_1^{\frac{i}{i^2-1}}\right)^2,$$

$$\left(b_i^{\frac{1}{i}}\right)^2 = \left((b_1 q^{i-1})^{\frac{1}{i}}\right)^2 = \left(b_1^{\frac{1}{i}} q^{\frac{i-1}{i}}\right)^2,$$

欲证

$$b_{i-1}^{\frac{1}{i-1}}b_{i+1}^{\frac{1}{i+1}} \leq \left(b_i^{\frac{1}{i}}\right)^2,$$

只需证

$$q_{i-1}^{\frac{i^2-i-1}{i^2-1}} b_1^{\frac{i}{i^2-1}} \leq b_1^{\frac{1}{i}} q^{\frac{i-1}{i}},$$

此式等价于

$$\left(\frac{b_1}{q}\right)^{\frac{1}{i(i^2-1)}} \leq 1,$$

因$b_1 \leq q$, 上式成立.

定理 5.31. 若$\{b_i\}$是非负等比数列, 则$\{\frac{b_i}{i}\}$既是对数凸数列也是凸数列.

证明 因

$$\frac{b_{i+1}}{i+1}\frac{b_{i-1}}{i-1} = \frac{b_i^2}{i^2-1} \geq \frac{b_i^2}{i^2},$$

故$\{\frac{b_i}{i}\}$是对数凸数列, 进而由命题5.1知$\{\frac{b_i}{i}\}$也是凸数列.

定理 5.32. 设$\{b_i\}$为正项等比数列, 则下述命题成立:

(a) $\{\frac{1}{b_i}\}$既是对数凸数列也是对数凹数列, 还是凸数列;

(b) 若c是非负常数, 则数列$\{\frac{1}{b_i+c}\}$是对数凹数列;

(c) 若公比$q \geq 1, c < b_1$, 则数列$\{\frac{1}{b_i-c}\}$是对数凸数列也是凸数列.

证明 (a) 因$\frac{1}{b_{i-1}} \cdot \frac{1}{b_{i+1}} = \left(\frac{1}{b_i}\right)^2$, 故$\{\frac{1}{b_i}\}$既是对数凸数列也是对数凹数列. 由命题5.2知$\{\frac{1}{b_i}\}$还是凸数列.

(b) 若c是非负常数, 由定理5.25和定理5.26, 有

$$\frac{1}{b_{i-1}+c} \cdot \frac{1}{b_{i+1}+c} = \frac{1}{b_{i-1}b_{i+1} + c(b_{i-1}+b_{i+1}) + c^2}$$
$$\leq \frac{1}{b_i^2 + 2b_i c + c^2} = \left(\frac{1}{b_i+c}\right)^2,$$

故$\{\frac{1}{b_i+c}\}$是对数凹数列.

(c) 若公比$q \geq 1, c < b_1$, 由定理5.25和定理5.26, 有

$$\frac{1}{b_{i-1}-c} \cdot \frac{1}{b_{i+1}-c} = \frac{1}{b_{i-1}b_{i+1} - c(b_{i-1}+b_{i+1}) + c^2}$$
$$\geq \frac{1}{b_i^2 - 2b_i c + c^2} = \left(\frac{1}{b_i-c}\right)^2,$$

故$\{\frac{1}{b_i-c}\}$是对数凸数列.

定理 5.33. 非负等比数列$\{b_i\}$的前i项和数列$\{S_i\}$是对数凹数列. 若公比$q \geq 1$, 则$\{S_i\}$也是凸数列.

证明 因$\{b_i\}$是凸数列, 则$b_{i+1} + b_{i-1} \geq 2b_i$, 又$b_{i+1}b_{i-1} = b_i^2$, 有

$$S_{i+1}S_{i-1} = \frac{b_1 + b_{i+1}q}{1-q} \cdot \frac{b_1 + b_{i-1}q}{1-q}$$
$$= \frac{b_1^2 - b_1 q(b_{i+1}+b_{i-1}) + b_{i+1}b_{i-1}q^2}{(1-q)^2}$$

$$\leq \frac{b_1^2 - 2b_1 q b_i + b_i^2 q^2}{(1-q)^2} = \frac{(b_1 - b_i q)^2}{(1-q)^2} = S_i^2,$$

故$\{S_i\}$是对数凹数列. 若公比$q \geq 1$, 有$b_{i+1} \geq b_i$, 于是

$$S_{i+1} + S_{i-1} = 2S_i + b_{i+1} - b_i \geq 2S_i,$$

故$\{S_i\}$也是凸数列.

例 5.24. $[29, \mathrm{p.}\,32]$ 设正项等比数列$\{a_i\}$的公比$q > 1$, 前i项和数列$\{S_i\}$, $n_j \in \mathbb{N}, j = 1, 2, \ldots, m, m \geq 2, m \in \mathbb{N}$ 满足$n_1 + n_2 + \cdots + n_m = mp, p \in \mathbb{N}$, 则有

$$\frac{1}{m} \sum_{j=1}^{m} S_{n_j} \geq S_p \geq \left(\prod_{j=1}^{m} S_{n_j} \right)^{\frac{1}{m}}. \tag{5.120}$$

证明 据定理5.33, $\{S_i\}$是凸数列, 由$(p, p, \ldots, p) \prec (n_1, n_2, \cdots, n_m)$, 有$\sum_{j=1}^{m} S_{n_j} \geq mS_p$, 由此可得式(5.120)的左边不等式. 仍据定理5.33, $\{S_i\}$是对数凹数列, 由$(p, p, \ldots, p) \prec (n_1, n_2, \cdots, n_m)$, 有$\sum_{j=1}^{m} S_{n_j} \leq mS_p^m$, 由此可得式(5.120)的右边不等式.

定理 5.34. 设$\{b_i\}$是非负等比数列, c是正常数, 若公比$q \geq 1$且$c < b_1$, 则$\{S_i - c\}$既是凸数列也是对数凹数列.

证明 据定理5.33, $\{S_i\}$是凸数列, 有

$$(S_{i-1} - c) + (S_{i+1} - c) = S_{i-1} + S_{i+1} - 2c \geq 2S_i - 2c = 2(S_i - c)$$

和

$$(S_{i-1}-c) \cdot (S_{i+1}-c) = S_{i-1}S_{i+1} - c(S_{i-1}+S_{i+1}) + c^2 \leq S_i^2 - 2cS_i + c^2 = (S_i - c)^2,$$

故$\{S_i - c\}$既是凸数列也是对数凹数列.

定理 5.35. 若$\{b_i\}$是非负等比数列, 则数列$\{\frac{S_i}{i}\}$是凸数列.

证明 由定理5.26知$\{b_i\}$是凸数列, 进而由定理5.1知$\{\frac{S_i}{i}\}$是凸数列.

定理 5.36. 设$\{b_i\}$为非负等比数列, 公比$q \geq 1$, $T_i = \prod_{j=1}^{i} b_j$ 为前i项乘积, 则$\{T_i\}$既是凸数列也是对数凸数列.

证明 因公差 $q \geq 1$, 有 $b_{i+1} \geq b_i$, 于是

$$T_{i+1} T_{i-1} = \prod_{j=1}^{i+1} b_j \prod_{j=1}^{i-1} b_j \geq \left(\prod_{j=1}^{i} b_j \right)^2 = T_i^2,$$

所以 $\{T_i\}$ 是对数凸数列, 进而由命题5.1 知 $\{T_i\}$ 也是凸数列.

命题 5.10. 设 $\{b_i\}$ 是正项等比数列, 则当 $r \geq 1$ 或 $r \leq 0$ 时, 有

$$\left(\frac{b_1 - b_n q}{n(1-q)} \right)^r \leq \frac{1}{n} \sum_{i=1}^{n} b_i^r \leq \frac{1}{n} \left(\frac{b_1 - b_n q}{1-q} \right)^r, \qquad (5.121)$$

当 $0 < r \leq 1$ 时, 上述不等式均反向.

证明 不妨设公比 $q \geq 1$, 据式(1.14)和定理1.20 (a), 有

$$\left(\underbrace{\frac{b_1 - b_n q}{n(1-q)}, \cdots, \frac{b_1 - b_n q}{n(1-q)}}_{n} \right) \prec (b_n, b_{n-1}, \ldots, b_1) \prec \left(\frac{b_1 - b_n q}{1-q}, \underbrace{0, \cdots, 0}_{n-1} \right),$$
$$(5.122)$$

当 $r \geq 1$ 或 $r \leq 0$ 时, x^r 是凸函数, 由定理1.32 (a), 有

$$n \left(\frac{b_1 - b_n q}{n(1-q)} \right)^r \leq \sum_{i=1}^{n} b_i^r \leq \left(\frac{b_1 - b_n q}{1-q} \right)^r,$$

由此即得式(5.121). 当 $0 < r \leq 1$ 时, x^r 是凹函数, 由定理1.32 (a) 知上述不等式均反向.

命题 5.11. [83] 设 $\{a_i\}$ 是正项等比数列, n 为自然数, 则

$$(b_2 - b_1)^{C_n^0} (b_3 - b_2)^{C_n^1} \cdots (b_{n+2} - b_{n+1})^{C_n^n} = (b_2 - b_1)^{2^{n-1}} (b_{n+2} - b_{n+1})^{2^{n-1}}. \qquad (5.123)$$

证明 由定理5.27 知 $\{b_i - b_{i-1}\}$ 既是对数凸数列也是对数凹数列. 由定理1.20 (a),不难验证

$$\boldsymbol{x} = \left(\underbrace{n+2, \cdots, n+2}_{C_n^n}, \underbrace{n+1, \cdots, n+1}_{C_n^1}, \ldots, \underbrace{2, \cdots, 2}_{C_n^0} \right)$$
$$\prec \left(\underbrace{n+2, \cdots, n+2}_{2^{n-1}}, \underbrace{2, \cdots, 2}_{2^{n-1}} \right) = \boldsymbol{y}, \qquad (5.124)$$

事实上, 显然$x_1 \geq x_2 \geq \cdots \geq x_{2^n}$. 又

$$\sum_{i=1}^{2^n} x_i = \sum_{i=0}^{n} C_n^i (i+2) = \sum_{i=0}^{n} i C_n^i + 2 \sum_{i=0}^{n} C_n^i = n 2^{n-1} + 2^{n+1},$$

$$\sum_{i=1}^{2^n} y_i = (n+2) 2^{n-1} + 2 \cdot 2^{n-1} = n 2^{n-1} + 2^{n+1} = \sum_{i=1}^{2^n} x_i.$$

易见对于$k = 2^{n-1}$, 当$i = 1, 2, \ldots, k$ 时, $x_i \leq y_i$, 当$i = k+1, k+2, \ldots, n$ 时, $x_i \geq y_i$. 这样$\boldsymbol{x}$ 和$\boldsymbol{y}$ 满足定理1.20 (a) 的条件, 故有$\boldsymbol{x} \prec \boldsymbol{y}$, 从而由推论5.2 知式(5.123) 成立.

命题 5.12. [119] 设$\{b_i\}$ 是正项等比数列, n 为自然数, 则

$$\frac{C_n^0}{b_1} + \frac{C_n^1}{b_2} + \cdots + \frac{C_n^n}{b_{n+1}} \leq 2^{n-1} \left(\frac{1}{b_1} + \frac{1}{b_{n+1}} \right). \tag{5.125}$$

证明　类似于式(5.124), 可得

$$\boldsymbol{x} = \left(\underbrace{n+1, \cdots, n+1}_{C_n^n}, \underbrace{n, \cdots, n}_{C_n^1}, \ldots, \underbrace{1, \cdots, 1}_{C_n^0} \right)$$

$$\prec \left(\underbrace{n+1, \cdots, n+1}_{2^{n-1}}, \underbrace{1, \cdots, 1}_{2^{n-1}} \right) = \boldsymbol{y},$$

据定理5.32(a), 数列$\{\frac{1}{b_i}\}$ 是凸数列, 结合上述控制关系可得式(5.125).

命题 5.13. [83] 设$\{b_i\}$是正项等比数列, 若$n < p < m, n < q < m$, 且$n + m = p + q, n, m, p, q, k$ 均为正整数, 则

$$(mb_m)^k + (nb_n)^k \geq (pb_p)^k + (qb_q)^k, \tag{5.126}$$

$$(mb_m)^k \cdot (nb_n)^k \leq (pb_p)^k \cdot (qb_q)^k, \tag{5.127}$$

$$\frac{1}{(mb_m)^k} + \frac{1}{(nb_n)^k} \geq \frac{1}{(pb_p)^k} + \frac{1}{(qb_q)^k}. \tag{5.128}$$

证明　条件$n < p < m, n < q < m$, 且$n + m = p + q$ 意味着$(p, q) \prec (n, m)$, 由定理5.28 知$\{ib_i\}$ 是凸数列也是对数凹数列, 注意对于$k \geq 1$, t^k 是递增的凸函数, 由推论5.1 知式(5.126) 成立. 而由推论5.2, $(mb_m) \cdot (nb_n) \leq (pb_p) \cdot (qb_q)$, 进而式(5.127) 成立. 由命题5.2 知$\{\frac{1}{ib_i}\}$ 是凸数列, 进而由推论5.1 知式(5.128) 成立.

命题 5.14. [83] 设 $\{b_i\}$ 是正项等比数列, 公比 $q \geq 1$, S_n 是前 n 项和. 若 $n < p < m, n < q < m$, 且 $n + m = p + q$, 则

$$(mS_m)^k + (nS_n)^k \geq (pS_p)^k + (qS_q)^k, \tag{5.129}$$

$$(mS_m)^k \cdot (nS_n)^k \leq (pS_p)^k \cdot (qS_q)^k, \tag{5.130}$$

$$\frac{1}{(mS_m)^k} + \frac{1}{(nS_n)^k} \geq \frac{1}{(pS_p)^k} + \frac{1}{(qS_q)^k}. \tag{5.131}$$

证明 由定理5.31, $\{S_i\}$ 既是凸数列, 也是对数凹数列. 由命题5.3 知 $\{iS_i\}$ 既是凸数列也是对数凹数列, 余下证明类似于命题5.13, 从略.

命题 5.15. [70] 设 $P_n(x) = \sum\limits_{i=0}^{n} x^i, n \geq 2$, 则当 $x > 0$ 时

$$\frac{P_n(x)}{P_n(x) - 1 - x^n} \geq \frac{n+1}{n-1}, \tag{5.132}$$

$$P_n(x) \geq (2n+1)x^n. \tag{5.133}$$

证明 不难验证式(5.133)等价于

$$2P(x) \leq (n+1)(1 + x^n). \tag{5.134}$$

利用推论1.20 (a)不难验证

$$(n, n, n-1, n-1, \ldots, 1, 1, 0, 0) \prec \left(\underbrace{n, \cdots, n}_{n+1}, \underbrace{0, \cdots, 0}_{n+1} \right), \tag{5.135}$$

据推论5.1, 由式(5.135) 即得式(5.134).

由式(1.14)有

$$\left(\underbrace{n, \cdots, n}_{2n+1} \right) \prec (2n, 2n-1, \ldots, 1, 0), \tag{5.136}$$

据定理5.7, 由式(5.136)即得式(5.133).

命题 5.16. [60] 设 $x > 0$, 且 $x \neq 1, n \in \mathbb{N}$, 则

$$x + x^{-n} \geq 2n \cdot \frac{x-1}{x^n - 1}. \tag{5.137}$$

证明　不难验证式(5.137) 等价于

$$\frac{(x^{n+1}+1)(x^n-1)}{x-1} = (x^{n+1}+1)(x^{n-1}+x^{n-2}+\cdots+x+1) \ge 2nx^n, \quad (5.138)$$

即

$$x^{2n}+x^{2n-1}+\cdots+x^{n+1}+x^{n-1}+x^{n-2}+\cdots+x+1 \ge 2nx^n. \quad (5.139)$$

据式(1.14) 知

$$\Big(\underbrace{n,\cdots,n}_{2n}\Big) \prec (2n, 2n-1, \ldots, n+1, n-1, \ldots, 1, 0), \quad (5.140)$$

从而据定理5.7, 由式(5.140)即得式(5.141).

命题 5.17.　设$\{b_i\}$ 是正项等比数列, 其公比小于1, n 为大于1 的自然数, 求证

$$b_1^1 b_2^2 b_3^3 \cdots b_{2n-1}^{2n-1} \le b_n^{(2n-1)n}. \quad (5.141)$$

证明　由定理5.29知$\{b_i^i\}$ 是对数凹数列. 由式(1.14) 有

$$\Big(\underbrace{n,\cdots,n}_{2n-1}\Big) \prec (1, 2, \ldots, 2n-1), \quad (5.142)$$

据推论5.2,由式(5.142)即得式(5.141).

命题 5.18.　[119] 设$\{b_i\}$ 是首项不大于公比的正项等比数列, n 为正整数, 求证

$$b_1^1 b_2^{\frac{1}{2}} b_3^{\frac{1}{3}} \cdots b_n^{\frac{1}{n}} \ge \sqrt{b_1^n b_n}. \quad (5.143)$$

证明　由定理5.30知$\{b_i^{\frac{1}{i}}\}$ 是对数凹数列. 利用定理1.20 (a)不难验证

$$(n, n, n-1, n-1, \ldots, 2, 2, 1, 1) \prec \Big(\underbrace{n,\cdots,n}_{n},\underbrace{0,\cdots,0}_{n}\Big), \quad (5.144)$$

据推论5.2, 由式(5.144)可得

$$\Big(b_1^1 b_2^{\frac{1}{2}} b_3^{\frac{1}{3}} \cdots b_n^{\frac{1}{n}}\Big)^2 \ge b_1^n \Big(b_n^{\frac{1}{n}}\Big)^n = b_1^n b_n, \quad (5.145)$$

对式(5.145)两边开方即式(5.147).

命题 5.19. 设正项等比数列 $\{b_i\}$ 的公比 $q \geq 1$, 其前 n 项的积为 T_n, 求证

$$T_1 T_2 \cdots T_{n-1} \geq T_n^{2n-1}, n > 1. \tag{5.146}$$

证明 由定理5.36 知 $\{T_i\}$ 是对数凸数列, 据式(1.14)有

$$\left(\underbrace{n, \cdots, n}_{2n-1} \right) \prec (1, 2, \ldots, 2n-1), \tag{5.147}$$

据推论5.2, 由式(5.147)可得式(5.148).

例 5.25. $[98, \text{p. } 36]$ 若 $x > 0$, 证明

$$2x^3 + 3x^2 - 12x + 7 \geq 0. \tag{5.148}$$

证明 因 $x > 0$, 则 $\{x^k\}$ 是公比为 x 的非负等比数列, 由定理5.26 知 $\{x^k\}$ 是凸数列, 又由式(1.14)有

$$\left(\underbrace{1, \cdots, 1}_{12} \right) \prec \left(3, 3, 2, 2, 2, \underbrace{0, \cdots, 0}_{7} \right), \tag{5.149}$$

据定理5.7, 由上式有 $2x^3 + 3x^2 + 7 \geq 12x$, 即式(5.148)成立.

例 5.26. $[218, \text{p. } 123]$ 求证

$$x^8 + x^2 + 1 > x^5 + x. \tag{5.150}$$

证明 若 $x < 0$, 则原式显然成立. 故不妨设 $x > 0$, 此时, $\{x^k\}$ 是公比为 x 的非负等比数列, 由定理5.26 知 $\{x^k\}$ 是凸数列, 易见 $(6, 5, 4, 1) \prec (8, 6, 2, 0)$, 据定理5.7, 有 $x^8 + x^6 + x^2 + 1 \geq x^6 + x^5 + x^4 + x$, 即 $x^8 + x^2 + 1 \geq x^5 + x^4 + x > x^5 + x$.

例 5.27. $[98, \text{p.} 41]$ 若 $x > 0$, 证明

$$x^{n-1} + \frac{1}{x^{n-1}} \leq x^n + \frac{1}{x^n}. \tag{5.151}$$

证明 因 $x > 0$, 则 $\{x^k\}$ 是公比为 x 的非负等比数列, 由定理5.26知 $\{x^k\}$ 是凸数列, 又显然 $(2n-1, 1) \prec (2n, 0)$, 据定理5.7 有 $x^{2n-1} + x \leq x^{2n} + 1$, 即式(5.151) 成立.

例 5.28. [44] 若$x > 0$, p, q 是非负整数, $p \le q$, 证明

$$x^p - x^q \ge (q - p)(x^{q-1} - x^q). \tag{5.152}$$

证明　不妨设$p < q$, 易见式(5.152)等价于

$$x_q + qx^{q-1} + px^q \le x^p + qx^q + px^{q-1}, \tag{5.153}$$

利用定理1.20 (a)不难验证

$$\left(\underbrace{q, \cdots, q}_{p+1}, \underbrace{q-1, \cdots, q-1}_{q} \right) \prec \left(\underbrace{q, \cdots, q}_{q}, \underbrace{q-1, \cdots, q-1}_{p}, p \right). \tag{5.154}$$

因$x > 0$, 则$\{x^k\}$ 是公比为x 的非负等比数列, 由定理5.26 知$\{x^k\}$ 是凸数列, 据推论5.2, 由式(5.154) 即得式(5.153).

例 5.29. [98, p.95] 证明

$$x + x^2 + \cdots + x^{2n} \le n(x^{2n+1} + 1), x \ge 0. \tag{5.155}$$

证明　若$x > 0$, 则$\{x^k\}$ 是公比为x 的非负等比数列, 由定理5.26知$\{x^k\}$ 是凸数列, 利用定理1.20 (a), 不难验证

$$(2n, 2n - 1, \ldots, 2, 1) \prec \left(\underbrace{2n + 1, \cdots, 2n + 1}_{n}, \underbrace{0, \cdots, 0}_{n} \right). \tag{5.156}$$

据推论5.2 由式(5.156)即得式(5.155).

命题 5.20.　(Nanson 不等式) [70] 设$x > 0$, 证明对任意数n 都有

$$\frac{1 + x^2 + x^4 + \cdots + x^{2n}}{1 + x^3 + x^5 + \cdots + x^{2n-1}} \ge \frac{n+1}{n}. \tag{5.157}$$

证明　因$x > 0$ 则$\{x^k\}$ 是公比为x 的正数等比数列, 由定理5.26 知$\{x^k\}$ 是凸数列, 又

$$\left(\underbrace{1, \cdots, 1}_{n+1}, \underbrace{3, \cdots, 3}_{n+1}, \underbrace{5, \cdots, 5}_{n+1}, \ldots, \underbrace{2n-1, \cdots, 2n-1}_{n+1} \right)$$

$$\prec \left(\underbrace{0, \cdots, 0}_{n}, \underbrace{2, \cdots, 2}_{n}, \underbrace{4, \cdots, 4}_{n}, \ldots, \underbrace{2n, \cdots, 2n}_{n} \right). \tag{5.158}$$

(参见文 [162, p. 23]), 由推论5.2 及式(5.157) 有

$$n(1 + x^2 + x^4 + \cdots + x^{2n}) \geq (n+1)(1 + x^3 + x^5 + \cdots + x^{2n-1}),$$

由此得证.

第6章　Schur凸函数与二元平均值不等式

平均值不等式在不等式理论中处于核心地位.本章讨论受控理论在二元平均值不等式上的应用. 二元平均值不等式由于其精巧多变, 一直受不少不等式研究者的青睐. 对于二元平均值, 早期较关注单调性、对数凸性、几何凸性以及各个二元平均值的比较不等式. 近几年国内同行开始关注二元平均值的S-凸性、S-几何凸性以及二元凸性.

6.1　Stolarsky平均的Schur凸性

设$(r,s) \in \mathbb{R}^2, (x,y) \in \mathbb{R}^2_{++}$. Stolarsky [165], [166] 介绍了Stolarsky平均

$$E(r,s;x,y) = \begin{cases} \left(\dfrac{r}{s} \cdot \dfrac{y^s - x^s}{y^r - x^r} \right)^{1/(s-r)}, & rs(r-s)(x-y) \neq 0; \\[3mm] \left(\dfrac{1}{r} \cdot \dfrac{y^r - x^r}{\ln y - \ln x} \right)^{1/r}, & r(x-y) \neq 0; \\[3mm] \dfrac{1}{\mathrm{e}^{1/r}} \left(\dfrac{x^{x^r}}{y^{y^r}} \right)^{1/(x^r - y^r)}, & r(x-y) \neq 0; \\[3mm] \sqrt{xy}, & x \neq y; \\[2mm] x, & x = y. \end{cases} \tag{6.1}$$

Stolarsky 平均有时也称为差平均(difference means)或广义平均(extended means)(参见文 [105]). 许多二元平均是Stolarsky平均的特例. 例如:

$$E(1,2;x,y) = \frac{x+y}{2} = A(x,y) \text{ 为算术平均;}$$

$$E(0,0;x,y) = \sqrt{xy} = G(x,y) \text{ 为几何平均;}$$

$$E(-2,-1;x,y) = \frac{2xy}{x+y} = H(x,y) \text{ 为调和平均;}$$

$$E(1,0;x,y) = \frac{x-y}{\ln x - \ln y} = L(x,y) \text{ 为对数平均;}$$

$$E(1,1;x,y) = \frac{1}{e} x^{\frac{x}{x-y}} y^{1-\frac{x}{x-y}} = I(x,y) \text{ 为指数平均;}$$

$$E(2,3;x,y) = \frac{2}{3}\left(\frac{x^2+xy+y^2}{x+y}\right) = g(x,y) \text{ 为形心平均;}$$

$$E\left(\frac{1}{2},\frac{3}{2};x,y\right) = \frac{x+\sqrt{xy}+y}{3} = h(x,y) \text{ 为Heron平均;}$$

$$E(p,2p;x,y) = \left(\frac{x^p+y^p}{2}\right)^{\frac{1}{p}} = M_p(x,y) \text{ 为幂平均(Hölder平均);}$$

$$E(1,p;x,y) = \left(\frac{x^p-y^p}{p(x-y)}\right)^{\frac{1}{p-1}} = S_p(x,y) \text{ 为广义对数平均.}$$

Stolarsky平均是一类内涵丰富的二元平均, 这不仅因为它包含众多重要平均, 而且它还具有许多良好的性质.

命题 6.1. (对称性) $E(r,s;x,y) = E(s,r;x,y)$, 且$E(r,s;x,y) = E(r,s;y,x)$.

命题 6.2. (齐次性) $E(r,s;\lambda x,\lambda y) = \lambda E(r,s;x,y), \lambda > 0$.

命题 6.3. $E(r,s;x,y) = (E(-r,-s;x^{-1},y^{-1}))^{-1}$.

命题 6.4. (单调性) $E(r,s;x,y)$ 既关于(x,y) 在$\mathbb{R}^2_{++}$ 上单调增, 也关于(s,r) 在$\mathbb{R}^2_{++}$ 上单调增.

命题 6.5. (对数凸性) [53] 对于固定的$x,y \in \mathbb{R}_{++}$.

(a) 若$(r,s) \in \mathbb{R}^2_{++}$, 则$E(r,s;x,y)$ 无论关于r 还是s 都是对数凹的;

(b) 若$(r,s) \in \mathbb{R}^2_{--}$, 则$E(r,s;x,y)$ 无论关于r 还是s 都是对数凸的.

命题 6.6. (几何凸性) [21]

(a) $E(r,s;x,y)$ 关于(x,y) 在$\mathbb{R}^2_{++}$ 上几何凸, 当且仅当$s+r \geq 0$;

(b) $E(r,s;x,y)$ 关于(x,y) 在$\mathbb{R}^2_{++}$ 上几何凹, 当且仅当$s+r \leq 0$.

定理 6.1. [114] 若$s \neq r$, 则

$$\ln E(r,s;x,y) = \frac{1}{s-r}\int_s^r \ln I_t \, dt, \tag{6.2}$$

其中

$$I_t = \exp\left(-\frac{1}{t} + \frac{x^t \ln x + y^t \ln y}{x^t - y^t}\right). \tag{6.3}$$

定理 6.2. (Stolarsky平均比较定理) [105] 设$x, y \in \mathbb{R}_{++}, p, q, r, s \in \mathbb{R}, (p-q)(r-s) \neq 0$, 则

$$E(p, q; x, y) \leq E(r, s; x, y) \Leftrightarrow \begin{cases} p + q \leq r + s, \\ m(p, q) \leq m(r, s), \end{cases} \tag{6.4}$$

其中

$$m(u, v) = \begin{cases} \frac{u-v}{\ln(\frac{u}{v})}, & \min\{p, q, r, s\} \geq 0 \text{ 或 } \max\{p, q, r, s\} \leq 0, \\ \frac{|u|-|v|}{u-v}, & \min\{p, q, r, s\} < 0 < \max\{p, q, r, s\}. \end{cases} \tag{6.5}$$

定理 6.3. (Minkowski型不等式) [110] 不等式

$$E(r, s; x_1 + x_2, y_1 + y_2) \leq E(r, s; x_1, y_1) + E(r, s; x_2, y_2) \tag{6.6}$$

成立的充要条件是$r + s \geq 3$, 且$\min\{r, s\} \geq 1$. 当$(r, s) \neq (1, 2), (r, s) \neq (2, 1)$时, 等式成立的充要条件是$\frac{x_1}{x_2} = \frac{y_1}{y_2}$.

定理 6.4. [113] 对于固定的$(x, y) \in \mathbb{R}_{++}^2$, 且$x \neq y$, $E(r, s; x, y)$ 关于(r, s) 在$\mathbb{R}_+^2$ 上S-凹, 在$\mathbb{R}_-^2$ 上S-凸.

结合运用定理6.2和定理6.4, 李大矛等在文[75]中证得一组单参数平均值不等式.

定理 6.5. 对固定的$(x, y) \in \mathbb{R}_{++}^2$ 和$x \neq y$, 若$p \leq 0$, 则

$$I_{\frac{p}{2}} \leq M_{\frac{p}{3}} \leq h_{\frac{p}{2}} \leq L_p \leq S_{p-1}; \tag{6.7}$$

若$0 < p \leq 1$, 则

$$S_{p-1} \leq L_p \leq h_{\frac{p}{2}} \leq M_{\frac{p}{3}} \leq I_{\frac{p}{2}}; \tag{6.8}$$

若$1 < p \leq \frac{4}{3}$ 或$p > 4$, 则

$$L_p \leq S_{p-1} \leq h_{\frac{p}{2}} \leq M_{\frac{p}{3}} \leq I_{\frac{p}{2}}; \tag{6.9}$$

若$\frac{4}{3} < p \leq \frac{3}{2}$ 或$3 < p \leq 4$, 则

$$L_p \leq h_{\frac{p}{2}} \leq S_{p-1} \leq M_{\frac{p}{3}} \leq I_{\frac{p}{2}}; \tag{6.10}$$

若$\frac{3}{2} < p \leq 3$, 则

$$L_p \leq h_{\frac{p}{2}} \leq M_{\frac{p}{3}} \leq S_{p-1} \leq I_{\frac{p}{2}}; \tag{6.11}$$

其中

$$M_p = M_p(x, y) = \left(\frac{x^p + y^p}{2} \right)^{\frac{1}{p}}, \tag{6.12}$$

$$L_p = L_p(x, y) = \left(\frac{x^p - y^p}{p(\ln x - \ln y)} \right)^{\frac{1}{p}}, \tag{6.13}$$

$$h_p = h_p(x, y) = \left(\frac{x^p + x^{\frac{p}{2}} y^{\frac{p}{2}} + y^p}{3} \right)^{\frac{1}{p}}, \tag{6.14}$$

$$I_p = I_p(x, y) = \exp \left(-\frac{1}{p} + \frac{x^p \ln x - y^p \ln y}{x^p - y^p} \right) \tag{6.15}$$

和

$$S_p = S_p(x, y) = \left(\frac{x^p - y^p}{p(x - y)} \right)^{\frac{1}{p-1}}. \tag{6.16}$$

证明 注意 $L_p = E(p, 0; x, y)$, $h_p = E(\frac{3p}{2}, \frac{q}{2}; x, y)$, $M_p = E(2p, p; x, y)$, $I_p = E(p, p; x, y)$, $S_p = E(p, 1; x, y)$, 特别 $\sqrt{ab} = E(0, 0; x, y)$.

我们只证式(6.7), 其余的各式可类似证明.

当 $p \le 1$ 时, 不难证明

$$\left(\frac{p}{2}, \frac{p}{2} \right) \prec \left(\frac{2p}{3}, \frac{p}{3} \right) \prec \left(\frac{3p}{4}, \frac{p}{4} \right) \prec (p, 0) \prec (p-1, 1), \tag{6.17}$$

对于固定的 $(x, y) \in \mathbb{R}_{++}^2$ 和 $p \in \mathbb{R}$, 当 $p \le 0$ 时, 由定理6.4 和式(6.17), 有

$$E \left(\frac{p}{2}, \frac{p}{2}; x, y \right) \le E \left(\frac{2p}{3}, \frac{p}{3}; x, y \right) \le E \left(\frac{3p}{4}, \frac{p}{4}; x, y \right) \le E(p, 0; x, y),$$

即

$$I_{\frac{p}{2}} \le M_{\frac{p}{3}} \le h_{\frac{p}{2}} \le L_p.$$

另外, 因为

$$\min\{p-1, 1, p, 0\} = p - 1 < 0 < \max\{p-1, 1, p, 0\} = 1,$$

$$p + 0 \le (p-1) + 1$$

和

$$m(p, 0) = \frac{|p| - |0|}{p - 0} = -1 < -1 + \frac{2}{2-p} = \frac{|p-1| - |1|}{p-1-1} = \frac{p}{2-p} = m(p-1, 1),$$

由定理6.2, 有

$$L_p = E(p, 0; x, y) \le E(p - 1, 1; x, y) = S_{p-1},$$

至此证得式(6.7).

褚玉明和张小明 [22] 证得如下结果.

定理 6.6. 对于固定的 $(r, s) \in \mathbb{R}^2$:

(a) $E(r, s; x, y)$ 关于 (x, y) 在 $\mathbb{R}^2_{++}$ 上S-凸, 当且仅当 $(r, s) \in \{s \ge 1; r \ge 1; s + r \ge 3\}$;

(b) $E(r, s; x, y)$ 关于 (x, y) 在 $\mathbb{R}^2_{++}$ 上S-凹, 当且仅当 $(r, s) \in \{r \le 1; s + r \le 3\} \cup \{s \le 1; s + r \le 3\}$.

褚玉明等人 [23] 研究了 $E(r, s; x, y)$ 的S-几何凸性:

定理 6.7. 对于固定的 $(r, s) \in \mathbb{R}^2$:

(a) $E(r, s; x, y)$ 关于 (x, y) 在 $\mathbb{R}^2_{++}$ 上S-几何凸, 当且仅当 $s + r \ge 0$;

(b) $E(r, s; x, y)$ 关于 (x, y) 在 $\mathbb{R}^2_{++}$ 上S-几何凹, 当且仅当 $s + r \le 0$.

夏卫锋等人 [209] 考察了 $E(r, s; x, y)$ 的S-调和凸性, 得到:

定理 6.8. 对于固定的 $(r, s) \in \mathbb{R}^2$:

(a) $E(r, s; x, y)$ 关于 (x, y) 在 $\mathbb{R}^2_{++}$ 上S-调和凸, 当且仅当 $(r, s) \in \{s \ge -1, s \ge r, r + s + 3 \ge 0\} \cup \{r \ge -1, r \ge s, s + r + 3 \ge 0\}$;

(b) $E(r, s; x, y)$ 关于 (x, y) 在 $\mathbb{R}^2_{++}$ 上S-调和凹, 当且仅当 $(r, s) \in \{s \le -1, r \le -1, r + s + 3 \le 0\}$.

2012年, 杨镇杭 [222] 考察 $E(r, s; x, y)$ 的S-幂凸性, 得到:

定理 6.9. 对于固定的 $(r, s) \in \mathbb{R}^2$:

(a) 若 $m > 0$, 则 $E(r, s; x, y)$ 关于 (x, y) 在 $\mathbb{R}^2_{++}$ 上 m 阶S-幂凸(S-幂凹), 当且仅当 $r + s \ge 3m$ ($r + s \le 3m$,), 且 $\min\{r, s\} \ge m$ ($\min\{r, s\} \le m$);

(b) 若 $m < 0$, 则 $E(r, s; x, y)$ 关于 (x, y) 在 $\mathbb{R}^2_{++}$ 上 m 阶S-幂凸(S-幂凹), 当且仅当 $r + s \ge 3m$ ($r + s \le 3m$), 且 $\max\{r, s\} \ge m$ ($\max\{r, s\} \le m$);

(c) 若 $m = 0$, 则 $E(r, s; x, y)$ 关于 (x, y) 在 $\mathbb{R}^2_{++}$ 上 m 阶S-幂凸(S-幂凹), 当且仅当 $r + s \ge 0$ ($r + s \le 0$).

例 6.1. 对于 $(x,y) \in \mathbb{R}_{++}^2, x \neq y$, 有匡继昌插值不等式 [71]

$$H(x,y) < G(x,y) < Q_{\frac{1}{3}}(x,y) < L(x,y) < M_{\frac{1}{3}}(x,y) < M_{\frac{1}{2}}(x,y)$$

$$< h(x,y) < M_{\frac{2}{3}}(x,y) < I(x,y) < A(x,y) < g(x,y) < M_2(x,y), \qquad (6.18)$$

其中

$$Q_{\frac{1}{3}} = a^r b^s + a^s b^r, \ r = \frac{1}{2}\left(1 + \frac{1}{\sqrt{3}}\right), \ s = \frac{1}{2}\left(1 - \frac{1}{\sqrt{3}}\right).$$

若在式(6.18) 中撇开 $Q_{\frac{1}{3}}(x,y)$, 借助于广义平均 $E(r,s;x,y)$ 的符号可写作

$$E(-2,-1;x,y) < E(0,0;x,y) < E(1,0;x,y) < E\left(\frac{1}{3},\frac{2}{3};x,y\right)$$

$$< E\left(\frac{1}{2},1;x,y\right) < E\left(\frac{1}{2},\frac{3}{2};x,y\right) < E\left(\frac{2}{3},\frac{4}{3};x,y\right)$$

$$< E(1,1;x,y) < E(1,2;x,y) < E(2,3;x,y) < E(2,4;x,y). \qquad (6.19)$$

注意

$$(-2,-1) < (0,0) < (1,0) \succ\succ \left(\frac{1}{3},\frac{2}{3}\right) < \left(\frac{1}{2},1\right)$$

$$< \left(\frac{1}{2},\frac{3}{2}\right) \succ\succ \left(\frac{2}{3},\frac{4}{3}\right) \succ\succ (1,1) < (1,2) < (2,3) < (2,4), \qquad (6.20)$$

结合 $E(r,s;x,y)$ 关于参数 (r,s) 在 $\mathbb{R}_{++}^2$ 上的严格单调性以及在 $\mathbb{R}_{++}^2$ 上的严格S-凸性即得式(6.19).

此例显示了受控方法"成批生产"不等式的特点, 即"把许多已有的从不同方法得来的不等式用一种统一的方法简便地推导出来".

例 6.2. 对于 $x \neq y$, 郭白妮和祁锋 [54] 使用分析方法证得

$$\ln\frac{e^x - e^y}{x - y} < \frac{(x-1)e^x - (y-1)e^y}{e^x - e^y} < \ln\frac{e^x + e^y}{2}. \qquad (6.21)$$

石焕南与吴善和 [152] 利用 $E(r,s;x,y)$ 关于参数 (r,s) 的严格单调性(参见文[230]), 给出一个简单的证明.

设 $e^x = u$ 和 $e^y = v$, 则不等式(6.21) 化为

$$\ln\frac{u - v}{\ln u - \ln v} < \frac{(\ln u - 1)u - (\ln v - 1)v}{u - v} < \ln\frac{u + v}{2}, \qquad (6.22)$$

即

$$E(1,0;u,v) < E(1,1;u,v) < E(1,2;u,v), \qquad (6.23)$$

由$E(r,s;x,y)$关于参数(r,s)的严格单调性, 式(6.23)成立.

该例也可通过考虑差函数

$$\ln \frac{\mathrm{e}^x - \mathrm{e}^y}{x-y} - \frac{(x-1)\mathrm{e}^x - (y-1)\mathrm{e}^y}{\mathrm{e}^x - \mathrm{e}^y}$$

和

$$\ln \frac{\mathrm{e}^x + \mathrm{e}^y}{2} - \frac{(x-1)\mathrm{e}^x - (y-1)\mathrm{e}^y}{\mathrm{e}^x - \mathrm{e}^y}.$$

的S-凸性加以证明, 这里略.

6.2　Gini平均的Schur凸性

设$(r,s) \in \mathbb{R}^2, (x,y) \in \mathbb{R}^2_{++}$. 本节介绍另一类内涵丰富的二元平均——Gini(吉尼)平均

$$G(r,s;x,y) = \begin{cases} \left(\dfrac{x^s + y^s}{x^r + y^r} \right)^{1/(s-r)}, & r \neq s, \\ \exp\left(\dfrac{x^s \ln x + y^s \ln y}{x^r + y^r} \right), & r = s. \end{cases} \tag{6.24}$$

Gini平均也称为和平均. Gini平均同样包含众多重要平均, 例如, $G(0,-1;x,y)$ 是调和平均, $G(0,0;x,y)$ 是几何平均, $G(1,0;x,y)$ 是算术平均, $G(p-1,p;x,y)$ 是Lehme平均

$$L_p(a,b) = \frac{a^p + b^p}{a^{p-1} + b^{p-1}}, -\infty \leq p \leq +\infty. \tag{6.25}$$

Gini平均具有与Stolarsky平均类似的性质.

定理 6.10. [114] 若$s \neq r$, 则

$$\ln G(r,s;x,y) = \frac{1}{s-r} \int_r^s \ln J_t \, \mathrm{d}t, \tag{6.26}$$

其中

$$J_t = \exp\left(\frac{x^t \ln x + y^t \ln y}{x^t + y^t} \right).$$

定理 6.11. (Gini平均比较定理) [106]

令$x, y \in \mathbb{R}_{++}, p, q, r, s \in \mathbb{R}, (p-q)(r-s) \neq 0$. 则

$$G(p,q;x,y) \leq G(r,s;x,y) \Leftrightarrow \begin{cases} p+q \leq r+s, \\ m(p,q) \leq m(r,s), \end{cases} \tag{6.27}$$

其中

$$m(u,v) = \begin{cases} \min\{u,v\}, \min\{p,q,r,s\} \geq 0, \\ \frac{|u|-|v|}{u-v}, \min\{p,q,r,s\} < 0 < \max\{p,q,r,s\}, \\ \max\{u,v\}, \max\{p,q,r,s\} \leq 0. \end{cases} \tag{6.28}$$

例 6.3. 杨学枝在文[219] 中提出猜想: 设 $x,y \geq 0, n \in \mathbb{N}, n > 1$, 则

$$2(x^n + y^n)^{n+1} \geq (x^{n+1} + y^{n+1})(x^{n-1} + y^{n-1})^{n+1}, \tag{6.29}$$

当且仅当 $x = y$ 时等式成立.

何灯[59] 利用一定的技巧并结合软件计算证实了该猜测, 但其证明过程计算量较大且属于半手工证明, 李明 [78] 利用导数手工证得, 当 $x,y \geq 0, n \in \mathbb{R}, n = 2$ 或 $n \geq 3$ 时式(6.29)成立, 而当 $2 < n < 3$ 时, 未给出手工证明. 笔者[153] 利用Pales的Gini平均比较定理, 就 $x,y \geq 0, n \in \mathbb{R}, n \geq 2$ 的推广情形给出这个猜想一个简洁的证明.

证明 若 $xy = 0$, 易见式(6.29)成立. 现设 $x > 0, y > 0$, 此时式(6.29)等价于

$$G(n, n-1; x, y) = \frac{x^n + y^n}{x^{n-1} + y^{n-1}} \geq \left(\frac{x^{n+1} + y^{n+1}}{2}\right)^{\frac{1}{n+1}} = G(n+1, 0; x, y). \tag{6.30}$$

由于当 $n \in \mathbb{R}, n \geq 2$ 时, $n + 1 + 0 \leq n + n - 1$, 又 $\min\{n+1, 0, n, n-1\} \geq 0$ 且 $\min\{n+1, 0\} \leq \min\{n, n-1\}$, 由Gini平均比较定理知式(6.30)成立, 从而式(6.29)得证.

定理 6.12. (Minkowski型不等式) [87]不等式

$$G(r, s; x_1 + x_2, y_1 + y_2) \leq G(r, s; x_1, y_1) + G(r, s; x_2, y_2) \tag{6.31}$$

成立的充要条件是 $r + s \geq 1$, 且 $0 \leq \min\{r, s\} \leq 1$.

定理 6.13. [115] 对于固定的 $(x, y) \in \mathbb{R}^2_{++}$ 和 $x \neq y$, $G(r, s; x, y)$ 关于 (r, s) 在 $\mathbb{R}^2_+$ 上S-凹和在 $\mathbb{R}^2_-$ 上S-凸.

证明 文[115]证得 J_t 对于 $t > 0$ 对数凹, 而对于 $t < 0$ 对数凸. 将此结论与定理6.10以及定理2.22相结合即证得定理6.13.

结合运用定理6.13和定理6.11, 李大矛等 [76] 证得下面的定理:

定理 6.14. 对于固定的$(x, y) \in \mathbb{R}^2_{++}$ 和$x \neq y$, 若$p \geq 1$, 则

$$M_p \leq L_{\frac{p-1}{2}} \leq J_{\frac{p}{2}};\tag{6.32}$$

若$p \leq -1$, 则

$$J_{\frac{p}{2}} \leq L_{\frac{p-1}{2}} \leq M_p;\tag{6.33}$$

若$-1 < p < 0$, 则

$$J_{\frac{p}{2}} \leq M_p \leq L_{\frac{p-1}{2}};\tag{6.34}$$

若$0 < p < 1$, 则

$$L_{\frac{p-1}{2}} \leq M_p \leq J_{\frac{p}{2}};\tag{6.35}$$

若$p = 0$, 则

$$M_0 = L_{-\frac{1}{2}} = J_0 = \sqrt{xy},\tag{6.36}$$

其中

$$L_p = L_p(x, y) = \left(\frac{x^p - y^p}{p(\ln x - \ln y)} \right)^{\frac{1}{p}}\tag{6.37}$$

和

$$M_p = M_p(x, y) = \left(\frac{x^p + y^p}{2} \right)^{\frac{1}{p}}.\tag{6.38}$$

又记

$$J_p = J_p(x, y) = \exp \left(\frac{x^p \ln x + y^p \ln y}{x^p + y^p} \right).\tag{6.39}$$

证明　首先注意$M_p = G(p, 0; x, y)$, $L_p = (p+1, p; x, y)$, $J_p = (p, p; x, y)$, $\sqrt{xy} = G(0, 0; x, y)$.

我们只证式(6.34), 略掉其余各式的证明.

不难证明, 当$-1 < p < 1$ 时, 有

$$\left(\frac{p}{2}, \frac{p}{2} \right) \prec (p, 0) \prec \left(\frac{p-1}{2}, \frac{p+1}{2} \right).\tag{6.40}$$

据定理6.13, 由式(6.40), 有

$$J_{\frac{p}{2}} = G \left(\frac{p}{2}, \frac{p}{2}; x, y \right) \leq G(p, 0; x, y) = M_p.$$

另外, 因$\frac{p-1}{2} < p < 0 < \frac{p+1}{2}$, 有$p + 0 \leq \frac{p-1}{2} + \frac{p+1}{2}$ 和

$$m(p, 0) = \frac{|p| - |0|}{p - 0} = -1 < p = m \left(\frac{p-1}{2}, \frac{p-1}{2} \right) = \frac{\left| \frac{p-1}{2} \right| - \left| \frac{p+1}{2} \right|}{\frac{p-1}{2} - \frac{p+1}{2}},$$

故据定理6.11, 有

$$M_p = G(p, 0; x, y) \leq G\left(\frac{p-1}{2}, \frac{p-1}{2}; x, y\right) = L_{\frac{p-1}{2}}.$$

这样不等式(6.34) 得证.

定理 6.15. *[127]* 对于固定的$(r, s) \in \mathbb{R}^2$, 有:

(a) $G(r, s; x, y)$ 关于(x, y) 在$\mathbb{R}^2_{++}$ 上S-凸, 当且仅当$(r, s) \in \Omega_1 = \{r \geq 0, s \geq 0, r + s \geq 1\}$;

(b) $G(r, s; x, y)$ 关于(x, y) 在$\mathbb{R}^2_{++}$ 上S-凹, 当且仅当$(r, s) \in \Omega_2 = \{r \leq 0, r + s \leq 1\} \cup \{s \leq 0, r + s \leq 1\}$.

为证明定理6.15, 我们需要如下引理.

引理 6.1. *[111]* 设$l, t, p, q \in \mathbb{R}_+, p > q$, 且$p + q \leq 3(l + t)$, 又$1/3 \leq l/t \leq 3$ 或$q \leq l + t$, 则

$$G(l, t; x, y) \leq (p/q)^{1/(p-q)} E(p, q; x, y).$$

引理 6.2. 设

$$g(t, z) = \frac{z^t + 1}{t(z^{t-1} - 1)},$$

则对于固定的$z > 1$:

(a) $g(t, z)$ 在$(-\infty, 0)$ 上关于t 递增;

(b) $g(t, z)$ 在$(0, \xi_z)$ 上关于t 递增;

(c) $g(t)$ 在$(\xi_z, 1)$ 或$(1, +\infty)$ 上关于t 递减,

其中ξ_z 是函数

$$g_1(t, z) = t(z^t + z^{t-1}) \ln z + (z^t + 1)(z^{t-1} - 1)$$

的零点, 其中$0 < \xi_z < 1/2$.

引理 6.3. 对于固定的(x, y) 满足$x > y > 0$. 若$(r, s) \in \{r > 1, s < 0, r + s \leq 1\} \cup \{1 < r \leq s\} \cup \{0 < r \leq 1 - r \leq s < 1\} \cup \{1/2 \leq r \leq s < 1\}$, 则

$$s(x^r + y^r)(x^{s-1} - y^{s-1}) \geq r(x^s + y^s)(x^{r-1} - y^{r-1}), \qquad (6.41)$$

若$(r, s) \in \{s > 1, r < 0, r + s \leq 1\} \cup \{r \leq s < 0\}$, 则式(6.41) 反向.

王梓华 [183]考察了$G(r,s;x,y)$ 的S-几何凸性, 得到如下结果:

定理 6.16.　对于固定的$(r,s) \in \mathbb{R}^2$:

(a) $G(r,s;x,y)$ 关于(x,y) 在$\mathbb{R}_{++}^2$ 上S-几何凸, 当且仅当$r + s \geq 0$;

(b) $G(r,s;x,y)$ 关于(x,y) 在$\mathbb{R}_{++}^2$ 上S-几何凹, 当且仅当$r + s \leq 0$.

注记 6.1. Gini平均和Stolarsky 平均的S-几何凸性完全一致.

夏卫锋和褚玉明 [210] 讨论了Gini平均的S-调和凸性, 得到如下结论.

定理 6.17.　对于固定的$(r,s) \in \mathbb{R}^2$:

(a) $G(r,s;x,y)$ 关于(x,y) 在$\mathbb{R}_{++}^2$ 上S-调和凸, 当且仅当$(r,s) \in \{(r,s) \mid r \geq 0, r \geq s, r + s + 1 \geq 0\} \cup \{(r,s) \mid s \geq 0, s \geq r, r + s + 1 \geq 0\}$;

(b) $G(r,s;x,y)$ 关于(x,y) 在$\mathbb{R}_{++}^2$ 上S-调和凹, 当且仅当$(r,s) \in \{(r,s) \mid r \leq 0, s \leq 0, r + s + 1 \leq 0\}$.

注意Lehme平均$L_p(x,y) = G(p-1,p;x,y)$, 由定理6.13, 定理6.16和定理6.17 立得如下推论.

推论 6.1.　对于固定的$(r,s) \in \mathbb{R}^2$:

(a) [47] 当$p \geq 1$ 时, $L_p(x,y)$ 关于(x,y) 在$\mathbb{R}_{++}^2$ 上S-凸; 而当≤ 1 时, $L_p(x,y)$ 关于(x,y) 在$\mathbb{R}_{++}^2$ 上S- 凹;

(b) [47] 当$p \geq \frac{1}{2}$ 时, $L_p(x,y)$ 关于(x,y) 在$\mathbb{R}_{++}^2$ 上S-几何凸; 而当$p \leq \frac{1}{2}$ 时, $L_p(x,y)$ 关于(x,y) 在$\mathbb{R}_{++}^2$ 上S-几何凹;

(c) [211] 当$p \geq 0$ 时, $L_p(x,y)$ 关于(x,y) 在$\mathbb{R}_{++}^2$ 上S-调和凸; 而当$p \leq 0$ 时, $L_p(x,y)$ 关于(x,y) 在$\mathbb{R}_{++}^2$ 上S-调和凹.

2013年, 杨镇杭 [221] 考察了Gini平均的S-幂凸性, 得到:

定理 6.18.　对于固定的$(r,s) \in \mathbb{R}^2$:

(a) 若$m > 0$, 则$G(r,s;x,y)$ 关于(x,y) 在$\mathbb{R}_{++}^2$ 上m 阶S-幂凸(S-幂凹), 当且仅当$r + s \geq m$ $(r + s \leq m)$ 和$\min\{r,s\} \geq 0$ $(\min\{r,s\} \leq 0)$;

(b) 若$m < 0$, 则$G(r,s;x,y)$ 关于(x,y) 在$\mathbb{R}_{++}^2$ 上m 阶S-幂凸(S-幂凹), 当且仅当$r + s \geq m$ $(r + s \leq m)$, 且$\max\{r,s\} \geq 0$ $(\max\{r,s\} \leq 0)$;

(c) 若$m = 0$, 则$G(r,s;x,y)$ 关于(x,y) 在$\mathbb{R}_{++}^2$ 上m 阶S-幂凸(S-幂凹), 当且仅当$r + s \geq 0$ $(r + s \leq 0)$.

6.3 Gini平均与Stolarsky平均的比较

Stolarsky平均和Gini平均是两个相对独立的重要的二元双参数平均. 本节讨论二者的比较与联系. 首先介绍几个二者的比较定理.

定理 6.19. [26] 设 $x, y \in \mathbb{R}^2_{++}$, 且 $x \neq y, r, s \in \mathbb{R}$, 则有

$$E(r, s; x, y) \leq G(r, s; x, y). \tag{6.42}$$

若 $r + s > 0$, 则不等式(6.42) 成立, 若 $r + s < 0$, 则不等式(6.42) 反向, 等式成立当且仅当 $r + s = 0$.

定理 6.20. [103] 设 $r, s \in \mathbb{R}, r \neq s$, 对于任意的 $x, y > 0$, 不等式

$$E(r, s; x, y) \leq G(r - 1, s - 1; x, y) \tag{6.43}$$

成立的必要条件是

$$r + s \geq 3, \ \text{且} \ \min\{r, s\} \geq 1. \tag{6.44}$$

反之, 若

$$\max\{3, \ln 2 \cdot L(r, s) + 2\} \leq r + s, \text{且} \min\{r, s\} \geq 1, \tag{6.45}$$

则对于任意的 x, y, 式(6.45) 成立. 式(6.45) 的等式成立, 当且仅当 $(a, b) \in \{(2, 1), (1, 2)\}$ 或 $(a, b) \notin \{(2, 1), (1, 2)\}$ 且 $x = y$, 其中

$$L(r, s) = \begin{cases} \frac{r - s}{\ln r - \ln s}, & r \neq s, \\ s, & r = s. \end{cases}$$

为 r 和 s 的对数平均.

定理 6.21. [103] 设 $r, s \in \mathbb{R}, r \neq s$, 对于任意的 $x, y > 0$, 不等式

$$E(r, s; x, y) \geq G(r - 1, s - 1; x, y) \tag{6.46}$$

成立的必要条件是

$$r + s \leq 3, \ \text{且} \ \min\{r, s\} \leq 1. \tag{6.47}$$

反之, 若

$$r + s \leq 2, \tag{6.48}$$

或

$$r + s \leq \min\{3, \ln 2 \cdot L(r,s) + 2\}, \ \text{且} \ 0 \leq \min\{r,s\} \leq 1, \tag{6.49}$$

则对于任意的$x, y > 0$, 式(6.46) 成立, 不等式(6.46) 的等式成立, 当且仅当$(a,b) \in \{(2,1),(1,2)\}$ 或$(a,b) \notin \{(2,1),(1,2)\}$ 且$x = y$.

定理 6.22. [103] 设$r \in \mathbb{R}$, 对于不同的正数x 和y, 不等式

$$E(r,r;x,y) < G(r-1, r-1; x, y) \tag{6.50}$$

成立当且仅当$r \geq \frac{3}{2}$. 不等式反向成立当且仅当$r \leq 1$.

对于$(r,s), (u,v) \in \mathbb{R}^2, (x,y) \in \mathbb{R}_{++}^2$, Witkowski [192] 定义了如下四参数二元平均

$$R(u,v;r,s;x,y) = \begin{cases} \left(\dfrac{E(r,s;x^u,y^u)}{E(r,s;x^v,y^v)} \right)^{\frac{1}{u-v}}, & u \neq v, \\ \exp\left\{ \dfrac{\mathrm{d}}{\mathrm{d}u} \ln E(r,s;x^u,y^u) \right\}, & u = v. \end{cases} \tag{6.51}$$

该R 平均包含了众多重要平均, 特别是它囊括了两个互不涵盖的Stolarsky平均和Gini平均.

易见:

$R(1,0;r,s;x,y) = E(r,s;x,y)$ 为Stolarsky平均;

$R(2,1;r,s;x,y) = G(r,s;x,y)$ 为Gini 平均;

$R\left(\frac{3}{2},\frac{1}{2};r,s;x,y\right)$ 为Heron 平均;

$$R(1, n+1; 0, 1; x, y) = \left(\frac{x^n + x^{n-1}y + \cdots + xy^{n-1} + y^n}{n+1} \right)^{\frac{1}{n}}.$$

对于R 平均, 文 [192]建立了如下比较定理:

定理 6.23. (R 平均比较定理) 当$u \neq v$ 时, 对于所有$x, y > 0$, 不等式

$$R(u,v;r,s;x,y) \leq R(u,v;p,q;x,y) \tag{6.52}$$

成立, 当且仅当

$$u + v = 0$$

或

$$u + v > 0, \ r + s \leq p + q, \ \text{且} \ w(r,s) \leq w(p,q),$$

或

$$u + v < 0, \ r + s \geq p + q, \ \text{且} \ w(r,s) \geq w(p,q),$$

其中

$$w(r,s) = \begin{cases} e(r,s), & uv = 0, \\ m(r,s), & uv \neq 0. \end{cases}$$ (6.53)

$$e(u,v) = \begin{cases} \frac{u-v}{\ln\left(\frac{u}{v}\right)}, & uv = 0, \\ m(r,s), & uv \neq 0. \end{cases}$$ (6.54)

$e(u,v)$ 和$m(r,s)$ 的表达式分别如式(6.5) 和式(6.28) 所示.

定理 6.24. [190] $R(u,v;r,s;x,y)$ 关于(x,y) 在$\mathbb{R}^2_{++}$ 上S-几何凸(S-几何凹), 当且仅当$(u+v)(r+s) \geq 0$ $((u+v)(r+s) \leq 0)$.

注记 6.2. 据定理6.24, 由$R(1,0;r,s;x,y) = E(r,s;x,y)$ 和$R(2,1;r,s;x,y) = G(r,s;x,y)$ 可分别得到定理6.9 和定理6.16.

2011年, Witkowski [190] 证得:

定理 6.25. 对于任何正数x,y, 若$r+s \geq 0$ ($r+s \leq 0$), 则$R(u,v;r,s;x,y)$ 关于(u,v) 在$\mathbb{R}^2_+$ 上S- 凹(S-凸), 关于(u,v) 在$\mathbb{R}^2_-$ 上S- 凸(S-凹).

6.4 广义Heron平均的Schur凸性

前述的Stolarsky平均和Gini平均是近些年国内外最为关注的两类二元平均, 其次当属Heron 平均.

设$(x,y) \in \mathbb{R}^2_+$. 经典的Heron 平均 [70, p. 55] 定义为

$$H_e(x,y) = \frac{x + \sqrt{xy} + y}{3} = \frac{2A + G}{3},$$ (6.55)

其中A 和G 是x 和y 的算术平均和几何平均.

关于此类平均有著名的双边不等式 [56]

$$M_\alpha \leq H_e(x,y) \leq M_\beta,$$ (6.56)

其中$\alpha = \frac{\ln 2}{\ln 3}, \beta = \frac{2}{3}, M_p(x,y)$ 为幂平均.

毛其吉[89] 定义了对偶Heron平均

$$\widetilde{H}_e(x,y) = \frac{x + 4\sqrt{xy} + y}{6} = \frac{A + 2G}{3},$$ (6.57)

并建立了双边不等式

$$M_{\frac{1}{3}}(x,y) \leq \widetilde{H}_e(x,y) \leq M_{\frac{1}{2}}(x,y).$$ (6.58)

笔者 [154] 用控制方法推广了式(6.58)右边不等式, 得到:

定理 6.26. 设$x, y \in \mathbb{R}_{++}, n \in \mathbb{N}, p \in \mathbb{R}$, 则

$$M_p(x, y) \geq \left(\sum_{i=0}^{n} \frac{(\mathrm{C}_n^i)^2}{\mathrm{C}_{2n}^n} x^{ip} y^{(n-i)p} \right)^{\frac{1}{np}}$$

$$\geq \left(\frac{2A(x^{np}, y^{np}) + (\mathrm{C}_{2n}^n - 2) G(x^{np}, y^{np})}{\mathrm{C}_{2n}^n} \right)^{\frac{1}{np}}. \tag{6.59}$$

当$n = 1$ 或$a = b$ 时, 式(6.59) 的等式成立.

当$n = 2$ 时, 式(6.59)化为

$$M_p(x, y) \geq \left(\frac{b^{2p} + 4a^p b^p + a^{2p}}{6} \right)^{\frac{1}{2p}}$$

$$= \left(\frac{A(x^{2p}, y^{2p}) + 2G(x^{2p}, y^{2p})}{3} \right)^{\frac{1}{2p}}. \tag{6.60}$$

特别当$p = \frac{1}{2}$ 时,式(6.60)化为式(6.58) 右边的不等式, 因此可以说, 式(6.59) 给出式(6.58) 右边的不等式的双参数推广.

当$n = 3$ 时, 式(6.60)化为

$$M_p(x, y) \geq \left(\frac{b^{3p} + 9a^p b^{2p} + 9a^{2p} b^p + a^{3p}}{20} \right)^{\frac{1}{3p}}$$

$$\geq \left(\frac{A(x^{3p}, y^{3p}) + 9G(x^{3p}, y^{3p})}{10} \right)^{\frac{1}{3p}}. \tag{6.61}$$

Walther [174] 对$H_e(x, y)$ 和$\widetilde{H}_e(x, y)$ 进行了统一的推广, 定义了广义Heron平均

$$H_w(x, y) = \begin{cases} \frac{x + w\sqrt{xy} + y}{w+2}, & 0 \leq w < \infty, \\ \sqrt{xy}, & w = \infty. \end{cases} \tag{6.62}$$

并讨论了$H_w(x, y)$ 与其他一些平均的可比性.

对于广义Heron 平均

$$H_p(x, y) = \begin{cases} \left(\frac{x^p + w(xy)^{\frac{p}{2}} + y^p}{3} \right)^{\frac{1}{p}}, & p \neq 0, \\ \sqrt{xy}, & p = 0, \end{cases} \tag{6.63}$$

文[65] 给出如下双边不等式

$$L(x,y) \leq H_p(x,y) \leq M_q(x,y), \qquad (6.64)$$

其中$p \geq \frac{1}{2}, q \geq \frac{2p}{3}$ 且$p = \frac{1}{2}, q = \frac{1}{3}$ 是最佳常数.

李大矛等人 [77]讨论了$H_p(x,y)$ 关于(x,y) 的单调性质及S-凸性, 得到:

定理 6.27. $H_p(x,y)$ 关于(x,y) 在$\mathbb{R}_+^2$ 上单调递增. 当$p \leq \frac{3}{2}$ 时, $H_p(x,y)$ 关于(x,y) 在$\mathbb{R}_+^2$ 上S-凹; 当$p \leq \frac{3}{2}$ 时, $H_p(x,y)$ 关于(x,y)在$\mathbb{R}_+^2$ 上S- 凸; 而当$\frac{3}{2} < p < 2$ 时, $H_p(x,y)$ 关于(x,y) 在$\mathbb{R}_+^2$ 上的S-凸性不确定.

石焕南等人 [155] 定义了更为一般的广义Heron平均

$$H_{w,p}(x,y) = \begin{cases} \left(\dfrac{x^p + w(xy)^{\frac{p}{2}} + y^p}{w+2} \right)^{\frac{1}{p}}, & p \neq 0, w \geq 0, \\ \sqrt{xy}, & p = 0, w = +\infty. \end{cases} \qquad (6.65)$$

付丽丽等人 [40] 得到如下定理.

定理 6.28. 设$(x,y) \in \mathbb{R}_+^2, w \in \mathbb{R}_+, p \in \mathbb{R}$, 若广义Heron 平均$H_{w,p}(x,y)$ 关于(x,y) 在$\mathbb{R}_+^2$ 上S- 凸当且仅当$(p,w) \in E_1$, S- 凹当且仅当$(p,w) \in E_2$, 其中

$$E_1 = \{(p,w) \mid p \geq 2, 0 \leq w \leq 2(p-1)\} \cup \{(p,w) \mid 1 < p \leq 2, w = 0\} \quad (6.66)$$

和

$$E_2 = \{(p,w) \mid p \leq 2, \max\{2(p-1), 0\} \leq w\}. \qquad (6.67)$$

注记 6.3. 令

$$E_3 = \{(p,w) \mid 1 + \frac{w}{2} < p < 2, 0 < w < 2\} \qquad (6.68)$$

和

$$E_4 = \{(p,w) \mid 2 < p < 1 + \frac{w}{2}, w > 2\}, \qquad (6.69)$$

则当$(p,w) \in E_3 \cup E_4$ 时, $H_{w,p}(x,y)$的S-凸性不确定.

定理 6.29. [41] 设$(x,y) \in \mathbb{R}_{++}^2, w \in \mathbb{R}_+$ 且$p \in \mathbb{R}$. 若$(p,w) \in F_1$, 则$H_{w,p}(x,y)$ 关于(x,y) 在$\in \mathbb{R}_{++}^2$ 上S-调和凸. 若$(p,w) \in F_2$, 则$H_{w,p}(x,y)$ 关于(x,y) 在$\in \mathbb{R}_{++}^2$ 上S-调和凹, 其中

$$F_1 = \{(p,w) \mid p \geq -2, \max\{0, -2(p+1)\} \leq w\} \qquad (6.70)$$

和

$$F_2 = \{(p,w) \mid p \leq -2, 0 \leq w \leq -2(p+1)\} \cup \{(p,w) \mid p \leq -1, w = 0\}. \tag{6.71}$$

注记 6.4. 令

$$F_3 = \left\{(p,w) \mid -2 < p < -1, 0 < \frac{w}{2} < -(p+1)\right\} \tag{6.72}$$

和

$$F_4 = \left\{(p,w) \mid p < -2, -(p+1) < \frac{w}{2}\right\}. \tag{6.73}$$

当 $(p,w) \in F_3 \cup F_4$ 时, $H_{w,p}(x,y)$ 的S-调和凸性不确定.

6.5　广义Muirhead平均的Schur凸性

对于 $(x,y) \in \mathbb{R}_{++}^2$, $(r,s) \in \mathbb{R}^2$ 和 $r + s \neq 0$, Trif [173] 介绍了如下广义Muirhead 平均

$$M(r,s;x,y) = \left(\frac{x^r y^s + x^s y^r}{2}\right)^{\frac{1}{r+s}}. \tag{6.74}$$

定理 6.30. [45] 对于固定的 $(r,s) \in \mathbb{R}^2$.

(a) $M(r,s;x,y)$ 关于 (x,y) 在 $\mathbb{R}^2$ 上S-凸, 当且仅当 $(r,s) \in \{(r,s) \in \mathbb{R}_+^2, (r-s)^2 \geq r + s$ 且 $rs \leq 0\}$;

(b) $M(r,s;x,y)$ 关于 (x,y) 在 $\mathbb{R}^2$ 上S-凹, 当且仅当 $(r,s) \in \{(r,s) \in \mathbb{R}_+^2, (r-s)^2 \leq r + s, (r,s) \neq (0,0)\} \cup \{(r,s) \in \mathbb{R}^2, r + s < 0\}$.

定理 6.31. [8] 对于固定的 $(x,y) \in \mathbb{R}_{++}^2$, $x \neq y$, $M(r,s;x,y)$ 关于 (r,s) 在 $\mathbb{R}_{++}^2$ 上S-凸, 在 $\mathbb{R}_{--}^2$ 上S-凹.

定理 6.32. [212] 对于固定的 $(r,s) \in \mathbb{R}^2$:

(a) $M(r,s;x,y)$ 关于 (x,y) 在 $\mathbb{R}^2$ 上S-几何凸, 当且仅当 $r + s > 0$;

(b) $M(r,s;x,y)$ 关于 (x,y) 在 $\mathbb{R}^2$ 上S-几何凹, 当且仅当 $r + s < 0$.

定理 6.33. [212] 对于固定的 $(r,s) \in \mathbb{R}^2$:

(a) $M(r,s;x,y)$ 关于 (x,y) 在 $\mathbb{R}^2$ 上S-调和凸, 当且仅当 $(r,s) \in \{(r,s) \mid r + s > 0\} \cup \{(r,s) \mid r \leq 0, s \leq 0, (r-s)^2 + (r+s) \leq 0, r^2 + s^2 \neq 0\}$;

(b) $M(r,s;x,y)$ 关于(x,y) 在$\mathbb{R}^2$ 上S-调和凹, 当且仅当$(r,s) \in \{(r,s) \mid r \geq 0, r+s < 0, (r-s)^2 + r+s \geq 0\} \cup \{(r,s) \mid s \geq 0, r+s < 0, (r-s)^2 + r+s \geq 0\}$.

定理 6.34. $[24]$ 对于固定的$(r,s) \in \mathbb{R}^2$, 记

$$E_1(m) = \{(r,s) : r+s > 0, m \leq 0\}$$
$$\cup \{(r,s) : r+s > 0, rs \leq 0, (r-s)^2 - m(r+s) \geq 0, m > 0\}$$
$$\cup \{(r,s) : r+s < 0, rs \geq 0, (r-s)^2 - m(r+s) \leq 0, m < 0\}$$

和

$$E_2(m) = \{(r,s) : r+s < 0, m \geq 0\}$$
$$\cup \{(r,s) : r+s < 0, rs \leq 0, (r-s)^2 - m(r+s) \geq 0, m < 0\}$$
$$\cup \{(r,s) : r+s > 0, rs \geq 0, (r-s)^2 - m(r+s) \leq 0, m > 0\}.$$

(a) 当$(r,s) \in E_1(m)$ 时, $M(r,s;x,y)$ 关于(x,y) 在$\mathbb{R}_{++}^2$ 上m 阶S-幂凸;

(b) 当$(r,s) \in E_2(m)$ 时, $M(r,s;x,y)$ 关于(x,y) 在$\mathbb{R}_{++}^2$ 上m 阶S-幂凹.

6.6 Lehme平均的Schur凸性

设$(x,y) \in \mathbb{R}_{++}^2$, (x,y) 的Lehme平均[106] 定义为

$$L_p(x,y) = \frac{x^p + y^p}{x^{p-1} + y^{p-1}}, \quad -\infty < p < +\infty. \tag{6.75}$$

$L_p(x,y)$是一类重要的二元平均, 它包含了下述常见二元平均:

$$A(x,y) = \frac{x+y}{2} = L_1(x,y) \quad \text{(算术平均)},$$

$$G(x,y) = \sqrt{xy} = L_{\frac{1}{2}}(x,y) \quad \text{(几何平均)},$$

$$H(x,y) = \frac{2xy}{x+y} = L_0(x,y) \quad \text{(调和平均)},$$

$$\tilde{H}(x,y) = \frac{x^2 + y^2}{x+y} = L_2(x,y) \quad \text{(反调和平均)}.$$

关于$L_p(x,y)$, Witkowski [193] 给出如下结论:

(a) 对于固定的$(x, y) \in \mathbb{R}^2_{++}$, $L_p(x, y)$ 关于p 严格递增, 且

$$L_{+\infty}(x, y) = \lim_{p \to +\infty} L_p(x, y) = \max\{x, y\};$$

和

$$L_{-\infty}(x, y) = \lim_{p \to -\infty} L_p(x, y) = \min\{x, y\}.$$

(b) 对于$x \neq y$, 当$p < (>) -\frac{1}{2}$, $L_p(x, y)$ 时, 是p 的对数凸(凹)函数. 若$p > -\frac{1}{2}$, 则对于任意实数t, 有

$$L_{p_0-t}(x, y)L_{p_0+t}(x, y) \leq (\geq) L^2_{p_0}(x, y).$$

顾春和石焕南 [47] 完整解决了二元Lehme平均$L_p(x, y)$ 关于变量(x, y) 在$\mathbb{R}^2_{++}$ 上的S-凹凸性和S-几何凸性, 并对n 元Lehme平均在$\mathbb{R}^n_{++}$ 上的S-凹凸性作了初步的探讨. 主要结论有:

定理 6.35. 当$p \geq 1$ 时, $L_p(x, y)$ 关于(x, y) 在$\mathbb{R}^2_{++}$ 上S-凸; 而当$p \leq 1$ 时, $L_p(x, y)$ 关于(x, y) 在$\mathbb{R}^2_{++}$ 上S-凹.

定理 6.36. 当$p \geq \frac{1}{2}$ 时, $L_p(x, y)$ 关于(x, y) 在$\mathbb{R}^2_{++}$ 上S-几何凸; 而当$p \leq \frac{1}{2}$ 时, $L_p(x, y)$ 关于(x, y) 在$\mathbb{R}^2_{++}$ 上S-几何凹.

文 [47]是分别根据定理2.3和定理6.36 证得定理6.35 和定理2.3 的. 现分别根据定理2.6 和定理2.32 证明定理6.35和定理6.36.

定理6.35的证明　对于

$$L_p(x, a - x) = \frac{x^p + (a-x)^p}{x^{p-1} + (a-x)^{p-1}},$$

经计算得

$$\frac{\partial L_p}{\partial x} = \frac{h(x)}{(x^{p-1} + (a-x)^{p-1})^2}$$

其中

$$\begin{aligned}
h(x) &= p(x^{p-1} - (a-x)^{p-1})(x^{p-1} + (a-x)^{p-1}) \\
&\quad - (p-1)(x^{p-2} - (a-x)^{p-2})(x^p + (a-x)^p) \\
&= px^{2p-2} - p(a-x)^{2p-2} - (p-1)x^{2p-2} - (p-1)x^{p-2}(a-x)^p \\
&\quad + (p-1)x^p(a-x)^{p-2} + (p-1)(a-x)^{2p-2} \\
&= x^{2p-2} - (a-x)^{2p-2} - (p-1)x^{p-2}(a-x)^p + (p-1)x^p(a-x)^{p-2} \\
&= x^2(p-1) - (a-x)^{2(p-1)} + (p-1)x^{p-2}(a-x)^{p-2}(x^2 - (a-x)^2).
\end{aligned}$$

对于 $x \le \frac{a}{2}$, 有 $x \le a - x$, 故 $x^2 - (a-x)^2 \le 0$. 当 $p \ge 1 (\le 1)$ 时, 有 $x^{2(p-1)} - (a-x)^{2(p-1)} \le 0 (\ge 0)$, 从而 $h(x) \le 0 (\ge 0)$. 这意味着 $L_p(x, a-x)$ 在 $(-\infty, \frac{a}{2})$ 上递减(递增), 由定理2.6, 知 $L_p(a,b)$ 关于 (a,b) 在 $\mathbb{R}^2_{++}$ 上S-凸(S-凹).

定理6.36的证明 对于

$$L_p\left(x, \frac{a}{x}\right) = \frac{x^p + \left(\frac{a}{x}\right)^p}{x^{p-1} + \left(\frac{a}{x}\right)^{p-1}},$$

经计算得

$$\frac{\partial L_p}{\partial x} = \frac{k(x)}{\left(x^{p-1} + \left(\frac{a}{x}\right)^{p-1}\right)^2},$$

其中

$$
\begin{aligned}
k(x) &= p\left(x^{p-1} - \frac{a^p}{x^{p+1}}\right)\left(x^{p-1} + \left(\frac{a}{x}\right)^{p-1}\right) \\
&\quad - (p-1)\left(x^p - \left(\frac{a}{x}\right)^p\right)\left(x^{p-2} - \frac{a^{p-1}}{x^p}\right) \\
&= p\left(x^{2(p-1)} + a^{p-1} - \frac{a^p}{x^2} - \frac{a^{2p-1}}{x^{2p}}\right) \\
&\quad - (p-1)\left(x^{2(p-1)} - a^{p-1} + \frac{a^p}{x^2} - \frac{a^{2p-1}}{x^{2p}}\right) \\
&= x^{2(p-1)} - \frac{a^{2p-1}}{x^{2p}} + (2p-1)\left(a^{p-1} - \frac{a^p}{x^2}\right).
\end{aligned}
$$

对于 $x \le \sqrt{a}$, 有 $a^{p-1} - \frac{a^p}{x^2} \le 0$, 且当 $p \ge \frac{1}{2} (p \le \frac{1}{2})$ 时, 有 $x^{2(2p-1)} \le a^{2p-1} (\ge a^{2p-1})$, 即 $x^{2(p-1)} - \frac{a^{2p-1}}{x^{2p}} \le 0 (\ge 0)$, 从而 $k(x) \le 0 (\ge 0)$. 这意味着 $L_p\left(x, \frac{a}{x}\right)$ 在 $(-\infty, \sqrt{a})$ 上递减(递增), 由定理2.32, 有 $L_p\left(x, \frac{a}{x}\right)$ 关于 (a,b) 在 $\mathbb{R}^2_{++}$ 上S-几何凸(S-几何凹).

设 $\boldsymbol{x} = (x_1, \ldots, x_n) \in \mathbb{R}^2_+$. n 元Lehme平均

$$L_p(\boldsymbol{x}) = L_p(x_1, \ldots, x_n) = \frac{\sum\limits_{i=1}^{n} x_i^p}{\sum\limits_{i=1}^{n} x_i^{p-1}},$$

傅春如等人 [42] 得到如下结果.

定理 6.37. 设 $\boldsymbol{x} = (x_1, \ldots, x_n) \in \mathbb{R}^n_+, n \ge 2$ 且 $p \in \mathbb{R}$.

(a) 若 $p \ge 2$, 则对任何 $a > 0$, $L_p(\boldsymbol{x})$ 关于 $\boldsymbol{x} \in \left[\frac{(p-2)a}{p}, a\right]^n$ S-凸;

(b) 若 $p < 0$, 则对任何 $a > 0$, $L_p(\boldsymbol{x})$ 关于 $\boldsymbol{x} \in \left[a, \frac{(p-2)a}{p}\right]^n$ S-凹.

定理 6.38. 设 $\boldsymbol{x} = (x_1, \ldots, x_n) \in \mathbb{R}_+^n, n \geq 2$ 且 $p \in \mathbb{R}$.

(a) 若 $p < \frac{1}{2}$ 且 $p \neq 0$, 则对于任意 $a > 0$, $L_p(\boldsymbol{x})$ 关于 $\boldsymbol{x} \in \left[a, (\frac{p-1}{p})^2 a\right]^n$ S-几何凹;

(b) 若 $p > \frac{1}{2}$, 则对于任何 $a > 0$, $L_p(\boldsymbol{x})$ 关于 $\boldsymbol{x} \in \left[(\frac{p-1}{p})^2 a, a\right]^n$ S-几何凸;

(c) 若 $p = 0$, 则 $L_p(\boldsymbol{x})$ 关于 $\boldsymbol{x} \in \mathbb{R}_+^n$ S-几何凸.

定理 6.39. 设 $\boldsymbol{x} = (x_1, \ldots, x_n) \in \mathbb{R}_+^n, n \geq 2$ 且 $p \in \mathbb{R}$.

(a) 若 $0 \leq p \leq 1$, 则 $L_p(\boldsymbol{x})$ 关于 $\boldsymbol{x} \in \mathbb{R}_+^n$ S-调和凸, 若 $-1 \leq p \leq 0$, 则 $L_p(\boldsymbol{x})$ 关于 $\boldsymbol{x} \in \mathbb{R}_+^n$ S-调和凹;

(b) 若 $p > 1$, 则对于任何 $a > 0$, $L_p(\boldsymbol{x})$ 关于 $\boldsymbol{x} \in \left[\frac{(p-1)a}{p+1}, a\right]^n$ S-调和凸;

(c) 若 $p < -1$, 则对于任何 $a > 0$, $L_p(\boldsymbol{x})$ 关于 $\boldsymbol{x} \in \left[a, \frac{(p-1)a}{p+1}\right]^n$ S-调和凹.

2018 年, 库颖颖和赵铁洪 [69] 研究了 n 元Lehmer 平均的 m 阶S- 幂凸性.

首先, 我们在 $\mathbb{R}^2$ 中定义6 个双参数 (m, p) 的区域.

$$D_1 = \{(m, p) \mid p(p - m) \geq 0 \geq (p - 1)(p - m - 1)\},$$

$$D_2 = \{(m, p) \mid p(p - m) > (p - 1)(p - m - 1) > 0\},$$

$$D_3 = \{(m, p) \mid 0 > p(p - m) > (p - 1)(p - m - 1)\},$$

$$E_1 = \{(m, p) \mid p(p - m) \leq 0 \leq (p - 1)(p - m - 1)\},$$

$$E_2 = \{(m, p) \mid 0 < p(p - m) < (p - 1)(p - m - 1)\},$$

$$E_3 = \{(m, p) \mid p(p - m) < (p - 1)(p - m - 1) < 0\}.$$

定理 6.40. 设 $\boldsymbol{x} = (x_1, \ldots, x_n) \in \mathbb{R}_+^n, n \geq 2$ 且 $p \in \mathbb{R}$.

(a) 若 $(m, p) \in D_1$, 则 $L_p(\boldsymbol{x})$ 关于 $\boldsymbol{x} \in \mathbb{R}_{++}^n$ m 阶S-幂凸;

(b) 若 $(m, p) \in E_1$, 则 $L_p(\boldsymbol{x})$ 关于 $\boldsymbol{x} \in \mathbb{R}_{++}^n$ m 阶S-幂凹;

(c) 若 $(m, p) \in D_2$, 则对于任何 $a > 0$, $L_p(\boldsymbol{x})$ 关于 $\boldsymbol{x} \in \left[\frac{(p-1)(p-m-1)}{p(p-m)}a, a\right]^n$ m 阶S-幂凸;

(d) 若 $(m, p) \in E_2$, 则对于任何 $a > 0$, $L_p(\boldsymbol{x})$ 关于 $\boldsymbol{x} \in \left[a, \frac{(p-1)(p-m-1)}{p(p-m)}a\right]^n$ m 阶S-幂凹;

(e) 若$(m,p) \in D_3$, 则对于任何$a > 0$, $L_p(\boldsymbol{x})$ 关于$\boldsymbol{x} \in \left[a, \frac{(p-1)(p-m-1)}{p(p-m)}a\right]^n$ m阶S-幂凸;

(f) 若$(m,p) \in E_3$, 则对于任何$a > 0$, $L_p(\boldsymbol{x})$关于$\boldsymbol{x} \in \left[\frac{(p-1)(p-m-1)}{p(p-m)}a, a\right]^n$ m阶S-幂凹.

6.7　某些均值差的Schur凸性

6.7.1　某些均值差的凸性和Schur凸性

Taneja [171] 给出了关于二元平均值的如下不等式链

$$H(x,y) \leq G(x,y) \leq N_1(x,y) \leq N_3(x,y) \leq N_2(x,y) \leq A(x,y) \leq S(x,y),$$
$$\tag{6.76}$$

其中

$$A(a,b) = \frac{a+b}{2},$$

$$G(a,b) = \sqrt{ab},$$

$$H(a,b) = \frac{2ab}{a+b},$$

$$N_1(a,b) = \left(\frac{\sqrt{a} + \sqrt{b}}{2}\right)^2 = \frac{A(a,b) + G(a,b)}{2},$$

$$N_3(a,b) = \frac{a + \sqrt{ab} + b}{3} = \frac{2A(a,b) + G(a,b)}{3},$$

$$N_2(a,b) = \left(\frac{\sqrt{a} + \sqrt{b}}{2}\right)\left(\sqrt{\frac{a+b}{2}}\right),$$

$$S(a,b) = \sqrt{\frac{a^2 + b^2}{2}}.$$

$A(a,b), G(a,b), H(a,b), S(a,b), N_1(a,b)$ 和$N_3(a,b)$ 分别为算术平均, 几何平均, 调和平均, 根平方平均和Heron 平均平方根.

文[30]还考虑了如下平均值的差

$$M_{SA}(a,b) = S(a,b) - A(a,b), \tag{6.77}$$

$$M_{SN_2}(a,b) = S(a,b) - N_2(a,b), \tag{6.78}$$

$$M_{SN_3}(a,b) = S(a,b) - N_3(a,b), \tag{6.79}$$

$$M_{SN_1}(a,b) = S(a,b) - N_1(a,b), \tag{6.80}$$

$$M_{SG}(a,b) = S(a,b) - G(a,b), \tag{6.81}$$

$$M_{SH}(a,b) = S(a,b) - H(a,b), \tag{6.82}$$

$$M_{AN_2}(a,b) = A(a,b) - N_2(a,b), \tag{6.83}$$

$$M_{AG}(a,b) = A(a,b) - G(a,b), \tag{6.84}$$

$$M_{AH}(a,b) = A(a,b) - H(a,b), \tag{6.85}$$

$$M_{N_2N_1}(a,b) = N_2(a,b) - N_1(a,b), \tag{6.86}$$

$$M_{N_2G}(a,b) = N_2(a,b) - G(a,b), \tag{6.87}$$

证得如下结论:

定理 6.41. 由式(6.77)-(6.87) 给出的平均值的差均非负且在$\mathbb{R}^2_{++}$ 上凸.

定理 6.42. 下述均值差之间的不等式成立.

$$M_{SA}(a,b) \leq \frac{1}{3}M_{SH}(a,b) \leq \frac{1}{2}M_{AH}(a,b) \leq \frac{1}{2}M_{SG}(a,b) \leq M_{AG}(a,b), \tag{6.88}$$

$$\frac{1}{8}M_{AH}(a,b) \leq M_{N_2N_1}(a,b) \leq \frac{1}{3}M_{N_2G}(a,b) \leq \frac{1}{4}M_{AG}(a,b) \leq M_{AN_2}(a,b), \tag{6.89}$$

$$M_{SA}(a,b) \leq \frac{4}{5}M_{SN_2}(a,b) \leq 4M_{AN_2}(a,b), \tag{6.90}$$

$$M_{SH}(a,b) \leq 2M_{SN_1}(a,b) \leq \frac{3}{2}M_{SG}(a,b), \tag{6.91}$$

$$M_{SA}(a,b) \leq \frac{3}{4}M_{SN_3}(a,b) \leq \frac{2}{3}M_{SN_1}(a,b). \tag{6.92}$$

注记 6.5. 由式(6.77)-(6.87)给出的平均值的差显然是对称的, 由定理6.41 和推论2.4 知, 这些平均值的差均在$\mathbb{R}^2_{++}$ 上S-凸.

6.7.2　某些均值差的Schur几何凸性

石焕南等 [156] 证得如下定理, 并据此建立一些有关平均值差的不等式.

定理 6.43. 由式(6.77)-(6.87)给出的平均值的差均在$\mathbb{R}^2_{++}$ 上S-几何凸.

定理 6.44. 设 $x > 0, y > 0, \frac{1}{2} \le t \le 1$ 或 $0 \le t \le \frac{1}{2}$, 则

$$0 \le \sqrt{\frac{x^{t^2}y^{(1-t)^2} + x^{(1-t)^2}y^{t^2}}{2}} - \frac{x^t y^{1-t} + x^{1-t}y^t}{2} \le \sqrt{\frac{x^2+y^2}{2}} - \frac{x+y}{2},$$

(6.93)

$$0 \le \sqrt{\frac{x^{t^2}y^{(1-t)^2} + x^{(1-t)^2}y^{t^2}}{2}} - \left(\frac{\sqrt{x^t y^{1-t}} + \sqrt{x^{1-t}y^t}}{2}\right)$$
$$\cdot \left(\sqrt{\frac{x^t y^{1-t} + x^{1-t}y^t}{2}}\right) \le \sqrt{\frac{x^2+y^2}{2}} - \frac{\sqrt{x}+\sqrt{y}}{2} \cdot \sqrt{\frac{x+y}{2}},$$

(6.94)

$$0 \le \sqrt{\frac{x^{t^2}y^{(1-t)^2} + x^{(1-t)^2}y^{t^2}}{2}} - \frac{x^t y^{1-t} + \sqrt{xy} + x^{1-t}y^t}{3}$$
$$\le \sqrt{\frac{x^2+y^2}{2}} - \frac{x+\sqrt{xy}+y}{3},$$

(6.95)

$$0 \le \frac{x^t y^{1-t} + x^{1-t}y^t}{2} - \left(\frac{\sqrt{x^t y^{1-t}} + \sqrt{x^{1-t}y^t}}{2}\right)$$
$$\cdot \left(\sqrt{\frac{x^t y^{1-t} + x^{1-t}y^t}{2}}\right) \le \frac{x+y}{2} - \frac{\sqrt{x}+\sqrt{y}}{2} \cdot \sqrt{\frac{x+y}{2}}$$

(6.96)

和

$$0 \le \left(\frac{\sqrt{x^t y^{1-t}} + \sqrt{x^{1-t}y^t}}{2}\right) \cdot \left(\sqrt{\frac{x^t y^{1-t} + x^{1-t}y^t}{2}}\right)$$
$$- \left(\frac{\sqrt{x^t y^{1-t}} + \sqrt{x^{1-t}y^t}}{2}\right)^2 \le \frac{\sqrt{x}+\sqrt{y}}{2} \cdot \sqrt{\frac{x+y}{2}} - \left(\frac{\sqrt{x}+\sqrt{y}}{2}\right)^2.$$

(6.97)

证明 由式(1.68), 有

$$(\ln\sqrt{xy}, \ln\sqrt{xy}) \prec (\ln(y^t x^{1-t}), \ln(x^t y^{1-t})) \prec (\ln x, \ln y),$$

(6.98)

据定理6.43, 式(6.77) 中的均值差

$$M_{SA}(x,y) = S(x,y) - A(x,y) = \sqrt{\frac{x^2+y^2}{2}} - \frac{x+y}{2}$$

在 $\mathbb{R}_{++}^2$ 上S-几何凸, 故

$$M_{SA}(xy, xy) \leq M_{SA}(y^t x^{1-t}, x^t y^{1-t}) \leq M_{SA}(x, y).$$

即式(6.93) 成立.

类似地, 根据均值差(6.78), (6.79), (6.83)和(6.86)在 $\mathbb{R}_{++}^2$ 上的S-几何凸性, 由(6.98)可得不等式(6.95), (6.96) 和(6.97).

注记 6.6. 不等式(6.93) 和(6.94) 分别加强了式(6.76) 中的不等式$A(x, y) \leq S(x, y)$ 和$N_2(x, y) \leq A(x, y)$.

吴英等人 [200] 定义了二元平均

$$M_1(x, y) = \frac{A(x, y) + H(x, y)}{2} = \frac{x + y}{4} + \frac{xy}{x + y}, \tag{6.99}$$

并考虑了如下与$M_1(x, y)$ 相关的差

$$M_{SM_1}(x, y) = S(x, y) - M_1(x, y), \tag{6.100}$$

$$M_{AM_1}(x, y) = A(x, y) - M_1(x, y), \tag{6.101}$$

$$M_{N_2 M_1}(x, y) = N_2(x, y) - M_1(x, y), \tag{6.102}$$

$$M_{N_3 M_1}(x, y) = N_3(x, y) - M_1(x, y), \tag{6.103}$$

$$M_{N_1 M_1}(x, y) = N_1(x, y) - M_1(x, y), \tag{6.104}$$

$$M_{M_1 G}(x, y) = M_1(x, y) - G(x, y), \tag{6.105}$$

$$M_{M_1 H}(x, y) = M_1(x, y) - H(x, y). \tag{6.106}$$

定理 6.45. 由式(6.100)-(6.106)给出的均值差均在 $\mathbb{R}_{++}^2$ 上S-几何凸.

6.7.3　某些均值差的Schur几何凸性和调和凸性

石焕南等人 [156] 进一步考察定理6.42中的被比较的均值差之间的差

的S-几何凸性, 进而加细了定理6.42中不等式. 文[156]的结论是:

定理 6.46. 下述各个差均在 $\mathbb{R}^2_{++}$ 上S-几何凸.

$$D_{SH-SA}(a,b) = \frac{1}{3}M_{SH}(a,b) - M_{SA}(a,b), \qquad (6.107)$$

$$D_{AH-SH}(a,b) = \frac{1}{2}M_{AH}(a,b) - \frac{1}{3}M_{SH}(a,b), \qquad (6.108)$$

$$D_{SG-AH}(a,b) = M_{SG}(a,b) - M_{AH}(a,b), \qquad (6.109)$$

$$D_{AG-SG}(a,b) = M_{AG}(a,b) - \frac{1}{2}M_{SG}(a,b), \qquad (6.110)$$

$$D_{N_2N_1-AH}(a,b) = M_{N_2N_1}(a,b) - \frac{1}{8}M_{AH}(a,b), \qquad (6.111)$$

$$D_{N_2G-N_2N_1}(a,b) = \frac{1}{3}M_{N_2G}(a,b) - M_{N_2N_1}(a,b), \qquad (6.112)$$

$$D_{AG-N_2G}(a,b) = \frac{1}{4}M_{AG}(a,b) - \frac{1}{3}M_{N_2G}(a,b), \qquad (6.113)$$

$$D_{AN_2-AG}(a,b) = M_{AN_2}(a,b) - \frac{1}{4}M_{AG}(a,b), \qquad (6.114)$$

$$D_{SN_2-SA}(a,b) = \frac{4}{5}M_{SN_2}(a,b) - M_{SA}(a,b), \qquad (6.115)$$

$$D_{AN_2-SN_2}(a,b) = 4M_{AN_2}(a,b) - \frac{4}{5}M_{SN_2}(a,b), \qquad (6.116)$$

$$D_{SN_1-SH}(a,b) = 2M_{SN_1}(a,b) - M_{SH}(a,b), \qquad (6.117)$$

$$D_{SG-SN_1}(a,b) = \frac{3}{2}M_{SG}(a,b) - 2M_{SN_1}(a,b), \qquad (6.118)$$

$$D_{SN_3-SA}(a,b) = \frac{3}{4}M_{SN_3}(a,b) - M_{SA}(a,b) \qquad (6.119)$$

和

$$D_{SN_1-SN_3}(a,b) = \frac{2}{3}M_{SN_1}(a,b) - \frac{3}{4}M_{SN_3}(a,b). \qquad (6.120)$$

定理 6.47. 设 $0 < a \leq b$. $1/2 \leq t \leq 1$ 或 $0 \leq t \leq 1/2$, $u = a^t b^{1-t}$ 和 $v = b^t a^{1-t}$, 则

$$M_{SA}(a,b) \leq \frac{1}{3}M_{SH}(a,b) - \left(\frac{1}{3}M_{SH}(u,v) - M_{SA}(u,v)\right) \leq \frac{1}{3}M_{SH}(a,b)$$

$$\leq \frac{1}{2}M_{AH}(a,b) - \left(\frac{1}{2}M_{AH}(u,v) - \frac{1}{3}M_{SH}(u,v)\right) \leq \frac{1}{2}M_{AH}(a,b)$$

$$\leq \frac{1}{2}M_{SG}(a,b) - \left(\frac{1}{2}M_{SG}(u,v) - \frac{1}{2}M_{AH}(u,v)\right) \leq \frac{1}{2}M_{SG}(a,b)$$

$$\leq M_{AG}(a,b) - \left(M_{AG}(u,v) - \frac{1}{2}M_{SG}(u,v) \right) \leq M_{AG}(a,b).$$

$$(6.121)$$

$$\frac{1}{8}M_{AH}(a,b) \leq M_{N_2N_1}(a,b) - \left(M_{N_2N_1}(u,v) - \frac{1}{8}M_{AH}(u,v) \right) \leq M_{N_2N_1}(a,b)$$

$$\leq \frac{1}{3}M_{N_2G}(a,b) - \left(\frac{1}{3}M_{N_2G}(u,v) - M_{N_2N_1}(u,v) \right) \leq \frac{1}{3}M_{N_2G}(a,b)$$

$$\leq \frac{1}{4}M_{AG}(a,b) - \left(\frac{1}{4}M_{AG}(u,v) - \frac{1}{3}M_{N_2G}(u,v) \right) \leq \frac{1}{4}M_{AG}(a,b)$$

$$\leq M_{AN_2}(a,b) - \left(M_{AN_2}(u,v) - \frac{1}{4}M_{AG}(u,v) \right) \leq M_{AN_2}(a,b).$$

$$(6.122)$$

$$M_{SA}(a,b) \leq \frac{4}{5}M_{SN_2}(a,b) - \left(\frac{4}{5}M_{SN_2}(u,v) - \frac{4}{5}M_{SN_2}(u,v) \right) \leq \frac{4}{5}M_{SN_2}(a,b)$$

$$\leq 4M_{AN_2}(a,b) - \left(4M_{AN_2}(u,v) - \frac{4}{5}M_{SN_2}(u,v) \right) \leq 4M_{AN_2}(a,b).$$

$$(6.123)$$

$$M_{SH}(a,b) \leq 2M_{SN_1}(a,b) - (2M_{SN_1}(u,v) - M_{SH}(u,v)) \leq 2M_{SN_1}(a,b)$$

$$\leq \frac{3}{2}M_{SG}(a,b) - \left(\frac{3}{2}M_{SG}(u,v) - \frac{3}{2}M_{SG}(u,v) \right) \leq \frac{3}{2}M_{SG}(a,b).$$

$$(6.124)$$

$$M_{SA}(a,b) \leq \frac{3}{4}M_{SN_3}(a,b) - \left(\frac{3}{4}M_{SN_3}(u,v) - M_{SA}(u,v) \right) \leq \frac{3}{4}M_{SN_3}(a,b)$$

$$\leq \frac{2}{3}M_{SN_1}(a,b) - \left(\frac{2}{3}M_{SN_1}(u,v) - \frac{3}{4}M_{SN_3}(u,v) \right) \leq \frac{2}{3}M_{SN_1}(a,b).$$

$$(6.125)$$

注记 6.7. 不等式(6.121)-(6.125) 分别是不等式(6.88)- (6.92) 的加细.

特别, 若取$t = \frac{1}{2}$, 由定理6.47可得如下推论.

推论 6.2. 设$0 < a \le b$, 则

$$M_{SA}(a,b) \le \frac{1}{3}M_{SH}(a,b) \le \frac{1}{2}M_{AH}(a,b) \le \frac{1}{2}M_{SG}(a,b) \le M_{AG}(a,b).$$
(6.126)

$$\frac{1}{8}M_{AH}(a,b) \le M_{N_2 N_1}(a,b) \le \frac{1}{3}M_{N_2 G}(a,b) \le \frac{1}{4}M_{AG}(a,b) \le M_{AN_2}(a,b).$$
(6.127)

$$M_{SA}(a,b) \le \frac{4}{5}M_{SN_2}(a,b) \le 4M_{AN_2}(a,b).$$
(6.128)

$$M_{SH}(a,b) \le 2M_{SN_1}(a,b) \le \frac{3}{2}M_{SG}(a,b).$$
(6.129)

$$M_{SA}(a,b) \le \frac{3}{4}M_{SN_3}(a,b) \le \frac{2}{3}M_{SN_1}(a,b).$$
(6.130)

不等式链(6.126)中的四个不等式等价于如下四个不等式

$$4S(a,b) \le 3A(a,b) + 2H(a,b);$$
(6.131)

$$3A(a,b) \ge 2S(a,b) + H(a,b);$$
(6.132)

$$A(a,b) + G(a,b) \le S(a,b) + H(a,b);$$
(6.133)

$$2A(a,b) \ge S(a,b) + G(a,b).$$
(6.134)

不等式(6.134)和(6.133)见 [81, p. 37]定理1.

定理 6.48. 由式(6.77)-(6.87))和式(6.126)-(6.139)给出的21 个平均值的差均在$\mathbb{R}^2_{++}$ 上S-调和凸.

吴英等 [202] 还证得:

定理 6.49. 由式(6.99)-(6.106)所示的差均在$\mathbb{R}^2_{++}$ 上S- 调和凸.

除了式(6.77)-(6.87)所示的11 个平均值的差以外, 吴英,祁锋 [201]还介绍了如下10 个平均值的差

$$M_{AN_3}(x,y) = A(x,y) - N_3(x,y),$$
(6.135)

$$M_{AN_1}(x,y) = A(x,y) - N_1(x,y),$$
(6.136)

$$M_{N_2 N_3}(x,y) = N_2(x,y) - N_3(x,y),$$
(6.137)

$$M_{N_2 H}(x,y) = N_2(x,y) - H(x,y),$$
(6.138)

$$M_{N_3 N_1}(x,y) = N_3(x,y) - N_1(x,y),$$
(6.139)

$$M_{N_3 G}(x,y) = N_3(x,y) - G(x,y),$$
(6.140)

$$M_{N_3H}(x,y) = N_3(x,y) - H(x,y), \tag{6.141}$$

$$M_{N_1G}(x,y) = N_1(x,y) - G(x,y), \tag{6.142}$$

$$M_{N_1H}(x,y) = N_1(x,y) - H(x,y), \tag{6.143}$$

$$M_{GH}(x,y) = G(x,y) - H(x,y). \tag{6.144}$$

他们知道如下结论:

定理 6.50. 均值差(6.77)-(6.87) 和均值差(6.135)-(6.144) 均在$\mathbb{R}^2_{++}$上S- 调和凸.

6.7.4　某些均值商的Schur凸性

将由式(6.77)-(6.87)和式(6.126)-(6.139) 给出的21 个平均值的差均改成商的形式, 例如, 将式(6.77)$M_{SA}(x,y) = S(x,y) - A(x,y)$ 改写成

$$Q_{SA}(x,y) = \frac{S(x,y)}{A(x,y)}.$$

尹红萍等人 [223] 证得如下结论:

定理 6.51. 与式(6.77)-(6.87)和式(6.126)-(6.139) 对应的21 个平均值的商均在$\mathbb{R}^2_{++}$ 上S-凸,S-几何凸且S-调和凸.

尹红萍等人 [224] 进一步证得:

定理 6.52. 对于$m \neq 0$, 与式(6.77)-(6.87)和式(6.126)-(6.139) 对应的21个平均值的商均为$\mathbb{R}^2_{++}$ 上的m 阶S-幂凸函数.

第7章 Schur凸函数 与三角形不等式

7.1 三角形中的控制关系

设 A, B, C 表示三角形 ABC 的三内角, 三角对应角平分线为 $\omega_a, \omega_b, \omega_c$, a, b, c 表示三角形 ABC 的三条边, 三边对应高分别为 h_a, h_b, h_c, 三边对应中线分别为 m_a, m_b, m_c, 对应旁切圆半径为 r_a, r_b, r_c, 内切圆半径为 r, 外接圆半径为 R, $s = \frac{1}{2}(a + b + c)$ 为半周长, 又记 $s_a = 2(s - a), s_b = 2(s - b), s_c = 2(s - c)$.

定理 7.1. $[175]$ 对于任意三角形, 有

$$\left(\frac{\pi}{3}, \frac{\pi}{3}, \frac{\pi}{3}\right) \prec \left(\frac{\pi - A}{2}, \frac{\pi - B}{2}, \frac{\pi - C}{2}\right) \prec (A, B, C) \prec (\pi, 0, 0). \quad (7.1)$$

对于锐角三角形, 有

$$\left(\frac{\pi}{3}, \frac{\pi}{3}, \frac{\pi}{3}\right) \prec (A, B, C) \prec \left(\frac{\pi}{2}, \frac{\pi}{2}, 0\right). \quad (7.2)$$

对于钝角三角形, 有

$$\left(\frac{\pi}{2}, \frac{\pi}{4}, \frac{\pi}{4}\right) \prec (A, B, C) \prec (\pi, 0, 0). \quad (7.3)$$

定理 7.2. $[101, \text{p. } 136]$ 设三角形 ABC 满足 $A \leq B \leq C$, 又有三角形 PQR 满足 $P \geq C \geq Q \geq B$, 则 $A \geq R$ 且 $(P, Q, R) \prec\prec (A, B, C)$.

定理 7.3. $[175]$ 对于任意三角形, 有

$$\left(\frac{2s}{3}, \frac{2s}{3}, \frac{2s}{3}\right) \prec (a, b, c) \prec (s, s, 0) \quad (7.4)$$

248

和

$$\left(\frac{a+b}{2}, \frac{a+b}{2}, \frac{a+b}{2}\right) \prec (a,b,c) \prec (s_a, s_b, s_c). \tag{7.5}$$

对于钝角三角形, 有

$$((\sqrt{2}-1)2s, (2-\sqrt{2})s, (2-\sqrt{2})s) \prec (a,b,c) \prec\prec (s,s,0). \tag{7.6}$$

定理 7.4. [175] 对于任意三角形, 有

$$\left(\frac{1}{2}, \frac{1}{2}, \frac{1}{2}\right) \prec_w \left(\frac{a}{b+c}, \frac{b}{c+a}, \frac{c}{a+b}\right), \tag{7.7}$$

$$(2,2,2) \prec_w \left(\frac{a+b}{c}, \frac{c+a}{b}, \frac{b+c}{a}\right) \tag{7.8}$$

和

$$(1,1,1) \prec_w \left(\frac{a}{\sqrt{bc}}, \frac{b}{\sqrt{ac}}, \frac{c}{\sqrt{ab}}\right). \tag{7.9}$$

证明　不妨设$a \geq b \geq c$, 则

$$\frac{1}{b+c} \geq \frac{1}{a+c} \geq \frac{1}{a+b},$$

从而

$$\frac{a}{b+c} \geq \frac{b}{a+c} \geq \frac{c}{a+b}.$$

因$\frac{a}{b+c} \geq \frac{a}{a+a} = \frac{1}{2}$, 又$\frac{a}{b+c} + \frac{b}{a+c} \geq \frac{1}{2} + \frac{1}{2} = 1$ 等价于明显的不等式$a^2 + b^2 \geq ab + c^2$, 再由熟知的不等式

$$\frac{a}{b+c} + \frac{b}{a+c} + \frac{c}{a+b} \geq \frac{3}{2},$$

即知式(7.7)成立.

由$a \geq b \geq c$ 有$\frac{a+b}{c} \geq \frac{a+c}{b} \geq \frac{b+c}{a}$. 因$\frac{a+b}{c} \geq \frac{c+c}{c} = 2$, 又不难验证$\frac{a+b}{c} + \frac{a+c}{b} \geq 4$ 等价于$(b-c)^2 + b(a-c) + c(a-b) \geq 0$, 再由熟知的不等式[70]

$$\frac{a+b}{c} + \frac{a+c}{b} + \frac{b+c}{a} \geq 6,$$

即知式(7.8)成立.

由式(1.34)知式(7.9) 成立.

定理 7.5. [175] 对于任意三角形, 有

$$\left(\frac{1}{3r}, \frac{1}{3r}, \frac{1}{3r}\right) \prec \left(\frac{1}{h_a}, \frac{1}{h_b}, \frac{1}{h_c}\right) \prec \left(\frac{1}{2r}, \frac{1}{2r}, 0\right), \tag{7.10}$$

$$\left(\frac{1}{h_a}, \frac{1}{h_b}, \frac{1}{h_c}\right) \prec \left(\frac{1}{r_a}, \frac{1}{r_b}, \frac{1}{r_c}\right) \prec \left(\frac{1}{r}, 0, 0\right) \tag{7.11}$$

和

$$(1, 1, 1) \prec_w \left(\frac{r_a}{h_a}, \frac{r_b}{h_b}, \frac{r_c}{h_c}\right). \tag{7.12}$$

对于钝角三角形, 有

$$\left(\frac{\sqrt{2}-1}{r}, \frac{2-\sqrt{2}}{2r}, \frac{2-\sqrt{2}}{2r}\right) \prec \left(\frac{1}{h_a}, \frac{1}{h_b}, \frac{1}{h_c}\right) \prec\prec \left(\frac{1}{2r}, \frac{1}{2r}, 0\right) \tag{7.13}$$

和

$$\left(\frac{\sqrt{2}-1}{r}, \frac{\sqrt{2}-1}{r}, \frac{3-2\sqrt{2}}{r}\right) \prec \left(\frac{1}{r_a}, \frac{1}{r_b}, \frac{1}{r_c}\right) \prec\prec \left(\frac{1}{r}, 0, 0\right). \tag{7.14}$$

定理 7.6. [90] 对于任意$t \geq 1$, 有

$$\left(\frac{\sqrt{3}}{2}\right)^t (a^t, b^t, c^t) \prec_w \left(r_a^t, r_b^t, r_c^t\right) \tag{7.15}$$

和

$$\left(m_a^t, m_b^t, m_c^t\right) \prec_w \left(r_a^t, r_b^t, r_c^t\right). \tag{7.16}$$

定理 7.7. 对于任意三角形, 有

$$(m_a, m_b, m_c) \prec_w (a, b, c). \tag{7.17}$$

证明 注意

$$m_a < \frac{1}{2}(a+b) \leq a, \ m_b < \frac{1}{2}(a+b) \leq b, \ m_c < \frac{1}{2}(a+b) \leq c,$$

不难验证式(7.17) 成立.

定理 7.8. 对于任意三角形, 有

$$(\ln \omega_b \omega_c, \ln \omega_c \omega_a, \ln \omega_a \omega_b) \prec_w (\ln \omega_a r_a, \ln \omega_b r_b, \ln \omega_c r_c) \tag{7.18}$$

和

$$(\ln h_b h_c, \ln h_c h_a, \ln h_a h_b) \prec_w (\ln h_a r_a, \ln h_b r_b, \ln h_c r_c). \tag{7.19}$$

证明 这里给出刘健的证明. 只证式(7.18), 类似地, 可证式(7.19). 不妨设$a \geq b \geq c$, 则$\omega_a \geq \omega_b \geq \omega_c$, 进而$\omega_a \omega_b \geq \omega_a \omega_c \geq \omega_b \omega_c$, 为证式(7.18), 我

们只需证:

(i) $\omega_a r_a \geq \omega_b r_b \geq \omega_c r_c$;

(ii) $\omega_b \omega_c \leq \omega_a r_a$;

(iii) $(\omega_b \omega_c)(\omega_c \omega_a) \leq (\omega_a r_a)(\omega_b r_b)$;

(iv) $(\omega_b \omega_c)(\omega_a \omega_c)(\omega_a \omega_b) \leq (\omega_a r_a)(\omega_b r_b)(\omega_c r_c)$.

由

$$\omega_a = \frac{2\sqrt{bcs(s-a)}}{b+c}, \quad r_a = \sqrt{\frac{s(s-b)(s-c)}{s-a}}$$

易知 $\omega_a r_a \geq \omega_b r_b$ 等价于

$$\sqrt{\frac{b(s-b)}{a(s-a)}} \geq \frac{b+c}{a+c},$$

而由 $b(s-b) \geq a(s-a)$ and $a+c \geq b+c$, 知上式成立. 类似地,可证 $\omega_b r_b \geq \omega_c r_c$, 故(i) 成立.

易见 $\omega_b \omega_c \leq \omega_a r_a$ 等价于 $(c+a)(a+b) \geq 2a(b+c)$, 即 $(a-c)(a-b) \geq 0$, 故(ii) 成立. 最后由 $\omega_a^2 \leq r_a r_b, \omega_b^2 \leq r_b r_c, \omega_c^2 \leq r_a r_c$ 可证得(iii) 和(iv) 成立.

陈计获得如下结果:

定理 7.9. 对于任意三角形, 有

$$(\ln m_a, \ln m_b, \ln m_c) \prec_w (\ln r_a, \ln r_b, \ln r_c). \tag{7.20}$$

定理 7.10. 设 P 是三角形 ABC 内或边上任一点, 记 $PA = R_a, PB = R_b, PC = R_c$, 则

$$(R_a, R_b, R_c) \prec_w (a, b, c). \tag{7.21}$$

7.2　某些三角形内角不等式的控制证明

在本节中, 符号 $\sum$ 表循环和, $\prod$ 表循环积.

定理 7.11. [157] 设三角形 ABC 的内切圆半径为 r, 外接圆半径为 R, 半周长为 s, 则

$$\frac{r}{4R} \leq \sum \sin \frac{A}{2} \sin \frac{B}{2} \leq \frac{5}{8} + \frac{r}{4R} \quad (任意三角形); \tag{7.22}$$

$$\frac{1}{2} + \frac{r}{4R} \leq \sum \sin \frac{A}{2} \sin \frac{B}{2} \leq \frac{5}{8} + \frac{r}{4R} \quad (锐角三角形); \tag{7.23}$$

$$\frac{r}{4R} \leq \sum \sin\frac{A}{2}\sin\frac{B}{2}$$
$$\leq \frac{1}{4}\left(2\sqrt{4-2\sqrt{2}}+3-2\sqrt{2}\right)+\frac{r}{4R} \quad \text{(钝角三角形)}; \quad (7.24)$$

$$1+\frac{p}{4R} \leq \sum \cos\frac{A}{2}\cos\frac{B}{2} \leq \frac{9}{4}-\frac{3\sqrt{3}}{8}+\frac{s}{4R} \quad \text{(任意三角形)}; \quad (7.25)$$

$$\sqrt{2}+\frac{s}{4R} \leq \sum \cos\frac{A}{2}\cos\frac{B}{2} \leq \frac{9}{4}-\frac{3\sqrt{3}}{8}+\frac{s}{4R} \quad \text{(锐角三角形)}; \quad (7.26)$$

$$1+\frac{s}{4R} \leq \sum \cos\frac{A}{2}\cos\frac{B}{2} \leq \frac{1}{4}\left(1+2\sqrt{4+2\sqrt{2}}\right)+\frac{s}{4R} \quad \text{(钝角三角形)}; \quad (7.27)$$

$$1+\frac{s^2}{4R^2} \leq \sum \cos^2\frac{A}{2}\cos^2\frac{B}{2} \leq \frac{81}{64}+\frac{s^2}{16R^2} \quad \text{(锐角三角形)}; \quad (7.28)$$

$$\frac{1}{4}\left(1-\frac{r}{4R}\right) \leq \sum \sin^2\frac{A}{2}\sin^2\frac{B}{2} \leq \frac{1}{4}\left(\frac{7}{4}-\frac{2r}{R}\right) \quad \text{(锐角三角形)}; \quad (7.29)$$

$$\frac{4R+r}{s}-1 \leq \sum \tan\frac{A}{2}\tan\frac{B}{2} \leq \frac{4R+r}{s}+1-\sqrt{3} \quad \text{(锐角三角形)}. \quad (7.30)$$

证明 由定理3.15 知$\varphi_3(\boldsymbol{x})=E_3(\boldsymbol{x})-E_2(\boldsymbol{x})$ 是$\Omega^{'3}=\{\boldsymbol{x}\in\mathbb{R}_+^3, 0\leq x_i\leq 1, i=1,2,3\}$ 上的递减的S-凸函数, 又$\sin\left(\frac{x}{2}\right)$ 是$I=[0,\pi]$ 上的凹函数, 据定理2.12(c) 知$\varphi_3\left(\left(\frac{x}{2}\right)\right)$ 是I^3 上的S- 凸函数, 结合式(7.1)有

$$-\frac{5}{8}=\left(\sin\frac{\pi}{6}\right)^3-3\left(\sin\frac{\pi}{6}\right)^2 \leq \prod\sin\frac{A}{2}-\sum\sin\frac{A}{2}\sin\frac{B}{2} \leq 0.$$

注意$\prod\sin\frac{A}{2}=\frac{r}{4R}$, 由上式知式(7.22) 成立.

将$\varphi_3\left(\sin\frac{x}{2}\right)$ 的S-凸性分别与式(7.2) 和式(7.3) 结合可得式(7.23) 和式(7.24).

由于$\cos\frac{x}{2}$ 也是$I=[0,\pi]$ 上的凹函数, 因此$\varphi_3\left(\cos\frac{x}{2}\right)$ 也是I^3 上的S-凸函数, 分别结合式(7.25)–(7.27), 并注意$\prod\cos\frac{A}{2}=\frac{s}{4R}$, 即可得式(7.25)–(7.27).

由于$\cos^2\frac{x}{2}$ 是$I=\left[0,\frac{\pi}{2}\right]$ 上的凹函数, 因此, $\varphi_3\left(\cos^2\frac{x}{2}\right)$ 是I^3 上的S-凸函数, 从而结合式(7.2)并注意$\prod\cos^2\frac{A}{2}=\frac{s}{16R^2}$, 即可得式(7.28).

由定理3.15 知$\varphi_2(\boldsymbol{x})=E_2(\boldsymbol{x})-E_1(\boldsymbol{x})$ 是Ω_3' 上的递减的S-凹函数, 又$\sin^2\frac{x}{2}$ 是$I=\left[0,\frac{\pi}{2}\right]$ 上的凸函数, 据定理2.12(d) 知$\varphi_2(\sin^2\frac{x}{2})$ 是I^3 上的S-凹函数, 从而结合式(7.2), 有

$$-\frac{9}{16}=\frac{3}{16}-\frac{3}{4}=3\sin^4\frac{\pi}{6}-3\sin^2\frac{\pi}{6}$$
$$\geq \sum\sin^2\frac{A}{2}\sin^2\frac{B}{2}-\sum\sin^2\frac{A}{2}$$

$$\geq \sin^4 \frac{\pi}{4} - 2\sin^2 \frac{\pi}{4} = \frac{1}{4} - 1 = -\frac{3}{4}.$$

并注意 $\sum \sin^2 \frac{A}{2} = 1 - \frac{r}{2R}$，由上式即可得式(7.29)．

因 $\tan \frac{x}{2}$ 在 $I = (0, \frac{\pi}{2}]$ 上凸，则 $\varphi_2\left(\tan \frac{x}{2}\right)$ 是 I^3 上的S-凹函数，从而结合式(7.2)，并注意 $\sum \tan \frac{A}{2} = \frac{4R+r}{s}$，即可得式(7.30).

定理 7.12. $[157]$ 在三角形 ABC 中，有

$$\sum \cos \frac{A}{2} \cos \frac{B}{2} - \sum \sin A \sin B \geq \prod \cos \frac{A}{2} - \prod \sin A \ \ (任意三角形);$$
$$(7.31)$$

$$\sum \sin \frac{A}{2} \sin \frac{B}{2} - \sum \cos A \cos B \geq \prod \sin \frac{A}{2} - \prod \cos A \ \ (锐角三角形);$$
$$(7.32)$$

$$\sum \cos \frac{A}{2} \cos \frac{B}{2} - \sum \tan A \tan B \geq \sum \cot \frac{A}{2} - \sum \tan A \ \ (锐角三角形).$$
$$(7.33)$$

证明　因 $\sin x$ 是 $I = [0, \pi]$ 上的凹函数，则 $\varphi_3(\sin x)$ 是 I^3 上的S-凸函数，结合式(7.1) 的第二个控制关系即可证得式(7.31)，因 $\cos x$ 也是 $I = [0, \frac{\pi}{2}]$ 上的凹函数，则 $\varphi_3(\cos x)$ 是 I^3 上的S-凸函数，结合式(7.1) 的第二个控制关系即可证得式(7.32)，因 $\tan x$ 是 $I = [0, \frac{\pi}{2})$ 上的凸函数，则 $\varphi_2(\tan x)$ 是 I^3 上的S-凹函数，结合(7.1)的第二个控制关系即可证得式(7.33).

注记 7.1. 由已知不等式 $\prod \cos \left(\frac{A}{2}\right) \geq \prod \cos A$ $[70]$，知式(7.31) 是已知不等式 $\sum \sin \frac{A}{2} \sin \frac{B}{2} \geq \sum \cos A \cos B$ $[70]$ 的加强.

以上不等式只涉及正弦、余弦、正切函数，读者仿此可建立有关正割、余割、余切函数的相应的不等式.

定理 7.13. $[158]$ 在三角形 ABC 中，当 $k \geq \log_2 3$ 时，有

$$\sum \frac{a}{b+c} \sin^k \left(\frac{A}{2}\right) \geq \frac{1}{2} \sum \sin^k \left(\frac{A}{2}\right) \geq \frac{3}{2^{k+1}}. \tag{7.34}$$

证明　不妨设 $a \geq b \geq c$，则 $\frac{a}{b+c} \geq \frac{b}{a+c} \geq \frac{c}{a+b}$．据定理1.18(a) 并结合式(7.7)，即得式(7.34) 中的左边不等式，再利用陈计提出、王振证明的不等式 $\sum \sin^k \frac{A}{2} \geq \frac{3}{2^k}$ 即得式(7.34) 中的右边不等式.

注记 7.2. 式(7.34)是D.M.Milosevic 不等式(见文 $[101]$第87 页，15. 3°) 的加细及指数推广.

定理 7.14. $[158]$ 在三角形 ABC 中，有

$$\sum \frac{b+c}{a} \cos^k \left(\frac{A}{2}\right) \geq 2 \sum \cos^k \left(\frac{A}{2}\right) \geq 2f_k, \tag{7.35}$$

其中 $f_k = \min\left\{1 + 2\left(\frac{\sqrt{2}}{2}\right)^k, 2, \left(\frac{\sqrt{3}}{2}\right)^k\right\}$.

证明 不妨设 $a \geq b \geq c$, 则 $\frac{a+b}{c} \geq \frac{a+c}{b} \geq \frac{b+c}{a}$. 据定理(1.18)(a) 并结合式(7.8), 即得式(7.35)中的左边不等式, 再利用文[220] 的结论 $\sum \cos^k \frac{A}{2} \geq f_k$, 即得式(7.35) 中的右边不等式.

注记 7.3. 刘健的猜想: 当 $k > 0$ 时, 有

$$\sum \frac{b+c}{a} \cos^k\left(\frac{A}{2}\right).$$

当 $k \geq 7$ 时, $f_k \geq \frac{3^{1+\frac{k}{2}}}{2^{k-1}}$, 由式(7.35)知 k 为不小于7 的自然数时, 此猜想成立.

定理 7.15. 在锐角三角形 ABC 中, 有

$$\sum \frac{\cos(B-C)}{\sin A} \geq 2\sqrt{3}; \tag{7.36}$$

$$\sum \frac{\sin A}{\cos(B-C)} \geq \frac{3\sqrt{3}}{2}. \tag{7.37}$$

证明 因

$$\sin 2B + \sin 2C = 2\sin(B+C)\cos(B-C) = 2\sin A \cos(B-C),$$

故

$$\frac{\cos(B-C)}{\sin A} = \frac{\sin 2B + \sin 2C}{\sin 2A} \cot A,$$

于是, 式(7.36)等价于

$$\sum \frac{\sin 2B + \sin 2C}{\sin 2A} \cot A \geq 2\sqrt{3}. \tag{7.38}$$

取

$$\boldsymbol{x} = (2, 2, 2),$$

$$\boldsymbol{y} = \left(\frac{\sin 2A + \sin 2B}{\sin 2C}, \frac{\sin 2C + \sin 2A}{\sin 2B}, \frac{\sin 2B + \sin 2C}{\sin 2A}\right),$$

$$u = (\cot C, \cot B, \cot A),$$

由式(7.8)和定理(1.18)(a) 及已知不等式 $\sum \cot A \geq 3$, 即证得式(7.38).

类似地, 可证不等式(7.37).

定理 7.16. 在锐角三角形 ABC 中, 有

$$\frac{4}{\pi} < \sum \frac{\sin A - \sin B}{A - B} \leq \frac{3}{2}, \tag{7.39}$$

$$-\frac{3\sqrt{3}}{2} \leq \sum \frac{\cos A - \cos B}{A - B} < -1 - \frac{4}{\pi} \tag{7.40}$$

和

$$1 < \sum \cos A - \cos B \cot A - \cot B \leq \frac{9\sqrt{3}}{8}. \tag{7.41}$$

证明　考虑二元函数

$$F(x,y) = \begin{cases} \frac{1}{x-y}\int_y^x \cos t \, \mathrm{d}t, & x \neq y \\ \cos x, & x = y \\ \frac{\sqrt{x^2-y^2}}{nc^{-1}\left(\frac{y}{x},k\right)}, & y < x \end{cases} \tag{7.42}$$

因函数$\cos x$ 在$\left(0, \frac{\pi}{2}\right)$ 上凹, 由定理2.22, $F(x,y)$ 在$\left(0, \frac{\pi}{2}\right)^2$ 上S-凹, 易见$F\left(\frac{s}{2}, t\right)$ 在$\left(0, \frac{\pi}{2}\right)$ 上严格凹, 因此由定理2.19(b) 有

$$G\left(\frac{s}{3}, \frac{s}{3}, \frac{s}{3}\right) \leq G(x,y,z) < G\left(\frac{s}{2}, \frac{s}{2}, 0\right)$$

其中$G(x,y,z) = F(x,y) + F(y,z) + F(z,x)$, 此式等价于式(7.39), 类似可证式(7.40). 利用定理2.15 和定理2.17 可证式(7.41).

类似于定理7.16, 利用定理2.23 可证得:

定理 7.17.　对于任意三角形ABC, 有

$$-\frac{3\sqrt{3}}{2} < \sum \frac{\cos A - \cos B}{A - B} \leq -\frac{4}{\pi} \tag{7.43}$$

和

$$\sum \frac{A - B}{\cos A - \cos B} \leq -2\sqrt{3}. \tag{7.44}$$

7.3　其他三角形不等式的控制证明

定理 7.18.　[132] 对于$\triangle ABC$, 若$p > 1$, 则

$$\sum m_a^p \leq \sum a_j^p - \frac{\left(\sum a - \sum m_a\right)^p}{k^{p-1}}, \tag{7.45}$$

$$\sum R_a^p \leq \sum a^p - \frac{\left(\sum a - \sum R_a\right)^p}{k^{p-1}}, \tag{7.46}$$

$$\sum m_a^p \leq \sum r_a^p - \frac{\left(\sum r_a - \sum m_a\right)^p}{k^{p-1}}, \tag{7.47}$$

$$\left(\frac{\sqrt{3}}{2}\right)^p \sum a^p \le \sum r_a^p - \frac{(\sum r_a - \frac{\sqrt{3}}{2}\sum a)^p}{k^{p-1}}, \tag{7.48}$$

其中 $k = 1, 2, 3$. 若 $0 < p \le 1$, 则上述不等式均反向.

证明 据定理1.30, 不等式(7.45)-(7.48) 可以分别由式(7.17), (7.21), (7.16) 和(7.15) 得到.

定理 7.19. [132] 对于 $\triangle ABC$, 若 $p > 1$, 则

$$\sum \omega_b^p \omega_c^p \le \sum \omega_a^p r_1^p - \frac{(\sum \omega_a r_1 - \sum \omega_b \omega_c)^p}{k^{p-1}} \tag{7.49}$$

和

$$\sum h_b^p h_c^p \le \sum h_a^p r_a^p - \frac{(\sum h_a r_a - \sum h_b h_c)^p}{k^{p-1}}. \tag{7.50}$$

若 $0 < p \le 1$, 则上述不等式均反向.

证明 注意 $g(x) = \mathrm{e}^x$ 是 $\mathbb{R}$ 上递增的凸函数. 据定理1.34(c), 由式(7.18) 和式(7.19), 有

$$(\omega_b \omega_c, \omega_c \omega_a, \omega_a \omega_b) \prec_w (\omega_a r_a, \omega_b r_b, \omega_c r_c)$$

和

$$(h_b h_c, h_c h_a, h_a h_b) \prec_w (h_a r_a, h_b r_b, h_c r_c).$$

于是, 由定理1.30可证得式(7.49) 和式(7.50).

参考文献

[1] 蒂图· 安德雷斯库,马吕斯· 斯塔内. 116 个代数不等式: 来自AwesomeMath全年课程[M]. 余应龙, 译. 哈尔滨: 哈尔滨工业大学出版社, 2019.

[2] 安振平. 不等式探究[M]. 哈尔滨: 哈尔滨工业大学出版社, 2017.

[3] 安振平. 关于一个无理不等式的探究[J]. 中学数学教学参考, 2004 (12): 29–30.

[4] ANDERSONG D, VAMANAMURTHY M K, VUORINEN M. Generalized convexity and inequalities[J]. J. Math. Anal. Appl., 2007 (335): 1294–1308.

[5] BULLEN P S, MITRINOVI D S, VASIC P M. Means and their inequalities[M]. Dordrecht, Boston, Lancaster and Tokyo:Reidel Publishing Co., 1988.

[6] 蔡玉书. 数学奥林匹克不等式证明方法和技巧:上[M]. 哈尔滨: 哈尔滨工业大学出版社, 2011.

[7] 蔡玉书. 数学奥林匹克不等式证明方法和技巧:下[M]. 哈尔滨: 哈尔滨工业大学出版社, 2011.

[8] CH. P. Chen, Asymptotic representations for Stolarsky, Gini means and generalized Muirhead means[R/OL]. RGMIA Research Report Collection, 2008, 11 (4). http://rgmia.org/issues.php.

[9] 陈计, 季潮丞. 数学奥林匹克命题人讲座: 代数不等式[M]. 上海: 上海科技教育出版社, 2009.

[10] 陈胜利. 210个优美的对称不等式问题[M]// 杨学枝. 不等式研究:第二辑. 哈尔滨: 哈尔滨工业大学出版社, 2012: 355–387.

[11] 陈胜利. 不等式的分拆降维降幂方法与可读证明[M]. 哈尔滨: 哈尔滨工业大学出版社, 2016: 355–387.

[12] CHU Y M, ZHAO T H. Convexity and concavity of the complete elliptic integrals with respect to Lehmer mean[J/OL]. J. Inequal. Appl., 2015(2015):Article number:396.[2020-11-1] https://link. Springer.com/article/10.1186/s13660-015-0926-7. DOI 10.1186/s13660-015-0926-7.

[13] CHU Y M, WANG G D, ZHANG X H, QIU S L. Generalized convexity and inequalities involving special functions[J]. J. Math. Anal. Appl., 2007, 336: 768–776.

[14] CHU Y M, WANG G D, ZHANG X H. The Schur multiplicative and harmonic convexities of the complete symmetric function[J]. Math. Nachr., 2011, 284 (5-6): 653-663.

[15] CHU Y M, LV Y P. The Schur harmonic convexity of the Hamy symmetric function and its applications[J/OL]. J. Inequal. Appl., 2009, 2009, Article ID 838529.[2020-11-1]. https://link.springer.com/content/pdf/10.1155%2F2009%2F38529.pdf. DOI:10.1155/2009/838529.

[16] 褚玉明, 夏卫锋, 赵铁洪. 一类对称函数的Schur凸性[J]. 中国科学A 辑: 数学, 2009, 39(11): 1267–1277.

[17] CHU Y M, WANG G D, ZHANG X H. The Schur multiplicative and harmonic convexities of the complete symmetric function[J]. Math. Nachr., 2011, 284 (5-6):653–663.

[18] CHU Y M, SUN T CH. The Schur harmonic convexity for a class of symmetric functions[J]. Acta Mathematica Scientia, 2010, 30B (5): 1501–1506.

[19] CHU Y M, XIA W F, ZHANG X H. The Schur concavity Schur multiplicative and harmonic convexities of the second dual form of the Hamy symmetric function with applications[J]. Journal of Multivariate Analysis, 2012 (105): 412–421.

[20] CHU Y M, XIA W F, ZHAO T. H. Some properties for a class of symmetric functions and applications[J]. J. Math. Inequal., 2011, 5(1): 1–11.

[21] 褚玉明, 张小明. 二元广义平均的几何凸性[J]. 不等式研究通讯, 2008, 15(4): 420–428.

[22] CHU Y M, ZHANG X M. Necessary and sufficient conditions such that extended mean values are Schur-convex or Schur-concave[J]. Journal of Mathematics of Kyoto University, 2008, 48 (1): 229–238.

[23] CHU Y M, ZHANG X H. The Schur geometrical convexity of the extended mean values[J]. Journal of Convex Analysis, 2008,15 (4): 869–890.

[24] CHU Y M, XIA W F. Necessary and sufficient conditions for the Schur harmonic convexity of the generalized Muirhead mean[J]. Proceedings of A. Razmadze Mathematical Institute, 2010, 152: 19–27.

[25] MICHAEL J CLOUD, BYRON C DRACHMAN, LEONID P LEBEDEV. Inequalities With Applications to Engineering :Second Edition[M]. Heidelberg, New York, Dordrecht, London:Springer Cham, 2014.

[26] CZINDER P, PÁLES Z. Some comparison inequalities for Gini and Stolarsky means[J]. Math. Inequal. Appl., 2006, 9 (4): 607–616.

[27] 邓寿才. 几何不等式研究与欣赏[M]. 哈尔滨: 哈尔滨工业大学出版社, 2016.

[28] 邓寿才. 数学奥林匹克不等式散论[M]. 哈尔滨: 哈尔滨工业大学出版社, 2011.

[29] 邓寿才. 耕读笔记:上卷[M]. 哈尔滨: 哈尔滨工业大学出版社, 2015.

[30] DÍAZ R, PARIGUAN E. On hypergeometric functions and Pochhammer k-symbol[J]. Divulg. Mat., 2007, 15 (2): 179–192.

[31] 丁立刚, 杨金林. 关于Karamata不等式的一个证明[J]. 大学数学, 2008, 24 (5): 149–152.

[32] 杜家祥. 一个不等式的推广[J]. 安徽教育学院学报, 2002, 20(3) : 7–8.

[33] DUŠAN DJUKIĆ VLADIMIR JANKOVIĆ IVAN MATIĆ, NIKOLA PETROVIĆ. IMO Shortlist 2005 From the book "The IMO Compendium"[M]. Dordrecht: Springer Publishers, 2006.

[34] ELEZOVIC N, PEČARIČJ. A note on Schur-convex functions[J]. Rocky Mountain J. Math., 2000, 30 (3): 853–856.

[35] 范建熊. 不等式的秘密[M]. 哈尔滨工业大学出版社, 2014.

[36] 樊益武. 四面体不等式[M]. 哈尔滨: 哈尔滨工业大学出版社, 2017.

[37] 方遒, 朱幸辉, 刘华富.二元凸函数的判别条件[J]. 纯粹数学与应用数学, 2008, 24(1): 97–101.

[38] 樊益武. 对称函数的一类不等式[M]// 杨学枝. 不等式研究. 拉萨: 西藏人民出版社, 2000: 75–78.

[39] FLEMING W. Functions of several variables 2nd ed.[J]. New York Heidelberg Berlin: Springer-Verlag, 1987.

[40] FU L L. XI B Y, SRIVASTAVA S H M. Schur-convexity of the generalized Heronian means involving two positive numbers[J]. Taiwanese Journal of Mathematics, 2011, 15 (6): 2721–2731.

[41] 付丽丽. 关于几个平均值函数的单调性及凸性的研究[D]. 内蒙古:内蒙古民族大学, 2010.

[42] FU CH R, WANG D SH, SHI H N. Schur-convexity for Lehmer mean of n variables[J]. J. Nonlinear Sci. Appl., 2016, 9 : 5510–5520.

[43] 符云锦. 一个不等式的证明与应用[J]. 中国初等数学研究, 2012, 4: 80–83.

[44] 甘志国. 数列与不等式[M]. 哈尔滨: 哈尔滨工业大学出版社, 2014.

[45] GONG W M, SHEN X H, CHU Y M. The Schur convexity for the generalized Muirhead mean[J]. J. Math. Inequal.,2014, 8 (4): 855–862.

[46] 顾春, 石焕南. 反向Chrystal不等式[J]. 数学的实践与认识, 2008, 38(13): 163–167.

[47] 顾春, 石焕南. Lehme平均的Schur凸性和Schur 几何凸性[J]. 数学的实践与认识, 2009, 39(12): 183–188.

[48] GUAN K ZH, GUAN R K. Some properties of a generalized Hamy symmetric function and its applications[J]. J. Math. Anal. Appl., 2011, 376 (2): 494–505.

[49] GUAN K ZH. Some properties of a class of symmetric functions[J]. J. Math. Anal. Appl., 2007, 336: 70–80.

[50] 关开中. 关于广义k次对称平均的不等式[J]. 重庆师范学院学报(自然科学版), 1998, 15(3):40–43.

[51] GUAN K ZH. A class of symmetric functions for multiplicatively convex function[J]. Math. Inequal. Appl., 2007, 10 (4): 745–753.

[52] GUAN K ZH. The Hamy symmetric function and its generalization[J]. Math. Inequal. Appl., 2006, 9 (4): 797–805.

[53] GUO B N, QI F. A simple proof of logarithmic convexity of extended mean values[J]. Numer Algor, 2009, 52 : 89–92.

[54] GUO B N, QI F. On inequalities for the exponential and logarithmic functions and means[J]. Malaysian Journal of Mathematical Sciences, 2016, 10 (1): 23–33.

[55] MAKSA GYULA, PÁLES ZSOLT. Convexity with respect to families of means[J]. Aequat. Math., 2015 (89): 161–167.

[56] HALZER A, JANOUS W. Solution of Problem 8[J]. Crux. Math., 1987, 13 : 173–178.

[57] 韩京俊. 初等不等式的证明方法[M]. 哈尔滨: 哈尔滨工业大学出版社, 2011.

[58] HARDY G, LITTLEWOOD J E, PÓLYA G. Inequalities[J]. second ed.. Cambridge, UK: Cambridge Univ. Press, 1952.

[59] 何灯.《数学奥林匹克不等式研究》中猜测6 的验证[J]. 不等式研究通讯, 2010, 17(1): 107–109.

[60] 何志民. 等比数列的前项和公式在不等式中的应用[J]. 内蒙古科技与经济, 2002 (12): 330.

[61] HE Z Y. Schur convexity properties for a multivariable symmetric function and its applications[J]. Journal of Huzhou Teachers College, 2016, 38 (8): 1–12.

[62] HRABROV A I. Around Mongolian inequality (in Russian)[J]. Matematicheskoe prosveshchenie, 2003, 7 (3): 149–162.

[63] ROVENTA IONEL. Schur-convexity of a class of symmetric functions[J]. Annals of the University of Craiova, Mathematics and Computer Science Series, 2010, 37 (1): 12–18.

[64] JANOUS W, KUCZMA M K, KLAMKIN M S. Problem 1598[J]. Crux Math.,1990 (16): 299–300.

[65] JIA G, CAO J D. A new upper bound of the logarithmic Mean[J]. J. Ineq Pure & Appl Math., 2003, 4 (4): 80.

[66] JIANG W D. Some properties of dual form of the Hamy's symmetric function[J]. J. Math. Inequal., 2007, 1 (1): 117–125.

[67] 蒋明斌. 两道竞赛题的统一推广[J]. 中学教研(数学), 2006 (5): 38.

[68] ZORAN KADELBURG, DUŠAN-DUKIC, MILIVOJE LUKIC, IVAN MATIC. Inequality of Karamata, Schur and Muirhead, and some applications[J]. The Teaching of Mathematics 2005, VIII (1): 31-45.

[69] 库颖颖, 赵铁洪. 多变量Lehme平均的Schur幂凸性[J]. 杭州师范大学学报(自然科学版), 2018, 17 (2): 183–190.

[70] 匡继昌. 常用不等式:第4 版[M]. 济南: 山东科技出版社, 2010.

[71] 匡继昌. 常用不等式:第2 版[M]. 长沙: 湖南教育出版社, 1993.

[72] 匡继昌. 常用不等式:第3 版[M]. 济南: 山东科技出版社, 2003.

[73] LAFORGIA A, NATALINI P. On some Turàn-type inequalities[J]. J. Inequal. Appl., 2006, 2006, Article ID 29828 [2020-11-1]. https://link.Springer.com/article/10.1155/JIA/2006/29828. DOI 10.1155/JIA/2006/29828.

[74] 冷岗松, 唐立华. 再论Pedoe不等式的高维推广及应用[J]. 数学学报, 1997, 40(1): 14–21.

[75] 李大矛, 石焕南, 孙文彩. Neuman不等式的控制证明和加强[J]. 不等式研究通讯, 2010, 17(2): 193–198.

[76] 李大矛, 石焕南, 杨志明. Stolarsky单参数不等式的推广[J]. 北京联合大学学报(自然科学版)2010, 24(3): 56–58.

[77] 李大矛, 顾春, 石焕南. Heron平均幂型推广的Schur凸性[J]. 数学的实践与认识, 2006, 36(9): 386–390.

[78] 李明. 杨学枝猜想6 的简证及其推广研究[J]. 不等式研究通讯, 2010, 17(2): 219.

[79] 李明. 关于正项等差数列幂和式的双边不等式[J]. 中国初等数学研究, 2014, 5: 41–42.

[80] 李明, 孙世宝. 探究一个 n 元含参代数式的最佳上下界[J]// 杨学枝. 不等式研究(第二辑). 哈尔滨: 哈尔滨工业大学出版社, 2012 : 94–96.

[81] 李世杰, 李盛. 不等式探秘[M]. 哈尔滨:哈尔滨工业大学出版社, 2017.

[82] 李玉群, 李永利. 关于正项等差数列方幂的若干不等式研究[J]. 济源职业技术学院学报, 2005, 4(3): 21–23.

[83] 李永利, 孙秀亭. 关于正项等比数列方幂的不等式[J]. 数学通讯, 2004,(11): 27–28.

[84] 刘健. 三正弦不等式[M]. 哈尔滨: 哈尔滨工业大学出版社, 2018.

[85] 刘琼. 一类跳阶乘不等式的控制证明[J]. 邵阳学院学报(自然科学版), 2008, 15(2): 4–6.

[86] LONG B Y, JIANG Y P, CHU Y M. Schur convexity properties of the weighted arithmetic integral mean and Chebyshev functional[J]. Rev. Anal. Numér. Théor. Approx., 2013, 42 (1): 72–81.

[87] LOSONCZI L, PALES Z. Minkowski's inequality for two variables Gini means[J]. Acta Sci. Math. (Szeged), 1996, 62 (3-4): 413–425.

[88] 卢小宁, 萧振纲. 凸数列的几个加权和性质[J]. 湖南理工学院学报(自然科学版), 2014, 27(4):6–9.

[89] MAO Q J. The power average, logarithmic mean and dual Heron mean of two positive numbers[J]. Journal of Suzhou Institute of Education, 1999, 16 : 82–85.

[90] MARSHALL A W, OLKIN I. Inequalities: theory of majorization and its application[M]. New York : Academies Press, 1979.

[91] MARSHALL A W, OLKIN I. Schur-convexity, Gamma functions, and moments[J]. International Series of Numerical Mathematics,2008,157: 245–250.

[92] MARSHALL A W, OLKIN I, ARNOLD B C. Inequalities: theory of majorization and its application:Second Edition[M]. New York Dordrecht Heidelberg London: Springer, 2011.

[93] MARSHALL A W, OLKIN I, PROSCHAN F. Monotonicity of ratios of means and other applications of majorization[M]. Inequalities (Proc. Sympos. Wright-Patterson Air Force Base, Ohio, 1965), Academic Press, New York, 1967: 177-190.

[94] 马统一, 普昭年. 再论一个分析不等式的推广及应用[J]. 四川大学学报(自然科学版),2002, 39(1): 1–6.

[95] MIAO Y, QI F. A discrete version of an open problem and several answers[J]. J. Inequal. Pure Appl. Math., 2009, 10 : 5.

[96] MENG J X, CHU Y M, TANG X M. The Schur-harmonic-convexity of dual form of the Hamy symmetric function[J]. Matematiqki Vesnik, 2010,62 (1): 37–46.

[97] MITRINOVIĆD S, PEČARIĆ J E, FLNK A M. Classical and New Inequalitis in Analysis[M]. Kluwer Academic Publishers, 1993: 333–363.

[98] MITRINOVIĆ M S, BARNES E S, MARSH D C B, RADOK J R M. Elementary inequalities[M]. Poordhoff LTD – Groningen, 1964.

[99] MILAN MERKLE. Conditions for convexity of a derivative and applications to the Gamma and digamma function[J]. FACTA UNIVERSITATIS (NIŠ) Ser. Math. Inform, 2001 (16): 13–20.

[100] MITRINOVIĆ D S, VAIC P M. Analytic Inequalities[M]. Berlin-New York: Springer-Verlag, 1970.

[101] MITRINOVIĆ D S, PEČARIĆ J E, VOLENEC V. Recent advances in geometric inequalities[J]. Boston: Kluwer Academic Publishers, 1989.

[102] 南秀全. Cauchy不等式[M]. 哈尔滨: 哈尔滨工业大学出版社, 2018.

[103] NEUMEN E, PÁLES Z. On comparison of Stolarsky and Gini means[J]. J. Math. Anal. Appl., 2003, 278: 274–284.

[104] CONSTANTIN P. NICULESCU. Convexity according to the geometric mean[J]. Math. Inequal. Appl.,2000, 3 (2): 155–167.

[105] PÁLES Z. Inequalities for differences of powers[J]. J. Math. Anal. Appl., 1988 (131): 271–281.

[106] PÁLES Z. Inequalities for sums of powers[J]. J. Math. Anal. and Appl., 1988 (131): 254–270.

[107] PEČARIĆ J, PROSCHAN FRANK, TONG Y L. Convex functions, Partial Orderings, and Statistical Applications[J]. Academic Press. Inc., 1992.

[108] 佩捷. 康托洛维奇不等式——从一道全国高中联赛试题谈起[M]. 哈尔滨: 哈尔滨工业大学出版社, 2014.

[109] 佩捷. 凸函数最值定理——从一道华约自主招生题的解法谈起[M]. 哈尔滨: 哈尔滨工业大学出版社, 2014.

[110] PÉTER C, PALES Z. Inequalities on two variable Gini and Stolarsky means[J]. J.Inequal.Pure Appl. Math., 2004, 5 (2): 8.

[111] PETER A. Hasto, Monotonicity property of ratios of symmetric homogeneous means[J]. J. Inequal. Pure Appl. Math., 2002, 3 (5): 1-23. Article 71.

[112] QI F. Inequality between the sum of squares and the exponential of sum of a nonnegative sequence[J/OL]. J. Inequal. Pure Appl. Math.2007, 8 (3), Article 78. [2020-11-1]. http://jipam.vu.edu.au/.

[113] QI F. A note on Schur-convexity of extended mean values[J]. Rocky Mountain J Math, 2005, 35 (5): 1787–1793.

[114] SÁNDOR J. Logarithmic convexity of t-modifications of a mean[J]. Octogon Math. Mag., 2001, 9 (2): 737–739.

[115] SÁNDOR J. The Schur-convexity of Stolarsky and Gini means[J]. Banach J. Math. Anal., 2007, 1 (2): 212–215.

[116] 邵志华. 一类对称函数的Schur-几何凸性及Schur-调和凸性[J]. 数学的实践与认识, 2012, 42(16): 199–206.

[117] 盛宏礼. 正项等差数列一类分式不等式[J]. 中国初等数学研究, 2014, 5: 58–61.

[118] 盛宏礼. 正项等差数列一类新不等式[J]. 数学通讯, 2011, 11(下半月): 34–35.

[119] 盛宏礼. 一类正项等比数列的新不等式[J]. 数学通讯, 2010, 6(下半月): 17–18.

[120] 石焕南. 一道IMO试题的新推广[J]. 湖南数学通讯, 1994,(5): 35–36.

[121] 石焕南. 关于对称函数的一类不等式[J]. 数学通报, 1996,(3): 38–40.

[122] 石焕南. 一类对称函数不等式的加强、推广及应用[J]. 北京联合大学学报(自然科学版),1999, 13(2): 51–55.

[123] 石焕南. 一类控制不等式及其应用[J]. 北京联合大学学报(自然科学版),2010, 24(1): 60–64.

[124] 石焕南. 优超理论的一个简单命题及其几何应用[M]// 杨学枝. 不等式研究. 拉萨: 西藏人民出版社, 2000.

[125] 石焕南. 一类对称函数不等式的加细与推广[J]. 数学的实践与认识, 1999, 29(4): 81–85.

[126] 石焕南, 李大矛. Extensions and refinementsof Adamovic's inequality[J]. 数学季刊, 2004, 19(1): 35–40.

[127] SHI H N, JIANG Y M, JING W D. Schur-convexity and Schur-geometrically concavity of Gini mean[J]. Comput. Math. Appl., 2009, 57 (2): 266–274.

[128] SHI H N. A generalization of Qi's inequality for sums[J]. Kragujevac J. Math., 2010, 33 : 101–106.

[129] 石焕南, 顾春, 张鉴. 一个Schur凸性判定定理的应用[J]. 四川师范大学学报(自然科学版), 2012, 35(3): 345–348.

[130] 石焕南, 续铁权, 顾春. 整幂函数不等式的控制证明[J]. 商丘师范学院学报, 2003, 19(2): 46–48.

[131] SHI H N. Refinements of a inequality for the rational fraction[J]. Pure mathematics and Applied Mathematics (Xi'an), 2006, 22 (2): 256–262.

[132] SHI H N, GU CH. Sharpening of Kai-lai Zhong's Inequality[J]. Journal of Latex Class Files, 2007, 6 (1): 1–4.

[133] SHI H N, ZHANG J. Some new judgment theorems of Schur geometric and Schur harmonic convexities for a class of symmetric functions[J]. J. Inequal. Appl., 2013, 2013:527.

[134] 石焕南. 初等对称函数差的Schur凸性[J]. 湖南教育学院学报, 1999, 17(5): 135–138.

[135] 石焕南. 关于三个对称函数的Schur-凹凸性[J]. 河西学院学报, 2011, 28(2): 13–17.

[136] SHI H N, ZHANG J. Schur-convexity of dual form of some symmetric functions[J]. J. Inequal. Appl., 2013, Article number:295 [2020-11-1]. https://link.Springer.com/article/10.1186/1029-242X-2013-295. DOI:10.1186/1029-242X-2013-295.

[137] SHI H N, ZHANG J. Schur-convexity, Schur-geometric and harmonic convexities of dual form of a class symmetric functions[J]. J. Math. Inequal., 2014, 8 (2) :349–358.

[138] SHI H N, ZHANG J. A reverse analytic Inequality for the elementary symmetric function with applications[J/OL]. J. Appl. Math., vol. 2013, Article ID 674567. [2020-11-1]. http://dx.doi.org/10.1155/2013/674567. DOI:10.1155/2013/674567.

[139] 张静, 石焕南. 关于一类对称函数的Schur凸性[J]. 数学的实践与认识, 2013, 43(19): 292–296.

[140] 石焕南. Wierstrass不等式的新推广[J]. 数学的实践与认识, 2002, 32(1): 132–135.

[141] 石焕南. Bernoulli不等式的控制证明及推广[J]. 北京联合大学学报(自然科学版),2008, 22(2): 58–61.

[142] SHI H N. Generalizations of Bernoulli's inequality with applications[J]. J. Math. Inequal., 2008, 2 (1): 101–107.

[143] 石焕南. Popoviciu不等式的新推广[J]. 四川师范大学学报(自然科学版),2002, 25(5): 510–511.

[144] SHI H N. Majorized proof of arithmetic-geometric-harmonic means inequality[J]. Advanced Studies in Contemporary Mathematics, 2016, 26 (4): 681–684.

[145] SHI H N, ZHANG J, MA Q H. Schur-convexity, Schur-geometric and Schur-harmonic convexity for a composite function of complete symmetric function[J/OL]. SpringerPlus,2016 (5) Article number: 296

[2020-11-1]. https://link.Springer.com/article/10.1186%2Fs40064-016-1940-z. DOI 10.1186%2Fs40064-016-1940-z.

[146] SHI H N, ZHANG J, GU CH. New proofs of Schur-concavity for a class of symmetric functions[J/OL]. J. Inequal. Appl., 2012 Article number:12 [2020-11-1]. https://link.Springer.com/content/pdf/10.1186/1029-242X-2012-12. DOI:10.1186/1029-242X-2012-12.

[147] 石焕南, 李大矛. 凸数列的一个等价条件及其应用[J]. 曲阜师范大学学报(自然科学版),2001, 27(4): 4–6.

[148] 石焕南. 凸数列的一个等价条件及其应用,II[J]. 数学杂志, 2004, 24(4): 390–394.

[149] 石焕南, 张鉴, 顾春. 凸数列的几个加权和性质的控制证明[J]. 四川师范大学学报(自然科学版), 2016, 39(3): 373–376.

[150] 石焕南, 李明. 等差数列的凸性和对数凸性[J]. 湖南理工学院学报(自然科学版),2014, 27(3):1–6.

[151] 石焕南. 等比数列的凸性和对数凸性[J]. 广东第二师范学院学报, 2015, 35(3):9–15.

[152] SHI H N, WU SH H. A concise proof of a double inequality involving the exponential and logarithmic functions[J]. Italian Journal of Pure and Applied Mathematics, 2019, 41: 284–289.

[153] 石焕南. 杨学枝猜想6 和猜想8 的简证与推广[J]. 不等式研究通讯, 2010, 17(2): 221.

[154] 石焕南. 关于二元幂平均的一个不等式[J]. 北京联合大学学报(自然科学版), 2009, 23(2):62–64.

[155] SHI H N, BENCZE M, WU SH H, LI D M. Schur convexity of generalized Heronian means involving two parameters[J/OL]. J. Inequal. Appl., vol. 2008, Article number: 879273 [2020-11-1]. https://link.Springer.com/article/10.1155%2F2008%2F879273.

[156] SHI H N, LI D M, ZHANG J. Refinements of inequalities among difference of means[J/OL]. International Journal of Mathematics and Mathematical Sciences, 2012,2012, Article ID 315697 [2020-11-1]. https://doi.org/10.1155/2012/315697.DOI:10.1155/2012/315697.

[157] 石焕南, 李大矛. 一类三角不等式的控制证明[J]. 滨州师专学报, 2001, 17(2):31–33.

[158] 石焕南. 优超理论的一个简单命题及其几何应用[M]// 杨学枝. 不等式研究. 拉萨: 西藏人民出版社, 2000.

[159] 石焕南. Klamkin不等式的多边形推广[J]. 安徽教育学院学报, 2000,18(6):12-14.

[160] SHI H N, ZHANG J. Majorized proof and applications of a class of conditional inequalities[J]. Pure and Applied Mathematics(China), 2013, 29 (5): 441–449.

[161] 石焕南, 何灯. 涉及完全对称函数的对偶不等式链[M]// 杨学枝. 不等式研究:第二辑. 哈尔滨: 哈尔滨工业大学出版社, 2012: 87–93.

[162] 石焕南. 受控理论与解析不等式[M]. 哈尔滨: 哈尔滨工业大学出版社, 2012.

[163] 石焕南. Schur凸函数与不等式[M]. 哈尔滨: 哈尔滨工业大学出版社, 2017.

[164] 孙明保. 两类对称函数的Schur凸性[J]. 中国科学:数学, 2014, 44(6):633–656

[165] STOLARSKY K B. Generalizations of the logarithmic mean[J]. Math. Mag., 1975, 48 (2): 87–92.

[166] STOLARSKY K B. The power and generalized logarithmic means[J]. Amer. Math. Monthly, 1980, 87 : 545–548.

[167] SUN J, SUN ZH L, XI B Y, QI F. Schur-geometric and Schur-harmonic convexity of an integral mean for convex functions[J]. Turkish Journal of Analysis and Number Theory, 2015, 3 (3): 87–89.

[168] SUN M B, CHEN N B, LI S H. Some properties of a class of symmetric functions and its applications[J]. Math Nachr, 2014, 287 (13): 1530–1544.

[169] 孙明保, 张映辉, 张再云, 陈南博. 一类对称函数的Schur凸性及其应用[J]. 数学年刊, 2017,38 A(2):177–190.

[170] 孙明保, 刘巧珍, 邓礼伍, 袁桂林. 四类对称函数的Schur 乘性凸性和Schur 调和凸性[J]. 中国科学: 数学, 2016, 46 (1) : 21-44.

[171] TANEJA I J. Refinement of inequalities among means[J]. Journal of Combina-torics, Information & System Sciences, 2006, 31 (1-4): 343-364.

[172] 汤子庚. 一个初等对称函数不等式的加强[J]. 数学通报, 1997(10):44-46.

[173] TRIF T. Monotonicity, comparison and Minkowski's inequality for generalized Muirhead means in two variables[J]. Mathematica, 2006, 48 (71) : 99–110.

[174] WALTHER J. A note on generalized Heronian means[J]. Math. Inequal. Appl., 2001, 4 (3): 369–375.

[175] 王伯英. 控制不等式基础[M]. 北京: 北京师范大学出版社, 1990.

[176] 王伯英. 控制不等式在几何三角上的应用[J]. 数学通报, 1985 (5): 12, 35-37.

[177] 王淑红, 张天宇, 华志强. 一类对称函数的Schur-几何凸性及Schur-调和凸性[J]. 内蒙古民族大学学报(自然科学版), 2011, 26(4): 387–390.

[178] 王松桂, 吴密霞, 贾忠贞. 矩阵论中的不等式:第二版[M].北京: 科学出版社, 2006.

[179] WANG W, YANG SH G. A class of Schur-convex functions and several geometric inequalities[J]. Communications in Mathematical Research(China), 2015, 31 (3): 199–210.

[180] WANG W, YANG SH G. Schur m-power convexity of generalized Hamy symmetric function[J]. J. Math. Inequal., 2014 8 (3): 661–667.

[181] 王文, 杨世国. 一类对称函数的m-指数凸性[J]. 系统科学与数学, 2014, 34 (3): 367–375.

[182] WANG W, YANG SH G. Schur m-power convexity of a class of multiplicatively convex functions and applications[J]. Abstract and Applied Analysis, 2014, 2014, Article ID 258108 [2020-11-1]. http://dx.doi.org/10.1155/2014/258108.

[183] 王梓华. Gini平均的S-凸性和S-几何凸性的充要条件[J]. 北京教育学院学报(自然科学版),2007, 2(5):1–3, 6.

[184] 汪显林. 凹凸函数的性质及其在不等式研究中的应用[J].中国初等数学研究, 2012, 4 : 32–41.

[185] 文家金, 赖立, 罗钊. 对称平均对幂平均的分隔及其应用[J]. 西南民族学院学报(自然科学版), 2000, 26(3): 244–250

[186] 文家金, 石焕南. Maclaurin不等式的最优化加强[J]. 成都大学学报(自然科学版),2000, 19(3):1–8.

[187] 王毅, 朱琨. 琴生不等式的推广应用[J]. 数学通报, 2009, 48(3):61–63.

[188] WALORSKI J. On a problem connected with convexity of a derivative[J]. Aequationes Math., 2001, 62 : 262–264.

[189] KEIICHI WATANABE. On relation between a Schur, Hardy-Littlewood-Pólya and Karamata's theorem and an inequality of some products of $x^p - 1$ derived from the Furuta inequality[J/OL]. J. Inequal. Appl., 2013,Article number 137 [2020-11-1]. https://link.Springer.com/artical/10.1186/1029-242x-2013-137. DOI:10.1186/1029-242X-2013-137.

[190] WITKOWSKI A. On Schur-convexity and Schur-geometrical convexity of four-parameter family of means[J]. Math. Inequal. Appl., 2011 14 (4): 897–903.

[191] WITKOWSKI A. On Schur-nonconvexity of Gini means[J]. RGMIA Research Report Collection, 2009, 12(2).

[192] WITKOWSKI A. Comparison theorem for two-parameter means[J]. Math. Inequal. Appl., 2009, 12 (1): 11–20.

[193] WITKOWSKI A. Covexity of weighted Stolarsky means[J/OL]. J. Inequal. Pure Appl. Math., 2006, 7 (2), Article number:73[2020-11-1]. http://jipam.vu.edu.au/.

[194] 吴善和. 调和凸函数与琴生型不等式[J]. 四川师范大学学报(自然科学版),2004, 27(4): 382–384.

[195] WU SH H, SHI H N. A relation of weak majorization and its applications to certain inequalities for means[J]. Mathematica Slovaca, 2011, 61 (4): 561–570.

[196] 吴善和, 石焕南. 一类无理不等式的控制证明[J]. 首都师范大学学报(自然科学版), 2003, 24(3):13–16.

[197] WU SH H. Generalization and sharpness of the power means inequality and their applications[J]. J. Math. Anal. Appl., 2005, 312 : 637–652.

[198] WU SH H, LOKENATH DEBNATH. Inequalities for convex sequences and their applications[J]. Comput. Math. Appl., 2007, 54 (4): 525–534.

[199] 吴善和, 石焕南. 凸序列不等式的控制证明[J]. 数学的实践与认识, 2003, 33(12): 132–137.

[200] 吴英, 尹红萍, 包金山,等. 关于平均数差的Schur-几何凸性[J]. 内蒙古民族大学学报(自然科学版), 2011, 17(5): 1–3.

[201] WU Y, QI F. Schur-harmonic convexity for differences of some means[J]. Analysis, 2012, 32 : 1001–1008.

[202] WU Y, QI F, SHI H N. Schur-harmonic convexity for differences of some special means in two variables[J]. J. Math. Inequal., 2014, 8 (2): 321–330.

[203] XU Q. Schur-harmonic convexity of quotient for elementary symmetric functions[J], College Mathematics, 2013, 29 (1): 34–37.

[204] XIA W F, CHU Y M. The Schur convexity and Schur multiplicative convexity for a class of symmetric functions with applications[J] Ukrainian Mathematical Journal, 2009, 61 (10): 1306–1318.

[205] XIA W F, CHU Y M. On Schur-convexity of some symmetric functions[J/OL]. J. Inequal. Appl., 2010, 2010, Article ID 543250 [2020-11-1]. https://link.Springer.com/article/10.1155/2010/543250. DOI:10.1155/2010/543250.

[206] XIA W F, ZHANG X H, WANG G D, CHU Y M. Some properties for a class of symmetric functions with applications[J]. Indian J. Pure Appl. Math., 2012, 43 (3): 227–249.

[207] 夏卫锋, 褚玉明. 一类对称函数的Schur凸性与应用[J]. 数学进展, 2012, 41(4): 436–446.

[208] XIA W F, CHU Y M. Schur-convexity for a class of symmetric functions and its applications[J/OL].J. Inequal. Appl., 2009, 2009, Article ID 493759 [2020-11-1]. https://link.springer.com/content/pdf/10.1155%2F2009%2F493750.DOI:10.1155/2009/493759.

[209] XIA W F, CHU Y M, WANG G D. Necessary and sufficient conditions for the Schur harmonic convexity or concavity of the extended mean values[J]. Revista De La Uniòn Matemática Argentina, 2010, 51 (2): 121–132.

[210] XIA W F, CHU Y M. The Schur convexity of Gini mean values in the sense of harmonic mean[J]. Acta Mathematica Scientia, 2011, 31B (3): 1103–1112.

[211] XIA W F, CHU Y M. The Schur harmonic convexity of Lehmer means[J]. International Mathematical Forum, 2009, 4 (41): 2009–2015.

[212] XIA W F, CHU Y M. The Schur multiplicative convexity of the generalized Muirhead mean[J]. International Journal of Functional Analysis, Operator Theory and Applications,2009, 1 (1): 1–8.

[213] XIAO ZH G. A connection point between sequence and inequality-convex sequence[J]. Hunan Mathematical Annual,1995, 15 (4): 62–69.

[214] 萧振纲. 凸数列的几个封闭性质与加权和性质[J]. 湖南理工学院学报(自然科学版),2012,25(2):1–6.

[215] 续铁权. 关于对称函数的几个不等式[J]. 成都大学学报(自然科学版), 2000, 19(2):15–18.

[216] 徐彦辉. 均值不等式的两个加细及运用[J]. 温州大学学报(自然科学版), 2016, 37(3): 1–5.

[217] 杨志明. 阿贝尔恒等式与经典不等式及应用[M]. 哈尔滨: 哈尔滨工业大学出版社, 2018.

[218] 杨志明. 重要不等式及应用[M]. 杭州: 浙江大学出版社, 2020.

[219] 杨学枝. 数学奥林匹克不等式研究[M]. 哈尔滨: 哈尔滨工业大学出版社, 2009.

[220] 杨寅. $\cos^n(A/2) + \cos^n(B/2) + \cos^n(C/2)$ 的上下界[J]. 数学通报, 1997, 4: 25.

[221] YANG ZH H. Schur power convexity of Gini means[J]. Bull. Korean Math. Soc., 2013, 50 (2): 485–498.

[222] YANG ZH H. Schur power convexity of Stolarsky means[J]. Publ. Math. Debrecen, 2012, 80 (1-2): 43–66.

[223] 尹红萍, 包金山, 吴英. 关于几个平均数商的Schur-凸性的研究[J]. 内蒙古民族大学学报(自然科学版), 2011, 26(6): 637–641.

[224] YIN H P, SHI H N, QI F. On Schur m-power convexity for ratios of some means[J]. J. Math. Inequal., 2015, 9 (1): 145–153.

[225] 于先金. 一个代数不等式的进一步探究[J]. 数学通讯, 2019, 2 (下半月): 31–33.

[226] 张鑑, 顾春, 石焕南. 一类对称函数的Schur- 指数凸性的简单证明, 系统科学与数学, 2016, 136 (10):1779-1782.

[227] ZHANG J, SHI H N. Multi-parameter generalization of Rado-Popoviciu inequalities[J]. J. Math. Inequal., 2016, 10 (2): 577–582.

[228] ZHANG J, SHI H N. Two double inequalities for k-gamma and k-Riemann zeta functions[J]. J. Inequal. Appl., 2014, 2014: 191.

[229] ZHANG K SH, SHI H N. Schur convexity of dual form of the complete symmetric function[J]. J. Math. Anal. Appl., 2013, 16 (4): 963–970.

[230] ZHANG S L, CHEN CH P, QI F. Another proof of monotonicity for the extended mean values[J]. J. Math. Inequal., 2009, 3 (2): 217–225.

[231] 邹守文. 几个无理不等式结论的推广[J], 中学数学研究, 2003, (4):22–23.

[232] ZHANG T, SHI H N, XI BO-YAN, ALATANCANG CHEN. Majorization involving the cyclic moving average[J/OL]. Journal of Inequalities and Applications 2018, 2018, Article number: 152 [2020-11-1]. https://doi.org/10.1186/s13660-018-1737-4.

[233] 张天宇, 荷花, 冀爱萍. 关于调和凸函数的一些性质[J]. 内蒙古民族大学学报(自然科学版), 2006, 21(4): 361–363.

[234] 张小明. 几何凸函数[M]. 合肥：安徽大学出版社, 2004.

[235] 张小明. 几个 N 元平均的积的Schur-p 阶幂凸性[J]. 湖南理工学院学报(自然科学版),2011, 24(2): 1–6, 13.

[236] 张小明, 李世杰. 两个与初等对称函数有关的S- 几何凸函数[J]. 四川师范大学学报(自然科学版),2007, 30(2): 188–190.

[237] ZHANG X M. S-geometric convexity of a function involving Maclaurin's elementary symmetric mean[J]. J. Inequal. Pure and Appl. Math., 8 (2), Art. 51, 6 pp. 2007.

[238] 张小明, 褚玉明. 解析不等式新论[M]. 哈尔滨: 哈尔滨工业大学出版社, 2009.

[239] 张艳宗. 数学奥林匹克中的重要不等式[M]. 哈尔滨: 哈尔滨工业大学出版社, 2017.

[240] 赵思林, 几个无理不等式的证明与应用[J]. 中学数学研究, 2005, (7):34–35.

[241] 朱琨. 控制不等式在初等数学中的应用[D]. 四川: 四川师范大学, 2008.

[242] ZHU K, ZHANG H, WENG K Q. A class of new trigonometric inequalities and their sharpenings[J]. J. Math. Inequal., 2008, 2 (3): 429–436.

[243] 朱秀娟, 洪再吉. 概率统计150 题:修订本[M]. 长沙: 湖南科学技术出版社, 1987: 169–170.

[244] 朱世杰. 褚小光的三个猜想的证明[J]. 中国初等数学研究, 2015, 6: 167–171.

[245] 邹明. 第40 届IMO一试题的简解[J]. 中等数学, 2001(3): 21.

[246] 崔应宏. 对一道不等式习题的再思考[J]. 数学通报, 2004(3):23–24.

[247] CHU Y M, ZHANG X M. Necessary and sufficient conditions such that extended mean values are Schur-convex or Schur-concave[J]. J. Math. Kyoto Univ.,2008, 48(1): 229-238.

索　引

刘培杰数学工作室
已出版(即将出版)图书目录——初等数学

书　名	出版时间	定　价	编号
新编中学数学解题方法全书(高中版)上卷(第2版)	2018—08	58.00	951
新编中学数学解题方法全书(高中版)中卷(第2版)	2018—08	68.00	952
新编中学数学解题方法全书(高中版)下卷(一)(第2版)	2018—08	58.00	953
新编中学数学解题方法全书(高中版)下卷(二)(第2版)	2018—08	58.00	954
新编中学数学解题方法全书(高中版)下卷(三)(第2版)	2018—08	68.00	955
新编中学数学解题方法全书(初中版)上卷	2008—01	28.00	29
新编中学数学解题方法全书(初中版)中卷	2010—07	38.00	75
新编中学数学解题方法全书(高考复习卷)	2010—01	48.00	67
新编中学数学解题方法全书(高考真题卷)	2010—01	38.00	62
新编中学数学解题方法全书(高考精华卷)	2011—03	68.00	118
新编平面解析几何解题方法全书(专题讲座卷)	2010—01	18.00	61
新编中学数学解题方法全书(自主招生卷)	2013—08	88.00	261
数学奥林匹克与数学文化(第一辑)	2006—05	48.00	4
数学奥林匹克与数学文化(第二辑)(竞赛卷)	2008—01	48.00	19
数学奥林匹克与数学文化(第二辑)(文化卷)	2008—07	58.00	36′
数学奥林匹克与数学文化(第三辑)(竞赛卷)	2010—01	48.00	59
数学奥林匹克与数学文化(第四辑)(竞赛卷)	2011—08	58.00	87
数学奥林匹克与数学文化(第五辑)	2015—06	98.00	370
世界著名平面几何经典著作钩沉——几何作图专题卷(共3卷)	2022—01	198.00	1460
世界著名平面几何经典著作钩沉(民国平面几何老课本)	2011—03	38.00	113
世界著名平面几何经典著作钩沉(建国初期平面三角老课本)	2015—08	38.00	507
世界著名解析几何经典著作钩沉——平面解析几何卷	2014—01	38.00	264
世界著名数论经典著作钩沉(算术卷)	2012—01	28.00	125
世界著名数学经典著作钩沉——立体几何卷	2011—02	28.00	88
世界著名三角学经典著作钩沉(平面三角卷Ⅰ)	2010—06	28.00	69
世界著名三角学经典著作钩沉(平面三角卷Ⅱ)	2011—01	38.00	78
世界著名初等数论经典著作钩沉(理论和实用算术卷)	2011—07	38.00	126
世界著名几何经典著作钩沉(解析几何卷)	2022—10	68.00	1564
发展你的空间想象力(第3版)	2021—01	98.00	1464
空间想象力进阶	2019—05	68.00	1062
走向国际数学奥林匹克的平面几何试题诠释.第1卷	2019—07	88.00	1043
走向国际数学奥林匹克的平面几何试题诠释.第2卷	2019—09	78.00	1044
走向国际数学奥林匹克的平面几何试题诠释.第3卷	2019—03	78.00	1045
走向国际数学奥林匹克的平面几何试题诠释.第4卷	2019—09	98.00	1046
平面几何证明方法全书	2007—08	35.00	1
平面几何证明方法全书习题解答(第2版)	2006—12	18.00	10
平面几何天天练上卷·基础篇(直线型)	2013—01	58.00	208
平面几何天天练中卷·基础篇(涉及圆)	2013—01	28.00	234
平面几何天天练下卷·提高篇	2013—01	58.00	237
平面几何专题研究	2013—07	98.00	258
平面几何解题之道.第1卷	2022—05	38.00	1494
几何学习题集	2020—10	48.00	1217
通过解题学习代数几何	2021—04	88.00	1301
圆锥曲线的奥秘	2022—06	88.00	1541

刘培杰数学工作室
已出版(即将出版)图书目录——初等数学

书　　名	出版时间	定　价	编号
最新世界各国数学奥林匹克中的平面几何试题	2007－09	38.00	14
数学竞赛平面几何典型题及新颖解	2010－07	48.00	74
初等数学复习及研究(平面几何)	2008－09	68.00	38
初等数学复习及研究(立体几何)	2010－06	38.00	71
初等数学复习及研究(平面几何)习题解答	2009－01	58.00	42
几何学教程(平面几何卷)	2011－03	68.00	90
几何学教程(立体几何卷)	2011－07	68.00	130
几何变换与几何证题	2010－06	88.00	70
计算方法与几何证题	2011－06	28.00	129
立体几何技巧与方法(第2版)	2022－10	168.00	1572
几何瑰宝——平面几何500名题暨1500条定理(上、下)	2021－07	168.00	1358
三角形的解法与应用	2012－07	18.00	183
近代的三角形几何学	2012－07	48.00	184
一般折线几何学	2015－08	48.00	503
三角形的五心	2009－06	28.00	51
三角形的六心及其应用	2015－10	68.00	542
三角形趣谈	2012－08	28.00	212
解三角形	2014－01	28.00	265
探秘三角形:一次数学旅行	2021－10	68.00	1387
三角学专门教程	2014－09	28.00	387
图天下几何新题试卷.初中(第2版)	2017－11	58.00	855
圆锥曲线习题集(上册)	2013－06	68.00	255
圆锥曲线习题集(中册)	2015－01	78.00	434
圆锥曲线习题集(下册·第1卷)	2016－10	78.00	683
圆锥曲线习题集(下册·第2卷)	2018－01	98.00	853
圆锥曲线习题集(下册·第3卷)	2019－10	128.00	1113
圆锥曲线的思想方法	2021－08	48.00	1379
圆锥曲线的八个主要问题	2021－10	48.00	1415
论九点圆	2015－05	88.00	645
近代欧氏几何学	2012－03	48.00	162
罗巴切夫斯基几何学及几何基础概要	2012－07	28.00	188
罗巴切夫斯基几何学初步	2015－06	28.00	474
用三角、解析几何、复数、向量计算解数学竞赛几何题	2015－03	48.00	455
用解析法研究圆锥曲线的几何理论	2022－05	48.00	1495
美国中学几何教程	2015－04	88.00	458
三线坐标与三角形特征点	2015－04	98.00	460
坐标几何学基础.第1卷,笛卡儿坐标	2021－08	48.00	1398
坐标几何学基础.第2卷,三线坐标	2021－09	28.00	1399
平面解析几何方法与研究(第1卷)	2015－05	18.00	471
平面解析几何方法与研究(第2卷)	2015－06	18.00	472
平面解析几何方法与研究(第3卷)	2015－07	18.00	473
解析几何研究	2015－01	38.00	425
解析几何学教程.上	2016－01	38.00	574
解析几何学教程.下	2016－01	38.00	575
几何学基础	2016－01	58.00	581
初等几何研究	2015－02	58.00	444
十九和二十世纪欧氏几何学中的片段	2017－01	58.00	696
平面几何中考.高考.奥数一本通	2017－07	28.00	820
几何学简史	2017－08	28.00	833
四面体	2018－01	48.00	880
平面几何证明方法思路	2018－12	68.00	913
折纸中的几何练习	2022－09	48.00	1559
中学新几何学(英文)	2022－10	98.00	1562

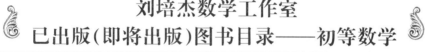

刘培杰数学工作室
已出版(即将出版)图书目录——初等数学

书　名	出版时间	定　价	编号
平面几何图形特性新析.上篇	2019—01	68.00	911
平面几何图形特性新析.下篇	2018—06	88.00	912
平面几何范例多解探究.上篇	2018—04	48.00	910
平面几何范例多解探究.下篇	2018—12	68.00	914
从分析解题过程学解题:竞赛中的几何问题研究	2018—07	68.00	946
从分析解题过程学解题:竞赛中的向量几何与不等式研究(全2册)	2019—06	138.00	1090
从分析解题过程学解题:竞赛中的不等式问题	2021—01	48.00	1249
二维、三维欧氏几何的对偶原理	2018—12	38.00	990
星形大观及闭折线论	2019—03	68.00	1020
立体几何的问题和方法	2019—11	58.00	1127
三角代换论	2021—05	58.00	1313
俄罗斯平面几何问题集	2009—08	88.00	55
俄罗斯立体几何问题集	2014—03	58.00	283
俄罗斯几何大师——沙雷金论数学及其他	2014—01	48.00	271
来自俄罗斯的5000道几何习题及解答	2011—03	58.00	89
俄罗斯初等数学问题集	2012—05	38.00	177
俄罗斯函数问题集	2011—03	38.00	103
俄罗斯组合分析问题集	2011—01	48.00	79
俄罗斯初等数学万题选——三角卷	2012—11	38.00	222
俄罗斯初等数学万题选——代数卷	2013—01	68.00	225
俄罗斯初等数学万题选——几何卷	2014—01	68.00	226
俄罗斯《量子》杂志数学征解问题100题选	2018—08	48.00	969
俄罗斯《量子》杂志数学征解问题又100题选	2018—08	48.00	970
俄罗斯《量子》杂志数学征解问题	2020—05	48.00	1138
463个俄罗斯几何老问题	2012—01	28.00	152
《量子》数学短文精粹	2018—09	38.00	972
用三角、解析几何等计算解来自俄罗斯的几何题	2019—11	88.00	1119
基谢廖夫平面几何	2022—01	48.00	1461
数学:代数、数学分析和几何(10—11年级)	2021—01	48.00	1250
立体几何.10—11年级	2022—01	58.00	1472
直观几何学:5—6年级	2022—04	58.00	1508
平面几何:9—11年级	2022—10	48.00	1571

书　名	出版时间	定　价	编号
谈谈素数	2011—03	18.00	91
平方和	2011—03	18.00	92
整数论	2011—05	38.00	120
从整数谈起	2015—10	28.00	538
数与多项式	2016—01	38.00	558
谈谈不定方程	2011—05	28.00	119
质数漫谈	2022—07	68.00	1529

书　名	出版时间	定　价	编号
解析不等式新论	2009—06	68.00	48
建立不等式的方法	2011—03	98.00	104
数学奥林匹克不等式研究(第2版)	2020—07	68.00	1181
不等式研究(第二辑)	2012—02	68.00	153
不等式的秘密(第一卷)(第2版)	2014—02	38.00	286
不等式的秘密(第二卷)	2014—01	38.00	268
初等不等式的证明方法	2010—06	38.00	123
初等不等式的证明方法(第二版)	2014—11	38.00	407
不等式·理论·方法(基础卷)	2015—07	38.00	496
不等式·理论·方法(经典不等式卷)	2015—07	38.00	497
不等式·理论·方法(特殊类型不等式卷)	2015—07	48.00	498
不等式探究	2016—03	38.00	582
不等式探秘	2017—01	88.00	689
四面体不等式	2017—01	68.00	715
数学奥林匹克中常见重要不等式	2017—09	38.00	845

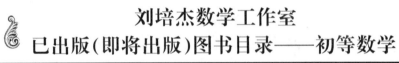

刘培杰数学工作室
已出版(即将出版)图书目录——初等数学

书　名	出版时间	定　价	编号
三正弦不等式	2018—09	98.00	974
函数方程与不等式:解法与稳定性结果	2019—04	68.00	1058
数学不等式.第1卷,对称多项式不等式	2022—05	78.00	1455
数学不等式.第2卷,对称有理不等式与对称无理不等式	2022—05	88.00	1456
数学不等式.第3卷,循环不等式与非循环不等式	2022—05	88.00	1457
数学不等式.第4卷,Jensen不等式的扩展与加细	2022—05	88.00	1458
数学不等式.第5卷,创建不等式与解不等式的其他方法	2022—05	88.00	1459
同余理论	2012—05	38.00	163
[x]与{x}	2015—04	48.00	476
极值与最值.上卷	2015—06	28.00	486
极值与最值.中卷	2015—06	38.00	487
极值与最值.下卷	2015—06	28.00	488
整数的性质	2012—11	38.00	192
完全平方数及其应用	2015—08	78.00	506
多项式理论	2015—10	88.00	541
奇数、偶数、奇偶分析法	2018—01	98.00	876
不定方程及其应用.上	2018—12	58.00	992
不定方程及其应用.中	2019—01	78.00	993
不定方程及其应用.下	2019—02	98.00	994
Nesbitt不等式加强式的研究	2022—06	128.00	1527
最值定理与分析不等式	2023—02	78.00	1567
历届美国中学生数学竞赛试题及解答(第一卷)1950—1954	2014—07	18.00	277
历届美国中学生数学竞赛试题及解答(第二卷)1955—1959	2014—04	18.00	278
历届美国中学生数学竞赛试题及解答(第三卷)1960—1964	2014—06	18.00	279
历届美国中学生数学竞赛试题及解答(第四卷)1965—1969	2014—04	28.00	280
历届美国中学生数学竞赛试题及解答(第五卷)1970—1972	2014—06	18.00	281
历届美国中学生数学竞赛试题及解答(第六卷)1973—1980	2017—07	18.00	768
历届美国中学生数学竞赛试题及解答(第七卷)1981—1986	2015—01	18.00	424
历届美国中学生数学竞赛试题及解答(第八卷)1987—1990	2017—05	18.00	769
历届中国数学奥林匹克试题集(第3版)	2021—10	58.00	1440
历届加拿大数学奥林匹克试题集	2012—08	38.00	215
历届美国数学奥林匹克试题集:1972～2019	2020—04	88.00	1135
历届波兰数学竞赛试题集.第1卷,1949～1963	2015—03	18.00	453
历届波兰数学竞赛试题集.第2卷,1964～1976	2015—03	18.00	454
历届巴尔干数学奥林匹克试题集	2015—05	38.00	466
保加利亚数学奥林匹克	2014—10	38.00	393
圣彼得堡数学奥林匹克试题集	2015—01	38.00	429
匈牙利奥林匹克数学竞赛题解.第1卷	2016—05	28.00	593
匈牙利奥林匹克数学竞赛题解.第2卷	2016—05	28.00	594
历届美国数学邀请赛试题集(第2版)	2017—10	78.00	851
普林斯顿大学数学竞赛	2016—06	38.00	669
亚太地区数学奥林匹克竞赛题	2015—07	18.00	492
日本历届(初级)广中杯数学竞赛试题及解答.第1卷(2000～2007)	2016—05	28.00	641
日本历届(初级)广中杯数学竞赛试题及解答.第2卷(2008～2015)	2016—05	38.00	642
越南数学奥林匹克题选:1962—2009	2021—07	48.00	1370
360个数学竞赛问题	2016—08	58.00	677
奥数最佳实战题.上卷	2017—06	38.00	760
奥数最佳实战题.下卷	2017—05	58.00	761
哈尔滨市早期中学数学竞赛试题汇编	2016—07	28.00	672
全国高中数学联赛试题及解答:1981—2019(第4版)	2020—07	138.00	1176
2022年全国高中数学联合竞赛模拟题集	2022—06	30.00	1521
20世纪50年代全国部分城市数学竞赛试题汇编	2017—07	28.00	797

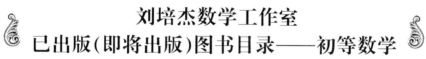

刘培杰数学工作室
已出版(即将出版)图书目录——初等数学

书　名	出版时间	定　价	编号
国内外数学竞赛题及精解:2018～2019	2020—08	45.00	1192
国内外数学竞赛题及精解:2019～2020	2021—11	58.00	1439
许康华竞优学精选集.第一辑	2018—08	68.00	949
天问叶班数学问题征解100题.Ⅰ,2016—2018	2019—05	88.00	1075
天问叶班数学问题征解100题.Ⅱ,2017—2019	2020—07	98.00	1177
美国初中数学竞赛:AMC8准备(共6卷)	2019—07	138.00	1089
美国高中数学竞赛:AMC10准备(共6卷)	2019—08	158.00	1105
王连笑教你怎样学数学:高考选择题解题策略与客观题实用训练	2014—01	48.00	262
王连笑教你怎样学数学:高考数学高层次讲座	2015—02	48.00	432
高考数学的理论与实践	2009—08	38.00	53
高考数学核心题型解题方法与技巧	2010—01	28.00	86
高考思维新平台	2014—03	38.00	259
高考数学压轴题解题诀窍(上)(第2版)	2018—01	58.00	874
高考数学压轴题解题诀窍(下)(第2版)	2018—01	48.00	875
北京市五区文科数学三年高考模拟题详解:2013～2015	2015—08	48.00	500
北京市五区理科数学三年高考模拟题详解:2013～2015	2015—09	68.00	505
向量法巧解数学高考题	2009—08	28.00	54
高中数学课堂教学的实践与反思	2021—11	48.00	791
数学高考参考	2016—01	78.00	589
新课程标准高考数学解答题各种题型解法指导	2020—08	78.00	1196
全国及各省市高考数学试题审题要津与解法研究	2015—02	48.00	450
高中数学章节起始课的教学研究与案例设计	2019—05	28.00	1064
新课标高考数学——五年试题分章详解(2007～2011)(上、下)	2011—10	78.00	140,141
全国中考数学压轴题审题要津与解法研究	2013—04	78.00	248
新编全国及各省市中考数学压轴题审题要津与解法研究	2014—05	58.00	342
全国及各省市5年中考数学压轴题审题要津与解法研究(2015版)	2015—04	58.00	462
中考数学专题总复习	2007—04	28.00	6
中考数学较难题常考题型解题方法与技巧	2016—09	48.00	681
中考数学难题常考题型解题方法与技巧	2016—09	48.00	682
中考数学中档题常考题型解题方法与技巧	2017—08	68.00	835
中考数学选择填空压轴好题妙解365	2017—05	38.00	759
中考数学:三类重点考题的解法例析与习题	2020—04	48.00	1140
中小学数学的历史文化	2019—11	48.00	1124
初中平面几何百题多思创新解	2020—01	58.00	1125
初中数学中考备考	2020—01	58.00	1126
高考数学之九章演义	2019—08	68.00	1044
高考数学之难题谈笑间	2022—06	68.00	1519
化学可以这样学:高中化学知识方法智慧感悟疑难辨析	2019—07	58.00	1103
如何成为学习高手	2019—09	58.00	1107
高考数学:经典真题分类解析	2020—04	78.00	1134
高考数学解答题破解策略	2020—11	58.00	1221
从分析解题过程学解题:高考压轴题与竞赛题之关系探究	2020—08	88.00	1179
教学新思考:单元整体视角下的初中数学教学设计	2021—03	58.00	1278
思维再拓展:2020年经典几何题的多解探究与思考	即将出版		1279
中考数学小压轴汇编初讲	2017—07	48.00	788
中考数学大压轴专题微言	2017—09	48.00	846
怎么解中考平面几何探索题	2019—06	48.00	1093
北京中考数学压轴题解题方法突破(第8版)	2022—11	78.00	1577
助你高考成功的数学解题智慧:知识是智慧的基础	2016—01	58.00	596
助你高考成功的数学解题智慧:错误是智慧的试金石	2016—04	58.00	643
助你高考成功的数学解题智慧:方法是智慧的推手	2016—04	68.00	657
高考数学奇思妙解	2016—04	38.00	610
高考数学解题策略	2016—05	48.00	670
数学解题泄天机(第2版)	2017—10	48.00	850

书　名	出版时间	定　价	编号
高考物理压轴题全解	2017－04	58.00	746
高中物理经典问题25讲	2017－05	28.00	764
高中物理教学讲义	2018－01	48.00	871
高中物理教学讲义:全模块	2022－03	98.00	1492
高中物理答疑解惑65篇	2021－11	48.00	1462
中学物理基础问题解析	2020－08	48.00	1183
2016年高考文科数学真题研究	2017－04	58.00	754
2016年高考理科数学真题研究	2017－04	78.00	755
2017年高考理科数学真题研究	2018－01	58.00	867
2017年高考文科数学真题研究	2018－01	48.00	868
初中数学、高中数学脱节知识补缺教材	2017－06	48.00	766
高考数学小题抢分必练	2017－10	48.00	834
高考数学核心素养解读	2017－09	38.00	839
高考数学客观题解题方法和技巧	2017－10	38.00	847
十年高考数学精品试题审题要津与解法研究	2021－10	98.00	1427
中国历届高考数学试题及解答.1949—1979	2018－01	38.00	877
历届中国高考数学试题及解答.第二卷,1980—1989	2018－10	28.00	975
历届中国高考数学试题及解答.第三卷,1990—1999	2018－10	48.00	976
数学文化与高考研究	2018－03	48.00	882
跟我学解高中数学题	2018－07	58.00	926
中学数学研究的方法及案例	2018－05	58.00	869
高考数学抢分技能	2018－07	68.00	934
高一新生常用数学方法和重要数学思想提升教材	2018－06	38.00	921
2018年高考数学真题研究	2019－01	68.00	1000
2019年高考数学真题研究	2020－05	88.00	1137
高考数学全国卷六道解答题常考题型解题诀窍.理科(全2册)	2019－07	78.00	1101
高考数学全国卷16道选择、填空题常考题型解题诀窍.理科	2018－09	88.00	971
高考数学全国卷16道选择、填空题常考题型解题诀窍.文科	2020－01	88.00	1123
高中数学一题多解	2019－06	58.00	1087
历届中国高考数学试题及解答:1917—1999	2021－08	98.00	1371
2000～2003年全国及各省市高考数学试题及解答	2022－05	88.00	1499
2004年全国及各省市高考数学试题及解答	2022－07	78.00	1500
突破高原:高中数学解题思维探究	2021－08	48.00	1375
高考数学中的"取值范围"	2021－10	48.00	1429
新课程标准高中数学各种题型解法大全.必修一分册	2021－06	58.00	1315
新课标准高中数学各种题型解法大全.必修二分册	2022－01	68.00	1471
高中数学各种题型解法大全.选择性必修一分册	2022－06	68.00	1525

新编640个世界著名数学智力趣题	2014－01	88.00	242
500个最新世界著名数学智力趣题	2008－06	48.00	3
400个最新世界著名数学最值问题	2008－09	48.00	36
500个世界著名数学征解问题	2009－06	48.00	52
400个中国最佳初等数学征解老问题	2010－01	48.00	60
500个俄罗斯数学经典老题	2011－01	28.00	81
1000个国外中学物理好题	2012－04	48.00	174
300个日本高考数学题	2012－05	38.00	142
700个早期日本高考数学试题	2017－02	88.00	752
500个前苏联早期高考数学试题及解答	2012－05	28.00	185
546个早期俄罗斯大学生数学竞赛题	2014－03	38.00	285
548个来自美苏的数学好问题	2014－11	28.00	396
20所苏联著名大学早期入学试题	2015－02	18.00	452
161道德国工科大学生必做的微分方程习题	2015－05	28.00	469
500个德国工科大学生必做的高数习题	2015－06	28.00	478
360个数学竞赛问题	2016－08	58.00	677
200个趣味数学故事	2018－02	48.00	857
470个数学奥林匹克中的最值问题	2018－10	88.00	985
德国讲义日本考题.微积分卷	2015－04	48.00	456
德国讲义日本考题.微分方程卷	2015－04	38.00	457
二十世纪中叶中、英、美、日、法、俄高考数学试题精选	2017－06	38.00	783

刘培杰数学工作室
已出版(即将出版)图书目录——初等数学

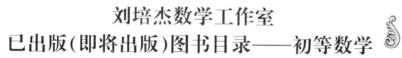

书 名	出版时间	定 价	编号
中国初等数学研究 2009 卷(第 1 辑)	2009—05	20.00	45
中国初等数学研究 2010 卷(第 2 辑)	2010—05	30.00	68
中国初等数学研究 2011 卷(第 3 辑)	2011—07	60.00	127
中国初等数学研究 2012 卷(第 4 辑)	2012—07	48.00	190
中国初等数学研究 2014 卷(第 5 辑)	2014—02	48.00	288
中国初等数学研究 2015 卷(第 6 辑)	2015—06	68.00	493
中国初等数学研究 2016 卷(第 7 辑)	2016—04	68.00	609
中国初等数学研究 2017 卷(第 8 辑)	2017—01	98.00	712
初等数学研究在中国.第 1 辑	2019—03	158.00	1024
初等数学研究在中国.第 2 辑	2019—10	158.00	1116
初等数学研究在中国.第 3 辑	2021—05	158.00	1306
初等数学研究在中国.第 4 辑	2022—06	158.00	1520
几何变换(Ⅰ)	2014—07	28.00	353
几何变换(Ⅱ)	2015—06	28.00	354
几何变换(Ⅲ)	2015—01	38.00	355
几何变换(Ⅳ)	2015—12	38.00	356
初等数论难题集(第一卷)	2009—05	68.00	44
初等数论难题集(第二卷)(上、下)	2011—02	128.00	82,83
数论概貌	2011—03	18.00	93
代数数论(第二版)	2013—08	58.00	94
代数多项式	2014—06	38.00	289
初等数论的知识与问题	2011—02	28.00	95
超越数论基础	2011—03	28.00	96
数论初等教程	2011—03	28.00	97
数论基础	2011—03	18.00	98
数论基础与维诺格拉多夫	2014—03	18.00	292
解析数论基础	2012—08	28.00	216
解析数论基础(第二版)	2014—01	48.00	287
解析数论问题集(第二版)(原版引进)	2014—05	88.00	343
解析数论问题集(第二版)(中译本)	2016—04	88.00	607
解析数论基础(潘承洞,潘承彪著)	2016—07	98.00	673
解析数论导引	2016—07	58.00	674
数论入门	2011—03	38.00	99
代数数论入门	2015—03	38.00	448
数论开篇	2012—07	28.00	194
解析数论引论	2011—03	48.00	100
Barban Davenport Halberstam 均值和	2009—01	40.00	33
基础数论	2011—03	28.00	101
初等数论 100 例	2011—05	18.00	122
初等数论经典例题	2012—07	18.00	204
最新世界各国数学奥林匹克中的初等数论试题(上、下)	2012—01	138.00	144,145
初等数论(Ⅰ)	2012—01	18.00	156
初等数论(Ⅱ)	2012—01	18.00	157
初等数论(Ⅲ)	2012—01	28.00	158

刘培杰数学工作室

已出版(即将出版)图书目录——初等数学

书　名	出版时间	定　价	编号
平面几何与数论中未解决的新老问题	2013—01	68.00	229
代数数论简史	2014—11	28.00	408
代数数论	2015—09	88.00	532
代数、数论及分析习题集	2016—11	98.00	695
数论导引提要及习题解答	2016—01	48.00	559
素数定理的初等证明.第2版	2016—09	48.00	686
数论中的模函数与狄利克雷级数(第二版)	2017—11	78.00	837
数论:数学导引	2018—01	68.00	849
范氏大代数	2019—02	98.00	1016
解析数学讲义.第一卷,导来式及微分、积分、级数	2019—04	88.00	1021
解析数学讲义.第二卷,关于几何的应用	2019—04	68.00	1022
解析数学讲义.第三卷,解析函数论	2019—04	78.00	1023
分析·组合·数论纵横谈	2019—04	58.00	1039
Hall代数:民国时期的中学数学课本:英文	2019—08	88.00	1106
基谢廖夫初等代数	2022—07	38.00	1531
数学精神巡礼	2019—01	58.00	731
数学眼光透视(第2版)	2017—06	78.00	732
数学思想领悟(第2版)	2018—01	68.00	733
数学方法溯源(第2版)	2018—08	68.00	734
数学解题引论	2017—05	58.00	735
数学史话览胜(第2版)	2017—01	48.00	736
数学应用展观(第2版)	2017—08	68.00	737
数学建模尝试	2018—04	48.00	738
数学竞赛采风	2018—01	68.00	739
数学测评探营	2019—05	58.00	740
数学技能操握	2018—03	48.00	741
数学欣赏拾趣	2018—02	48.00	742
从毕达哥拉斯到怀尔斯	2007—10	48.00	9
从迪利克雷到维斯卡尔迪	2008—01	48.00	21
从哥德巴赫到陈景润	2008—05	98.00	35
从庞加莱到佩雷尔曼	2011—08	138.00	136
博弈论精粹	2008—03	58.00	30
博弈论精粹.第二版(精装)	2015—01	88.00	461
数学 我爱你	2008—01	28.00	20
精神的圣徒　别样的人生——60位中国数学家成长的历程	2008—09	48.00	39
数学史概论	2009—06	78.00	50
数学史概论(精装)	2013—03	158.00	272
数学史选讲	2016—01	48.00	544
斐波那契数列	2010—02	28.00	65
数学拼盘和斐波那契魔方	2010—07	38.00	72
斐波那契数列欣赏(第2版)	2018—08	58.00	948
Fibonacci数列中的明珠	2018—06	58.00	928
数学的创造	2011—02	48.00	85
数学美与创造力	2016—01	48.00	595
数海拾贝	2016—01	48.00	590
数学中的美(第2版)	2019—04	68.00	1057
数论中的美学	2014—12	38.00	351

书　名	出版时间	定　价	编号
数学王者　科学巨人——高斯	2015—01	28.00	428
振兴祖国数学的圆梦之旅:中国初等数学研究史话	2015—06	98.00	490
二十世纪中国数学史料研究	2015—10	48.00	536
数字谜、数阵图与棋盘覆盖	2016—01	58.00	298
时间的形状	2016—01	38.00	556
数学发现的艺术:数学探索中的合情推理	2016—07	58.00	671
活跃在数学中的参数	2016—07	48.00	675
数海趣史	2021—05	98.00	1314
数学解题——靠数学思想给力(上)	2011—07	38.00	131
数学解题——靠数学思想给力(中)	2011—07	48.00	132
数学解题——靠数学思想给力(下)	2011—07	38.00	133
我怎样解题	2013—01	48.00	227
数学解题中的物理方法	2011—06	28.00	114
数学解题的特殊方法	2011—06	48.00	115
中学数学计算技巧(第2版)	2020—10	48.00	1220
中学数学证明方法	2012—01	58.00	117
数学趣题巧解	2012—03	28.00	128
高中数学教学通鉴	2015—05	58.00	479
和高中生漫谈:数学与哲学的故事	2014—08	28.00	369
算术问题集	2017—03	38.00	789
张教授讲数学	2018—07	38.00	933
陈永明实话实说数学教学	2020—04	68.00	1132
中学数学学科知识与教学能力	2020—06	58.00	1155
怎样把课讲好:大罕数学教学随笔	2022—03	58.00	1484
中国高考评价体系下高考数学探秘	2022—03	48.00	1487
自主招生考试中的参数方程问题	2015—01	28.00	435
自主招生考试中的极坐标问题	2015—04	28.00	463
近年全国重点大学自主招生数学试题全解及研究.华约卷	2015—02	38.00	441
近年全国重点大学自主招生数学试题全解及研究.北约卷	2016—05	38.00	619
自主招生数学解证宝典	2015—09	48.00	535
中国科学技术大学创新班数学真题解析	2022—03	48.00	1488
中国科学技术大学创新班物理真题解析	2022—03	58.00	1489
格点和面积	2012—07	18.00	191
射影几何趣谈	2012—04	28.00	175
斯潘纳尔引理——从一道加拿大数学奥林匹克试题谈起	2014—01	28.00	228
李普希兹条件——从几道近年高考数学试题谈起	2012—10	18.00	221
拉格朗日中值定理——从一道北京高考试题的解法谈起	2015—10	18.00	197
闵科夫斯基定理——从一道清华大学自主招生试题谈起	2014—01	28.00	198
哈尔测度——从一道冬令营试题的背景谈起	2012—08	28.00	202
切比雪夫逼近问题——从一道中国台北数学奥林匹克试题谈起	2013—04	38.00	238
伯恩斯坦多项式与贝齐尔曲面——从一道全国高中数学联赛试题谈起	2013—03	38.00	236
卡塔兰猜想——从一道普特南竞赛试题谈起	2013—06	18.00	256
麦卡锡函数和阿克曼函数——从一道前南斯拉夫数学奥林匹克试题谈起	2012—08	18.00	201
贝蒂定理与拉姆贝克莫斯尔定理——从一个拣石子游戏谈起	2012—08	18.00	217
皮亚诺曲线和豪斯道夫分球定理——从无限集谈起	2012—08	18.00	211
平面凸图形与凸多面体	2012—10	28.00	218
斯坦因豪斯问题——从一道二十五省市自治区中学数学竞赛试题谈起	2012—07	18.00	196

刘培杰数学工作室
已出版(即将出版)图书目录——初等数学

书 名	出版时间	定 价	编号
纽结理论中的亚历山大多项式与琼斯多项式——从一道北京市高一数学竞赛试题谈起	2012-07	28.00	195
原则与策略——从波利亚"解题表"谈起	2013-04	38.00	244
转化与化归——从三大尺规作图不能问题谈起	2012-08	28.00	214
代数几何中的贝祖定理(第一版)——从一道IMO试题的解法谈起	2013-08	18.00	193
成功连贯理论与约当块理论——从一道比利时数学竞赛试题谈起	2012-04	18.00	180
素数判定与大数分解	2014-08	18.00	199
置换多项式及其应用	2012-10	18.00	220
椭圆函数与模函数——从一道美国加州大学洛杉矶分校(UCLA)博士资格考题谈起	2012-10	28.00	219
差分方程的拉格朗日方法——从一道2011年全国高考理科试题的解法谈起	2012-08	28.00	200
力学在几何中的一些应用	2013-01	38.00	240
从根式解到伽罗华理论	2020-01	48.00	1121
康托洛维奇不等式——从一道全国高中联赛试题谈起	2013-03	28.00	337
西格尔引理——从一道第18届IMO试题的解法谈起	即将出版		
罗斯定理——从一道前苏联数学竞赛试题谈起	即将出版		
拉克斯定理和阿廷定理——从一道IMO试题的解法谈起	2014-01	58.00	246
毕卡大定理——从一道美国大学数学竞赛试题谈起	2014-07	18.00	350
贝齐尔曲线——从一道全国高中联赛试题谈起	即将出版		
拉格朗日乘子定理——从一道2005年全国高中联赛试题的高等数学解法谈起	2015-05	28.00	480
雅可比定理——从一道日本数学奥林匹克试题谈起	2013-04	48.00	249
李天岩-约克定理——从一道波兰数学竞赛试题谈起	2014-06	28.00	349
整系数多项式因式分解的一般方法——从克朗耐克算法谈起	即将出版		
布劳维不动点定理——从一道前苏联数学奥林匹克试题谈起	2014-01	38.00	273
伯恩赛德定理——从一道英国数学奥林匹克试题谈起	即将出版		
布查特-莫斯特定理——从一道上海市初中竞赛试题谈起	即将出版		
数论中的同余数问题——从一道普特南竞赛试题谈起	即将出版		
范·德蒙行列式——从一道美国数学奥林匹克试题谈起	即将出版		
中国剩余定理:总数法构建中国历史年表	2015-01	28.00	430
牛顿程序与方程求根——从一道全国高考试题解法谈起	即将出版		
库默尔定理——从一道IMO预选试题谈起	即将出版		
卢丁定理——从一道冬令营试题的解法谈起	即将出版		
沃斯滕霍姆定理——从一道IMO预选试题谈起	即将出版		
卡尔松不等式——从一道莫斯科数学奥林匹克试题谈起	即将出版		
信息论中的香农熵——从一道近年高考压轴题谈起	即将出版		
约当测度——从一道希望杯竞赛试题谈起	即将出版		
拉比诺维奇定理	即将出版		
刘维尔定理——从一道《美国数学月刊》征解问题的解法谈起	即将出版		
卡塔兰恒等式与级数求和——从一道IMO试题的解法谈起	即将出版		
勒让德猜想与素数分布——从一道爱尔兰竞赛试题谈起	即将出版		
天平称重与信息论——从一道基辅市数学奥林匹克试题谈起	即将出版		
哈密尔顿-凯莱定理:从一道高中数学联赛试题的解法谈起	2014-09	18.00	376
艾思特曼定理——从一道CMO试题的解法谈起	即将出版		

刘培杰数学工作室
已出版(即将出版)图书目录——初等数学

书　名	出版时间	定　价	编号
阿贝尔恒等式与经典不等式及应用	2018－06	98.00	923
迪利克雷除数问题	2018－07	48.00	930
幻方、幻立方与拉丁方	2019－08	48.00	1092
帕斯卡三角形	2014－03	18.00	294
蒲丰投针问题——从2009年清华大学的一道自主招生试题谈起	2014－01	38.00	295
斯图姆定理——从一道"华约"自主招生试题的解法谈起	2014－01	18.00	296
许瓦兹引理——从一道加利福尼亚大学伯克利分校数学系博士生试题谈起	2014－08	18.00	297
拉姆塞定理——从王诗成院士的一个问题谈起	2016－04	48.00	299
坐标法	2013－12	28.00	332
数论三角形	2014－04	38.00	341
毕克定理	2014－07	18.00	352
数林掠影	2014－09	48.00	389
我们周围的概率	2014－10	38.00	390
凸函数最值定理:从一道华约自主招生题的解法谈起	2014－10	28.00	391
易学与数学奥林匹克	2014－10	38.00	392
生物数学趣谈	2015－01	18.00	409
反演	2015－01	28.00	420
因式分解与圆锥曲线	2015－01	18.00	426
轨迹	2015－01	28.00	427
面积原理:从常庚哲命的一道CMO试题的积分解法谈起	2015－01	48.00	431
形形色色的不动点定理:从一道28届IMO试题谈起	2015－01	38.00	439
柯西函数方程:从一道上海交大自主招生的试题谈起	2015－02	28.00	440
三角恒等式	2015－02	28.00	442
无理性判定:从一道2014年"北约"自主招生试题谈起	2015－01	38.00	443
数学归纳法	2015－03	18.00	451
极端原理与解题	2015－04	28.00	464
法雷级数	2014－08	18.00	367
摆线族	2015－01	38.00	438
函数方程及其解法	2015－05	38.00	470
含参数的方程和不等式	2012－09	28.00	213
希尔伯特第十问题	2016－01	38.00	543
无穷小量的求和	2016－01	28.00	545
切比雪夫多项式:从一道清华大学金秋营试题谈起	2016－01	38.00	583
泽肯多夫定理	2016－03	38.00	599
代数等式证题法	2016－01	28.00	600
三角等式证题法	2016－01	28.00	601
吴大任教授藏书中的一个因式分解公式:从一道美国数学邀请赛试题的解法谈起	2016－06	28.00	656
易卦——类万物的数学模型	2017－08	68.00	838
"不可思议"的数与数系可持续发展	2018－01	38.00	878
最短线	2018－01	38.00	879
数学在天文、地理、光学、机械力学中的一些应用	2023－03	88.00	1576

幻方和魔方(第一卷)	2012－05	68.00	173
尘封的经典——初等数学经典文献选读(第一卷)	2012－07	48.00	205
尘封的经典——初等数学经典文献选读(第二卷)	2012－07	38.00	206

初级方程式论	2011－03	28.00	106
初等数学研究(Ⅰ)	2008－09	68.00	37
初等数学研究(Ⅱ)(上、下)	2009－05	118.00	46,47
初等数学专题研究	2022－10	68.00	1568

刘培杰数学工作室
已出版(即将出版)图书目录——初等数学

书　名	出版时间	定　价	编号
趣味初等方程妙题集锦	2014—09	48.00	388
趣味初等数论选美与欣赏	2015—02	48.00	445
耕读笔记(上卷):一位农民数学爱好者的初数探索	2015—04	28.00	459
耕读笔记(中卷):一位农民数学爱好者的初数探索	2015—05	28.00	483
耕读笔记(下卷):一位农民数学爱好者的初数探索	2015—05	28.00	484
几何不等式研究与欣赏.上卷	2016—01	88.00	547
几何不等式研究与欣赏.下卷	2016—01	48.00	552
初等数列研究与欣赏·上	2016—01	48.00	570
初等数列研究与欣赏·下	2016—01	48.00	571
趣味初等函数研究与欣赏.上	2016—09	48.00	684
趣味初等函数研究与欣赏.下	2018—09	48.00	685
三角不等式研究与欣赏	2020—10	68.00	1197
新编平面解析几何解题方法研究与欣赏	2021—10	78.00	1426
火柴游戏(第2版)	2022—05	38.00	1493
智力解谜.第1卷	2017—07	38.00	613
智力解谜.第2卷	2017—07	38.00	614
故事智力	2016—07	48.00	615
名人们喜欢的智力问题	2020—01	48.00	616
数学大师的发现、创造与失误	2018—01	48.00	617
异曲同工	2018—09	48.00	618
数学的味道	2018—01	58.00	798
数学千字文	2018—10	68.00	977
数贝偶拾——高考数学题研究	2014—04	28.00	274
数贝偶拾——初等数学研究	2014—04	38.00	275
数贝偶拾——奥数题研究	2014—04	48.00	276
钱昌本教你快乐学数学(上)	2011—12	48.00	155
钱昌本教你快乐学数学(下)	2012—03	58.00	171
集合、函数与方程	2014—01	28.00	300
数列与不等式	2014—01	38.00	301
三角与平面向量	2014—01	28.00	302
平面解析几何	2014—01	38.00	303
立体几何与组合	2014—01	28.00	304
极限与导数、数学归纳法	2014—01	38.00	305
趣味数学	2014—03	28.00	306
教材教法	2014—04	68.00	307
自主招生	2014—05	58.00	308
高考压轴题(上)	2015—01	48.00	309
高考压轴题(下)	2014—10	68.00	310
从费马到怀尔斯——费马大定理的历史	2013—10	198.00	I
从庞加莱到佩雷尔曼——庞加莱猜想的历史	2013—10	298.00	II
从切比雪夫到爱尔特希(上)——素数定理的初等证明	2013—07	48.00	III
从切比雪夫到爱尔特希(下)——素数定理100年	2012—12	98.00	III
从高斯到盖尔方特——二次域的高斯猜想	2013—10	198.00	IV
从库默尔到朗兰兹——朗兰兹猜想的历史	2014—01	98.00	V
从比勒巴赫到德布朗斯——比勒巴赫猜想的历史	2014—02	298.00	VI
从麦比乌斯到陈省身——麦比乌斯变换与麦比乌斯带	2014—02	298.00	VII
从布尔到豪斯道夫——布尔方程与格论漫谈	2013—10	198.00	VIII
从开普勒到阿诺德——三体问题的历史	2014—05	298.00	IX
从华林到华罗庚——华林问题的历史	2013—10	298.00	X

刘培杰数学工作室
已出版(即将出版)图书目录——初等数学

书　名	出版时间	定　价	编号
美国高中数学竞赛五十讲.第1卷(英文)	2014—08	28.00	357
美国高中数学竞赛五十讲.第2卷(英文)	2014—08	28.00	358
美国高中数学竞赛五十讲.第3卷(英文)	2014—09	28.00	359
美国高中数学竞赛五十讲.第4卷(英文)	2014—09	28.00	360
美国高中数学竞赛五十讲.第5卷(英文)	2014—10	28.00	361
美国高中数学竞赛五十讲.第6卷(英文)	2014—11	28.00	362
美国高中数学竞赛五十讲.第7卷(英文)	2014—12	28.00	363
美国高中数学竞赛五十讲.第8卷(英文)	2015—01	28.00	364
美国高中数学竞赛五十讲.第9卷(英文)	2015—01	28.00	365
美国高中数学竞赛五十讲.第10卷(英文)	2015—02	38.00	366
三角函数(第2版)	2017—04	38.00	626
不等式	2014—01	38.00	312
数列	2014—01	38.00	313
方程(第2版)	2017—04	38.00	624
排列和组合	2014—01	28.00	315
极限与导数(第2版)	2016—04	38.00	635
向量(第2版)	2018—08	58.00	627
复数及其应用	2014—08	28.00	318
函数	2014—01	38.00	319
集合	2020—01	48.00	320
直线与平面	2014—01	28.00	321
立体几何(第2版)	2016—04	38.00	629
解三角形	即将出版		323
直线与圆(第2版)	2016—11	38.00	631
圆锥曲线(第2版)	2016—09	48.00	632
解题通法(一)	2014—07	38.00	326
解题通法(二)	2014—07	38.00	327
解题通法(三)	2014—05	38.00	328
概率与统计	2014—01	28.00	329
信息迁移与算法	即将出版		330
IMO 50年.第1卷(1959—1963)	2014—11	28.00	377
IMO 50年.第2卷(1964—1968)	2014—11	28.00	378
IMO 50年.第3卷(1969—1973)	2014—09	28.00	379
IMO 50年.第4卷(1974—1978)	2016—04	38.00	380
IMO 50年.第5卷(1979—1984)	2015—04	38.00	381
IMO 50年.第6卷(1985—1989)	2015—04	58.00	382
IMO 50年.第7卷(1990—1994)	2016—01	48.00	383
IMO 50年.第8卷(1995—1999)	2016—06	38.00	384
IMO 50年.第9卷(2000—2004)	2015—04	58.00	385
IMO 50年.第10卷(2005—2009)	2016—01	48.00	386
IMO 50年.第11卷(2010—2015)	2017—03	48.00	646

刘培杰数学工作室
已出版（即将出版）图书目录——初等数学

书　名	出版时间	定　价	编号
数学反思(2006—2007)	2020—09	88.00	915
数学反思(2008—2009)	2019—01	68.00	917
数学反思(2010—2011)	2018—05	58.00	916
数学反思(2012—2013)	2019—01	58.00	918
数学反思(2014—2015)	2019—03	78.00	919
数学反思(2016—2017)	2021—03	58.00	1286
历届美国大学生数学竞赛试题集.第一卷(1938—1949)	2015—01	28.00	397
历届美国大学生数学竞赛试题集.第二卷(1950—1959)	2015—01	28.00	398
历届美国大学生数学竞赛试题集.第三卷(1960—1969)	2015—01	28.00	399
历届美国大学生数学竞赛试题集.第四卷(1970—1979)	2015—01	18.00	400
历届美国大学生数学竞赛试题集.第五卷(1980—1989)	2015—01	28.00	401
历届美国大学生数学竞赛试题集.第六卷(1990—1999)	2015—01	28.00	402
历届美国大学生数学竞赛试题集.第七卷(2000—2009)	2015—08	18.00	403
历届美国大学生数学竞赛试题集.第八卷(2010—2012)	2015—01	18.00	404
新课标高考数学创新题解题诀窍:总论	2014—09	28.00	372
新课标高考数学创新题解题诀窍:必修1～5分册	2014—08	38.00	373
新课标高考数学创新题解题诀窍:选修2—1,2—2,1—1,1—2分册	2014—09	38.00	374
新课标高考数学创新题解题诀窍:选修2—3,4—4,4—5分册	2014—09	18.00	375
全国重点大学自主招生英文数学试题全攻略:词汇卷	2015—07	48.00	410
全国重点大学自主招生英文数学试题全攻略:概念卷	2015—01	28.00	411
全国重点大学自主招生英文数学试题全攻略:文章选读卷(上)	2016—09	38.00	412
全国重点大学自主招生英文数学试题全攻略:文章选读卷(下)	2017—01	58.00	413
全国重点大学自主招生英文数学试题全攻略:试题卷	2015—07	38.00	414
全国重点大学自主招生英文数学试题全攻略:名著欣赏卷	2017—03	48.00	415
劳埃德数学趣题大全.题目卷.1:英文	2016—01	18.00	516
劳埃德数学趣题大全.题目卷.2:英文	2016—01	18.00	517
劳埃德数学趣题大全.题目卷.3:英文	2016—01	18.00	518
劳埃德数学趣题大全.题目卷.4:英文	2016—01	18.00	519
劳埃德数学趣题大全.题目卷.5:英文	2016—01	18.00	520
劳埃德数学趣题大全.答案卷:英文	2016—01	18.00	521
李成章教练奥数笔记.第1卷	2016—01	48.00	522
李成章教练奥数笔记.第2卷	2016—01	48.00	523
李成章教练奥数笔记.第3卷	2016—01	38.00	524
李成章教练奥数笔记.第4卷	2016—01	38.00	525
李成章教练奥数笔记.第5卷	2016—01	38.00	526
李成章教练奥数笔记.第6卷	2016—01	38.00	527
李成章教练奥数笔记.第7卷	2016—01	38.00	528
李成章教练奥数笔记.第8卷	2016—01	48.00	529
李成章教练奥数笔记.第9卷	2016—01	28.00	530

刘培杰数学工作室
已出版(即将出版)图书目录——初等数学

书　名	出版时间	定　价	编号
第19～23届"希望杯"全国数学邀请赛试题审题要津详细评注(初一版)	2014—03	28.00	333
第19～23届"希望杯"全国数学邀请赛试题审题要津详细评注(初二、初三版)	2014—03	38.00	334
第19～23届"希望杯"全国数学邀请赛试题审题要津详细评注(高一版)	2014—03	28.00	335
第19～23届"希望杯"全国数学邀请赛试题审题要津详细评注(高二版)	2014—03	38.00	336
第19～25届"希望杯"全国数学邀请赛试题审题要津详细评注(初一版)	2015—01	38.00	416
第19～25届"希望杯"全国数学邀请赛试题审题要津详细评注(初二、初三版)	2015—01	58.00	417
第19～25届"希望杯"全国数学邀请赛试题审题要津详细评注(高一版)	2015—01	48.00	418
第19～25届"希望杯"全国数学邀请赛试题审题要津详细评注(高二版)	2015—01	48.00	419
物理奥林匹克竞赛大题典——力学卷	2014—11	48.00	405
物理奥林匹克竞赛大题典——热学卷	2014—04	28.00	339
物理奥林匹克竞赛大题典——电磁学卷	2015—07	48.00	406
物理奥林匹克竞赛大题典——光学与近代物理卷	2014—06	28.00	345
历届中国东南地区数学奥林匹克试题集(2004～2012)	2014—06	18.00	346
历届中国西部地区数学奥林匹克试题集(2001～2012)	2014—07	18.00	347
历届中国女子数学奥林匹克试题集(2002～2012)	2014—08	18.00	348
数学奥林匹克在中国	2014—06	98.00	344
数学奥林匹克问题集	2014—01	38.00	267
数学奥林匹克不等式散论	2010—06	38.00	124
数学奥林匹克不等式欣赏	2011—09	38.00	138
数学奥林匹克超级题库(初中卷上)	2010—01	58.00	66
数学奥林匹克不等式证明方法和技巧(上、下)	2011—08	158.00	134,135
他们学什么:原民主德国中学数学课本	2016—09	38.00	658
他们学什么:英国中学数学课本	2016—09	38.00	659
他们学什么:法国中学数学课本.1	2016—09	38.00	660
他们学什么:法国中学数学课本.2	2016—09	28.00	661
他们学什么:法国中学数学课本.3	2016—09	38.00	662
他们学什么:苏联中学数学课本	2016—09	28.00	679
高中数学题典——集合与简易逻辑·函数	2016—07	48.00	647
高中数学题典——导数	2016—07	48.00	648
高中数学题典——三角函数·平面向量	2016—07	48.00	649
高中数学题典——数列	2016—07	58.00	650
高中数学题典——不等式·推理与证明	2016—07	38.00	651
高中数学题典——立体几何	2016—07	48.00	652
高中数学题典——平面解析几何	2016—07	78.00	653
高中数学题典——计数原理·统计·概率·复数	2016—07	48.00	654
高中数学题典——算法·平面几何·初等数论·组合数学·其他	2016—07	68.00	655

书　名	出版时间	定　价	编号
台湾地区奥林匹克数学竞赛试题.小学一年级	2017—03	38.00	722
台湾地区奥林匹克数学竞赛试题.小学二年级	2017—03	38.00	723
台湾地区奥林匹克数学竞赛试题.小学三年级	2017—03	38.00	724
台湾地区奥林匹克数学竞赛试题.小学四年级	2017—03	38.00	725
台湾地区奥林匹克数学竞赛试题.小学五年级	2017—03	38.00	726
台湾地区奥林匹克数学竞赛试题.小学六年级	2017—03	38.00	727
台湾地区奥林匹克数学竞赛试题.初中一年级	2017—03	38.00	728
台湾地区奥林匹克数学竞赛试题.初中二年级	2017—03	38.00	729
台湾地区奥林匹克数学竞赛试题.初中三年级	2017—03	28.00	730
不等式证题法	2017—04	28.00	747
平面几何培优教程	2019—08	88.00	748
奥数鼎级培优教程.高一分册	2018—09	88.00	749
奥数鼎级培优教程.高二分册.上	2018—04	68.00	750
奥数鼎级培优教程.高二分册.下	2018—04	68.00	751
高中数学竞赛冲刺宝典	2019—04	68.00	883
初中尖子生数学超级题典.实数	2017—07	58.00	792
初中尖子生数学超级题典.式、方程与不等式	2017—08	58.00	793
初中尖子生数学超级题典.圆、面积	2017—08	38.00	794
初中尖子生数学超级题典.函数、逻辑推理	2017—08	48.00	795
初中尖子生数学超级题典.角、线段、三角形与多边形	2017—07	58.00	796
数学王子——高斯	2018—01	48.00	858
坎坷奇星——阿贝尔	2018—01	48.00	859
闪烁奇星——伽罗瓦	2018—01	58.00	860
无穷统帅——康托尔	2018—01	48.00	861
科学公主——柯瓦列夫斯卡娅	2018—01	48.00	862
抽象代数之母——埃米·诺特	2018—01	48.00	863
电脑先驱——图灵	2018—01	58.00	864
昔日神童——维纳	2018—01	48.00	865
数坛怪侠——爱尔特希	2018—01	68.00	866
传奇数学家徐利治	2019—09	88.00	1110
当代世界中的数学.数学思想与数学基础	2019—01	38.00	892
当代世界中的数学.数学问题	2019—01	38.00	893
当代世界中的数学.应用数学与数学应用	2019—01	38.00	894
当代世界中的数学.数学王国的新疆域（一）	2019—01	38.00	895
当代世界中的数学.数学王国的新疆域（二）	2019—01	38.00	896
当代世界中的数学.数林撷英（一）	2019—01	38.00	897
当代世界中的数学.数林撷英（二）	2019—01	48.00	898
当代世界中的数学.数学之路	2019—01	38.00	899

刘培杰数学工作室
已出版(即将出版)图书目录——初等数学

书 名	出版时间	定 价	编号
105 个代数问题:来自 AwesomeMath 夏季课程	2019－02	58.00	956
106 个几何问题:来自 AwesomeMath 夏季课程	2020－07	58.00	957
107 个几何问题:来自 AwesomeMath 全年课程	2020－07	58.00	958
108 个代数问题:来自 AwesomeMath 全年课程	2019－01	68.00	959
109 个不等式:来自 AwesomeMath 夏季课程	2019－04	58.00	960
国际数学奥林匹克中的 110 个几何问题	即将出版		961
111 个代数和数论问题	2019－05	58.00	962
112 个组合问题:来自 AwesomeMath 夏季课程	2019－05	58.00	963
113 个几何不等式:来自 AwesomeMath 夏季课程	2020－08	58.00	964
114 个指数和对数问题:来自 AwesomeMath 夏季课程	2019－09	48.00	965
115 个三角问题:来自 AwesomeMath 夏季课程	2019－09	58.00	966
116 个代数不等式:来自 AwesomeMath 全年课程	2019－04	58.00	967
117 个多项式问题:来自 AwesomeMath 夏季课程	2021－09	58.00	1409
118 个数学竞赛不等式	2022－08	78.00	1526
紫色彗星国际数学竞赛试题	2019－02	58.00	999
数学竞赛中的数学:为数学爱好者、父母、教师和教练准备的丰富资源.第一部	2020－04	58.00	1141
数学竞赛中的数学:为数学爱好者、父母、教师和教练准备的丰富资源.第二部	2020－07	48.00	1142
和与积	2020－10	38.00	1219
数论:概念和问题	2020－12	68.00	1257
初等数学问题研究	2021－03	48.00	1270
数学奥林匹克中的欧几里得几何	2021－10	68.00	1413
数学奥林匹克题解新编	2022－01	58.00	1430
图论入门	2022－09	58.00	1554
澳大利亚中学数学竞赛试题及解答(初级卷)1978～1984	2019－02	28.00	1002
澳大利亚中学数学竞赛试题及解答(初级卷)1985～1991	2019－02	28.00	1003
澳大利亚中学数学竞赛试题及解答(初级卷)1992～1998	2019－02	28.00	1004
澳大利亚中学数学竞赛试题及解答(初级卷)1999～2005	2019－02	28.00	1005
澳大利亚中学数学竞赛试题及解答(中级卷)1978～1984	2019－03	28.00	1006
澳大利亚中学数学竞赛试题及解答(中级卷)1985～1991	2019－03	28.00	1007
澳大利亚中学数学竞赛试题及解答(中级卷)1992～1998	2019－03	28.00	1008
澳大利亚中学数学竞赛试题及解答(中级卷)1999～2005	2019－03	28.00	1009
澳大利亚中学数学竞赛试题及解答(高级卷)1978～1984	2019－05	28.00	1010
澳大利亚中学数学竞赛试题及解答(高级卷)1985～1991	2019－05	28.00	1011
澳大利亚中学数学竞赛试题及解答(高级卷)1992～1998	2019－05	28.00	1012
澳大利亚中学数学竞赛试题及解答(高级卷)1999～2005	2019－05	28.00	1013
天才中小学生智力测验题.第一卷	2019－03	38.00	1026
天才中小学生智力测验题.第二卷	2019－03	38.00	1027
天才中小学生智力测验题.第三卷	2019－03	38.00	1028
天才中小学生智力测验题.第四卷	2019－03	38.00	1029
天才中小学生智力测验题.第五卷	2019－03	38.00	1030
天才中小学生智力测验题.第六卷	2019－03	38.00	1031
天才中小学生智力测验题.第七卷	2019－03	38.00	1032
天才中小学生智力测验题.第八卷	2019－03	38.00	1033
天才中小学生智力测验题.第九卷	2019－03	38.00	1034
天才中小学生智力测验题.第十卷	2019－03	38.00	1035
天才中小学生智力测验题.第十一卷	2019－03	38.00	1036
天才中小学生智力测验题.第十二卷	2019－03	38.00	1037
天才中小学生智力测验题.第十三卷	2019－03	38.00	1038

刘培杰数学工作室

已出版(即将出版)图书目录——初等数学

书　名	出版时间	定价	编号
重点大学自主招生数学备考全书:函数	2020—05	48.00	1047
重点大学自主招生数学备考全书:导数	2020—08	48.00	1048
重点大学自主招生数学备考全书:数列与不等式	2019—10	78.00	1049
重点大学自主招生数学备考全书:三角函数与平面向量	2020—08	68.00	1050
重点大学自主招生数学备考全书:平面解析几何	2020—07	58.00	1051
重点大学自主招生数学备考全书:立体几何与平面几何	2019—08	48.00	1052
重点大学自主招生数学备考全书:排列组合·概率统计·复数	2019—09	48.00	1053
重点大学自主招生数学备考全书:初等数论与组合数学	2019—08	48.00	1054
重点大学自主招生数学备考全书:重点大学自主招生真题.上	2019—04	68.00	1055
重点大学自主招生数学备考全书:重点大学自主招生真题.下	2019—04	58.00	1056
高中数学竞赛培训教程:平面几何问题的求解方法与策略.上	2018—05	68.00	906
高中数学竞赛培训教程:平面几何问题的求解方法与策略.下	2018—06	78.00	907
高中数学竞赛培训教程:整除与同余以及不定方程	2018—01	88.00	908
高中数学竞赛培训教程:组合计数与组合极值	2018—04	48.00	909
高中数学竞赛培训教程:初等代数	2019—04	78.00	1042
高中数学讲座:数学竞赛基础教程(第一册)	2019—06	48.00	1094
高中数学讲座:数学竞赛基础教程(第二册)	即将出版		1095
高中数学讲座:数学竞赛基础教程(第三册)	即将出版		1096
高中数学讲座:数学竞赛基础教程(第四册)	即将出版		1097
新编中学数学解题方法1000招丛书.实数(初中版)	2022—05	58.00	1291
新编中学数学解题方法1000招丛书.式(初中版)	2022—05	48.00	1292
新编中学数学解题方法1000招丛书.方程与不等式(初中版)	2021—04	58.00	1293
新编中学数学解题方法1000招丛书.函数(初中版)	2022—05	38.00	1294
新编中学数学解题方法1000招丛书.角(初中版)	2022—05	48.00	1295
新编中学数学解题方法1000招丛书.线段(初中版)	2022—05	48.00	1296
新编中学数学解题方法1000招丛书.三角形与多边形(初中版)	2021—04	48.00	1297
新编中学数学解题方法1000招丛书.圆(初中版)	2022—05	48.00	1298
新编中学数学解题方法1000招丛书.面积(初中版)	2021—07	28.00	1299
新编中学数学解题方法1000招丛书.逻辑推理(初中版)	2022—06	48.00	1300
高中数学题典精编.第一辑.函数	2022—01	58.00	1444
高中数学题典精编.第一辑.导数	2022—01	68.00	1445
高中数学题典精编.第一辑.三角函数·平面向量	2022—01	68.00	1446
高中数学题典精编.第一辑.数列	2022—01	58.00	1447
高中数学题典精编.第一辑.不等式·推理与证明	2022—01	58.00	1448
高中数学题典精编.第一辑.立体几何	2022—01	58.00	1449
高中数学题典精编.第一辑.平面解析几何	2022—01	68.00	1450
高中数学题典精编.第一辑.统计·概率·平面几何	2022—01	58.00	1451
高中数学题典精编.第一辑.初等数论·组合数学·数学文化·解题方法	2022—01	58.00	1452
历届全国初中数学竞赛试题分类解析.初等代数	2022—09	98.00	1555
历届全国初中数学竞赛试题分类解析.初等数论	2022—09	48.00	1556
历届全国初中数学竞赛试题分类解析.平面几何	2022—09	38.00	1557
历届全国初中数学竞赛试题分类解析.组合	2022—09	38.00	1558

联系地址:哈尔滨市南岗区复华四道街10号　哈尔滨工业大学出版社刘培杰数学工作室
网　　址:http://lpj.hit.edu.cn/
邮　　编:150006
联系电话:0451—86281378　　13904613167
E-mail:lpj1378@163.com